真正代替欧几里得的教科书还没有写出来并且不可能写出来。

——《大英百科全书》

（全三册）

几何原本
欧几里得原理十三卷

第三册

〔古希腊〕欧几里得 著　冯翰翘 译　李桠楠 校

上海三联书店

中译本前言

这一册包括欧几里得十三卷中的最后四卷,即卷X.,XI.,XII.和XIII.后三卷是讨论立体几何的,而卷X.(实际上还有卷XIII.的前6个命题)与卷II.和卷V.类似,是用几何方法讨论代数或算术问题。

卷X.共115个命题,是十三卷中篇幅最长的一卷,也是独立性最强的一卷,全卷致力于讨论无理数。这在当时可能是无理数研究的最高成就,在没有有理数和无理数的一般定义的情况下取得如此成就是难能可贵的。欧几里得所说的无理线段实际上是一些长度不能表示为平方根的无理数,他把我们现在所说的有理数及其平方根都称为"有理的"。他说:"当一些线段上的正方形能被同一面度量时,这些线段叫作**平方可公度的**,当一些线段上的正方形不能被同一面度量时,这些线段叫作**平方不可公度的**。""把给定的线段叫作**有理线段**,凡与此线段是长度或平方可公度的线段也叫作**有理线段**。与此线段长度与平方都不可公度的线段叫作**无理线段**。"由此定义,若 ρ 是给定线段,则 $\dfrac{m}{n}\rho$,$\sqrt{\dfrac{m}{n}}\rho$,其中的 m,n 为正整数,都是有理线段。若 $\sqrt{\dfrac{m}{n}}$ 不是有理数,则称为 ρ 与 $\sqrt{\dfrac{m}{n}}\rho$ 是仅平方可公度的。

命题1—20 讨论二个,三个或四个可公度与不可公度线段之间的关系。命题21 定义了**均值线**,即两条仅平方可公度的有理线段的几何(比例)均值,即 ρ 与 $\sqrt{k}\rho$($\sqrt{k}$ 不是有理数,即 $\sqrt{k}\neq\dfrac{m}{n}$,m,n 是正整数)的几何均值,$\sqrt{\rho\cdot\sqrt{k}\rho}=k^{\frac{1}{4}}\rho$。这显然是欧几里得意义上的无理线段。命题23 的推论第一次提及**均值面**。它是均值线上的正方形,因而具有形式 $k^{\frac{1}{2}}\rho^2$。命题24—35 讨论均值线与均值面之间的关系。命题36—107,每6个命题一组,首先是命题36—41 定义并证明六类无理线段:二项和线 $\rho+k^{\frac{1}{2}}\rho$,第一双均线 $k^{\frac{1}{4}}\rho+k^{\frac{3}{4}}\rho$,第二双均线 $k^{\frac{1}{4}}\rho+\dfrac{\lambda^{\frac{1}{2}}\rho}{k^{\frac{1}{4}}}$,大线 $\dfrac{\rho}{\sqrt{2}}\sqrt{1+\dfrac{k}{\sqrt{1+k^2}}}+\dfrac{\rho}{\sqrt{2}}\sqrt{1-\dfrac{k}{\sqrt{1+k^2}}}$,均值面与有理面和的边

$$\frac{\rho}{\sqrt{2(1+k^2)}}\cdot\sqrt{\sqrt{1+k^2}+k}+\frac{\rho}{\sqrt{2(1+k^2)}}\sqrt{\sqrt{1+k^2}-k}，二均值面和的边\frac{\rho\lambda^{\frac{1}{4}}}{\sqrt{2}}$$

$$\sqrt{1+\frac{k}{\sqrt{1+k^2}}}+\frac{\rho\lambda^{\frac{1}{4}}}{\sqrt{2}}\sqrt{1-\frac{k}{\sqrt{1+k^2}}}。$$在命题73—78 中定义了六类无理线段，这六类无理线段只是把上述表达式中间的加号换成了减号，并且分别称为二项差线、第一均差线、第二均差线、小线、均值面与有理面差的边、二均值面差的边。命题42—47 以及命题79—84 分别证明了上述12 类线的分点的唯一性；命题48—53 以及命题85—90 对二项和线与二项差线进行了细分，分别称为第一二项和（差）线，第二二项和（差）线……第六二项和（差）线。命题54—59 以及命题91—96 说明后面这12 种线与前面12 类线之间有关系，命题60—65 是命题54—59 的逆，命题97—102 是命题91—96 的逆。这24 个命题说明后面12 种无理线是前面12 类无理线的平方，或者前面12 类无理线是后面12 种无理线的平方根。命题66—70（5 个命题）以及命题103—107 是说$\frac{m}{n}\rho$与ρ是同类且同顺序的无理线。命题71,72 以及命题108—110 说明有理面与均值面相加减可以产生前面的12 类无理线。命题111 是上述13 类无理线（命题21 中的均值线，命题36—41 及73—78 中12 类无理线）的小结，并证明它们是互不相同的，可以说是这一卷的总结。最后4 个命题与分母有理化及这些无理线进一步扩张有关。

上述每一类每一种无理数都有无穷多个，这与只知道$\sqrt{2}$是无理数比起来是多大的进步！但这毕竟是无理数中极小的一部分，它们只是不尽平方根的加、减及其平方或平方根，这些分类及顺序也没有什么重要意义。因此这一卷只对数学史研究者有重要意义。

卷XI.—XIII.，共75 个命题（卷XI. 39 个命题，卷XII. 18 个命题，XIII. 18 个命题），卷XI. 开始于28 个定义，定义立体几何中的基本概念，直线与平面的夹角及垂直，平面与平面的夹角及垂直，棱锥，棱柱及球，立方体，正八面体，正十二面体，正二十面体等的定义。其后39 个命题是讨论上述定义的性质及关系，最后是关于平行六面体体积及立方体体积的讨论，而最后一个命题所用的术语有些奇怪，把一个三棱柱的一个平行四边形面称为它的底，把以不在这个平面内的三角形面的顶点到这个面的垂线称为它的高，这个命题说：**"若有两个等高的棱柱，一个以平行四边形作为底，另一个以三角形作为底，并且这个平行四边形是这个三角形的二倍，则这两个棱柱相等。"**按通常的理解，第一个棱柱是第二个棱柱的二倍，而不是相等。事实上，欧几里得是把第一个三棱柱侧放着，以平行四边形的侧面为底。因而这个命题的正确阐述应当是:"若两个三棱柱中的一个侧放着,以平行四边形为底,另一个以三角形为底……"这个命题用于 XII.4。

卷 XII. 是讨论棱锥,棱柱,圆锥,圆柱以及球的体积以及它们之间的关系的。值得注意的是这一卷应用了穷竭法(method of exhaustion),穷竭法实际上是极限法,用直线形逼近曲线形的方法,从这个方法中我们看到现代极限方法的 $\varepsilon - N, \varepsilon - \delta$ 的雏形。另外在这一卷的历史评注中给出了阿基米德求抛物线弓形面积的力学方法。这个方法在一般教科书中是看不到的。

卷 XIII. 是致力于讨论五个正多面体的。但是开始的前六个命题与卷 II. 类似,属于几何代数的内容。从代数上看这些命题是显然的,若长度为 1 的线段分为中外比,即 $1 : x = x : (1 - x)$,则大段 $x = \dfrac{\sqrt{5} - 1}{2}$,小段 $1 - x = \dfrac{3 - \sqrt{5}}{2}$。命题 1 说 $(\dfrac{\sqrt{5} - 1}{2} + \dfrac{1}{2})^2 = 5(\dfrac{1}{2})^2$;命题 2 是命题 1 的逆,当 $(x + \dfrac{1}{2})^2 = 5(\dfrac{1}{2})^2$ 时,则 $x = \dfrac{\sqrt{5} - 1}{2}$;命题 3 说,$(\dfrac{3 - \sqrt{5}}{2} + \dfrac{\sqrt{5} - 1}{4})^2 = 5(\dfrac{\sqrt{5} - 1}{4})^2$;命题 4 说 $1^2 + (\dfrac{3 - \sqrt{5}}{2})^2 = 3(\dfrac{\sqrt{5} - 1}{2})^2$;命题 5 说 $\dfrac{\sqrt{5} - 1}{2}(1 + \dfrac{\sqrt{5} - 1}{2}) = 1$;命题 6 说 $\dfrac{\sqrt{5} - 1}{2}, \dfrac{3 - \sqrt{5}}{2}$ 是二项差线。命题 7—12 讨论圆内接正五边形、正十边形的边与半径的关系。命题 13—17 是内接于球的正四面体、正八面体、立方体、正二十面体、正十二面体的作图,评注中给出了一些比欧几里得作图更好的方法。最后一个命题 18 是关于这五个正则立体的比较,是这一卷的小结。

最后,第三册与前二册一样,对以前出版的正文中的译文不确切的地方进行了改正,尤其是对卷 X. 的译名作了较大的改正。

其中最重要的改正是二项差线(apotome),原译为断线或余线,在数学中"余"是对除法说的,此处是说的一个线段取掉一部分后的剩余部分,不可用余,应当用差,此处若用余代替差,则是一个极大的错误。

因此项和线应当译成二项和线。又中项线改为均值线,原文 medial 就是均值的意思,中文常常把 proportional mean 按在比例中的位置译为比例中项,其实原意是比例均值。这些译名中的和的边、差的边不大清楚,其实其含义是等于有理面与均值面的和或差的正方形的边。

目　录

卷 X

注释引论

我们已经看到无理数的发现归功于毕达哥拉斯学派,《原理》的卷 X. 的第一个附注说毕达哥拉斯学派是首先专注于研究可公度性的,由观察数的性质发现了它。他们发现了不是所有的量有公度。"他们称可被同一个量度量的所有量是可公度的,而不能被同一个量度量的称为不可公度的,并且把被某个其他量度量的量称为彼此可公度,而不能被某个其他量度量的量称为彼此不可公度。尽管可用不同的可公度性,但是不是所有量与任意量可公度。而量是有理的或无理的是在相对意义上说的;因此,可公度和不可公度是自然的,而有理的和无理的基于假定或约定。"这个附注进一步引用了传说,"第一个公开这些研究的毕达哥拉斯成员死于船只失事",据猜测这个故事的作者"可能提示无理的和无形的任何东西是隐藏的,并且若任何人闯入这个领域,他就会被动荡的潮流大海所淹没。"保持发现无理数这个秘密的另一个原因是为了照顾当时的几何基础不会受到大的动荡,即不影响毕达哥拉斯学派建立的只适用于整数的不完善的比例理论。我们已经提到不可公度的发现必然引起整个初等几何系统的巨大动荡,必须等待可以应用到可公度和不可公度等的一般比例理论的发现。

无理数的发现当然涉及正方形的对角线或者等腰直角三角形的底边的长度。柏拉图(*Theaetetus* ,147 D)告诉我们,昔兰尼的西奥多鲁斯(Theodorus)研究了平方根,证明了 3 平方尺和 5 平方尺的平方根与 1 平方尺的平方根不可公度,等等,直到 17 平方尺的平方根,出于某种原因他停止在此处。但是没有提及 $\sqrt{2}$,无疑地,其原因是在此之前已经证明了它的不可公度性。我们已经知道毕达哥拉斯发明了寻求有理直角三角形的公式,并且必然研究了其他直角三角形的边和斜边的关系。他们自然地特别关注等腰直角三角形;他们试图度量对角线,试图用有理数逐步逼近 $\sqrt{2}$ 的值,并且试图得到精确的表达式,但是失败了。断言这种精确的表达式是不可能的是巨大的进展,并且这是毕达哥拉斯学派作出的。我们知道士麦那的塞翁(Theon)以及其他人的关于边和对角线数的

1

公式来自毕达哥拉斯学派，并且欧几里得的定理Ⅱ.9,10 曾被毕达哥拉斯学派用于求$\sqrt{2}$的值的逼近方法中，欧几里得证明这些命题的方法本身与$\sqrt{2}$的研究有联系，他使用了由两个等腰直角三角形构成的图形。

毕达哥拉斯证明$\sqrt{2}$与单位不可公度的方法被亚里士多德引用（*Anal. prior.* I.23,41 a 26—7），使用反证法，若对角线与边可公度，则可推出同一个数既是奇数又是偶数。这个证明在欧几里得的 X.117 中出现，但是无疑这是插入的，并且奥古斯特（August）和海伯格（Heiberg）把它放在附录中，其本质如下：

假设 AC 是正方形的对角线，与其边 AB 可公度。设 $\alpha:\beta$ 是这个比的最小数的比。

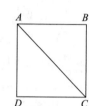

则 $\alpha > \beta$ 并且这个比大于 1。

现在 $AC^2 : AB^2 = \alpha^2 : \beta^2$，

又因为 $AC^2 = 2AB^2$，　　　　　　　　　［欧几里得 I.47］

所以 $\alpha^2 = 2\beta^2$。

因此 α^2 是偶数，故 α 是偶数。

因为 $\alpha:\beta$ 是最小项，所以 β 必然是奇数，

令 $\alpha = 2\gamma$，

则 $4\gamma^2 = 2\beta^2$，

或者 $\beta^2 = 2\gamma^2$，

于是 β^2，因而 β 是偶数。

而 β 也是奇数，这是不可能的。

这个证明只能用来证明正方形的对角线与它的边，或$\sqrt{2}$与单位的不可公度性。为了证明一个正方形的面积是另一个正方形的面积的三倍的这两个正方形的边的不可公度性，需要另外的方法；即使在毕达哥拉斯时代之后一个世纪，为了建立$\sqrt{3},\sqrt{5}$……直到 $\sqrt{17}$ 与单位的不可公度性，仍然需要不同的方法。这个事实说明欧几里得的一般定理 X.9，**不是平方数比平方数的两个正方形的边是不可公度的**不是一下子达到的，而是分别考虑特殊情形后发展出来的（Hankel, p.103）。

欧几里得的命题 X.9 来自泰特托斯（Theaetetus），他是西奥多鲁斯的学生，并且这些定理显然是西奥多鲁斯不知道的，柏拉图的话（*Theaet.* 147 D sqq.）表明年轻的泰特托斯致力于不尽根的研究。"我认为平方根无限制的出现，我试图给出一个术语来区分所有这些平方根……我把它们分为两类。把可以表示为相等乘相等的数作正方形，称它们为平方的和等边的……它们中间的数，

譬如3和5,不能表示为相等乘相等,而是小于较大的倍数或大于较小的倍数,它是由较大边和较小边围成的,我把它们比作长方形,并称为长方形数……我把作为正方形边的直线作为长度,长方形的平方根与这些长度是不可公度的,而只能与其平方相等的可公度。"

泰特托斯对不可公度理论的贡献的证据出现在欧几里得卷 X. 的评论中,这是由沃尹普科(Woepcke)在一个阿拉伯译者中发现的[*Mémoires présentés à l' Académie des Sciences*, XIV., 1856, pp. 658—720]。当然这个评论具有希腊根源。沃尹普科猜测它是由托勒密(Claudius Ptolemy, 2 世纪)的同事,安条克的天文学家维蒂奥斯(Vettius Valens)做出的。海伯格认为我们有帕普斯(Pappus)的评论的一些碎片(*Euklid-studien*, pp. 169—71),这个是由苏特尔(Suter)提供的(*Die Mathematiker und Astronomen der Araber und ihre Werke*, pp. 49, 211)。这个评论说无理量的理论有毕达哥拉斯学派的根源,雅典人泰特托斯作了发展,他给出了一些证明,他是一个有天资的人,研究了这门科学中的许多真理,包括上述提到的量的区别以及一些定理的严格证明,我相信它们主要是由这个数学家建立的;后来,伟大的阿波罗尼奥斯(Apollonius)达到了数学的顶点,增加了许多重要的理论。

"正如欧德莫斯(Eudemus)所说,泰特托斯区分了可公度与不可公度的平方根,并且把无理线段进行了分类,指出了几何均值,算术的二项和式以及调和均值的二项差。

"欧几里得建立了一般的可公度和不可公度的规则,给出了严格的定义并且区分了有理量和无理量,他建立了无理量的许多顺序,并且最后明确地说明了整个内容。"

最后一句话明显是指 X. 115,它证明了从均值线可以导出无限多其他的无理数,所有这些无理数是彼此不同的。

均值线与几何均值的关系是明显的,事实上它是两条"仅平方可公度"的有理直线的比例均值(中项)。因为 $\frac{1}{2}(x+y)$ 是 x, y 的算术均值,所以二项和式可以理解。x, y 的调和均值是 $\frac{2xy}{x+y}$,并且若一个有理面或均值面有一条边是二项和直线,则另一边就是相对应的二项差线(apotome)(欧几里得 X. 111—4),事实是 $\frac{2xy}{x+y} = \frac{2xy}{x^2 - y^2} \cdot (x-y)$。

我将引用塞乌腾(Zeuthen)关于无理数的分类的重要注释。他说(*Geschich-*

te der Mathematik im Altertum und Mittelalter, p. 56)"因为二次方程的这些根与给定的量不可公度时就不能用给定的量和数表示,所以希腊人没有引进近似值,而是用作出相应根的直线来表示。这完全与我们不能给出根的值而满足于用根式和其他代数符号来表示相同。但是,由于一条直线与另一条直线是相似的,所以希腊人得到的不如我们的符号系统给予我们的那么明显。出于这个原因,必须对这些无理量分类,它们可以用二次方程的解逐步得到。"唐内里(Tannery)在 1882 年表达了同样的看法(*De la solution géométrique des problèmes du second degré avant Euclide in Mémoires. de la Société des sciences physiques et naturelles de Bordeaux*, 2ᵉ Série, Ⅳ. pp. 395—416)。卷 Ⅹ. 汇集了二次方程和二次方程的解的结果。

考虑二次方程

$$x^2 \pm 2\alpha x \cdot \rho \pm \beta \cdot \rho^2 = 0,$$

其中 ρ 是一条有理直线,α, β 是系数。在代数中,二次方程略去了 ρ;但是我改进它,由于要记住欧几里得的 x 是直线,而不是代数量,因而要求的是与有理直线有关的量,同时,欧几里得的 ρ 不只是 a 个单位长,而且也表示 $\sqrt{\dfrac{m}{n}} \cdot a$,与长度单位"仅平方可公度",即 $\sqrt{A}$,A 是一个数(不是平方数),是几个面积单位。因而这样使用 ρ 可以不必增加 ρ 与长度单位关系的不同的情形,并且还有进一步的优点,例如,表达式 $\rho \pm \sqrt{k} \cdot \rho$ 正好是一般的表达式 $\sqrt{k} \cdot \rho \pm \sqrt{\lambda} \cdot \rho$,由于 ρ 包含 $\sqrt{k} \cdot \rho$,所以这两个表达式包含或者在长度上可公度,或者"仅平方可公度"的长度。

二次方程

$$x^2 \pm 2\alpha x \cdot \rho \pm \beta \cdot \rho^2 = 0$$

的正根可以表示为

$$\left. \begin{array}{l} x_1 = \rho(\alpha + \sqrt{\alpha^2 - \beta}), \ x_1{}' = \rho(\alpha - \sqrt{\alpha^2 - \beta}) \\ x_2 = \rho(\sqrt{\alpha^2 + \beta} + \alpha), \ x_2{}' = \rho(\sqrt{\alpha^2 + \beta} - \alpha) \end{array} \right\}。$$

因为 x 必须是直线,所以不包含负根。然而这不会失去一般性,由于希腊人会在方程中改变 x 的符号。

这些正根可以依据系数 α, β 的性质及其关系来分类。

Ⅰ. 假设 α, β 不含不尽根,即它们或者是整数或者是 m/n,其中 m, n 是整数。

在 $x_1, x_1{}'$ 的表达式中,可能

(1)β 有形式 $\dfrac{m^2}{n^2}\alpha^2$。

欧几里得把这个说成 $\alpha\rho$ 上的正方形超过 $\rho\sqrt{\alpha^2-\beta}$ 上的正方形,等于与 $\alpha\rho$ 在长度上可公度的一条直线上的正方形。

在这种情形下,用欧几里得的术语,

$$x_1 \text{ 是第一二项和线,而}$$
$$x_1' \text{是第一二项差线。}$$

(2)一般地,β 不是 $\dfrac{m^2}{n^2}\alpha^2$,

$$x_1 \text{ 是第四二项和线,}$$
$$x_1' \text{是第四二项差线。}$$

其次,在 x_2,x_2' 的表达式中,可能

(1)β 等于 $\dfrac{m^2}{n^2}(\alpha^2+\beta)$,其中 m,n 是整数,即 β 有形式 $\dfrac{m^2}{n^2-m^2}\alpha^2$。

欧几里得把这个表达为 $\rho\sqrt{\alpha^2+\beta}$ 上的正方形超过 $\alpha\rho$ 上的正方形等于与 $\rho\sqrt{\alpha^2+\beta}$ 在长度上可公度的一条直线上的正方形。

在这种情形下,用欧几里得的术语,

$$x_2 \text{ 是第二二项和线,}$$
$$x_2' \text{是第二二项差线。}$$

(2)一般地,β 不是 $\dfrac{m^2}{n^2-m^2}\alpha^2$,

$$x_2 \text{ 是第五二项和线,}$$
$$x_2' \text{是第五二项差线。}$$

Ⅱ. 假设 α 有形式 $\sqrt{\dfrac{m}{n}}$,其中 m,n 是整数,并且记它为 $\sqrt{\lambda}$。

此时,

$$x_1 = \rho(\sqrt{\lambda}+\sqrt{\lambda-\beta}), \quad x_1' = \rho(\sqrt{\lambda}-\sqrt{\lambda-\beta}),$$
$$x_2 = \rho(\sqrt{\lambda+\beta}+\sqrt{\lambda}), \quad x_2' = \rho(\sqrt{\lambda+\beta}-\sqrt{\lambda})。$$

于是 x_1,x_1' 与 x_2,x_2' 有相同的形式。

若 x_1,x_1' 中的 $\sqrt{\lambda-\beta}$ 不是不尽根,而具有形式 m/n,则这些根是第一,第二,第四和第五二项和线与二项差线。

若 x_1,x_1' 中的 $\sqrt{\lambda-\beta}$ 是不尽根,则

（1）β 可能有形式 $\dfrac{m^2}{n^2}\lambda$，此时

$$x_1 \text{ 是第三二项和线，}$$

$$x_1' \text{ 是第三二项差线。}$$

（2）一般地，β 不是 $\dfrac{m^2}{n^2}\lambda$，

$$x_1 \text{ 是第六二项和线，}$$

$$x_1' \text{ 是第六二项差线。}$$

关于 x_2，x_2' 的表达式，第三和第六二项和线与二项差线的区别在于下述情形的区别：

（1）$\beta = \dfrac{m^2}{n^2}(\lambda + \beta)$ 或 β 有形式 $\dfrac{m^2}{n^2 - m^2}\lambda$，与（2）$\beta$ 不具有这种形式。

若我们取 ρ 与刚才分类的六个二项和线与六个二项差线的每一个的乘积，即

$$\rho^2(\alpha \pm \sqrt{\alpha^2 - \beta}),\quad \rho^2(\sqrt{\rho^2 + \beta} \pm \alpha)$$

的平方根，则我们可以找到六个新的无理数，两项中由正号分开，以及六个相应的用负号分开两项的无理数。这些当然是方程

$$x^4 \pm 2\alpha x^2 \cdot \rho^2 \pm \beta \cdot \rho^4 = 0$$

的根。

这些无理数出现在欧几里得的顺序中（X.36—41 对应正号，X.73—78 对应负号）。我们在后面可看到欧几里得的这些直线。

1. $\rho \pm \sqrt{k} \cdot \rho$，二项和线与二项差线，

它们是双二次方程

$$x^4 - 2(1 + k)\rho^2 \cdot x^2 + (1 - k)^2\rho^4 = 0$$

的正根。

2. $k^{\frac{1}{4}}\rho \pm k^{\frac{3}{4}}\rho$，第一双均线与第一均差线，

它们是

$$x^4 - 2\sqrt{k}(1 + k)\rho^2 \cdot x^2 + k(1 - k)^2\rho^4 = 0$$

的正根。

3. $k^{\frac{1}{4}}\rho \pm \dfrac{\sqrt{\lambda}}{k^{\frac{1}{4}}}\rho$，第二双均线与第二均差线。

它们是方程

$$x^4 - 2\frac{k+\lambda}{\sqrt{k}}\rho^2 \cdot x^2 + \frac{(k-\lambda)^2}{k}\rho^4 = 0$$

的正根。

4. $\dfrac{\rho}{\sqrt{2}}\sqrt{1 + \dfrac{k}{\sqrt{1+k^2}}} \pm \dfrac{\rho}{\sqrt{2}}\sqrt{1 - \dfrac{k}{\sqrt{1+k^2}}}$,大线与小线。

它们是方程

$$x^4 - 2\rho^2 \cdot x^2 + \frac{k^2}{1+k^2}\rho^4 = 0$$

的正根。

5. $\dfrac{\rho}{\sqrt{2(1+k^2)}}\sqrt{\sqrt{1+k^2}+k} \pm \dfrac{\rho}{\sqrt{2(1+k^2)}}\sqrt{\sqrt{1+k^2}-k}$,

有理面加均值面的"边"与均值面减有理面的"边",它们是方程

$$x^4 - \frac{2}{\sqrt{1+k^2}}\rho^2 \cdot x^2 + \frac{k^2}{(1+k^2)^2}\rho^4 = 0$$

的正根。

6. $\dfrac{\lambda^{\frac{1}{4}}\rho}{\sqrt{2}}\sqrt{1 + \dfrac{k}{\sqrt{1+k^2}}} \pm \dfrac{\lambda^{\frac{1}{4}}\rho}{\sqrt{2}}\sqrt{1 - \dfrac{k}{\sqrt{1+k^2}}}$,

两个均值面和的"边"与均值面差的"边",它们是方程

$$x^4 - 2\sqrt{\lambda} \cdot x^2\rho^2 + \lambda\frac{k^2}{1+k^2}\rho^4 = 0$$

的正根。

以上结论和公式可以用各种方式叙述,依据所使用的记号和特定的字母。因此,由不同作者给出的关于欧几里得卷 **X**. 的评论在表面上是不同的,但其实质是相同的。第一个给出代数形式概述的是科萨里(Cossali,*Origine*,*trasporto in Italia*,*primi progressi in essa dell' Algebra*,Vol. **II**. pp. 242—65)。在 1794 年,希尔施(Meier Hirsch)在柏林出版了 *Algebraischer Commentar über das zehnte Buch der Elemente das Euklides*,其中给出了代数形式的内容,但是没有给出欧几里得的方法,只使用了现代形式的证明。在 1834 年,波斯尔格(Poselger)写了一篇论文 *Ueber das zehnte Buch der Elemente des Euklides*,他指出了希尔施的缺点,并且给出了一个概述,尽管接近欧几里得的形式,但是难以理解他的系统,并且有异议说他没有代数地显示欧几里得无理数的特征。其他的概述发现在(1)内赛尔曼(Nesselmann)的 *Die Algebra der Griechen*,pp. 165—84;(2)洛里亚(Loria)的 *Il periodo aureo della geometria greca*,Modena,1895,pp. 40—9;(3)克里斯坦省

（Christensen）的论文"Ueber Gleichungen vierten Grades im zehnten Buch der Elemente Euklids", *Zeitschrift für Math. u. Physik*（*Historisch-literarische Abtheilung*），XXXIV.（1889），pp. 201—17. 我知道的英文概述在 *Penny Cyclopaedia* 中，德·摩根（De Morgan）写的"Irrational quantity"，他说："欧几里得研究了可以表示为 $\sqrt{\sqrt{a} \pm \sqrt{b}}$ 的各种直线，其中 a, b 表示两个可公度的直线。这一卷是完整的，甚至第五卷也不能与它比较。我们可以猜测欧几里得仔细地考虑了第十卷的材料，并且在此之后写了前面几卷，并且没有再修改它们。"

　　早期的代数学家关注过卷 X.，比萨的伦纳多（Leonardo，活动于大约 1200 年）在他的 *Liber Abaci* 的第十四节写了关于无理数的理论（*de tractatu binomiorum et recisorum*），然而对卷 X. 没有增加多少东西，除了讨论三项无理数以及立方无理数；巴勒莫的约翰尼斯（Johannes）研究了方程

$$x^3 + 2x^2 + 10x = 20,$$

证明了欧几里得卷 X. 的无理数都不满足它（Hankel，pp. 344—6，Cantor，II$_1$，p. 43）。帕西欧洛（Luca Paciolo，约 1445—1514 年）在他的代数中研究了欧几里得卷 X.（Cantor，II$_1$，p. 293）。斯蒂菲尔（Michael Stifel，1486 或 1487—1567）在他的 *Arithmetica integra* 的第二卷中写了无理数，康托（Cantor）（II$_1$，p. 402）说，这一卷可以看成欧几里得卷 X. 的解释。卡尔达诺（Cardano，1501—1576）的工作特别地关注欧几里得的无理数，可以参考科萨里（Vol. II.，特别是 pp. 268—78，382—99）；研究了二项和与二项差的奇数次幂和偶数次幂的性质，并且研究了二次、三次及双二次方程的特殊形式，使得欧几里得的每一类无理数可以是其根。斯蒂文（Simon Stevin，1548—1620）也研究了无理数。

　　自然要问卷 X. 有什么用处？答案是欧几里得本人在卷 XIII. 中应用了卷 X. 的第二部分，应用了二项差线等等，卷 XIII. 的目的之一是研究内接于圆的正五边形的边与有理直线的关系，以及内接于球的正二十面体、正十二面体的边与有理直径之间的关系。正五边形与中外比的关系是众所周知的，欧几里得首先证明了（XIII. 6）如此分割的有理直线的两部分是无理的，称为二项差线，较小部分是第一二项差线。而后，在假定直径是有理线段时，证明了（XIII. 11）内接正五边形的边是无理的，称为小线（minor），又证明了内接于球的正二十面体的边（XIII. 16）及内接于球的正十二面体的边（XIII. 17）是二项差线。

　　当然卷 X. 关于无理数的研究不是完整的。帕普斯在两个命题中用到了卷 X.，给出如下。

　　帕普斯说，若 *AB* 是半圆的有理直径，延长 *AB* 到 *C*，使得 *BC* 等于半径，*CD*

是切线,E 是弧 BD 的中点,连接 CE,则 CE 是无理直线,称为小线,并且,若 ρ 是半径,则

$$CE^2 = \rho^2(5 - 2\sqrt{3}),$$

$$CE = \sqrt{\frac{5 + \sqrt{13}}{2}} - \sqrt{\frac{5 - \sqrt{13}}{2}}。$$

又若 CD 等于这个半圆的半径,并作切线 DB,DF 平分角 ADB,交这个半圆于 F,则 DK 是二项和线,KF 是另一个无理线段,若 ρ 是半径,则

$$KD = \rho \cdot \frac{\sqrt{3} + 1}{\sqrt{2}},$$

$$KF = \rho \cdot \sqrt{\sqrt{3} - 1} = \rho \cdot \left(\sqrt{\frac{\sqrt{3} + \sqrt{2}}{2}} - \sqrt{\frac{\sqrt{3} - \sqrt{2}}{2}} \right)。$$

普罗克洛斯(Proclus)告诉我们,欧几里得略去了讨论更复杂的无理数,"阿波罗尼奥斯更多地讨论了没有顺序的无理数"(Proclus ,p. 74,23),而卷 X. 的注释者说欧几里得没有讨论所有有理数和无理数,而只是讨论了最简单的类型,由它们的组合可以得到无数多个无理数,阿波罗尼奥斯也给出了某些无理数。由沃尹普科在阿拉伯译本中发现的关于卷 X. 的评论的作者也说"阿波罗尼奥斯证明了没有顺序的无理量的存在,并且给出了大量的例子"。从这些评论只能含糊地知道阿波罗尼奥斯给出的关于这个主题的扩张,见本卷末的注释。

定义 I

1. 能被同一量量尽的那些量叫作**可公度的量**,而不能被同一量量尽的那些量叫作**不可公度的量**。

2. 当一些线段上的正方形能被同一个面所量尽时,这些线段叫作**平方可公度的**。当一些线段上的正方形不能被同一面量尽时,这些线段叫作**平方不可公度的**。

3. 由这些定义,我们能证明,与给定的线段分别存在无穷多个可公度的线段与无穷多个不可公度的线段,一些仅是长度不可公度,而另外一些也是平方不可公度。这时把给定的线段叫作**有理线段**,凡与此线段是长度,也是平方可公度或仅是平方可公度的线段,都叫作**有理线段**;而凡与此线段在长度和平方都不可公度的线段叫作**无理线段**。

4. 又设把给定一线段上的正方形叫作**有理的**,凡与此面可公度的叫作**有理的**;凡与此面不可公度的叫作**无理的**,并且构成这些无理面的线段叫作**无理线段**,当这些面为正方形时即指其边,当这些面为其他直线形时,则指与其面相等的正方形的边。

定义 1

Those magnitudes are said to be *commensurable* which are measured by the same measure, and those *incommensurable* which cannot have any common measure.

定义 2

Straight lines are *commensurable in square* when the squares on them are measured by the same area, and *incommensurable in square* when the squares on them cannot possibly have any area as a common measure.

在早期的译本中[例如,威廉森(Williamson)的译本中]"按平方"译成"按幂",但是应当译成"按平方"。应当注意,欧几里得的仅平方可公度对应泰特托斯的**不尽根**,若 a 是任一直线,则 a 与 $a\sqrt{m}$,或 $a\sqrt{m}$ 与 $a\sqrt{n}$(其中 m, n 是整数或最小项的算术分数,不是平方数)是**仅平方可公度**。当然,在欧几里得的术语中,所有按**长度可公度**的直线是按**平方可公度**的;但是不是所有按**平方可公度**的直线是按**长度**可公度的。另一方面,按**平方不可公度**的直线必然是按**长度**不可公度的;但是,不是所有按**长度**不可公度的直线是按**平方**不可公度的。事实上,仅平方可公度的直线是按长度不可公度的,而显然不是按平方不可公度的。

定义 3

With these hypotheses, it is proved that there exist straight lines infinite in multitude which are commensurable and incommensurable respectively, some in length only, and others in square also, with an assigned straight line. Let then the assigned straight line be called *rational*, **and those straight lines which are commensurable with it, whether in length and in square or in square only,** *rational*, **but those which are incommensurable with it** *irrational*.

这个定义的第一句话是简缩的,应当严格地说成"对于给定的直线,存在无限多条直线,(1)或者仅平方可公度,或者既按平方又按长度可公度,并且(2)或者仅按长度不可公度,或者既按平方又按长度不可公度。"

术语**有理的**与**无理的**相对性在这个定义中是明显的,我们可以取**任一条直线**并称它是有理的,参考这一条直线,把其他的称为**有理的**或**无理的**。

我们应当注意,欧几里得的有理的含义比我们的术语要广泛。对他来说,不只与有理直线按**长度**可公度的直线是有理的,而且与有理直线**仅平方**可公度的直线也是有理的,即若 ρ 是一条有理直线,不只 $\frac{m}{n}\rho$ 是有理的,m,n 是正整数,而且 $\sqrt{\frac{m}{n}}\rho$ 是有理的,$\frac{m}{n}$ 是它的最小项,不是平方数,此时我们应当称 $\sqrt{\frac{m}{n}}\rho$ 是无理的。欧几里得这样定义的术语与他的前辈也不同,他的前辈没有把 $\sqrt{\frac{m}{n}}\rho$ 称为有理的,而是称为"不可表示的",即无理的。

在这一卷的注中,我始终使用欧几里得意义上的有理直线,并记为 ρ,当需要两条有理直线时,记为 ρ,σ,ρ,σ 是形式 $a,\sqrt{k}\cdot a$ 之一,a 表示 a 个长度单位,a 或者是整数或形式 $m/n,m,n$ 都是整数,而 k 是一个整数或形式 m/n(其中 m,n 都是整数),但不是平方数。换句话说,ρ,σ 或者形为 a,或者 $\sqrt{A},A$ 表示 A 个面积单位,并且 A 是整数或 m/n,其中 m,n 都是整数。有些作者习惯用 a 与 $\sqrt{a}$ 表示 ρ,而我总是使用 $\sqrt{A}$ 表示 $\sqrt{a}$,以保持维数正确,由于 ρ 是一条有理直线。

正如欧几里得扩张**有理**的含义,他把**没有比**(having no ratio)局限于直线。他说"与它不可公度的直线称为无理的"。于是无理直线与假设的有理直线**既**

不按长度也不按平方可公度。$\sqrt{k} \cdot a$ 不是无理的,其中 k 不是平方根;$\sqrt[4]{k} \cdot a$ 是无理的,$(\sqrt{k} \pm \sqrt{\lambda})a$ 也是无理的。

定义 4

And let the square on the assigned straight line be called _rational_ and those areas which are commensurable with it _rational_, but, those which are incommensurable with it _irrational_, and the straight lines which produce them _irrational_, that is, in case the areas are squares, the sides themselves, but in case they are any other rectilineal figures, the straight lines on which are described squares equal to them.

当术语有理的与无理的使用于面积时,我们与欧几里得有相同的意义。根据欧几里得,若 ρ 是他的意义上的有理直线,则 ρ^2 是**有理的**,并且任一个与它可公度的面积,即形式 $k\rho^2$(k 是整数或 $m/n,m,n$ 都是整数)是有理的;但是,形式 $\sqrt{k} \cdot \rho^2$ 是**无理的**。于是欧几里得的有理面积包含 A **个单位面积**,其中 A 是整数或 $m/n,m,n$ 是整数;并且他的无理面积有形式 $\sqrt{k} \cdot A$。他的无理面积与他的无理直线有关系,后者是前者的平方根。$\sqrt[4]{k} \cdot \sqrt{A}$ 是无理直线,它当然包括 $\sqrt[4]{k} \cdot a$。

命题

命题 1

给出两个不相等的量,若从较大的量中减去一个大于它的一半的量,再从所得的余量中减去大于这个余量一半的量,并且连续这样进行下去,则必得一个余量小于较小的量。

设 AB,C 是不相等的两个量,其中 AB 是较大的。

我断言若从 AB 减去一个大于它的一半的量,再从余量中减去大于这余量的一半的量,而且若连续地进行下去,则必得一个余量,

它将比量 *C* 更小。

因为 *C* 的若干倍总可以大于 *AB*。

[参看 Ⅴ. 定义 4]

设 *DE* 是 *C* 的若干倍,并且 *DE* 大于 *AB*;将 *DE* 分成等于 *C* 的几部分 *DF*, *FG*, *GE*, 从 *AB* 中减去大于它一半的 *BH*, 又从 *AH* 减去大于它的一半的 *HK*, 并且使这一过程连续进行下去,一直到分 *AB* 的个数等于 *DE* 的个数。

然后,设被分得的 *AK*, *KH*, *HB* 的个数等于 *DF*, *FG*, *GE* 的个数。

现在,因为 *DE* 大于 *AB*, 又从 *DE* 减去小于它一半的 *EG*, 又从 *AB* 减去大于它一半的 *BH*, 所以余量 *GD* 大于余量 *HA*。

又由于 *GD* 大于 *HA*, 并且从 *DG* 减去了它的一半 *GF*, 又从 *HA* 减去大于它一半的 *HK*, 所以余量 *DF* 大于余量 *AK*。

但是 *DF* 等于 *C*;所以 *C* 也大于 *AK*, 于是 *AK* 小于 *C*。

所以量 *AB* 的余量 *AK* 小于原来给定的较小量 *C*。

证完

应当记住,这个命题是欧几里得证明Ⅻ.2 的引理,Ⅻ.2 的大意是两个圆的面积的比等于两个圆的直径上的正方形的比。某些作者认为Ⅻ.2 和使用穷竭法的卷Ⅻ. 中其他命题是欧几里得使用Ⅹ.1 的唯一地方;人们普遍认为直到卷Ⅻ., 才开始使用Ⅹ.1, 甚至康托(*Gesch. d. Math.* I₃, p. 269)说, "欧几里得未根据Ⅹ.1 做出任何推论,甚至我们最期望得出的结论,即若两个量不可公度,我们总可以构造一个量,它与第一个量可公度,而与第二个量的差可任意小。"在Ⅻ.2 之前未明确使用过Ⅹ.1, 但是欧几里得事实上在下一个命题Ⅹ.2 中使用了它。这将在下一个注中说明,因为Ⅹ.2 给出了两个量不可公度的准则(研究不可公度量的必要条件), 所以Ⅹ.1 正好出现在它应当出现的地方。

欧几里得用Ⅹ.1 不仅证明了Ⅻ.2, 而且也证明了Ⅻ.5(两个等高的三角形为底的棱锥体之比等于它的两个底面积之比), 利用这个方法他证明了Ⅻ.7 及其推论,即任意棱锥体的体积是与它等底等高的棱柱体的三分之一,并证明了Ⅻ.10(任意圆锥的体积是它等底等高的圆柱体的三分之一)以及其他类似的定理。阿基米德(Archimedes, *On the Sphere and Cylinder*, Preface)把Ⅻ.7 的推论及Ⅻ.10 归功于欧多克索斯(Eudoxus), 阿基米德在另一个地方(*Quadrature of the Parabola*, Preface)说,这两个定理中的第一个以及两个圆的面积的比等于它们直径上正方形的比可用下述引理证明:"对不相等的线,不相等的面或立体,若把大者超过小者的数量不断加倍,则会超过相比较的量。"阿基米德又说(*loc.*

cit），归功于欧多克索斯的上述第二个定理（XII.10）也是用一个"类似于上述的引理"证明的。阿基米德提出的这个引理与 X.1 完全不同，然而，阿基米德本人曾多次应用 X.1，并在 XII.2（*On the Sphere and Cylinder*，I.6）中应用了它。正如我此前提示的（*The Works of Archimedes*，p. xlviii），在欧几里得 XII.2 中提及的两个引理出现的困难可以由 X.1 的证明来解释。在此欧几里得取较小量并且说可以加倍它来超过较大者，并且这句话显然是基于卷 V. 的定义 4. 其大意是"称两个量有一个比，若加倍其中任一个，则会超过另一个。"在 X.1 中的较小量可以看作两个不等量的差，显然，阿基米德所说的这个引理实际上用来证明 X.1，XI.1，在我们的求面积及求体积的研究中起着重大的作用。

"阿基米德公理"除了应用在欧几里得的 X.1 之外，也出现在亚里士多德的著作中。亚里士多德也引用过 X.1 本身。他说（*Physics* VIII.10，266 b 2）："连续加一个有限量，就会超过任何确定的量，并且类似地，不断地减一个有限量，就会得到小于任何确定的量。"并且"对一个量不断做二等分是无终止的"。将阿基米德引用的引理称为"阿基米德公理"有些误会，因为他没有声称自己是这个引理的发现者，并且显然它是在更早时候被发现的。

斯托尔茨（Stolz）（见 G. Vitali in *Questioni riguardanti la geometria elementare*，pp. 91—2）说明如何用戴德金（Dedekind）公设证明所谓的阿基米德公理或公设。假设两个量均为直线，要求证明存在较小量的某个倍数大于另一个量。

设两条直线如此放置，它们有一个公共端点，并且较小者沿着另一条放在公共端点的同一侧。

若 AC 是较大者，AB 是较小的，我们要证明存在一个整数 n，使得 $n \cdot AB > AC$。

假设这不是真的，存在某些点，譬如 B，不与端点 A 重合，使得对任意整数 n，$n \cdot AB < AC$；我们要证明这个假设会导致矛盾。

AC 上的点可以分为两部分，即

（1）点 H，不存在整数 n，使得 $n \cdot AH > AC$，

（2）点 K，存在一个整数 n，使得 $n \cdot AK > AC$。

这个分类满足戴德金公设的条件，因而存在一个点 M，使得 AM 上的点属于第一类，MC 上的点属于第二类。

现在在 MC 上取一点 Y，使得 $MY < AM$。AY 的中点 X 就落在 A 与 M 之间，因而属于第一类；但是，由于存在一个整数 n，使得 $n \cdot AY > AC$，由此推出 $2n \cdot$

$AX > AC$，这与假设矛盾。

命题 2

如果从两不等量的大量中连续减去小量，直到余量小于小量，再从小量中连续减去余量直到小于余量，这样一直进行下去，当所余的量总不能量尽它前面的量时，则称两个量不可公度。

为此，设有两个不等量 AB, CD，并且 AB 是较小的，从较大量中连续减去较小的量直到余量小于小量，再从小量中连续减去余量直到小于余量，这样一直进行下去，所余的量不能量尽它前面的量。

我断言两量 AB, CD 是不可公度的。

因为，如果它们是可公度的，则有某个量量尽它们。

设量尽它们的量是 E。

设 AB 量 CD 得 FD，余下的 CF 小于 AB。

又 CF 量 AB 得 BG，余下的 AG 小于 CF，并且这个过程连续地进行，直到余下某一量小于 E。

假设这样做了以后，有余量 AG 小于 E。

于是，由于 E 量尽 AB，而 AB 量尽 DF，所以 E 也量尽 FD。

但是它也量尽整个 CD，所以它也量尽余量 CF。

又 CF 量尽 BG；所以 E 也量尽 BG。

但是它也量尽整个 AB；所以它也量尽余量 AG，较大量量尽较小量：这是不可能的。

因此，没有任何一个量能量尽 AB, CD；所以量 AB, CD 是不可公度的。

[Ⅹ.定义Ⅰ.1]

证完

这个命题说的是不可公度量的判别法，建立在求最大公度量的运算上，两个量的不可公度性的标志是这个运算没有终点，余量越来越小，直到小于任意指定的量。

注意，欧几里得说"让这个过程不断地重复，直到剩余某个量小于 E"。这里他明显地假设,这一过程将在某时产生一个比任一指定量小的余量,而这绝不是不证自明的,并且海伯格和洛伦兹(Lorenz)没有指出这一假设的基础,它实际上就是 X.1,正如比林斯雷(Billingsley)和威廉森敏锐地看到这一点。事实上,若一个较大量不能被一个较小量正好度量,则从较大量减去较小量,一次或多次,直到余量小于较小量,我们就从较大量中去掉它的一大半。例如,在图形中,FD 大于 CD 的一半,BG 大于 AB 的一半。若继续这个过程,在 CF 上多次减去 AG,直到减去了它的一大半;接着大于 AG 一半的量被减去,如此不断进行。因此,沿着 CD,AB 交替进行减去一大半的过程,再在余量上如此进行,最后在这两条线上将得到一个余量小于任意指定的长度。

在这个命题中显示了求最大公度的方法,下一个命题也是同样的,它可以图示如下:

$$
\begin{array}{l}
b)\ a\ (p \\
\underline{\ \ pb} \\
\quad c)\ b\ (q \\
\quad \underline{\ \ qc} \\
\qquad d)\ c\ (r \\
\qquad \underline{\ \ rd} \\
\qquad \quad e
\end{array}
$$

其证明与前面 Ⅶ.1,2 的注中说明的相同。此时假设这个过程永不停止,并且证明 a,b 不可能有任何公度,譬如 f。事实上,假设 f 是一个公度,并且假设这个过程持续到余量 e,e 小于 f。

因为 f 度量 a,b,所以度量 a—pb 或 c。

因为 f 度量 b,c,所以度量 b—qc 或 d;又因为 f 度量 c,d,所以度量 c—rd 或 e:这是不可能的,由于 $e < f$。

欧几里得把若 f 度量 a,b,则它也度量 $ma \pm nb$ 作为公理。

实际上,不必把这个过程不停地进行下去来说这两个量是不可公度的。阿曼(Allman,*Greek Geometry from Thales to Euclid*,pp.42,137—8)提出一个例子。欧几里得在 Ⅷ.5 中证明了,若 AB 在 C 分为中外比,并且若增加 DA 等于 AC,则 DB 在 A 分为中外比,由 Ⅱ.11 的证明这是显然的。相反地,若 BD 在 A 分为中外比,并且 AC 等于较小段 AD,则

$$D \quad\;\; A \qquad\;\; C \quad B$$

AB 在 C 分为中外比。而后我们可以在 AC 上划出一部分等于 CB,并且 AC 也分为中外比,而且可以不断这样进行。现在在一条线上如此划出的较大段大于这条线的一半,而由 Ⅷ.3 推出,它小于较小段的二倍,即从较大段划出较小段不会超过一次。从较大段减去较小段的过程正是求最大公度的过程。因此,若这两段是可公度的,则这个过程就会停止,但这显然是不可能的;所以这两段是不可公度的。

阿曼认为这是与中外比分割有关,而不是与毕达哥拉斯发现的正方形的对角线与边的不可公度有关,但是,毫无疑义,毕达哥拉斯的确发现$\sqrt{2}$的不可公度性,并且对这个特殊情形倾注了大量精力。我不能接受阿曼的观点,毕达哥拉斯注意到中外比的两条线段的不可公度性。毕达哥拉斯不可能很深入地研究这两条线段的不可公度性,据说泰特托斯曾对无理数进行了分类,并且把欧几里得的卷XIII.的第一部分也归功于他。在第六个命题中证明了有理直线经过中外比分割后的线段是二项差线。

实际上,$\sqrt{2}$的不可公度性的证明方法等价于 X. 2 的方法,而且不必进行得很远。克赖斯塔尔(Chrystal,*Text book of Algebra*,Ⅰ. p. 270)给出了这个方法。设 d, a 分别是正方形 $ABCD$ 的对角线和边。在 AC 上划出 AF 等于 a,作 FE 与 AC 成直角,交 BC 于 E。

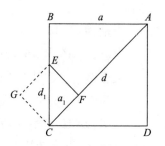

容易证明

$$BE = EF = FC,$$
$$CF = AC - AB = d - a \quad\cdots\cdots\cdots\cdots\cdots\cdots\cdots\quad (1)。$$
$$CE = CB - CF = a - (d - a)$$
$$= 2a - d \quad\cdots\cdots\cdots\cdots\cdots\cdots\cdots\quad (2)。$$

假设 d, a 是可公度的,若 d, a 由单位表示,则每一个是单位的整数倍。

但是,由(1)推出 CF 是单位的整数倍,由(2)推出 CE 也是单位的整数倍。

CF, CE 是正方形 $CFEG$ 的边和对角线,它的边小于原正方形的边的一半。若 a_1, d_1 是这个正方形的边和对角线,则

$$\left.\begin{array}{l} a_1 = d - a \\ d_1 = 2a - d \end{array}\right\}。$$

类似地,我们可以构成一个正方形,以 a_2 为边,d_2 为对角线,a_2, d_2 分别小于 a_1, d_1 的一半,并且 a_2, d_2 必然是单位的整数倍。其中

$$a_2 = d_1 - a_1,$$
$$d_2 = 2a_1 - d_1;$$

这个过程可以一直继续下去,由 X. 1 可以得到任意小的正方形,而它的边和对角线是单位的整数倍:这是不可能的。

所以 a, d 是不可公度的。

注意,这个方法与毕达哥拉斯关于边和对角线的系列是不同的。

17

命题 3

已知两个可公度的量,求它们的最大公度量。

设两个已知可公度的是 AB,CD,并且 AB 是较小的;这样所要求的便是找出 AB,CD 的最大公度量。

现在,量 AB 或者量尽 CD,或者量不尽 CD。

于是,如果 AB 量尽 CD,而 AB 也量尽它自己,则 AB 是 AB,CD 的一个公度量。

又显然它也是最大的;

因为大于 AB 的量不能量尽 AB。

其次,设 AB 量不尽 CD。

这时,如果连续从大量中减去小量直到余量小于小量,再从小量中连续减去余量直到小于余量,这样一直进行下去,则将有一余量量尽它前面的一个,因为 AB,CD 不是不可公度的。

[参看 X.2]

设 AB 量 CD 得 ED,余下的 EC 小于 AB;

又设 EC 量 AB 得 FB,余下的 AF 小于 CE;并设 AF 量尽 CE。

于是,由于 AF 量尽 CE,而 CE 量尽 FB,所以 AF 也量尽 FB。

但是 AF 也量尽它自己;所以 AF 也将量尽整体 AB。

然而 AB 量尽 DE;所以 AF 也量尽 ED。

但是它也量尽 CE;所以它也量尽整体 CD。

所以 AF 是 AB,CD 的公度量。

其次,可证它也是最大的。

因为,如果不是这样,有量尽 AB,CD 的某个量大于 AF,设它是 G。

这时,因为 G 量尽 AB,而 AB 量尽 ED,所以 G 也量尽 ED。

但是它也量尽整体 CD;所以 G 也将量尽余量 CE。

而 CE 量尽 FB;所以 G 也量尽 FB。

但是它也量尽整个 AB,所以它也将量尽余量 AF,

较大的量尽较小的:这是不可能的。

所以没有大于 AF 的量能量尽 AB,CD;

从而 AF 是 AB,CD 的最大公度量。

于是我们求出了两个已知可公度的量 AB, CD 的最大公度量。

证完

推论 由此显然可得,如果一个量能量尽两个量,则它也量尽它们的最大公度量。

这个关于两个可公度量的命题与Ⅶ.2关于数的命题完全相同。我们有如下过程:

$$
\begin{array}{r}
b) \, a \, (p \\
\underline{pb} \\
c) \, b \, (q \\
\underline{qc} \\
d) \, c \, (r \\
\underline{rd}
\end{array}
$$

其中 c 等于 rd,因而没有余量。

可以证明 d 是 a, b 的公度;并且由反证法可证它是最大公度,由于任一公度必然度量 d,而且没有大于 d 的量可以度量 d。反证法当然只是一种形式。

其推论完全对应于Ⅶ.2的推论。

在这一卷中给出求最大公度的过程不只是为了完整性,而且由于在 X.5 中假定并且使用了两个量 A, B 的公度,因而重要的是证明这个公度可以找到,即使还不知道它。

命题 4

已知三个可公度的量,求它们的最大公度量。

设 A, B, C 是三个已知的可公度的量,求 A, B, C 的最大公度量。

设两量 A, B 的最大公度量已得到,设它是 D。

[X.3]

这时 D 或者量尽 C 或者量不尽 C。

首先,设它能量尽 C。

因为 D 量尽 C,而它也量尽 A, B;所以,D 是 A, B, C 的一个公度量。

显然,它也是最大公度量,因为任何大于 D 的量不能量尽 A, B。

其次,设 D 量不尽 C。

则首先可证,C, D 是可公度的。

因为 A, B, C 是可公度的,必有某个量可量尽它们,当然它也量尽 A, B;于是它也将量尽 A, B 的最大公度量 D。

[X.3,推论]

19

但是它也量尽 C；于是所述的量量尽 C,D；所以 C,D 是可公度的。

现在设 C,D 的最大公度量已得到，设它是 E。　　　　　　　　　　[X.3]

这时，由于 E 量尽 D，而 D 量尽 A,B，所以 E 也将量尽 A,B，但是它也量尽 C；所以 E 量尽 A,B,C，所以 E 是 A,B,C 的一个公度量。

其次可证，E 也是最大的。

因为，如果可能的话，将有一个大于 E 的量 F，能量尽 A,B,C。

这时，因为 F 量尽 A,B,C，它也量尽 A,B，

则 F 量尽 A,B 的最大公度量。　　　　　　　　　　　　　[X.3,推论]

而 A,B 的最大公度量是 D，所以 F 量尽 D。

但 F 也量尽 C；所以 F 量尽 C,D；因此 F 也量尽 C,D 的最大公度量 E。

　　　　　　　　　　　　　　　　　　　　　　　　　　　　[X.3,推论]

这样一来，较大的量能量尽较小的量：这是不可能的。

于是没有一个大于 E 的量能量尽 A,B,C；

所以，如果 D 量不尽 C，则 E 便是 A,B,C 的最大公度量；若 D 量尽 C,D 就是最大公度量。

于是我们求出了已知的三个可公度量的最大公度量。

推论　显然，由此可得，如果一个量量尽三个量，则它也量尽它们的最大公度量。

类似地，我们能求出更多个可公度量的最大公度量。

又可证，任何多个量的公度量也能量尽它们的最大公度量。

　　　　　　　　　　　　　　　　　　　　　　　　　　　　　　证完

这个命题完全对应于 Ⅶ.3 关于数的命题，在那里欧几里得认为必须证明 a,b,c 不是互素的，d 与 c 也不是互素的，因此在此处必须证明 d,c 是可公度的，因为 a,b 的任一公度必然度量它们的最大公度(X.3,推论)，所以这是无疑的。

在这个证明中的推理，D,C 的最大公度 E 是 A,B,C 的最大公度与 Ⅶ.3 和 X.3 中的推理相同。

推论包含对四个或更多的量的推广，对应于海伦(Heron)关于 Ⅶ.3 对四个数或更多个数的类似的扩张。

命题 5

两个可公度量的比如同一个数与一个数的比。

设 A,B 是可公度的两个量。

我断言 A 与 B 的比如同一数与另一数的比。

因为，由于 A,B 是可公度的，则有某个量可量尽它们，设此量是 C。

而且 C 量尽 A 有多少次，就设在数 D 中有多少个单位以及 C 量尽 B 有多少次，就设在数 E 中有多少个单位。

$$\begin{array}{ccc} \underline{\quad\quad A\quad\quad} & \underline{\;\;B\;\;} & \underline{\;\;C\;\;} \\ \underline{\;\;D\;\;} \\ \underline{\;\;E\;\;} \end{array}$$

因为按照 D 中若干单位，C 量尽 A，而按照 D 中若干单位，单位也量尽 D，所以单位量尽数 D 的次数与 C 量尽 A 的次数相同；

所以 C 比 A 如同单位比 D。　　　　　　　　　　　　[Ⅶ.定义20]

因此，由反比，A 比 C 如同 D 比单位。　　　　　　　[参看Ⅴ.7,推论]

又因为按照 E 中若干单位，C 量尽 B，而按照 E 中若干单位，单位也量尽 E。

所以单位量尽 E 的次数与 C 量尽 B 的次数相同；

所以 C 比 B 如同单位比 E。

但已经证明了 A 比 C 如同 D 比单位；

所以，取首末比，

A 比 B 如同数 D 比数 E。　　　　　　　　　　　　　[Ⅴ.22]

于是两个可公度的量 A 比 B 如同数 D 比另一个数 E。

证完

其推理如下：若 a,b 是两个可公度量，它们有一公度 c，并且

$$a = mc,$$

$$b = nc,$$

其中 m,n 是整数。由此推出

$$c : a = 1 : m \cdots\cdots\cdots\cdots\cdots\cdots (1),$$

或者

$$a : c = m : 1 ;$$

又

$$c : b = 1 : n,$$

由首末比

$$a : b = m : n。$$

注意，在比例(1)中，欧几里得认为 a 对 c 的倍数与 m 对 1 的倍数相同。换

句话说,他根据的是Ⅶ.定义20。然而,这个只适用于四个数,而 c,a 不是数,$c,$
a 是量。因此,这一对比例的论述是不合理的,除非能证明 Ⅴ.定义5 是关于一
般的量,数 $1,m$ 是量,类似地,对这个命题中的其他比例也是这样。

因此,存在一疏漏。欧几里得应当证明在Ⅶ.定义20意义下成比例的量在
Ⅴ.定义5 的意义下也成比例,或者说数的比例应当作为特殊情形包括在量的
比例中。西姆森(Simson)在他的命题 C 中证明了这个,插入在卷Ⅴ.中(见 Vol.
Ⅱ.pp,126—8)。此处所要求的是要证明

若

$$\left.\begin{array}{l} a = mb \\ c = md \end{array}\right\},$$

则 $\qquad a:b=c:d$,在 Ⅴ.定义5 的意义上。

取 a,c 的任意倍数 pa,pc,b,d 的任意倍数 qb,qd。

现在

$$\left.\begin{array}{l} pa = pmb \\ pc = pmd \end{array}\right\}。$$

但是,根据 $pmb > = < qb, pmd > = < qd$。所以,根据 $pa > = < qb, pc > =$
$< qd$。

而 pa,pc 是 a,c 的任意倍数,qb,qd 是 b,d 的任意倍数,

所以 $a:b=c:d$。 $\qquad$ [Ⅴ.定义5]

命题 6

若两个量的比如同一个数比一个数,则这两个量将是可公度的。

设两个量 A 比 B 如同数 D
比数 E。

我断言 A,B 是可公度的。

设在 D 中有若干单位把 A 分为若干相等的部分,并设 C 等于其中的一个。

又设数 E 中有若干单位,取 F 为若干个等于 C 的量。

因为在 D 中有多少单位,

则在 A 中就有多少个量等于 C,

所以无论单位是 D 怎样的一部分,C 也是 A 的一部分,

所以 C 比 A 如同单位比 D。 $\qquad$ [Ⅶ.定义20]

但是单位量尽数 D,所以 C 也量尽 A。

又，由于 C 比 A 如同单位比 D。

所以，由反比，A 比 C 如同数 D 比单位。　　　　　　　　　　［参看 V.7，推论］

又，由于 E 中有多少个单位，在 F 中就有多少个等于 C 的量，

所以 C 比 F 如同单位比 E。　　　　　　　　　　　　　　　　［Ⅶ.定义 20］

但是也已证明，A 比 C 如同 D 比单位，

所以取首末比，

A 比 F 如同 D 比 E。　　　　　　　　　　　　　　　　　　　［V.22］

但是，D 比 E 如同 A 比 B；

所以有，A 比 B 也如同 A 比 F。　　　　　　　　　　　　　　［V.11］

于是 A 与量 B，F 的每一个有相同的比，因此 B 等于 F。　　［V.9］

但是 C 量尽 F，所以它也量尽 B。

而且还有，它也量尽 A，所以 C 量尽 A，B。

因此 A 与 B 是可公度的。

推论　由这个命题显然可得出，如果有两数 D，E 和一条线段 A，则可作出一线段 F 使得已知线段 A 比 F 如同数 D 比数 E。

而且，如果取 A，F 的比例中项为 B，则 A 比 F 如同 A 上正方形比 B 上正方形，即第一线段比第三线段将如同第一线段上的图形比第二线段上与之相似的图形。　　　　　　　　　　　　　　　　　　　　　　　　　　［Ⅵ.19，推论］

但是 A 比 F 如同数 D 比数 E；

所以也就作出了数 D 与数 E 之比如同线段 A 上图形与线段 B 上图形之比。

证完

与上一命题相同，在此要联系数的比与量的比，推理如下：

假设　　　　　　　　　　　$a:b=m:n$，

其中 m，n 是整数。

将 a 分为 m 份，每份等于 c，

因此

$$a=mc。$$

现在取 d，使得

$$d=nc。$$

所以

$$a:c=m:1,$$
$$c:d=1:n$$

由首末比 $\qquad a:d=m:n。$

$$=a:b,由题设。$$

因此 $b=d=nc,$

从而 c 经 n 次度量 b，因而 a,b 是可公度的。

这个推论常常用在后面的命题中，由此可以推出

(1)若 a 是给定的直线，而 m,n 是数，则可以找到一条直线 x，使得

$$a:x=m:n。$$

(2)我们可以找到一条直线 y，使得

$$a^2:y^2=m:n。$$

事实上，我们只要取 y 为 a 与 x 的比例中项，此时，a,y,x 成连比，因而(V.定义9)

$$a^2:y^2=a:x$$

$$=m:n。$$

命题 7

不可公度的两个量的比不同于一个数比另一个数。

设 A,B 是不可公度的量。

我断言 A 与 B 的比不同于一个数比另一个数。

因为，如果 A 比 B 如同一个数比另一个数，则 A 与 B 是可公度的。

$$\begin{array}{c} \dfrac{\quad A \quad}{} \\ \dfrac{\quad B \quad}{} \end{array}$$

[X.6]

但是并不是这样的，所以 A 比 B 不同于一个数比一个数。

证完

命题 8

如果两个量的比不可能如同一个数比另一个数，则这两个量不可公度。

设两个量 A 与 B 之比不可能如同一个数比另一个数。

我断言两量 A,B 是不可公度的。

因为，如果它们是可公度的，则 A 比 B 如同一个数比另一个数。

$$\begin{array}{c} \dfrac{\quad A \quad}{} \\ \dfrac{\quad B \quad}{} \end{array}$$

[X.5]

但是并不是这样的。

所以量 A,B 是不可公度的。

证完

命题 9

两长度可公度的线段上正方形之比如同一个平方数比一个平方数；若两正方形的比如同一个平方数比另一个平方数，则两正方形的边长是长度可公度的。但两长度不可公度的线段上正方形的比不同于一个平方数比另一个平方数；若两个正方形之比不同于一个平方数比另一个平方数，则它们的边也不是长度可公度的。

设 A,B 是长度可公度的两线段。

我断言 A 上正方形比 B 上正方形如同一个平方数比一个平方数。

因为，由于 A 与 B 是长度可公度的，所以 A 与 B 之比如同一个数比另一个数。 [X.5]

设这两个数之比是 C 比 D。

于是 A 比 B 如同 C 比 D，

而 A 上正方形与 B 上正方形的比如同 A 与 B 的二次比。

因为相似图形之比如同它们对应边的二次比； [Ⅵ.20，推论]

并且 C 的平方与 D 的平方之比如同 C 与 D 的二次比。

因为在两个平方数之间有一个比例中项数，且平方数与平方数如同它们边与边的二次比。 [Ⅷ.11]

所以也有，A 上正方形比 B 上正方形如同 C 的平方数与 D 的平方数之比。

其次，设 A 上正方形比 B 上正方形如同 C 的平方数比 D 的平方数。

我断言 A 与 B 是长度可公度的。

因为，A 上正方形比 B 上正方形如同 C 的平方数与 D 的平方数之比，又由于 A 上正方形比 B 上正方形如同 A 与 B 的二次比，且 C 的平方数与 D 的平方数的比如同 C 与 D 的二次比，

所以也有，A 比 B 如同 C 比 D。

所以 A 与 B 之比如同数 C 比数 D；因此 A 与 B 是长度可公度的。 [X.6]

再次，设 A 与 B 是长度不可公度的。

我断言 A 上正方形与 B 上正方形之比不同于一个平方数比一个平方数。

因为，如果 A 上正方形与 B 上正方形之比如同一个平方数比一个平方数，则 A 与 B 是可公度的。

但是并不是这样；

所以 A 上正方形与 B 上正方形之比不同于一个平方数比一个平方数。

最后,设 A 上正方形与 B 上正方形之比不同于一个平方数比一个平方数。

我断言 A 与 B 是长度不可公度的。

因为,如果 A 与 B 是可公度的,则 A 上正方形与 B 上正方形之比如同一个平方数比一个平方数。

但是并不是这样的;

所以 A 与 B 不是长度可公度的。

证完

推论 从上述证明中得知,长度可公度的两线段也总是平方可公度的,但是平方可公度的线段不一定是长度可公度的。

[**引理** 在算数卷中已证得两相似面数之比如同一个平方数比一个平方数,   [Ⅷ.26]

而且,如果两数之比如同一个平方数比另一个平方数,则它们是相似面数。

[Ⅷ.26 的逆命题]

从这些命题显然可知,若数不是相似面数,即那些不与它们的边成比例的数,它们之比不同于一个平方数比一个平方数。

因为,如果它们有这样的比,它们就是相似面数:这与假设矛盾。

所以不是相似面数的数之比不同于一个平方数比一个平方数。]

这个命题的附注(Schol. Ⅹ. No. 62)明确地说,这个定理的证明是泰特托斯发现的。

若 a, b 是直线,并且

$$a : b = m : n,$$

其中 m, n 是整数,则

$$a^2 : b^2 = m^2 : n^2;$$ 并且其逆也成立。

这个推理如用符号表示看起来很简单,但对欧几里得来说绝非易事,由于 a, b 是直线,而 m, n 是数,他必须通过Ⅵ.20 的推论中的二次比由 $a : b$ 过渡到 $a^2 : b^2$;a 上的正方形比 b 上的正方形是相应边 a, b 的二次比。另一方面,m, n 是数,需要用Ⅷ.11 来证明 $m^2 : n^2$ 是 $m : n$ 的二次比。

为了建立他的结果,欧几里得假设**若两个比相等,则它们的二次比也相等。** 欧几里得没有证明这个,但是容易从 Ⅴ.22 推出,正如Ⅵ.22 我的注中所说的。

其逆也可同样地建立,而欧几里得假设**若两个比的二次比相等,则它们本**

身相等。证明这个更加困难;其证明见Ⅵ.22 的注。

定理的第二部分可用反证法由第一部分推出,无须注释。

在希腊正文中附加了这个推论,海伯格认为它是多余的,并且也不是欧几里得的风格,用括号括了起来,它包含(1)这个推论的证明或解释,(2)解释长度不可公度的两条直线不必是平方不可公度的,另一方面,平方不可公度的两条直线总是长度不可公度的。

这个引理给出了具有平方数比平方数的两个数的表示,相似面数有形式 $pm \cdot pn$ 和 $qm \cdot qn$,或者 mnp^2 和 mnq^2,它们的比当然是 p^2 与 q^2 的比。

其逆,若两个数的比等于两平方数的比,则这两个数是相似面数,在算术卷中没有证明。它是Ⅷ.26 的逆,并且用在Ⅸ.10 中。海伦给出了其证明(见Ⅷ.27 的注)。

然而,海伯格以充足的理由认为这个引理是插入的。它参考了下一个命题 X.10,并且对 X.10 有许多异议,很难接受它是真实的。此外,没有理由在这个引理中引入不是相似面数的数。

命题 10

求与一个给定的线段不可公度的两个线段,一个是仅长度不可公度,另一个也是平方不可公度。

设 A 是所给定的线段,求与 A 不可公度的两线段,一个是仅长度不可公度,另一个也是平方不可公度。

取两数 B,C,使其比不同于一个平方数比另一个平方数,即它们不是相似面数。

而且设作出了如下比例,使 B 比 C 如同 A 上正方形比 D 上正方形。因为我们知道如何作出。　　　　　　　[X.6,推论]

所以 A 上正方形与 D 上正方形可公度。　　　　　　　[X.6]

又因为 B 与 C 的比不同于一个平方数比一个平方数,

所以 A 上正方形比 D 上正方形不同于一个平方数比一个平方数;

所以 A 与 D 是长度不可公度的。　　　　　　　[X.9]

设取 E 为 A,D 的比例中项;

所以 A 比 D 如同 A 上正方形比 E 上正方形。　　　　[Ⅴ.定义9]

但是 A 与 D 是长度不可公度的,

所以 A 上正方形与 E 上正方形也是不可公度的;　　　　[X.11]

所以 A 与 E 是平方不可公度的。

这样求出了与指定线段 A 不可公度的两线段 D,E;

D 是仅长度不可公度,E 是长度与平方都不可公度。

证完

这个命题显然是为 X. 定义 I . 3 提供一个证据,证明存在无穷多个直线与任意给定直线(a)仅长度不可公度,或者仅平方可公度,(b)平方不可公度。

事实上,这个命题可以去掉;并且对这个命题的真实性有异议。

首先,它依赖于下一个命题 X.11;在最后一步中,因为

$$a^2 : y^2 = a : x,$$

并且 a,x 按长度不可公度,所以 a^2,y^2 不可公度。欧几里得从来没有证明一个定理用后一个定理。格雷戈里(Gregory)试图克服这个困难,把 X. 10 放在 X. 11 的后面,若这样改变顺序,则引理仍然在错误的位置。

其次,"因为我们知道如何作出"这种表达不是欧几里得的风格。

最后,手稿 P 把编号 10 放在 X. 11 的上面,由此可以断言 X. 10 开始没有编号。

因此,最好是把这个引理及 X. 10 作为假的而取掉。

X. 10 的推理是简单的。若 a 是给定的直线,m,n 是两个数,不是平方比平方,取 x 使得

$$a^2 : x^2 = m : n,$$ [X. 6,推论]

因此 a,x 按长度不可公度。 [X. 9]

而后取 a,x 的比例均值 y,因此

$$a^2 : y^2 = a : x$$ [V. 定义 9]

$$[= \sqrt{m} : \sqrt{n}],$$

因而 x 与 a 仅长度不可公度,而 y 与 a 按平方和按长度都不可公度。

命题 11

如果四个量成比例,并且第一量与第二量是可公度的,则第三量与第四量也是可公度的;若第一量与第二量是不可公度的,则第三量与第四量也是不可公度的。

设 A,B,C,D 是四个成比例的量,即,A 比 B 如同 C 比 D,

并且设 A 与 B 是可公度的。

我断言 C 与 D 也将是可公度的。

因为 A 与 B 是可公度的,所以 A 与 B 之比如同一个数比一个数。 [X.5]

又 A 比 B 如同 C 比 D,

所以 C 与 D 之比如同一个数比另一个数,

所以 C 与 D 是可公度的。 [X.6]

其次,设 A 与 B 不可公度。

我断言 C 与 D 也将是不可公度的。

因为,由于 A 与 B 不可公度,所以 A 与 B 之比不同于一个数比另一个数。 [X.7]

又 A 比 B 如同 C 比 D,

所以 C 与 D 之比不同于一个数比一个数,

所以 C 与 D 不可公度。 [X.8]

证完

为了简明起见,我将使用符号于定义 I.1—4 中的"可公度"与"不可公度"。这些符号取自洛伦兹,并且是方便的。

把"可公度"记为⌒,不论对面积还是对长度。

把"仅平方可公度"记为∽,仅对直线。

把"不可公度"记为⌣,不论对面积还是对长度。

把"平方不可公度"记为⌐,仅对直线。

假定 a,b,c,d 是四个量,使得

$$a : b = c : d。$$

(1)若 $a ⌒ b$,则 $a : b = m : n,m,n$ 是整数, [X.5]

因此 $c : d = m : n$,

所以 $c ⌒ d$。 [X.6]

(2)若 $a ⌣ b$,则 $a : b \neq m : n$, [X.7]

因此 $c : d \neq m : n$,

所以 $c ⌣ d$。 [X.8]

命题 12

与同一量可公度的两量,彼此也可公度。

设量 A,B 的每一个与 C 可公度。

我断言 A 与 B 也是可公度的。

因为,由于 A 与 C 可公度,所以 A 与 C 之比如同一个数比一个数。 [Ⅹ.5]

设这个比是 D 比 E。

又因为,C 与 B 可公度,

所以 C 与 B 之比如同一个数比一个数, [Ⅹ.5]

设这个比是 F 比 G。

现在对已知一些相比中的数,即 D 比 E 及 F 比 G。

可取数 H,K,L 使它们以已知比连成比例, [参看Ⅷ.4]

即,D 比 E 如同 H 比 K,并且,F 比 G 如同 K 比 L。

因为,A 比 C 如同 D 比 E,

而 D 比 E 如同 H 比 K,

所以也有 A 比 C 如同 H 比 K。 [Ⅴ.11]

又,由于 C 比 B 如同 F 比 G,

而 F 比 G 如同 K 比 L,

所以也有,C 比 B 如同 K 比 L。 [Ⅴ.11]

但是也有,A 比 C 如同 H 比 K;

所以取首末比例,A 比 B 如同 H 比 L。 [Ⅴ.22]

所以 A 与 B 之比如同一个数比一个数,

所以 A 与 B 是可公度的。 [Ⅹ.6]

证完

我们只要复合两个比即可。

假定 $a \frown c, b \frown c$。

因而 $a:c = m:n$, [Ⅹ.5]

$c:b = p:q$。

现在 $m:n = mp:np$,

并且 $p:q = np:nq$。

因而 $a:c = mp:np$,

30

$$c : b = np : nq,$$

由首末比 $$a : b = mp : nq,$$

故 $$a \frown b。 \qquad [\text{X}.6]$$

命题 13

若两个量是可公度的,其中一量与某量不可公度,那么另一量也与此量不可公度。

设 A,B 是两个可公度的量,并且其中的一量 A 与另一量 C 是不可公度的。

我断言 B 与 C 也不可公度。

因为,如果 B 与 C 是可公度的,而 A 与 B 也是可公度的,那么 A 与 C 也是可公度的。 $\qquad [\text{X}.12]$

但是 A 与 C 也是不可公度的:这是不可能的。

所以 B 与 C 不是可公度的,因此 B 与 C 是不可公度的。

证完

引 理

求作一线段,使得这线段上的正方形等于给定的大小不等的两线段上的正方形的差。

设 AB,C 是已知的两个不等线段,且 AB 是大线段;

求作一正方形,使得等于 AB 上正方形超过 C 上正方形所得之差。

以 AB 为直径作半圆,在半圆上作弦 AD 等于 C,连接 DB。 $\qquad [\text{IV}.1]$

显然,角 ADB 是直角, $\qquad [\text{III}.31]$

于是,AB 上正方形与 AD 上正方形之差为 DB 上正方形。 $\qquad [\text{I}.47]$

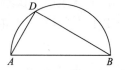

类似地也有,如果已知两线段,同法可求出一个线段,使得这线段上的正方形等于两已知线段上正方形的和。

设 AD,DB 是两条已知线段,求作一线段,使它上的正方形等于 AD 与 DB 上两正方形的和。

设用 AD 与 DB 组成一个直角,连接 AB。

显然，AB 上的正方形等于 AD,DB 上的两正方形的和。

证完

这个引理给出了求 $c=\sqrt{a^2-b^2}$ 的方法，其中 a,b 是给定直线，a 是较大者。

命题 14

如果四个线段成比例，并且第一条线段上的正方形比第二条线段上的正方形超过一条线段上的正方形，这条线段与第一条线段是可公度的，则第三条线段上的正方形也比第四条线段上的正方形超过一条线段上的正方形，这条线段与第三条线段也可公度。

又，如果第一条上的正方形比第二条上的正方形超过一条线段上的正方形，这条线段与第一条线段是不可公度的，则第三条上的正方形也比第四条上的正方形也超过一条线段上的正方形，这条线段与第三条也不可公度。

设 A,B,C,D 是四个成比例的线段，即 A 比 B 如同 C 比 D，并且设 A 上正方形与 B 上正方形之差等于 E 上正方形，又设 C 上正方形与 D 上正方形之差等于 F 上正方形。

我断言若 A 与 E 可公度，

则 C 与 F 也可公度，

若 A 与 E 不可公度，则 C 与 F 也不可公度。

因为，A 比 B 如同 C 比 D，

所以也有，A 上正方形比 B 上正方形如同 C 上正方形比 D 上正方形。

[Ⅵ. 22]

但是，E,B 上正方形之和等于 A 上正方形，

并且 D,F 上正方形之和等于 C 上正方形，

所以 E,B 上正方形之和比 B 上正方形如同 D,F 上正方形之和比 D 上正方形；

所以由分比例，E 上正方形比 B 上正方形如同 F 上正方形比 D 上正方形。

[V. 17]

所以也有，E 比 B 如同 F 比 D；　　　　　　　　　　　[Ⅵ. 22]

故由分比例，B 比 E 如同 D 比 F。

但是 A 比 B 如同 C 比 D。

于是取首末比例，有 A 比 E 如同 C 比 F。

[V. 22]

所以,如果 A 与 E 可公度,则 C 与 F 亦可公度。

又,如果 A 与 E 不可公度,则 C 与 F 也不可公度。

证完

假定 a,b,c,d 是直线,使得

$$a:b = c:d \quad\cdots\cdots\cdots\cdots\cdots\cdots\quad (1)。$$

由[Ⅵ.22]可推出

$$a^2:b^2 = c^2:d^2 \quad\cdots\cdots\cdots\cdots\cdots\cdots\quad (2)。$$

为了证明

$$a^2:(a^2-b^2) = c^2:(c^2-d^2),$$

欧几里得绕了一圈,由于在他的卷Ⅴ.中缺少换比命题(西姆森用他的命题 E 做了补充)。

由(2)可推出

$$\{(a^2-b^2)+b^2\}:b^2 = \{(c^2-d^2)+d^2\}:d^2,$$

由分比 $\quad\quad (a^2-b^2):b^2 = (c^2-d^2):d^2,$ $\qquad$ [Ⅴ.17]

由反比 $\quad\quad b^2:(a^2-b^2) = d^2:(c^2-d^2)。$

由此与(2),首末比

$$a^2:(a^2-b^2) = c^2:(c^2-d^2), \qquad [Ⅴ.22]$$

因此 $\qquad\qquad a:\sqrt{a^2-b^2} = c:\sqrt{c^2-d^2}。$ $\qquad$ [Ⅵ.22]

因而

$$a \frown \text{或} \smile \sqrt{a^2-b^2},$$
$$c \frown \text{或} \smile \sqrt{c^2-d^2}。 \qquad [Ⅹ.11]$$

若 $a \frown \sqrt{a^2-b^2}$,则 $\sqrt{a^2-b^2} = ka$,其中 k 为 m/n,m,n 是整数。并且若 $\sqrt{a^2-b^2} = ka$,则 $\sqrt{c^2-d^2} = kc$。

命题 15

如果把两个可公度的量相加,其和也与原来二量都可公度;若二量之和与二量之一可公度,则原来二量也可公度。

设两个可公度的量是 AB,BC,将它们相加。

我断言整体 AC 也与 AB,BC 每一个可公度。

因为 AB,BC 是可公度的,

所以有一个量能量尽它们。

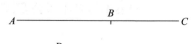

设量尽它们的量是 D。

因为 D 量尽 AB,BC,那么它也量尽整体 AC。

但是它也量尽 AB,BC,所以 D 量尽 AB,BC,AC;

所以 AC 与 AB,BC 的每一个是可公度的。　　　　　　　　[X.定义Ⅰ.1]

其次,设 AC 与 AB 是可公度的。

我断言 AB,BC 也是可公度的。

因为,由于 AC,AB 是可公度的,

则有一个量能量尽它们,设量尽它们的是 D。

这时,由于 D 量尽 CA,AB,那么它也量尽余量 BC。

但是它也量尽 AB;

所以 D 也量尽 AB,BC;所以 AB,BC 是可公度的。　　　　[X.定义Ⅰ.1]

证完

(1)若 a,b 是任意两个可公度的量,则它们有形式 mc,nc,其中 c 是 a,b 的公度,m,n 是整数。由此可推出

$$a+b=(m+n)c,$$

因此,$(a+b)$ 被 c 度量,与 a 和 b 可公度。

(2)若 $a+b$ 与 a 或者 b 可公度,譬如说 a,我们可以令 $a+b=mc,a=nc$,其中 c 是 $(a+b),a$ 的公度,m,n 是整数。

相减,有 $b=(m-n)c$,

因此 $b \frown a$。

命题 16

如果把两个不可公度的量相加,其和必与原来二量都不可公度;如果两个量之和与两个量之一不可公度,则这两个量也不可公度。

把两个不可公度量 AB,BC 相加。

我断言整体 AC 与 AB,BC 都不可公度。

因为,如果 CA,AB 不是不可公度的,那么有一个量能量尽它们。

设量尽它们的量为 D。

这时，由于 D 量尽 CA,AB，

所以它也将量尽其余量 BC。

但是它也量尽 AB；所以 D 量尽 AB,BC。

于是 AB,BC 是可公度的。

但是由假设，它们也是不可公度的：这是不可能的。

因此没有一个量能量尽 CA,AB；

所以 CA,AB 是不可公度的。   [X.定义 I.1]

类似地，我们能够证明 AC,CB 也是不可公度的。

所以 AC 与 AB,BC 的每一个不可公度。

其次，设 AC 与两量 AB,BC 之一不可公度。

首先，设 AC 与 AB 不可公度。

我断言 AB,BC 也不可公度。

因为，如果它们是可公度的，

则有一个量量尽它们。设量尽它们的量是 D。

因为 D 量尽 AB,BC，所以 D 也量尽整体 AC。

但是它也量尽 AB；所以 D 量尽 CA,AB。

于是 CA,AB 是可公度的。

但是由假设，它们也是不可公度的：这是不可能的。

于是没有一个量能量尽 AB,BC；

因此 AB,BC 是不可公度的。   [X.定义 I.1]

证完

引　理

如果在一条线段上贴合上一个缺少正方形的矩形，则这个矩形等于因作图而把原线段所分成的两段所夹的矩形。

设在线段 AB 上贴合上一个缺少正方形 DB 的矩形 AD。

我断言 AD 等于以 AC,CB 为边的矩形。

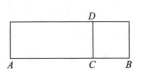

显然，因为 DB 是正方形，DC 等于 CB；并且 AD 是矩形 AC,CD，即矩形 AC,CB。

证完

若 a 是给定的直线,x 是相贴矩形所缺少的正方形的边,则这个矩形等于 $ax - x^2$,这当然等于 $x(a-x)$。这个矩形可以写成 xy,其中 $x + y = a$,给定面积 $x(a-x)$ 或 xy(其中 $x + y = a$),两个不同的相贴可给出等于这个面积的矩形,缺少的边分别是 x 或 $a - x(x$ 或 $y)$;但是第二种表示方式的矩形在形状上没有差别,只是位置不同。

命题 17

如果有两条不相等的线段,在大线段贴合上一个矩形等于小线段上正方形的四分之一而缺少一个正方形,并且大线段被分成长度可公度的两部分,则原来大线段上正方形比小线段上正方形大一个与大线段是可公度的线段上的正方形。

又,如果大线段上正方形比小线段上正方形大一个与大线段是可公度的线段上的正方形,并且在大线段贴合上一个矩形等于小线段上正方形的四分之一,而且缺少一个正方形,则大线段被分成的两部分是长度可公度的。

设 A,BC 是两个不相等的线段,其中 BC 是较大者,在 BC 上贴合一个矩形等于 A 上正方形的四分之一,即 A 的一半上的正方形,并且缺少一个正方形,设它就是矩形 BD,DC,　　　　　　　　　　　　　 [参看引理]
并且设 BD 与 CD 是长度可公度的。

我断言 BC 上正方形比 A 上正方形大一个与 BC 是可公度的线段上的正方形。

为此平分 BC 于点 E,取 EF 等于 DE。

所以余量 DC 等于 BF。

又,由于线段 BC 被点 E 分为相等的两部分,被 D 分为不相等的两部分,所以由 BD,CD 所夹的矩形与 ED 上正方形的和等于 EC 上正方形。　　　　　　　　　　　　　　　　　　　 [Ⅱ.5]

把它们四倍后同样正确,所以四倍矩形 BD,DC 与四倍 DE 上正方形的和等于 EC 上正方形的四倍。

但是 A 上正方形等于四倍的矩形 BD,DC;

而 DF 上正方形等于四倍的 DE 上正方形,因为 DF 是 DE 的二倍。

又 BC 上正方形等于四倍 EC 上正方形,因为 BC 是 CE 的二倍。

所以 A,DF 上正方形的和等于 BC 上正方形,

这样 BC 上正方形比 A 上正方形大一个 DF 上正方形。

可证 BC 与 DF 也是可公度的。

因为 BD 与 DC 是长度可公度的，

所以 BC 与 CD 也是长度可公度的。   [X. 15]

但是 CD 与 CD, BF 的和是长度可公度的，

这是由于 CD 等于 BF。   [X. 6]

所以 BC 与 BF, CD 的和也是长度可公度的。   [X. 12]

因此 BC 与余量 FD 也是长度可公度的。   [X. 15]

所以 BC 上正方形比 A 上正方形大一个与 BC 是可公度的线段上的正方形。

其次，设 BC 上正方形比 A 上正方形大一个与 BC 是可公度的线段上的正方形，

在线段 BC 上贴合一个矩形，等于 A 上正方形的四分之一且缺少一个正方形，设它是矩形 BD, DC。

我断言 BD 与 DC 是长度可公度的。

用同一个图，类似地，可以证明 BC 上正方形比 A 上正方形大一个 FD 上正方形。

但是 BC 上正方形比 A 上正方形大一个与 BC 是可公度的线段上的正方形。

所以 BC 与 FD 是长度可公度的，

因此 BC 也与余量，即 BF, DC 的和，也是长度可公度的。   [X. 15]

但是 BF, DC 之和与 DC 可公度，   [X. 6]

因此 BC 与 CD 也是长度可公度的，   [X. 12]

因而，由分比，BD 与 DC 是长度可公度的。   [X. 15]

证完

这个命题给出了方程

$$ax - x^2 = \beta\left(\text{譬如说} = \frac{b^2}{4}\right)$$

的根 x 与 a 可公度，或者说可以表示成 $\frac{m}{n}a$ 的条件。欧几里得和希腊人使用他们解二次方程的解法于数值问题。在纯粹的几何解答中，可公度的根与不可公度的根之间的差别是不重要的，由于它们都是用直线表示的。另一方面，二次方程的数值解答是希腊几何中一个重要部分，根与给定直线或单位分别可公度

与不可公度具有极大重要性。因为希腊人没有办法表示我们所说的无理数,所以在具有不可公度根的情形只能几何地表示它们;并且这种几何表示必须代替我们涉及不尽根的公式表示。

在这个及下一个命题中欧几里得证明了方程中,

$$x(a-x) = \frac{b^2}{4} \quad \cdots\cdots\cdots\cdots\cdots\cdots\cdots (1),$$

若 $x, (a-x)$ 是长度可公度的,则 $\sqrt{a^2-b^2}, a$ 也是可公度的,若 $x, (a-x)$ 是长度不可公度的,则 $\sqrt{a^2-b^2}, a$ 也是不可公度的,以及其逆。

注意他的证明与解方程的代数方法的类似性。a 在图中表示为 BC, x 表示为 CD,

$$EF = ED = \frac{a}{2} - x,$$

并且

$$x(a-x) + (\frac{a}{2}-x)^2 = \frac{a^2}{4}, \text{由 II.5}。$$

如果我们两边乘以 4,

$$4x(a-x) + 4(\frac{a}{2}-x)^2 = a^2,$$

再由(1),

$$b^2 + (a-2x)^2 = a^2,$$

或

$$a^2 - b^2 = (a-2x)^2,$$

则

$$\sqrt{a^2-b^2} = a - 2x。$$

在这个命题中我们要证明

(1)若 $x, (a-x)$ 是长度可公度的,则 $a, \sqrt{a^2-b^2}$ 也长度可公度;

(2)若 $a, \sqrt{a^2-b^2}$ 长度可公度,则 $x, (a-x)$ 也长度可公度。

(1)为了证明 $a, a-2x$ 长度可公度,欧几里得使用下述方法。

因为 $(a-x) \frown x$,所以	$a \frown x。$	[X.15]
但是	$x \frown 2x。$	[X.6]
所以	$a \frown 2x$	[X.12]
	$\frown (a-2x),$	[X.15]
即	$a \frown \sqrt{a^2-b^2}。$	

(2)因为 $a \frown \sqrt{a^2-b^2}$,所以 $a \frown (a-2x),$

因此	$a \frown 2x。$	[X.15]
但是	$2x \frown x,$	[X.6]
因此	$a \frown x,$	[X.12]

所以 $(a-x) \frown x$。   [X.15]

更方便的是使用方程的对称形式,即

$$\left. \begin{array}{c} xy = \dfrac{b^2}{4} \\ x + y = a \end{array} \right\}。$$

其结论是

(1) 若 $x \frown y$,则 $a \frown \sqrt{a^2 - b^2}$;

(2) 若 $a \frown \sqrt{a^2 - b^2}$,则 $x \frown y$。

此时这个命题的真实性更容易看出来,由于 $(x-y)^2 = (a^2 - b^2)$。

命题 18

设有两条不相等的线段,在大线段贴合上一个等于小线段上正方形四分之一且缺少一个正方形的矩形,若分大线段为不可公度的两部分,则原来大线段上正方形比小线段上正方形大一个与大线段不可公度的线段上的正方形。

又,如果大线段上正方形比小线段上正方形大一个与大线段不可公度的线段上的正方形,并且在大线段贴合上等于小线段上正方形的四分之一且缺少一个正方形的矩形,则大线段被分为不可公度的两部分。

设 A, BC 是两条不相等的线段,其中 BC 是较大者,在 BC 上贴合等于 A 上正方形的四分之一且缺少一正方形的矩形,设它就是矩形 BD, DC,   [参看 X.17 前引理]

又设 BD 与 DC 是长度不可公度的。

我断言 BC 上的正方形较 A 上正方形大一个与 BC 是不可公度的线段上的正方形。

利用前面作图,类似地,我们能够证明 BC 上正方形比 A 上正方形大一个 FD 上正方形,

现在证明 BC 与 DF 是长度不可公度的。

由于 BD 与 DC 是长度不可公度的,

所以 BC 与 CD 在长度上也是不可公度的。   [X.16]

但是 DC 与 BF, DC 的和是可公度的,   [X.6]

所以 BC 与 BF, DC 的和是不可公度的,   [X.13]

因此 BC 与余量 FD 在长度上也是不可公度的。   [X.16]

而 BC 上正方形比 A 上正方形大一个 FD 上正方形,

所以 BC 上正方形比 A 上正方形大一个与 BC 是不可公度的线段上的正方形。

又设 BC 上正方形比 A 上正方形大一个与 BC 是不可公度的线段上的正方形；

而且对 BC 贴合上等于 A 上正方形的四分之一且缺少一个正方形的矩形，而它就是矩形 BD,DC。

现在来证明 BD 与 DC 是长度不可公度的。

为此，用同一图，类似地，我们能够证明 BC 上正方形较 A 上正方形大一个 FD 上正方形。

但是 BC 上正方形比 A 上正方形大一个与 BC 是不可公度的线段上的正方形，

所以 BC 与 FD 是长度不可公度的，

于是 BC 与余量，即 BF,DC 的和是不可公度的。　　　　　　［X.16］

但是 BF,DC 的和与 DC 是长度可公度的。　　　　　　［X.6］

所以 BC 与 DC 也是长度不可公度的，　　　　　　［X.13］

因此由分比，BD 与 DC 是长度不可公度的。　　　　　　［X.16］

证完

用前述的记号，在这个命题中我们要证明：

(1)若 $(a-x),x$ 是长度不可公度的，则 $a,\sqrt{a^2-b^2}$ 也是长度不可公度的。

(2)若 $a,\sqrt{a^2-b^2}$ 是长度不可公度的，则 $(a-x),x$ 也是长度不可公度的。

或者用方程

$$\left. \begin{array}{l} xy = \dfrac{b^2}{4} \\ x+y = a \end{array} \right\},$$

(1)若 $x \smile y$，则 $a \smile \sqrt{a^2-b^2}$；

(2)若 $a \smile \sqrt{a^2-b^2}$，则 $x \smile y$。

其证明与上面注释的步骤完全相同，只是把 ⌢ 换为 ⌣，而"$x \frown 2x$"以及"$2x \frown x$"不变，参考 X.12，X.15 分别换成 X.13，X.16。

［**引理**　已证得长度可公度的线段也总是平方可公度的。可是平方可公度的线段不一定是长度可公度的，那么它必然是长度可公度的或者不可公度的，如果一个线段与一个已知有理线段是长度可公度的，称它为有理的，并且与已

知有理线段不仅是长度也是平方可公度的,因为凡线段长度可公度,也必然是平方可公度的。

但是,如果任一线段与已知的有理线段是平方可公度的,也是长度可公度的,在这种情况下也称它是有理的,而且是平方和长度两者都可公度的;但是,如果任一线段与一有理线段是平方可公度的,并且是长度不可公度的,在这种情况下也称它是有理的,但是仅平方可公度。]

命题 19

由长度可公度的两有理线段所夹的矩形是有理的。

为此,设矩形 AC 是以长度可公度的有理线段 AB,BC 所夹的。

我断言 AC 是有理的。

因为,可在 AB 上作一正方形 AD,那么 AD 是有理的。

[X.定义Ⅰ.4]

又,由于 AB 与 BC 是长度可公度的,而 AB 等于 BD,所以 BD 与 BC 是长度可公度的。

又,BD 比 BC 如同 DA 比 AC。　　　　　[Ⅵ.1]

所以 DA 与 AC 是可公度的。　　　　　[X.11]

但是 DA 是有理的;所以 AC 也是有理的。　　[X.定义Ⅰ.4]

证完

这个命题的阐述有困难,希腊正文的矩形是由"上述任一种长度可公度的两条有理直线"所包围的。现在两条直线只是用一种方式,长度可公度的,可公度的含义是长度可公度性与仅平方可公度性。而一条直线与给定的有理直线有两种方式是有理的,它可以与后者是长度可公度的或者仅平方可公度的。因此,比林斯雷译为"两条直线长度可公度并且按上述任一种方式是有理的",这个与下一个命题的表述是相同的,"一条直线按上述任一种方式是有理的"。

解决困难的最好方法是去掉词"按上述任一种",他们参考了前面的引理,引理本身已经引起极大的怀疑。它是十分啰唆的,并且是不必要的;它显然是假的并且被海伯格放在附录中。这个附加不像是欧几里得的,由于在开头有"他称为有理直线,那些……"。因此我们无疑地把这个引理本身放在附录中。奥古斯特是这样做的并且像我一样略去了可疑的词。

同样的话适用于加在 X.23 中的话(没有"引理"头衔)以及 X.24 的阐述

中的"按任一种上述方式"。

因此我把X.23增加的引理用括号括了起来,并且略去了X.24阐述中可疑的话。

若ρ是一条给定的有理直线,则另一条是$k\rho$,k是形式m/n(m,n是整数)。于是矩形是$k\rho^2$,它显然是有理的,由于它与ρ^2可公度(X.定义I.4)

一个有理矩形有下述一种形式ab,ka^2,kA或A,其中a,b与长度单位可公度,A与面积单位可公度。

因为欧几里得不能使用$k\rho$作为与ρ长度可公度的直线的记号,所以他必须在他的证明中对应地作

$$\rho^2 : k\rho^2 = \rho : k\rho,$$

因此共$p,k\rho$可公度,则$\rho^2,k\rho^2$也可公度。 [X.11]

命题 20

如果在一个有理线段贴合上一个有理面,则作为宽的线段是有理的,并且与原线段是长度可公度的。

为此,用前面的方法,在有理线段AB贴合上一个有理矩形AC,产生的BC作为宽。

我断言BC是有理的,且与BA是长度可公度的。

在AB上画出一个正方形AD,所以AD是有理的。

[X.定义I.4]

但是AC也是有理的;

所以DA与AC是可公度的;

又DA比AC如同DB比BC。 [VI.1]

所以DB与BC也是可公度的, [X.11]

而DB等于BA,所以AB与BC也是可公度的。

但是AB是有理的;

所以BC也是有理的,且与AB是长度可公度的。

证完

这是上一个命题的逆,若ρ是一条有理直线,则任一个有理面有形式$k\rho^2$。若这个能贴到ρ,则宽是$k\rho$,与ρ长度可公度,因而是有理的。若我们贴这个面

积于另一条有理直线 σ，则我们有同样的结论，其宽度是 $\dfrac{k\rho^2}{\sigma}=\dfrac{k\rho^2}{\sigma^2}\cdot\sigma=\dfrac{m}{n}k\cdot\sigma$ 或 $k'\sigma$。

命题 21

由仅平方可公度的两有理线段所夹的矩形是无理的，并且与此矩形相等的正方形的边也是无理的，我们称后者为均值线。

为此，设矩形 AC 是由仅平方可公度的两有理线段 AB,BC 所夹的。

我断言矩形 AC 是无理的，并且与 AC 相等的正方形边也是无理的，把后者称为**均值线**。

在 AB 上作正方形 AD，于是 AD 是有理的。　　　　［X. 定义 I. 4］

AB 与 BC 是长度不可公度的，这是因为由假设，它们仅是平方可公度的，而 AB 等于 BD，

所以 DB 与 BC 也是长度不可公度的。

又，DB 比 BC 如同 AD 比 AC；　　　　　　　　　　　　　　［VI. 1］

所以 DA 与 AC 是不可公度的。　　　　　　　　　　　　　　　［X. 11］

但是 DA 是有理的；所以 AC 是无理的，

因此，等于 AC 的正方形的边也是无理的。　　　　　　［X. 定义 I. 4］

我们称后者为**均值线**。

证完

第一次定义了**均值线**，之所以这样称呼是由于它是两条仅平方可公度直线的比例均值（中项）。这样两条线可记为 $\rho,\rho\sqrt{k}$，因而均值线有形式 $\sqrt{\rho^2\sqrt{k}}$ 或 $k^{\frac14}\rho$。欧几里得证明这个是无理的如下：令 $\rho,\rho\sqrt{k}$ 是仅平方可公度的，故是长度不可公度的。

现在　　　　　　　　　　　$\rho:\rho\sqrt{k}=\rho^2:\rho^2\sqrt{k}$,

因此［X. 11］$\rho^2\sqrt{k}$ 与 ρ^2 不可公度，因而是无理的［X. 定义 I. 4］，故 $\sqrt{\rho^2\sqrt{k}}$ 也是无理的［X. 定义 I. 4］。

一条**均值线**显然有形式 $\sqrt{a\sqrt{B}}$ 或 $\sqrt[4]{AB}$，其中 B 不是形式 k^2A。

引 理

如果有两条线段,那么,第一线段比第二线段如同第一线段上正方形比以这两条线段所夹的矩形。

设 FE, EG 是两线段。

我断言 FE 比 EG 如同 FE 上正方形比矩形 FE, EG。

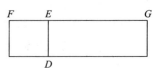

因为,若在 FE 上画正方形 DF,又作矩形 GD。

这时,由于 FE 比 EG 如同 FD 比 DG,   [Ⅵ.1]

且 FD 是 FE 上正方形,DG 是矩形 DE, EG,即矩形 FE, EG,

所以,FE 比 EG 如同 FE 上正方形比矩形 FE, EG。

类似地也有,矩形 GE, EF 比 EF 上正方形,即 GD 比 FD 如同 GE 比 EF。

                                                           证完

若 a, b 是两条直线,则

$$a : b = a^2 : ab。$$

命题 22

如果对一个有理线段贴合上一个与均值线上正方形相等的矩形,则作为宽的线段是有理的,并且与原有理线段是长度不可公度的。

设 A 是均值线,CB 是有理线段,

又设在 BC 上贴合一矩形 BD 等于 A 上正方形,线段 CD 作为宽。

我断言 CD 是有理的,并且与 CB 是长度不可公度的。

因为 A 是均值线,那么 A 上正方形等于仅是平方可公度的两有理线段所夹的矩形。   [Ⅹ.21]

设 A 上正方形等于矩形 GF。

但是 A 上正方形也等于 BD,所以 BD 等于 GF。

但是 BD 与 GF 也是等角的,

在相等且等角的两矩形中,夹等角的两边成反比例,   [Ⅵ.14]

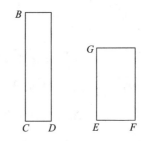

所以,有比例,BC 比 EG 如同 EF 比 CD。

所以也有,*BC* 上正方形比 *EG* 上正方形如同 *EF* 上正方形比 *CD* 上正方形。

[Ⅵ.22]

但是 *CB* 上正方形与 *EG* 上正方形是可公度的,这是因为 *CB*,*EG* 的每一个是有理的;

所以 *EF* 上正方形与 *CD* 上正方形也是可公度的。   [X.11]

但是 *EF* 上正方形是有理的,所以 *CD* 上正方形也是有理的;

[X.定义Ⅰ.4]

所以 *CD* 是有理的。

又,因为 *EF* 与 *EG* 是长度不可公度的,因为它们是仅平方可公度的。

又,*EF* 比 *EG* 如同 *EF* 上正方形比矩形 *FE*,*EG*,   [引理]

所以 *EF* 上正方形与矩形 *FG*,*EG* 是不可公度的。   [X.11]

但是 *CD* 上正方形与 *EF* 上正方形是可公度的,

因为这些线段在正方形上是有理的。

又矩形 *DC*,*CB* 与矩形 *FE*,*EG* 是可公度的,

因为它们都等于 *A* 上正方形,

所以 *CD* 上正方形与矩形 *DC*,*CB* 也是不可公度的。   [X.13]

但是,*CD* 上正方形比矩形 *DC*,*CB* 如同 *DC* 比 *CB*;   [引理]

所以 *DC* 与 *CB* 是长度不可公度的。   [X.11]

于是 *CD* 是有理的,并且与 *CB* 是长度不可公度的。

证完

我们的代数记号使得这个命题的结论是几乎明显的。我们已经看到均值线上的正方形有形式 $\sqrt{K}\cdot\rho^2$,若我们贴这个面于另一条有理直线 σ,则宽是 $\dfrac{\sqrt{k}\cdot\rho^2}{\sigma}$。

这个等于 $\dfrac{\sqrt{k}\cdot\rho^2}{\sigma^2}\cdot\sigma=\sqrt{k}\cdot\dfrac{m}{n}\sigma$,其中 m,n 是整数。后者可以表示为 $\sqrt{k'}\cdot\sigma$,显然与 σ 仅平方可公度,因而是有理的,但与 σ 长度不可公度。

欧几里得的证明在两部分是较长的。

假定这个矩形为 $\sqrt{k}\cdot\rho^2=\sigma\cdot x$,则

(1) $\sigma:\rho=\sqrt{k}\cdot\rho:x,$ [Ⅵ.14]

因此 $\sigma^2:\rho^2=k\rho^2:x^2$。   [Ⅵ.22]

但是 $\qquad\qquad\qquad \sigma^2 \frown \rho^2$，因而 $k\rho^2 \frown x^2$ [X.11]

并且 $k\rho^2$ 是有理的，所以 x^2，因而 x 是有理的。 [X. 定义 I.4]

（2）因为 $\sqrt{k} \cdot \rho \frown \rho$，所以 $\sqrt{k} \cdot \rho \smile \rho$。

但是[引理]$\sqrt{k} \cdot \rho : \rho = k\rho^2 : \sqrt{k} \cdot \rho^2$，

因此 $k\rho^2 \smile \sqrt{k} \cdot \rho^2$。 [X.11]

但是 $\sqrt{k} \cdot \rho^2 = \sigma x$，并且 $k\rho^2 \frown x^2$，

所以 $x^2 \smile \sigma x$。 [X.13]

并且因为 $x^2 : \sigma x = x : \sigma$， [引理]

所以 $x \smile \sigma$。

命题 23

与均值线可公度的线段也是均值线。

设 A 是均值线，又设 B 与 A 是可公度的。

我断言 B 也是均值线。

设 CD 是给定的一个有理线段，在 CD 贴合上一个矩形 CE，使它等于 A 上正方形，ED 为宽；

所以 ED 是有理的，并且与 CD 是长度不可公度的。 [X.22]

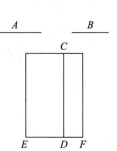

又在 CD 贴合上一个矩形 CF，使它等于 B 上正方形，DF 作为宽。

因为 A 与 B 是可公度的。所以 A 上正方形与 B 上正方形也是可公度的。

但是 EC 等于 A 上正方形，CF 等于 B 上正方形，所以两矩形 EC 与 CF 是可公度的。

又，EC 比 CF 如同 ED 比 DF； [VI.1]

所以 ED 与 DF 是长度可公度的。 [X.11]

但是 ED 是有理的，并且与 DC 是长度不可公度的，

所以 DF 也是有理的， [X. 定义 I.3]

并且与 DC 是长度不可公度的。 [X.13]

所以 CD，DF 都是有理的，并且仅平方可公度。

但是一个线段上正方形等于以仅平方可公度的两有理线段所夹的矩形，则

此线段是均值线; [X.21]

所以与矩形 CD,DF 相等的正方形的边是均值线。

又 B 是与矩形 CD,DF 相等的正方形的边;

所以 B 是均值线。

证完

推论 显然由此可得,与均值面可公度的面是均值面。

[用在有理的情况下的同样的方法(X.18 之后的引理)可以解释如下,与一均值线是长度可公度的线段称为均值线,并且不仅是长度也是平方可公度的,因为,一般地,凡线段是长度可公度必然是平方可公度。

但是,如果一些线段与均值线是平方可公度的,也是长度可公度的,则称这些线段是长度且平方可公度的均值线,但是如果是仅平方可公度,则称它们是仅平方可公度的均值线。]

正如这个命题后面括号中所解释的,一条与均值线仅平方可公度的直线以及长度可公度的直线是均值线。

用代数符号容易说明这个。

若 $k^{\frac{1}{4}}\rho$ 是给定的直线,则 $\lambda k^{\frac{1}{4}}\rho$ 是与它长度可公度的直线,$\sqrt{\lambda}\cdot k^{\frac{1}{4}}\rho$ 是与它仅平方可公度的直线。

但是 $\lambda\rho$ 与 $\sqrt{\lambda}\cdot\rho$ 都是有理的[X.定义 I.3],因而可表示为 ρ',于是得到 $k^{\frac{1}{4}}\rho'$,它显然是均值线。

欧几里得的证明相当于下述。

贴两个面 $\sqrt{k}\cdot\rho^2$ 与 $\lambda^2\sqrt{k}\cdot\rho^2$(或 $\lambda\sqrt{k}\cdot\rho^2$)于有理直线 σ。

其宽度 $\sqrt{k}\cdot\dfrac{\rho^2}{\sigma}$ 与 $\lambda^2\sqrt{k}\cdot\dfrac{\rho^2}{\sigma}$(或 $\lambda\sqrt{k}\cdot\dfrac{\rho^2}{\sigma}$)的比与面积 $\sqrt{k}\cdot\rho^2$ 与 $\lambda^2\sqrt{k}\cdot\rho^2$(或 $\lambda\sqrt{k}\cdot\rho^2$)的比成比例,因而可公度。

现在[X.22]$\sqrt{k}\cdot\dfrac{\rho^2}{\sigma}$ 是有理的,但与 σ 不可公度。

所以 $\lambda^2\sqrt{k}\cdot\dfrac{\rho^2}{\sigma}$(或 $\lambda\sqrt{k}\cdot\dfrac{\rho^2}{\sigma}$)也是有理的,但与 σ 不可公度。

因此面积 $\lambda^2\sqrt{k}\cdot\rho^2$(或 $\lambda\sqrt{k}\cdot\rho^2$)是由两条仅平方可公度的直线包围的,故 $\lambda k^{\frac{1}{4}}\rho$(或 $\sqrt{\lambda}\cdot k^{\frac{1}{4}}\rho$)是均值线。

在推论中我们第一次提及均值面。它是等于一条均值线上的正方形的面，因而具有形式 $k^{\frac{1}{2}}\rho^2$，实际上它已在均值线之前提到（X.21）。

这个推论说 $\lambda k^{\frac{1}{2}}\rho^2$ 是均值面，这是显然的。

命题 24

由长度可公度的两均值线所夹的矩形是均值面。

为此，设 AC 矩形是由长度可公度的两均值线 AB,BC 所夹的矩形。

我断言 AC 是均值面。

因为，若在 AB 上作一正方形 AD，则 AD 是均值面。

又因为，AB 与 BC 是长度可公度的，而 AB 等于 BD，所以 DB 与 BC 也是长度可公度的，于是 DA 与 AC 也是可公度的面。　　　　　[VI.1, X.11]

但是 DA 是均值面，

所以 AC 也是均值面。　　　　　　　　　　　　　　　[X.23，推论]

证完

这里与 X.19 的阐述具有相同的困难，希腊正文说"两条均值线按上述任一种方式长度可公度"，但是两条直线只能是按一种方式是长度可公度的，尽管它们可以按两种方式是均值的，它们可以与给定直线或者长度可公度或者仅平方可公度，由于与 X.19 同样的理由，我略去了"按上述任一种方式"并且把附加在 X.23 上的部分用括号括了起来。

$k^{\frac{1}{4}}\rho$ 与 $\lambda k^{\frac{1}{4}}\rho$ 是两条长度可公度的均值线，由它们包围的矩形是 $\lambda k^{\frac{1}{2}}\rho^2$，它可以写成 $k^{\frac{1}{2}}\rho'^2$，因而是均值面。

欧几里得的证明是这样的。令 $x,\lambda x$ 是两条长度可公度的均值线，则

$$x^2 : x \cdot \lambda x = x : \lambda x。$$

但是 $x \frown \lambda x$，故 $x^2 \frown x \cdot \lambda x$，　　　　　　　　　　　[X.11]

现在 x^2 是均值面，　　　　　　　　　　　　　　　　　　　[X.21]

所以 $x \cdot \lambda x$ 也是均值面。　　　　　　　　　　　　[X.23，推论]

我们当然可以把两条长度可公度的均值线写成 $mk^{\frac{1}{4}}\rho, nk^{\frac{1}{4}}\rho$；并且可以是下

述形式之一，$m\sqrt{a}\sqrt{B}$，$n\sqrt{a}\sqrt{B}$ 或者 $m\sqrt[4]{AB}$，$n\sqrt[4]{AB}$。

命题 25

由仅平方可公度的两均值线所夹的矩形或者是有理面或者是均值面。

为此，设矩形 AC 是由仅平方可公度的两均值线 AB，BC 所夹的矩形。

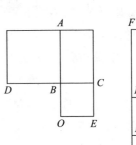

我断言 AC 是有理面或者是均值面。

因为，若在 AB，BC 上分别作出正方形 AD，BE，

所以两正方形 AD，BE 都是均值面。

设给定一个有理线段 FG，在 FG 贴合上一个矩形 GH 等于 AD，FH 作为宽；

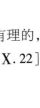

在 HM 上贴合一个矩形 MK 等于 AC，HK 作为宽；

类似地，在 KN 上贴合一个矩形 NL 等于 BE，KL 作为宽，

于是 FH，HK，KL 在一直线上。

这时，由于正方形 AD，BE 每一个都是均值面，且 AD 等于 GH，BE 等于 NL，

所以矩形 GH，NL 的每一个也是均值面。

又它们都是贴合于有理线段 FG 上的，所以线段 FH，KL 每一个是有理的，且与 FG 是长度不可公度的。 　　　　　　　　　　　　　　　　　［ X. 22 ］

又因为，AD 与 BE 是可公度的，

所以 GH 与 NL 也是可公度的。

又 GH 比 NL 如同 FH 比 KL； 　　　　　　　　　　　　　　　　　［ Ⅵ. 1 ］

所以 FH 与 KL 是长度可公度的。 　　　　　　　　　　　　　　　　　［ X. 11 ］

所以 FH，KL 是长度可公度的两有理线段；所以矩形 FH，KL 是有理的。

　　　　　　　　　　　　　　　　　　　　　　　　　　　　　　　　　　　　［ X. 19 ］

又因为 DB 等于 BA，OB 等于 BC，

所以，DB 比 BC 如同 AB 比 BO。

但是，DB 比 BC 如同 DA 比 AC， 　　　　　　　　　　　　　　　　　［ Ⅵ. 1 ］

而且 AB 比 BO 如同 AC 比 CO， 　　　　　　　　　　　　　　　　　［ Ⅵ. 1 ］

所以 DA 比 AC 如同 AC 比 CO。

但是 AD 等于 GH，AC 等于 MK 以及 CO 等于 NL，

所以,GH 比 MK 如同 MK 比 NL;

于是也有,FH 比 HK 如同 HK 比 KL。 　　　　　　　[Ⅵ. 1,Ⅴ. 11]

所以矩形 FH,KL 等于 HK 上正方形。 　　　　　　　　　　[Ⅵ. 17]

但是,矩形 FH,KL 是有理的;

所以 HK 上正方形也是有理的,因此 HK 是有理的。

又如果,HK 与 FG 是长度可公度的,

于是,HN 是有理的, 　　　　　　　　　　　　　　　　　　　[X. 19]

但是,如果 HK 与 FG 是长度不可公度的,KH,HM 是仅平方可公度的两有理线段,因而 HN 是均值面。 　　　　　　　　　　　　　　[X. 21]

因此 HN 是有理面或者是均值面。

但是 HN 等于 AC,

所以 AC 是有理面或者是均值面。

　　　　　　　　　　　　　　　　　　　　　　　　　　　　证完

仅平方可公度的两条均值线具有形式 $k^{\frac{1}{4}}\rho$,$\sqrt{\lambda}\cdot k^{\frac{1}{4}}\rho$。

它们围成的矩形是 $\sqrt{\lambda}\cdot k^{\frac{1}{2}}\rho^2$,一般地,这是均值面,但当 $\sqrt{\lambda}=k'\sqrt{k}$ 时,矩形是 $kk'\rho^2$,是有理面。

欧几里得的论证如下:令 x 表示 $k^{\frac{1}{4}}\rho$,故这两条均值线是 x,$\sqrt{\lambda}\cdot x$。

作面积 x^2,$x\sqrt{\lambda}\cdot x$,λx^2,并令它们分别等于 σu,σv,σw,其中 σ 是有理直线。

因为 x^2,λx^2 是均值面,所以 σu,σw 也是均值面,因此 u,w 分别是有理的并且 $\smallfrown\sigma$。

但是 　　　　　　　　　　　$x^2 \frown \lambda x^2$,

故 　　　　　　　　　　　　$\sigma u \frown \sigma w$,

或 　　　　　　　　　　　　$u \frown w$ ……………………………（1）。

所以 u,w 都是有理的,uw 是有理的 ……………………………（2）。

现在 　　　　　　　$x^2 : \sqrt{\lambda}\cdot x^2 = \sqrt{\lambda}\cdot x^2 : \lambda x^2$,

或者 　　　　　　　　$\sigma u : \sigma v = \sigma v : \sigma w$,

故 　　　　　　　　　　$u : v = v : w$,

并且 　　　　　　　　　$uw = v^2$。

因此,由 (2),v^2,因而 v 是有理的 ……………………………（3）。

现在 (α) 若 $v \frown \sigma$,则 σv 或 $\sqrt{\lambda}\cdot x^2$ 是有理的;

　　(β) $v \smile \sigma$,则 $v \smile \sigma$,σv 或 $\sqrt{\lambda}\cdot x^2$ 是均值面。

命题 26

一个均值面不会比另一个均值面大一个有理面。

因为,如果可能,若设均值面 AB 比均值面 AC 大一个有理面 DB。取有理线段 EF,在 EF 上贴合一个矩形 FH 等于 AB,EH 作为宽。

截出等于 AC 的矩形 FG,所以余量 BD 等于余量 KH。

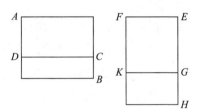

但是 DB 是有理的;所以 KH 也是有理的。

这时,由于两矩形 AB,AC 每一个都是均值面,而且 AB 等于 FH,AC 等于 FG。

所以两矩形 FH,FG 每一个也都是均值面。

因为它们都是贴合于有理线段 EF 上,

所以每个线段 HE,EG 都是有理的,且与 EF 是长度不可公度的。 [X.22]

又因为,DB 是有理面且等于 KH,所以 KH 也是有理面,且它也是贴合于有理线段 EF 上,

所以 GH 是有理的,且与 EF 是长度可公度的。 [X.20]

但是 EG 也是有理的,且它与 EF 是长度不可公度的,

所以 EG 与 GH 是长度不可公度的。 [X.13]

又,EG 比 GH 如同 EG 上正方形比矩形 EG,GH;

所以 EG 上正方形与矩形 EG,GH 是不可公度的。 [X.11]

但是 EG,GH 上两正方形的和与 EG 上正方形是可公度的,因为两个都是有理的;

又两倍矩形 EG,GH 与矩形 EG,GH 是可公度的,因为它是它的二倍,

[X.6]

又 EG,GH 上两正方形与二倍矩形 EG,GH 是不可公度的, [X.13]

所以 EG,GH 上两正方形之和加二倍矩形 EG,GH,即 EH 上正方形,它与 EG,GH 上两正方形是不可公度的。 [X.16]

但 EG,GH 上两正方形都是有理面,

于是 EH 上的正方形是无理的。 [X.定义 I.4]

但它也是有理的:这是不可能的。

证完

贴这两个给定的均值面于同一个有理直线 ρ，它们可以写成形式 $\rho \cdot k^{\frac{1}{2}}\rho$，$\rho \cdot \lambda^{\frac{1}{2}}\rho$。

其差是 $(\sqrt{k} - \sqrt{\lambda})\rho^2$。这个命题断言这个不可能是有理的，即 $(\sqrt{k} - \sqrt{\lambda})$ 不可能等于 k'。参考代数教科书中与此对应的命题。

为了使欧几里得的证明明显起见，我们令 x 表示 $k^{\frac{1}{2}}\rho$，y 表示 $\lambda^{\frac{1}{2}}\rho$。

假定 $$\rho(x - y) = \rho z,$$

若 ρz 可能是有理的，则 z 必然是有理的并且 $\frown\rho$ ················ （1）。

因为 $\rho x, \rho y$ 是均值面，所以

x 与 y 分别是有理的并且 $\frown\rho$ ················ （2）。

由（1）和（2），$$y \smile z。$$

现在 $$y : z = y^2 : yz,$$

故 $$y^2 \smile yz。$$

但是 $$y^2 + z^2 \frown y^2,$$

并且 $$2yz \frown yz。$$

所以 $$y^2 + z^2 \smile 2yz,$$

因此 $$(y + z)^2 \smile (y^2 + z^2)，$$

或者 $$x^2 \smile (y^2 + z^2)。$$

而 $(y^2 + z^2)$ 是有理的，所以 x^2，因而 x 是无理的。

但是，由（2），x 是有理的：这是不可能的。

所以 ρz 不是有理的。

命题 27

求仅平方可公度的两均值线，使它们夹一个有理矩形。

给定仅平方可公度的两有理线段 A 和 B，取 C 为 A, B 的比例中项，

[Ⅵ. 13]

又作出 A 比 B 如同 C 比 D。   [Ⅵ. 12]

那么，由于 A, B 是仅平方可公度的两有理线段，则矩形 A，B，即 C 上正方形[Ⅵ. 17]，是均值面。   [X. 21]

所以 C 是均值线。   [X. 21]

又，由于 A 比 B 如同 C 比 D，而且 A, B 是仅平方可公度的，所以 C, D 也是仅平方可公度的。   [X. 11]

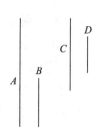

又 C 是均值线,

所以 D 也是均值线。 [X.23,附注]

所以 C,D 是仅平方可公度的两均值线。

还可证,以它们所夹的矩形是一个有理面。

因为,由于 A 比 B 如同 C 比 D,

所以由更比例,A 比 C 如同 B 比 D。 [V.16]

但是 A 比 C 如同 C 比 B,所以也有 C 比 B 如同 B 比 D,

因此矩形 C,D 等于 B 上正方形。

但是 B 上正方形是有理的;

所以矩形 C,D 也是有理的。

于是我们求出了仅平方可公度的两均值线,它们所夹的是有理矩形。

证完

欧几里得令两条仅平方可公度的有理直线为 $\rho,k^{\frac{1}{2}}\rho$。

其比例均值为 $k^{\frac{1}{4}}\rho$。

取 x 使得 $\rho:k^{\frac{1}{2}}\rho=k^{\frac{1}{4}}\rho:x$ $\cdots\cdots\cdots\cdots\cdots\cdots\cdots\cdots$ (1)。

这给出 $x=k^{\frac{3}{4}}\rho$,

并且要求的线是 $k^{\frac{1}{4}}\rho,k^{\frac{3}{4}}\rho$。

事实上,$(\alpha)\,k^{\frac{1}{4}}\rho$ 是均值线。

并且 (β) 由 (1),因为 $\rho\sim k^{\frac{1}{2}}\rho$,所以

$$k^{\frac{1}{4}}\rho\sim k^{\frac{3}{4}}\rho,$$

因此 (X.23 的附注),因为 $k^{\frac{1}{4}}\rho$ 是均值线,所以

$$k^{\frac{3}{4}}\rho$$

也是均值线。

于是这些均值线可以是下列形式之一:

$(1)\sqrt{a\sqrt{B}},\sqrt{\dfrac{B\sqrt{B}}{a}}$ 或 $(2)\sqrt[4]{AB},\sqrt{B\dfrac{\sqrt{B}}{\sqrt{A}}}$。

命题 28

求仅平方可公度的两均值线,使它们所夹的矩形为均值面。

给定仅平方可公度的三个有理
线段 A,B,C；

A ——	D ——	
B ——	E —————	
C ——		

设 D 是 A,B 的比例中项，   [Ⅵ.13]

又作出 E，使得 B 比 C 如同 D 比 E。   [Ⅵ.12]

由于 A,B 是仅平方可公度的有理线段，

所以 A,B，即 D 上正方形[Ⅵ.17]，是均值面，   [Ⅹ.21]

所以 D 是均值线。   [Ⅹ.21]

又，由于 B,C 是仅平方可公度的，

且 B 比 C 如同 D 比 E，

所以 D,E 也是仅平方可公度的。   [Ⅹ.11]

但是 D 是均值线，所以 E 也是均值线。   [Ⅹ.23,附注]

于是 D,E 是仅平方可公度的两均值线。

其次可证，以它们所夹的矩形是一个均值面。

因为，由于 B 比 C 如同 D 比 E，

所以由更比，B 比 D 如同 C 比 E。   [Ⅴ.16]

但是，B 比 D 如同 D 比 A，

所以也有，D 比 A 如同 C 比 E，

所以矩形 A,C 等于矩形 D,E。   [Ⅵ.16]

但是矩形 A,C 是均值面，所以矩形 D,E 也是均值面。

于是求出了仅平方可公度的两均值线，并且它们所夹的矩形是均值面。

证完

欧几里得令三条仅平方可公度的线为 $\rho,k^{\frac{1}{2}}\rho,\lambda^{\frac{1}{2}}\rho$，并且如下进行。

取 $\rho,k^{\frac{1}{2}}\rho$ 的比例均值 $k^{\frac{1}{4}}\rho$。

而后令 x 使得

$$k^{\frac{1}{2}}:\lambda^{\frac{1}{2}}\rho=k^{\frac{1}{4}}\rho:x \quad\cdots\cdots\cdots\cdots\cdots\cdots\cdots (1),$$

故 $x=\lambda^{\frac{1}{2}}\rho/k^{\frac{1}{4}}$。

$k^{\frac{1}{4}}\rho,\lambda^{\frac{1}{2}}\rho/k^{\frac{1}{4}}$ 是所要求的线。

事实上，$k^{\frac{1}{4}}\rho$ 是均值线。

由(1)，因为 $k^{\frac{1}{2}}\rho\sim\lambda^{\frac{1}{2}}\rho$，所以

$$k^{\frac{1}{4}}\rho\sim x,$$

因此 x 是均值线($\text{X}.23$,附注),并且 $\sim k^{\frac{1}{4}}\rho$。

其次,由(1), $\qquad\qquad \lambda^{\frac{1}{2}}\rho : x = k^{\frac{1}{2}}\rho : k^{\frac{1}{4}}\rho$

$$= k^{\frac{1}{4}}\rho : \rho,$$

因此 $\qquad\qquad\qquad x \cdot k^{\frac{1}{4}}\rho = \lambda^{\frac{1}{2}}\rho^2$,它是均值面。

直线 $k^{\frac{1}{4}}\rho$,$\lambda^{\frac{1}{2}}\rho / k^{\frac{1}{4}}$ 当然依原来的直线形式而不同,$(1)\,a,\sqrt{B},\sqrt{C}$,$(2)\,\sqrt{A}$,$\sqrt{B},\sqrt{C}$,$(3)\,\sqrt{A},b,\sqrt{C}$,$(4)\,\sqrt{A},\sqrt{B},c$。

例如,在情形(1),它们是 $\sqrt{a\sqrt{B}}$,$\sqrt{\dfrac{aC}{\sqrt{B}}}$,

在情形(2),它们是 $\sqrt[4]{AB}$,$\sqrt{\dfrac{C\sqrt{A}}{\sqrt{B}}}$,

等等。

引理 1

试求二平方数,使其和也是平方数。

给出两数 AB,BC,它们或都是偶数或都是奇数。

$$\overline{\underset{A}{}\underset{D}{}\underset{C}{}\underset{B}{}}$$

于是,由于无论从偶数减去偶数或者从奇数减去奇数,其余数都是偶数。

$$[\text{IX}.24,26]$$

所以余数 AC 是偶数。

设 D 平分 AC。

再设 AB,BC 都是相似面数或者都是平方数,而平方数本身也是相似面数。

现在因为 AB,BC 的乘积与 CD 的平方相加等于 BD 的平方。

$$[\text{II}.6]$$

又 AB,BC 的乘积是一个平方数,

因为已经证明了两相似面数的乘积是平方数。 $\qquad [\text{IX}.1]$

因此两个平方数,即 AB,BC 的乘积和 CD 的平方被求出,当它们相加时,得到 BD 的平方。

显然又同时求出了两个平方数,即 BD 上的正方形和 CD 上的正方形,又发现它们的差,即 AB,BC 的乘积是一个平方数,这时无论 AB,BC 是怎样的相似面数。

但是它们不是相似面数时,已求得的两平方数,即 BD 的平方与 BC 的平方,其差为 AB, BC 的乘积,并不是平方数。

证完

用整数构成直角三角形的欧几里得方法已经在 I.47 的注中提及,这个方法如下。

取两个相似平面数,例如 mnp^2, mnq^2,它们或者都是偶数或者都是奇数,故它们的差被 2 整除。

现在这两个数的乘积 $m^2 n^2 p^2 q^2$ 是平方数, [IX.1]
并且由 II.6,

$$mnp^2 \cdot mnq^2 + \left(\frac{mnp^2 - mnq^2}{2}\right)^2 = \left(\frac{mnp^2 + mnq^2}{2}\right)^2,$$

故数 $mnpq, \frac{1}{2}(mnp^2 - mnq^2)$ 满足这个条件,它们的平方和也是平方数。

显然 $\frac{1}{2}(mnp^2 + mnq^2), mnpq$ 是这样的数,它们的平方差也是平方数。

引理 2

试求二平方数,使其和不是平方数。

为此,设 AB, BC 的乘积如前所说的那样是一个平方数,又设 CA 是偶数,再设 D 平分 CA。

显然 AB, BC 的乘积加 CD 的平方等于 BD 的平方。 [引理1]

在 BD 上减去单位 DE,

于是 AB, BC 的乘积加 CE 的平方小于 BD 的平方。

我断言,AB, BC 的乘积加 CE 的平方不是平方数。

因为,如果它是平方数,

则它等于 BE 的平方或者小于 BE 的平方,但不能大于,因单位不能再分。

首先,若可能,设 AB, BC 的乘积与 CE 的平方的和等于 BE 的平方,又设 GA 是单位 DE 的二倍。

因为 AC 是 CD 的二倍,其中 AG 是 DE 的二倍,

所以余数 GC 也是余数 EC 的二倍,所以 GC 被 E 平分。

于是 GB, BC 的乘积加 CE 的平方等于 BE 的平方。 [II.6]

但是由假设 AB,BC 的乘积与 CE 的平方的和等于 BE 的平方；

所以 GB,BC 的乘积加 CE 的平方等于 AB,BC 的乘积与 CE 的平方的和。

又，如果减去共同的 CE 的平方，就得到 AB 等于 GB：这是不合理的。

所以 AB,BC 的乘积与 CE 的平方的和不等于 BE 的平方。

其次可证它不小于 BE 的平方。

因为，若可能，设它等于 BF 的平方，

又设 HA 是 DF 的二倍。

于是得到 HC 是 CF 的二倍；

即是 CH 在 F 点被平分，

同理 HB,BC 的乘积加 FC 的平方等于 BF 的平方。　　　　　　　　[Ⅱ.6]

但是由假设，AB,BC 的乘积与 CE 的平方的和也等于 BF 的平方。

于是 HB,BC 的乘积加 CF 的平方等于 AB,BC 的乘积加 CE 的平方：这是不合理的。

所以 AB,BC 的乘积加 CE 的平方不小于 BE 的平方。

又已证明了它不等于 BE 的平方。

所以 AB,BC 的乘积加 CE 的平方不是平方数。

证完

我们当然可以写出类似于上述引理 1 中的恒等式

$$mp^2 \cdot mq^2 + \left(\frac{mp^2 - mq^2}{2} \right)^2 = \left(\frac{mp^2 + mq^2}{2} \right)^2,$$

其中 mp^2,mq^2 都是奇数或都是偶数。

欧几里得断言

$$mp^2 \cdot mq^2 + \left(\frac{mp^2 - mq^2}{2} - 1 \right)^2 \text{ 不是平方数。}$$

这个由反证法证明。

这个数显然小于 $mp^2 \cdot mq^2 + \left(\frac{mp^2 - mq^2}{2} \right)^2$，即小于 $\left(\frac{mp^2 + mq^2}{2} \right)^2$。

若这个数是平方数，它的边必然大于，等于或小于 $\left(\frac{mp^2 + mq^2}{2} - 1 \right)$，并且这个数小于 $\frac{mp^2 + mq^2}{2}$。

(1)这个边不能 $> \left(\frac{mp^2 + mq^2}{2} - 1 \right)$，由于 $\left(\frac{mp^2 - mq^2}{2} - 1 \right)$ 与 $\frac{mp^2 + mq^2}{2}$ 是相

邻数。

$(2)\left(mp^2-2\right)mq^2+\left(\dfrac{mp^2-mq^2}{2}-1\right)^2=\left(\dfrac{mp^2+mq^2}{2}-1\right)^2$。 [Ⅱ.6]

若 $mp^2\cdot mq^2+\left(\dfrac{mp^2-mq^2}{2}-1\right)^2$ 也等于 $\left(\dfrac{mp^2+mq^2}{2}-1\right)^2$,

我们就有 $\left(mp^2-2\right)mq^2=mp^2\cdot mq^2$,

或者 $mp^2-2=mp^2$:

这是不可能的。

(3) 若 $mp^2\cdot mq^2+\left(\dfrac{mp^2-mq^2}{2}-1\right)^2<\left(\dfrac{mp^2+mq^2}{2}-1\right)^2$,假定它等于 $\left(\dfrac{mp^2+mq^2}{2}-r\right)^2$。

由Ⅱ.6 $\left(mp^2-2r\right)mq^2+\left(\dfrac{mp^2-mq^2}{2}-r\right)^2=\left(\dfrac{mp^2+mq^2}{2}-r\right)^2$。

所以

$\left(mp^2-2r\right)mq^2+\left(\dfrac{mp^2-mq^2}{2}-r\right)^2=mp^2\cdot mq^2+\left(\dfrac{mp^2-mq^2}{2}-1\right)^2$:

这是不可能的。

因此所有三种假设是错误的,平方和 $mp^2\cdot mq^2+\left(\dfrac{mp^2-mq^2}{2}-1\right)^2$ 不是平方数。

命题 29

求仅平方可公度的二有理线段,并且使大线段上正方形比小线段上正方形大一个与大线段是长度可公度的线段上的正方形。

为此,给出一个有理线段 AB 及两平方数 CD,DE,使得它们的差 CE 不是平方数。 [引理2]

在 AB 上画出半圆 AFB,并设法找出圆弧上一点 F,使得 DC 比 CE 如同 BA 上正方形比 AF 上正方形。 [X.6,推论]

连接 FB。

由于 BA 上正方形比 AF 上正方形如同 DC 比 CE,

所以 BA 上正方形与 AF 上正方形的比如同数 DC

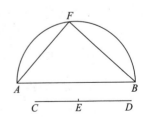

与数 CE 的比；

于是 BA 上正方形与 AF 上正方形是可公度的。 ［X.6］

但是 AB 上正方形是有理的， ［X.定义Ⅰ.4］

所以 AF 上正方形也是有理的， ［X.定义Ⅰ.4］

从而 AF 也是有理的。

又，由于 DC 与 CE 的比不同于一个平方数与一个平方数的比，

则 BA 上正方形与 AF 上正方形的比也不同于一个平方数与一个平方数的比；

所以 AB 与 AF 是长度不可公度的。 ［X.9］

于是 BA，AF 是仅平方可公度的两有理线段。

又，由于 DC 比 CE 如同 BA 上正方形比 AF 上正方形，

所以，由换比，CD 比 DE 如同 AB 上正方形比 BF 上正方形。

［Ⅴ.19，推论，Ⅲ.31，Ⅰ.47］

但是，CD 比 DE 如同两平方数之比；

所以也有 AB 上正方形与 BF 上正方形的比如同一个平方数与一个平方数之比，

所以 AB 与 BF 是长度可公度的。 ［X.9］

又 AB 上正方形等于 AF，FB 上正方形的和，

所以 AB 上正方形比 AF 上正方形大一个与 AB 是可公度的线段 BF 上的正方形。

于是找出了仅平方可公度的两条有理线段 BA，AF，

且大线段 AB 上正方形比小线段 AF 上正方形大一个与 AB 是长度可公度的 BF 上的正方形。

证完

取有理直线 ρ 及两个数 m^2，n^2，使得 $(m^2 - n^2)$ 不是平方数。

取直线 x，使得

$$m^2 : (m^2 - n^2) = \rho^2 : x^2 \quad\cdots\cdots\cdots\cdots\cdots\cdots (1)，$$

因此 $$x^2 = \frac{m^2 - n^2}{m^2} \rho^2。$$

并且 $$x = \rho \sqrt{1 - k^2}，其中 k = \frac{n}{m}。$$

则 ρ，$\rho \sqrt{1 - k^2}$ 就是要求的直线。

由 (1) 可推出 $x^2 \frown \rho^2$,

并且 x 是有理的,但是 $x \smile \rho$。

由 (1),换比,$m^2 : n^2 = \rho^2 : (\rho^2 - x^2)$,

故 $\sqrt{\rho^2 - x^2} \frown \rho$,并且 $= k\rho$。

若 ρ 是形为 a 或 $\sqrt{A}$,则这两条直线是 (1) a, $\sqrt{a^2 - b^2}$ 或 (2) $\sqrt{A}$, $\sqrt{A - k^2 A}$。

命题 30

求仅平方可公度的两有理线段,并且大线段上正方形比小线段上正方形大一个与大线段是长度不可公度的线段上的正方形。

给出一个有理线段 AB 及两个平方数 CE, ED 使得它们的和 CD 不是平方数。 [引理 2]

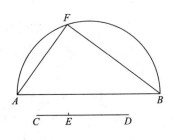

在 AB 上画出一个半圆 AFB,并设法找出圆弧上一点 F,使得 DC 比 CE 如同 BA 上正方形比 AF 上正方形。 [X.6,推论]

连接 FB。

类似于前面进行的方式可以证明,BA, AF 是仅平方可公度的两有理线段。

又,由于 DC 比 CE 如同 BA 上正方形比 AF 上正方形,

所以,由换比,CD 比 DE 如同 AB 上正方形比 BF 上正方形。 [V.19,推论,Ⅲ.31,Ⅰ.47]

但是 CD 与 DE 的比不同于一个平方数比一个平方数,

所以 AB 上正方形与 BF 上正方形的比也不同于一个平方数比一个平方数;

所以 AB 与 BF 是长度不可公度的。 [X.9]

又 AB 上正方形比 AF 上正方形大一个与 AB 是不可公度的 FB 上正方形。

于是 AB, AF 是仅平方可公度的两有理线段,且 AB 上正方形比 AF 上正方形大一个与 AB 是不可公度的 FB 上正方形。

证完

此时,我们取 m^2, n^2,使得 $m^2 + n^2$ 不是平方数。

取 x 使得 $(m^2 + n^2) : m^2 = \rho^2 : x^2$,

因此 $x^2 = \dfrac{m^2}{m^2 + n^2} \rho^2$,

或者 $$x = \frac{\rho}{\sqrt{1+k^2}}, \text{其中} k = \frac{n}{m}。$$

则 $\rho, \dfrac{\rho}{\sqrt{1+k^2}}$ 满足条件。

其证明遵循上一命题证明的方法,不必重复。

相应地,若 ρ 具有形式 a 或 $\sqrt{A}$,则这两条直线有形式(1)$a, \sqrt{a^2 - \dfrac{k^2 a^2}{1+k^2}}$,即 $a, \sqrt{a^2 - B}$,或(2)$\sqrt{A}, \sqrt{A-B}$ 与 $\sqrt{A}, \sqrt{A-b^2}$。

命题 31

求仅平方可公度的两均值线夹一个有理矩形,使得大线段上正方形比小线段上正方形大一个与大线段是长度可公度的一个线段上的正方形。

设给出仅平方可公度的两条有理线段 A, B,使得大线段 A 上正方形比 B 上正方形大一个与 A 是长度可公度的一个线段上的正方形。　　　　　　　　　　　　　　　　　[X. 29]

又设 C 上正方形等于矩形 A, B。

于是矩形 A, B 是均值面;　　　　　　　　　　　　　[X. 2]

所以 C 上正方形也是均值面,于是 C 也是均值线。[X. 21]

设矩形 C, D 等于 B 上正方形。

现在 B 上正方形是有理的;

所以矩形 C, D 也是有理的。

又,由于 A 比 B 如同矩形 A, B 比 B 上正方形,

可是 C 上正方形等于矩形 A, B,

而矩形 C, D 等于 B 上正方形,

所以,A 比 B 如同 C 上正方形比矩形 C, D。

但是,C 上正方形比矩形 C, D 如同 C 比 D;

所以也有,A 比 B 如同 C 比 D。但是 A 与 B 是仅平方可公度的,

所以 C 与 D 也是仅平方可公度的。　　　　　　　　　[X. 11]

又 C 是均值线;

所以 D 也是均值线。　　　　　　　　　　　　　　[X. 23,附注]

又,由于 A 比 B 如同 C 比 D,

61

且 A 上正方形比 B 上正方形大一个与 A 是可公度的线段上的正方形。所以也有 C 上正方形比 D 上正方形大一个与 C 是可公度的线段上的正方形。

[X.14]

于是,已找出仅平方可公度的两均值线 C,D,

由它们所夹的矩形是有理的,且 C 上正方形比 D 上正方形大一个与 C 是长度可公度的线段上的正方形。

类似地,也可以证明,当 A 上的正方形比 B 上的正方形大一个与 A 是不可公度线段上的正方形时,则 C 上正方形比 D 上正方形大一个与 C 也是不可公度的线段上的正方形。

证完

I. 取两条仅平方可公度的直线 $\rho,\rho\sqrt{1-k^2}$,如同 X.29。

取其比例均值 $\rho(1-k^2)^{\frac{1}{4}}$,并且取 x,使得

$$\rho(1-k^2)^{\frac{1}{4}}:\rho\sqrt{1-k^2}=\rho\sqrt{1-k^2}:x。$$

则 $\rho(1-k^2)^{\frac{1}{4}},x$ 或者 $\rho(1-k^2)^{\frac{1}{4}},\rho(1-k^2)^{\frac{3}{4}}$ 就是满足给定条件的线。

事实上,$(\alpha)\rho^2\sqrt{1-k^2}$ 是均值面,因而 $\rho(1-k^2)^{\frac{1}{4}}$ 是均值线……(1);

并且 $x\cdot\rho(1-k^2)^{\frac{1}{4}}=\rho^2(1-k^2)$,因而是有理面。

$(\beta)\rho,\rho(1-k^2)^{\frac{1}{4}},\rho\sqrt{1-k^2},x$ 成连比例,所以

$$\rho:\rho\sqrt{1-k^2}=\rho(1-k^2)^{\frac{1}{4}}:x \quad\cdots\cdots\cdots\cdots\cdots (2)。$$

(欧几里得证明这个绕了一圈,用 X.21 后面的引理,$a:b=ab:b^2$。)

由(2)可推出(X.11),$x\sim\rho(1-k^2)^{\frac{1}{4}}$;因此,因为 $\rho(1-k^2)^{\frac{1}{4}}$ 是均值线,所以 x 或 $\rho(1-k^2)^{\frac{3}{4}}$ 也是均值线。

(γ) 由(2),因为 $\rho,\rho\sqrt{1-k^2}$ 满足这个问题的其余条件,所以 $\rho(1-k^2)^{\frac{1}{4}}$,$\rho(1-k^2)^{\frac{3}{4}}$ 也满足这些条件(X.14)。

若 ρ 有形式 a 或 $\sqrt{A}$,则这些直线有形式

(1) $\sqrt{a\sqrt{a^2-b^2}}$,$\dfrac{a^2-b^2}{\sqrt{a\sqrt{a^2-b^2}}}$,或

(2) $\sqrt[4]{A(A-k^2A)}$,$\dfrac{A-k^2A}{\sqrt[4]{A(A-k^2A)}}$。

Ⅱ. 为了找到两条仅平方可公度的直线,使其包围一个有理矩形并且使得一条上的正方形比另一条上的正方形大一个与前者不可公度的直线上的正方形,我们只要从有理直线 ρ, $\dfrac{\rho}{\sqrt{1+k^2}}$ 开始,它们具有(X.30)的性质,并且我们得到

$$\frac{\rho}{(1+k^2)^{\frac{1}{4}}}, \quad \frac{\rho}{(1+k^2)^{\frac{3}{4}}}。$$

若 ρ 具有形式 a 或 $\sqrt{A}$,则它们有形式

(1) $\sqrt{a\sqrt{a^2-B}}$, $\dfrac{a^2-B}{\sqrt{a\sqrt{a^2-B}}}$,或

(2) $\sqrt[4]{A(A-B)}$, $\dfrac{A-B}{\sqrt[4]{A(A-B)}}$,或

$\sqrt[4]{A(A-b^2)}$, $\dfrac{A-b^2}{\sqrt[4]{A(A-b^2)}}$。

命题 32

求仅平方可公度的两均值线,它们加一个均值矩形,并且大线段上的正方形比小线段上正方形大一个与大线段是可公度的线段上的正方形。

设取仅平方可公度的三个有理线段 A,B,C,并使 A 上正方形比 C 上正方形大一个与 A 是可公度的线段上的正方形。 　　　　　　　[X.29]

又设 D 上正方形等于矩形 A,B。

那么 D 上正方形是均值面,所以 D 也是均值线; 　　　　　　　[X.21]

设矩形 D,E 等于矩形 B,C。

那么矩形 A,B 比矩形 B,C 如同 A 比 C,

而 D 上正方形等于矩形 A,B,矩形 D,E 等于矩形 B,C。

所以,A 比 C 如同 D 上正方形比矩形 D,E。

但是,D 上正方形比矩形 D,E 如同 D 比 E;

所以也有,A 比 C 如同 D 比 E。

但是 A 与 C 是仅平方可公度的;

所以 D 与 E 也是仅平方可公度的。 　　　　　　　[X.11]

但是 D 是均值线;

A ————————
B ————————
C ————————

D ————————
E ————————

所以 E 也是均值线。 [X.23,附注]

又，由于 A 比 C 如同 D 比 E，

而 A 上正方形比 C 上正方形大一个与 A 是可公度的线段上的正方形，所以也有，D 上正方形比 E 上正方形大一个与 D 是可公度的线段上的正方形。

[X.14]

其次，可以证明矩形 D,E 也是均值面。

因为矩形 B,C 等于矩形 D,E，而矩形 B,C 是均值面， [X.21]

所以矩形 D,E 也是均值面。

于是已求出了仅平方可公度的两均值线 D,E，且矩形 D,E 是均值面，以及大线段上正方形比小线段上正方形大一个与大线段是可公度的线段上的正方形。

类似地又可证明，当 A 上正方形比 C 上正方形大一个与 A 不可公度的线段上正方形时，则 D 上正方形比 E 上正方形大一个与 D 也是不可公度的线段上的正方形。 [X.30]

证完

I.欧几里得取三条直线 $\rho, \rho \sqrt{\lambda}, \rho \sqrt{1-k^2}$，取前两个的比例均值 $\rho\lambda^{\frac{1}{4}}$ …

…………………………………………………………………… (1)，

而后求 x，使得

$$\rho\lambda^{\frac{1}{4}} : \rho\lambda^{\frac{1}{2}} = \rho \sqrt{1-k^2} : x \quad\text{…………} (2),$$

因此 $$x = \rho\lambda^{\frac{1}{4}} \sqrt{1-k^2},$$

并且直线 $\rho\lambda^{\frac{1}{4}}, \rho\lambda^{\frac{1}{4}} \sqrt{1-k^2}$ 满足给定的条件。

$(\alpha)\rho\lambda^{\frac{1}{4}}$ 是均值线，

(β) 由(1)和(2)，我们有

$$\rho : \rho \sqrt{1-k^2} = \rho\lambda^{\frac{1}{4}} : x \quad\text{…………………} (3),$$

因此 $x \sim \rho\lambda^{\frac{1}{4}}$，并且 x 是均值线并且 $\sim \rho\lambda^{\frac{1}{4}}$。

$(\gamma)x \cdot \rho\lambda^{\frac{1}{4}} = \rho \sqrt{\lambda} \cdot \rho \sqrt{1-k^2}$。

而后者是均值面； [X.21]

所以 $x \cdot \rho\lambda^{\frac{1}{4}}$ 或者 $\rho\lambda^{\frac{1}{4}} \cdot \rho\lambda^{\frac{1}{4}} \sqrt{1-k^2}$ 是均值面。

$(\delta)\rho, \rho \sqrt{1-k^2}$ 具有阐述中的其余性质；

所以 $\rho\lambda^{\frac{1}{4}}$，$\rho\lambda^{\frac{1}{4}}\sqrt{1-k^2}$ 也有这些性质。 [X.14]

[欧几里得没有借助符号来证明(3)，他使用引理 $ab:bc=a:c$ 以及 $d^2:de=d:e$ 来导出，由关系

$$\left.\begin{array}{l} ab = d^2 \\ d:b = c:e \end{array}\right\}$$

导出 $\qquad\qquad a:c=d:e_{\circ}$]

若这些线开始取

(1) a，$\sqrt{B}$，$\sqrt{a^2-c^2}$，(2) $\sqrt{A}$，$\sqrt{B}$，$\sqrt{A-k^2A}$，(3) $\sqrt{A}$，b，$\sqrt{A-k^2A}$，则直线 $\rho\lambda^{\frac{1}{4}}$，$\rho\lambda^{\frac{1}{4}}\sqrt{1-k^2}$ 有形式：

(1) $\sqrt{a\sqrt{B}}$，$\dfrac{\sqrt{B(a^2-c^2)}}{\sqrt{a\sqrt{B}}}$；

(2) $\sqrt[4]{AB}$，$\dfrac{\sqrt{B(A-k^2A)}}{\sqrt[4]{AB}}$；

(3) $\sqrt{b\sqrt{A}}$，$\dfrac{b\sqrt{A-k^2A}}{\sqrt{b\sqrt{A}}}$。

Ⅱ. 若其他条件相同，而第一条均值线上的正方形比第二条均值线上的正方形大一个与第一条不可公度的直线上的正方形，我们作三条直线 ρ，$\rho\sqrt{\lambda}$，$\dfrac{\rho}{\sqrt{1+k^2}}$ 开始，并且这两条均值线是

$$\rho\lambda^{\frac{1}{4}}，\quad \frac{\rho\lambda^{\frac{1}{4}}}{\sqrt{1+k^2}}_{\circ}$$

若原来的线有形式

(1) a，$\sqrt{B}$，$\sqrt{a^2-C}$；

(2) $\sqrt{A}$，b，$\sqrt{A-c^2}$；

(3) $\sqrt{A}$，b，$\sqrt{A-C}$；

(4) $\sqrt{A}$，$\sqrt{B}$，$\sqrt{A-c^2}$；

(5) $\sqrt{A}$，$\sqrt{B}$，$\sqrt{A-C}$；

则这两条均值线有形式

(1) $\sqrt{a\sqrt{B}}$，$\dfrac{\sqrt{B(a^2-C)}}{\sqrt{a\sqrt{B}}}$；

(2) $\sqrt{b\sqrt{A}}$, $\dfrac{b\sqrt{A-c^2}}{\sqrt{b\sqrt{A}}}$;

(3) $\sqrt{b\sqrt{A}}$, $\dfrac{b\sqrt{A-C}}{\sqrt{b\sqrt{A}}}$;

(4) $\sqrt[4]{AB}$, $\dfrac{\sqrt{B(A-c^2)}}{\sqrt[4]{AB}}$;

(5) $\sqrt[4]{AB}$, $\dfrac{\sqrt{B(A-C)}}{\sqrt[4]{AB}}$ 。

引　理

设 ABC 是直角三角形, A 是直角, AD 是垂线。

我断言矩形 CB , BD 等于 BA 上正方形,矩形 BC , CD 等于 CA 上正方形,矩形 BD , DC 等于 AD 上正方形,更有矩形 BC , AD 等于矩形 BA , AC 。

首先证矩形 CB , BD 等于 BA 上正方形。

因为,由于在直角三角形中,是从直角顶向底边引的垂线,

所以两三角形 ABD , ADC 都相似于三角形 ABC 。　　　　　　　　　　　　［Ⅵ.8］

又,由于三角形 ABC 相似于三角形 ABD ,

所以, CB 比 BA 如同 BA 比 BD ;　　　　　［Ⅵ.4］

所以矩形 CB , BD 等于 AB 上正方形。　　［Ⅵ.17］

同理,矩形 BC , CD 也等于 AC 上正方形。

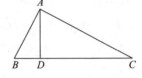

又由于,如果在一个直角三角形中,从直角顶向底边作垂线,则垂线是所分底边的比例中项,　　　　　　　　　　　　　　　　　　　　　　［Ⅵ.8,推论］

所以 BD 比 DA 如同 AD 比 DC ;

所以矩形 BD , DC 等于 AD 上正方形。　　　　　　　　　　　　　　　　　　［Ⅵ.17］

还可证矩形 BC , AD 也等于矩形 BA , AC 。

因为,像我们说过的,由于 ABC 相似于 ABD ,

所以, BC 比 CA 如同 BA 比 AD 。　　　　　　　　　　　　　　　　　　　　［Ⅵ.4］

于是矩形 BC , AD 等于矩形 BA , AC 。　　　　　　　　　　　　　　　　　　［Ⅵ.16］

　　　　　　　　　　　　　　　　　　　　　　　　　　　　　　　　　　　证完

命题 33

求平方不可公度的两线段,使得在它们上的正方形的和是有理的,而它们所夹的矩形是均值面。

给出仅平方可公度的两有理线段 AB, BC,且使大线段 AB 上正方形较小线段 BC 上正方形大一个与 AB 是不可公度的线段上的正方形。　　　　　　　　　　　[X.30]

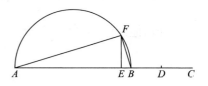

设 D 平分 BC。

在 AB 上贴合一个等于 BD, DC 之一上正方形的矩形且缺少一个正方形,设它是矩形 AE, EB。　　　　　　　　　[Ⅵ.28]

在 AB 上画出半圆 AFB,作 EF 与 AB 成直角,连接 AF, FB。

这时,由于 AB, BC 不相等,且 AB 上正方形比 BC 上正方形大一个与 AB 不可公度的线段上的正方形,

已经在 AB 上贴合一个等于 BC 上正方形的四分之一,即 AB 一半上的正方形的矩形,

此为矩形 AE, EB,

所以, AE 与 EB 是不可公度的。　　　　　　　　　　[X.18]

又, AE 比 EB 如同矩形 BA, AE 比矩形 AB, BE,

而矩形 BA, AE 等于 AF 上正方形,矩形 AB, BE 等于 BF 上正方形,

所以 AF 上正方形与 FB 上正方形是不可公度的。

所以 AF, FB 是平方不可公度的。

又,由于 AB 是有理的,所以 AB 上正方形也是有理的;

于是 AF, FB 上正方形的和也是有理的。　　　　　　　[Ⅰ.47]

又因为,矩形 AE, EB 等于 EF 上正方形,

由假设,矩形 AE, EB 也等于 BD 上正方形,所以 FE 等于 BD,

所以 BC 是 FE 的二倍,于是矩形 AB, BC 与矩形 AB, EF 也是可公度的。

但是矩形 AB, BC 是均值面;　　　　　　　　　　　　[X.21]

所以矩形 AB, EF 也是均值面。　　　　　　　　　[X.23,推论]

由于矩形 AB, EF 等于矩形 AF, FB,　　　　　　　　[引理]

故矩形 AF, FB 也是均值面。

但是已经证明这些线段上正方形的和是有理的。

所以我们求出了平方不可公度的两线段 AF, FB，使得它们上正方形的和是有理的，而由它们所夹的矩形是均值面。

证完

欧几里得取 X. 30 中的直线 $\rho, \dfrac{\rho}{\sqrt{1+k^2}}$。

而后他几何地解方程组

$$\left. \begin{array}{l} x + y = \rho \\[2mm] xy = \dfrac{\rho^2}{4(1+k^2)} \end{array} \right\} \quad\cdots\cdots\cdots\cdots\cdots\quad (1)。$$

若 x, y 是所求的值，则他取 u, v，使得

$$\left. \begin{array}{l} u^2 = \rho x \\[1mm] v^2 = \rho y \end{array} \right\} \quad\cdots\cdots\cdots\cdots\cdots\quad (2)，$$

并且 u, v 是满足这个问题的条件的直线。

代数地解方程，我们得到（若 $x > y$）

$$x = \frac{\rho}{2}\left(1 + \frac{k}{\sqrt{1+k^2}}\right), \quad y = \frac{\rho}{2}\left(1 - \frac{k}{\sqrt{1+k^2}}\right),$$

因此

$$\left. \begin{array}{l} u = \dfrac{\rho}{\sqrt{2}} \sqrt{1 + \dfrac{k}{\sqrt{1+k^2}}} \\[4mm] v = \dfrac{\rho}{\sqrt{2}} \sqrt{1 - \dfrac{k}{\sqrt{1+k^2}}} \end{array} \right\} \quad\cdots\cdots\cdots\cdots\cdots\quad (3)。$$

欧几里得如下证明这两条直线满足要求。

(α) 方程组 (1) 中的量满足 X. 18 的条件，所以

$$x \smile y,$$

但是 $$x : y = u^2 : v^2,$$

所以 $$u^2 \smile v^2,$$

于是 u, v 平方不可公度。

(β) $u^2 + v^2 = \rho^2$ 是有理的。

（γ）由（1），
$$\sqrt{xy} = \frac{\rho}{2 \ \sqrt{1+k^2}}。$$

由（2），
$$uv = \rho \cdot \sqrt{xy}$$
$$= \frac{\rho^2}{2 \ \sqrt{1+k^2}}。$$

但是 $\dfrac{\rho^2}{\sqrt{1+k^2}}$ 是均值面，所以 uv 是均值面。

因为 $\rho,\dfrac{\rho}{\sqrt{1+k^2}}$ 有三种形式

$(1) a,\sqrt{a^2-B}, (2)\sqrt{A},\sqrt{A-B}, (3)\sqrt{A},\sqrt{A-b^2}$，所以 u,v 有形式

$$(1) \sqrt{\frac{a^2+a\sqrt{B}}{2}},\ \sqrt{\frac{a^2-a\sqrt{B}}{2}};$$

$$(2) \sqrt{\frac{A+\sqrt{AB}}{2}},\ \sqrt{\frac{A-\sqrt{AB}}{2}};$$

$$(3) \sqrt{\frac{A+b\sqrt{A}}{2}},\ \sqrt{\frac{A-b\sqrt{A}}{2}}。$$

命题 34

求平方不可公度的两线段，使其上正方形的和是均值面，而由它们所夹的矩形是有理面。

设给出仅平方可公度的两均值线 AB,BC，由它们所夹的矩形是有理的，且 AB 上正方形比 BC 上正方形大一个与 AB 是不可公度的线段上的正方形，

[X.31,adfin]

在 AB 上画出半圆 ADB，设 BC 被 E 平分，

在 AB 贴合上一个等于 BE 上的正方形的矩形且缺少一个正方形，即矩形 AF,FB，

[VI.28]

所以 AF 与 FB 是长度不可公度的。

[X.18]

从点 F 作 FD 和 AB 成直角。

D 在 AB 的半圆上，连接 AD,DB。

因为 AF 与 FB 是长度不可公度的，

所以矩形 BA,AF 与矩形 AB,BF 也是不可公度的。

[X.11]

但是矩形 AB,AF 等于 AD 上正方形,矩形 AB,BF 等于 DB 上正方形;

所以 AD 上正方形与 DB 上正方形也是不可公度的。

又,由于 AB 上正方形是均值面,

所以 AD,DB 上正方形之和也是均值面。   [Ⅲ.31,Ⅰ.47]

又因为,BC 是 DF 的二倍,

所以矩形 AB,BC 也是矩形 AB,FD 的二倍。

但是矩形 AB,BC 是有理的;

所以矩形 AB,FD 也是有理的。   [X.6]

但是矩形 AB,FD 等于矩形 AD,DB,   [引理]

于是矩形 AD,DB 也是有理的。

于是已求出是平方不可公度的两线段 AD,DB,

使得在它们上的正方形之和是均值面,

但由它们所夹的矩形是有理面。

证完

此时我们取(X. 31)的均值线

$$\frac{\rho}{(1+k^2)^{\frac{1}{4}}},\ \frac{\rho}{(1+k^2)^{\frac{3}{4}}}。$$

解方程组

$$\left.\begin{array}{l} x+y=\dfrac{\rho}{(1+k^2)^{\frac{1}{4}}} \\[2mm] xy=\dfrac{\rho^2}{4(1+k^2)^{\frac{3}{2}}} \end{array}\right\} \cdots\cdots\cdots\cdots\cdots\cdots (1)。$$

若 x,y 是其解,则取 u,v,使得

$$\left.\begin{array}{l} u^2=\dfrac{\rho}{(1+k^2)^{\frac{1}{4}}}\cdot x \\[2mm] v^2=\dfrac{\rho}{(1+k^2)^{\frac{1}{4}}}\cdot y \end{array}\right\} \cdots\cdots\cdots\cdots\cdots\cdots (2),$$

并且 u,v 是满足给定条件的直线。

欧几里得的证明与上述类似。

(α)由(1)推出[X.18]

$$x \smile y,$$
$$u^2 \smile v^2,$$

因此

并且 u,v 平方不可公度。

$(\beta)\, u^2 + v^2 = \dfrac{\rho^2}{\sqrt{1+k^2}}$，是均值面。

$(\gamma)\, uv = \dfrac{\rho}{(1+k^2)^{\frac{1}{4}}} \cdot \sqrt{xy}$

$\qquad = \dfrac{1}{2} \cdot \dfrac{\rho^2}{1+k^2}$，是有理面。

因此 uv 是有理的。

为了找到 u,v 的形式，我们解方程组 (1)（若 $x > y$），

$$x = \frac{\rho}{2(1+k^2)^{\frac{3}{4}}} (\sqrt{1+k^2} + k),$$

$$y = \frac{\rho}{2(1+k^2)^{\frac{3}{4}}} (\sqrt{1+k^2} - k);$$

因此

$$u = \frac{\rho}{\sqrt{2(1+k^2)}} \sqrt{\sqrt{1+k^2} + k},$$

$$v = \frac{\rho}{\sqrt{2(1+k^2)}} \sqrt{\sqrt{1+k^2} - k}.$$

u,v 可能有下述形式（见 X.31 的注）：

$(1)\ \sqrt{\dfrac{(a+\sqrt{B})\sqrt{a^2-B}}{2}},\ \sqrt{\dfrac{(a-\sqrt{B})\sqrt{a^2-B}}{2}};$

$(2)\ \sqrt{\dfrac{(\sqrt{A}+\sqrt{B})\sqrt{A-B}}{2}},\ \sqrt{\dfrac{(\sqrt{A}-\sqrt{B})\sqrt{A-B}}{2}};$

$(3)\ \sqrt{\dfrac{(\sqrt{A}+b)\sqrt{A-b^2}}{2}},\ \sqrt{\dfrac{(\sqrt{A}-b)\sqrt{A-b^2}}{2}}.$

命题 35

求平方不可公度的两线段，使其上正方形的和为均值面，并且由它们所夹的矩形为均值面，而且此矩形与上述两正方形的和不可公度。

设给出仅平方可公度的两均值线 AB,BC，且由它们所夹的矩形是均值面，

而 AB 上正方形比 BC 上正方形大一个与 AB 不可公度的线段上的正方形。

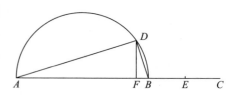

[X.32]

在 AB 上画出半圆 ADB，并如前作出图的其余部分。

于是 AF 与 FB 是长度不可公度的。　　　　　　　　　　　　[X.18]

AD 与 DB 在正方形上也是不可公度的。　　　　　　　　　　[X.11]

又，由于 AB 上正方形是均值面，

所以 AD,DB 上正方形的和也是均值面。　　　　　　　　[III.31，I.47]

又，由于矩形 AF,FB 等于线段 BE,DF 之一上正方形，

所以 BE 等于 DF，故 BC 是 FD 的二倍，

于是矩形 AB,BC 也是矩形 AB,FD 的二倍，

但是矩形 AB,BC 是均值面，

所以矩形 AB,FD 也是均值面。　　　　　　　　　　　　[X.32，推论]

又，它等于矩形 AD,DB；　　　　　　　　　　　　　　[X.32 后引理]

所以矩形 AD,DB 也是均值面。

又因 AB 与 BC 是长度不可公度的，

而 CB 与 BE 是可公度的，

所以 AB 与 BE 也是长度不可公度的，　　　　　　　　　　[X.13]

于是 AB 上正方形与矩形 AB,BE 也是不可公度的。　　　　[X.11]

但是 AD,DB 上正方形的和等于 AB 上正方形，　　　　　　[I.47]

而矩形 AB,FD，即矩形 AD,DB，等于矩形 AB,BE；

所以 AD,DB 上正方形的和与矩形 AD,DB 是不可公度的。

于是已求出是平方不可公度的两线段 AD,DB，

使得它们上的正方形的和是均值面，

它们所夹的矩形是均值面，以及该矩形与它们上正方形的和是不可公度的。

证完

取均值线如同 X.32，即

$$\rho\lambda^{\frac{1}{4}}, \quad \rho\lambda^{\frac{1}{4}}\sqrt{1+k^2}。$$

解方程组

$$\left.\begin{array}{l} x + y = \rho\lambda^{\frac{1}{4}} \\ xy = \dfrac{\rho^2 \sqrt{\lambda}}{4(1 + k^2)} \end{array}\right\} \quad\cdots\cdots\cdots\cdots\cdots\cdots (1),$$

而后令

$$\left.\begin{array}{l} u^2 = \rho\lambda^{\frac{1}{4}} \cdot x \\ v^2 = \rho\lambda^{\frac{1}{4}} \cdot y \end{array}\right\} \quad\cdots\cdots\cdots\cdots\cdots\cdots (2),$$

则 u, v 是满足给定条件的直线。

欧几里得证明这个如下。

(α) 由 (1) 可推出 [X.18] $x \smile y$,

所以 $u^2 \smile v^2$,

并且 $u \smile v$。

(β) $u^2 + v^2 = \rho^2 \sqrt{\lambda}$,是均值面 $\quad\cdots\cdots\cdots\cdots\cdots\cdots (3)$。

(γ) $uv = \rho\lambda^{\frac{1}{4}} \cdot \sqrt{xy}$

$\qquad = \dfrac{1}{2} \dfrac{\rho^2 \sqrt{\lambda}}{\sqrt{1 + k^2}}$,是均值面 $\quad\cdots\cdots\cdots\cdots\cdots\cdots (4)$;

所以 uv 是均值面。

(δ) $\rho\lambda^{\frac{1}{4}} \smile \dfrac{1}{2} \dfrac{\rho\lambda^{\frac{1}{4}}}{\sqrt{1 + k^2}}$,

因此 $\rho^2 \sqrt{\lambda} \smile \dfrac{1}{2} \dfrac{\rho^2 \sqrt{\lambda}}{\sqrt{1 + k^2}}$。

由 (3) 和 (4),

$(u^2 + v^2) \smile uv$。

实际的值如下,解方程组 (1),我们有

$$x = \frac{\rho\lambda^{\frac{1}{4}}}{2}\left(1 + \frac{k}{\sqrt{1 + k^2}}\right),$$

$$y = \frac{\rho\lambda^{\frac{1}{4}}}{2}\left(1 - \frac{k}{\sqrt{1 + k^2}}\right);$$

因此

$$u = \frac{\rho\lambda^{\frac{1}{4}}}{\sqrt{2}} \sqrt{1 + \frac{k}{\sqrt{1 + k^2}}},$$

$$v = \frac{\rho \lambda^{\frac{1}{4}}}{\sqrt{2}} \sqrt{1 - \frac{k}{\sqrt{1 + k^2}}} \circ$$

若 ρ 有形式 a 或 $\sqrt{A}$，则 u, v 有如下形式

(1) $\sqrt{\dfrac{(a + \sqrt{C})\sqrt{B}}{2}}$，$\sqrt{\dfrac{(a - \sqrt{C})\sqrt{B}}{2}}$；

(2) $\sqrt{\dfrac{(\sqrt{A} + \sqrt{C})\sqrt{B}}{2}}$，$\sqrt{\dfrac{(\sqrt{A} - \sqrt{C})\sqrt{B}}{2}}$；

(3) $\sqrt{\dfrac{(\sqrt{A} + c)\sqrt{B}}{2}}$，$\sqrt{\dfrac{(\sqrt{A} - c)\sqrt{B}}{2}}$。

并且在 $(2), (3)$ 中可以用 b 代替 $\sqrt{B}$。

命题 36

如果把仅平方可公度的两有理线段相加，则其和是无理的。称此线段为二项和线。

设仅平方可公度的两有理线段 AB, BC 相加。

我断言整体的 AC 是无理的。

因为，由于 AB 与 BC 是长度不可公度的，这是由于它们是仅平方可公度的。

又，AB 比 BC 如同矩形 AB, BC 比 BC 上正方形，

所以矩形 AB, BC 与 BC 上正方形是不可公度的。　　　　[X.11]

但是二倍的矩形 AB, BC 与矩形 AB, BC 是可公度的，　　　[X.6]

且 AB, BC 上正方形之和与 BC 上正方形是可公度的，

这是因为 AB, BC 是仅平方可公度的两有理线段。　　　　　[X.15]

所以二倍矩形 AB, BC 与 AB, BC 上正方形的和是不可公度的。　[X.13]

又由合比，二倍矩形 AB, BC 与 AB, BC 上正方形相加，

即 AC 上正方形[II.4]与 AB, BC 上正方形的和是不可公度的。　[X.16]

但是 AB, BC 上正方形的和是有理的；

所以 AC 上正方形是无理的，于是 AC 也是无理的。　　　[X.定义 I.4]

称 AC 为**二项和线**。

　　　　　　　　　　　　　　　　　　　　　　　　　证完

此处开始第一组关于复合无理直线的六个命题。这六条复合无理直线是

由两部分**相加**形成的,而与其对应的六个命题 73—78 是由相减形成的。这六个无理直线与命题 48—53 所描述的无理直线之间的关系将在命题 54—59 中看到;但是在此处可以说,在命题 36—41 中的六条复合的无理直线等价于在 **X**.48—53 中的复合无理直线的**平方根**(严格地说,求等于由后面的无理直线与另一条有理直线包围的矩形的正方形的边),因而是进一步复合的无理直线。

为了重新建立这个命题的证明,并为了简单起见,我称复合无理直线的两部分为 $x,y;x$ 总表示较大的线段。

在这个命题中,x,y 有形式 $\rho,\sqrt{k}\cdot\rho$,并且 $(x+y)$ 被证明是无理的。

$x \smallsmile y$,故 $x \smallfrown y$。

现在 $x:y=x^2:xy$,

故 $x^2 \smallfrown xy$。

但是 $x^2 \smallsmile (x^2+y^2)$,并且 $xy \smallsmile 2xy$,

所以 $(x^2+y^2) \smallfrown 2xy$,

因此 $(x^2+y^2+2xy) \smallfrown (x^2+y^2)$。

但是 (x^2+y^2) 是有理的,所以 $(x+y)^2$,因而 $(x+y)$ 是无理的。

这个无理直线 $\rho+\sqrt{k}\cdot\rho$ 称为**二项和线**。

与这个对应的**二项差线** $(\rho-\sqrt{k}\cdot\rho)$ (出现在 **X**.73 中)是下述方程的正根

$$x^4-2(1+k)\rho^2\cdot x^2+(1-k)^2\rho^4=0。$$

命题 37

如果以两个仅平方可公度的均值线所夹的矩形是有理的,则两均值线的和是无理的。称此线段为第一双均线。

为此,设仅平方可公度的均值线 AB,BC,并且由它们所夹的矩形是有理面,将两线段相加。

我断言,整个 AC 是无理的。

因为,由于 AB 与 BC 是长度不可公度的,

所以 AB,BC 上正方形之和与二倍的矩形 AB,BC 也是不可公度的,

[参看 **X**.36]

又由合比,AB,BC 上正方形与二倍的矩形 AB,BC 的和,

即 AC 上的正方形[**II**.4],与矩形 AB,BC 是不可公度的。   [**X**.16]

但是,矩形 AB,BC 是有理的,因为由假设 AB,BC 是所夹有理矩形的两

线段,

所以 AC 上正方形是无理的;

因而 AC 是无理的。   [X. 定义 I . 4]

称此线段为**第一双均线**。

证完

此处 x, y 有形式 $k^{\frac{1}{4}}\rho, k^{\frac{3}{4}}\rho$, 如同 X. 27 中出现的。

与上一情形同样, 我们可以证明

$$x^2 + y^2 \smile 2xy,$$

因此

$$(x+y)^2 \smile 2xy。$$

但是 xy 是有理的; 所以 $(x+y)^2$, 因而 $(x+y)$ 是无理的。

无理直线 $k^{\frac{1}{4}}\rho + k^{\frac{3}{4}}\rho$ 称为**第一双均线**。

这个以及对应的**第一均差线** $k^{\frac{1}{4}}\rho - k^{\frac{3}{4}}\rho$ (出现在 X. 74 中) 是下述方程的正根

$$x^4 - 2\sqrt{k}(1+k)\rho^2 \cdot x^2 + k(1-k)^2\rho^4 = 0。$$

命题 38

如果以两个仅平方可公度的均值线所夹的矩形是均值面, 则两均值线的和是无理的。称此线段为第二双均线。

为此, 设 AB, BC 为仅平方可公度的两均值线, 并且由它们所夹的矩形是均值面, 将两线段相加。

我断言 AC 是无理的。

给定一个有理线段 DE, 并在 DE 上贴合一个等于 AC 上正方形的矩形 DF, DG 作为宽。   [I . 44]

因为 AC 上正方形等于 AB, BC 上正方形与二倍矩形 AB, BC 的和。 [II . 4]

设 EH 为在 DE 上贴合一个等于 AB, BC 上正方形的和的矩形;

所以余量 HF 等于二倍的矩形 AB, BC。

又, 由于 AB, BC 每一个都是均值线,

所以 AB, BC 上正方形是均值面。

但由假设, 二倍矩形 AB, BC 也是均值面。

而且 EH 等于 AB,BC 上正方形的和,

而 FH 等于二倍矩形 AB,BC;

所以矩形 EH,HF 都是均值面。

因为它们是贴合于有理线段 DE 上的;

所以线段 DH,HG 都是有理的且与 DE 是长度不可公度的。　　　　[X.22]

因为 AB 与 BC 是长度不可公度的,

而且 AB 比 BC 如同 AB 上正方形比矩形 AB,BC,

所以 AB 上正方形与矩形 AB,BC 是不可公度的。　　　　　　　[X.11]

但是 AB,BC 上正方形的和与 AB 上正方形是可公度的,　　　　 [X.15]

而二倍矩形 AB,BC 与矩形 AB,BC 是可公度的。　　　　　　　 [X.6]

所以 AB,BC 上正方形的和与二倍矩形 AB,BC 是不可公度的。　　[X.13]

但是 EH 等于 AB,BC 上正方形的和,

而 HF 等于二倍矩形 AB,BC。

所以 EH 与 HF 是不可公度的,

于是 DH 与 HG 也是不可公度的。　　　　　　　　　　　[Ⅵ.1,X.11]

所以 DH,HG 是仅平方可公度的两有理线段;

所以面 DG 是无理的。　　　　　　　　　　　　　　　　　　[X.36]

但是 DE 是有理的;且由一个无理线段和一个有理线段所夹的矩形是无理

面;　　　　　　　　　　　　　　　　　　　　　　　　　　[参考 X.20]

所以面 DF 是无理的,

而与 DF 相等的正方形的边是无理的。　　　　　　　　　　[X.定义 I.4]

但是 AC 是等于 DF 的正方形的边,所以 AC 是无理线段。

称此线段为**第二双均线**。

证完

在证明了 AB,BC 上的每个正方形是均值面之后,欧几里得说这两个正方形的和 EH 是均值面,但是没有解释为什么。事实上由题设 AB,BC 上的两个正方形是可公度的,故这两个正方形的和与每一个是可公度的(X.15),因而是均值面(X.23,推论)。

此时[X.28 的注] x,y 有形式 $k^{\frac{1}{4}}\rho,\lambda^{\frac{1}{2}}\rho/k^{\frac{1}{4}}$。

贴面积 (x^2+y^2) 与 $2xy$ 到有理直线 σ,即假定

$$x^2+y^2=\sigma u,$$

$$2xy = \sigma v。$$

由题设，X.15 及 X.23 的推论可推出 $(x^2 + y^2)$ 是均值面；故 $2xy$ 也是均值面。

所以 $\sigma u, \sigma v$ 是均值面。

因而每一条直线 u, v 是有理的并且，$\smile \sigma$ ························ (1)。

又

$$x \smile y;$$

所以

$$x^2 \smile xy。$$

但是

$$x^2 \frown x^2 + y^2, \quad xy \frown 2xy;$$

所以

$$x^2 + y^2 \smile 2xy,$$

或者

$$\sigma u \smile \sigma v,$$

因此

$$u \smile v ························ (2)。$$

由 (1) 和 (2)，u, v 是有理的并且 $\sim$。

由 X.36 推出 $(u + v)$ 是无理的。

所以 $(u + v)\sigma$ 是无理面[这个可由 X.20 用反证法推出]。

因此 $(x + y)^2$，因而 $(x + y)$ 是无理的

这个无理线 $k^{\frac{1}{4}}\rho + \dfrac{\lambda^{\frac{1}{2}}\rho}{k^{\frac{1}{4}}}$ 称为**第二双均线**。

这个以及对应的**第二均差线** $\left(k^{\frac{1}{4}}\rho - \dfrac{\sqrt{\lambda}}{k^{\frac{1}{4}}}\rho \right)$（出现在 X.75 中）是下述方程的正根

$$x^4 - 2\frac{k + \lambda}{\sqrt{k}}\rho^2 \cdot x^2 + \frac{(k - \lambda)^2}{k}\rho^4 = 0。$$

命题 39

如果平方不可公度的二线段上正方形的和是有理的，并且由它们所夹的矩形是均值面，则由它们相加所得到的整个线段是无理的。称此线段为**大线**。

为此，设 AB,BC 是平方不可公度的两线段，且
满足 X.33 中的条件，把两线段相加。

我断言 AC 是无理线段。

因为，由于矩形 AB,BC 是均值面，

于是二倍的矩形 AB,BC 也是均值面。　　　　　　　[X.6 和 23，推论]

但是 AB,BC 上正方形的和是有理的；

所以二倍矩形 AB,BC 与 AB,BC 上正方形的和是不可公度的，

于是 AB,BC 上正方形与二倍矩形 AB,BC 相加，

即 AC 上正方形与 AB,BC 上正方形的和也是不可公度的，

　　　　　　　　　　　　　　　　　　　　　　　[X.16]

所以 AC 上正方形是无理的，

于是 AC 也是无理的。　　　　　　　　　　　　[X.定义 I.4]

称此线段为**大线**。

　　　　　　　　　　　　　　　　　　　　　　证完

此处 x,y 有 X.33 中的形式

$$\frac{\rho}{\sqrt{2}}\sqrt{1+\frac{k}{\sqrt{1+k^2}}},\ \frac{\rho}{\sqrt{2}}\sqrt{1-\frac{k}{\sqrt{1+k^2}}}。$$

由题设，矩形 xy 是均值面；所以 $2xy$ 是均值面。

又 (x^2+y^2) 是有理面，所以

$$x^2+y^2 \smile 2xy,$$

因此　　　　　　　　　　$(x+y)^2 \smile (x^2+y^2),$

故 $(x+y)^2$，因而 $(x+y)$ 是无理的。

这个无理线 $\dfrac{\rho}{\sqrt{2}}\sqrt{1+\dfrac{k}{\sqrt{1+k^2}}}+\dfrac{\rho}{\sqrt{2}}\sqrt{1-\dfrac{k}{\sqrt{1+k^2}}}$ 称为**大线**。

这个以及对应的小线（出现在 X.76 中）是下述方程的正根

$$x^4-2\rho^2\cdot x^2+\frac{k^2}{1+k^2}\rho^4=0。$$

命题 40

　　如果平方不可公度的二线段上正方形的和是均值面，并且由它们所夹的矩形是有理的，则二线段的和是无理的。称此线为均值面有理面和的边。

为此，设 AB, BC 是平方不可公度的两线段，并且满足 X.34 中的条件，把两线段相加。

我断言 AC 是无理的。

因为 AB, BC 上正方形的和是均值面，而二倍矩形 AB, BC 是有理面，

所以 AB, BC 上正方形的和与二倍矩形 AB, BC 是不可公度的，

于是 AC 上正方形与二倍矩形 AB, BC 也是不可公度的。 [X.16]

但是二倍矩形 AB, BC 是有理的；

所以 AC 上正方形是无理的。

所以 AC 是无理的。 [X. 定义 I . 4]

称此线段为**均值面有理面和的边**。

证完

此处 x, y 有形式（X.34）

$$\frac{\rho}{\sqrt{2(1+k^2)}} \sqrt{\sqrt{1+k^2}+k}, \quad \frac{\rho}{\sqrt{2(1+k^2)}} \sqrt{\sqrt{1+k^2}-k},$$

此时 (x^2+y^2) 是均值面，而 $2xy$ 是有理面；

于是

$$x^2+y^2 \smile 2xy。$$

所以

$$(x+y)^2 \smile 2xy,$$

因为 $2xy$ 是有理的，所以 $(x+y)^2$，因而 $(x+y)$ 是无理的。

这个无理直线

$$\frac{\rho}{\sqrt{2(1+k^2)}} \sqrt{\sqrt{1+k^2}+k} + \frac{\rho}{\sqrt{2(1+k^2)}} \sqrt{\sqrt{1+k^2}-k}$$

称为**有理面与均值面的和的"边"**。

这个以及对应的带负号的无理线（出现在 X.77 中）是下述方程的正根，

$$x^4 - \frac{2}{\sqrt{1+k^2}} \rho^2 \cdot x^2 + \frac{k^2}{(1+k^2)^2} \rho^4 = 0。$$

命题 41

如果平方不可公度的二线段上正方形的和是均值面，由它们所夹的矩形也是均值面，并且它与二线段上正方形的和不可公度，则二线段的和是无理的，称它为两均值面和的边。

为此,设 AB,BC 是平方不可公度的两线段,并且满足 X. 35 中的条件,把两线段相加。

我断言 AC 是无理的。

给出一个有理线段 DE,在 DE 上贴合一个矩形 DF 等于 AB,BC 上正方形的和,再作矩形 GH 等于二倍矩形 AB,BC;

所以 DH 等于 AC 上正方形。　　　　　　　　　[Ⅱ.4]

现在,由于 AB,BC 上正方形的和是均值面,且等于 DF, 所以 DF 也是均值面。

又,它是贴合于有理线段 DE 上的;

所以 DG 是有理的,且与 DE 是长度不可公度的。　　[X.22]

同理,GK 也是有理的,且与 GF,即 DE,是长度不可公度的。

又,由于 AB,BC 上正方形的和与二倍矩形 AB,BC 是不可公度的,即 DF 与 GH 是不可公度的,

于是 DG 与 GK 也是不可公度的。　　　　　　[Ⅵ.1,X.11]

且它们是有理的;

所以 DG,GK 是仅平方可公度的两有理线段。

所以 DK 是称为二项和线的无理线段。　　　　　　[X.36]

但是 DE 是有理的;

所以 DH 是无理的,且与它相等的正方形边是无理的。　[X.定义Ⅰ.4]

但是 AC 是等于 HD 上的正方形的边;

所以 AC 是无理的。

称此线段为**两均值面的和的边**。

　　　　　　　　　　　　　　　　　　　　　　　　证完

此时 x,y 有形式

$$\frac{\rho\lambda^{\frac{1}{4}}}{\sqrt{2}}\sqrt{1+\frac{k}{\sqrt{1+k^2}}},\ \frac{\rho\lambda^{\frac{1}{4}}}{\sqrt{2}}\sqrt{1-\frac{k}{\sqrt{1+k^2}}}。$$

由题设,(x^2+y^2) 以及 $2xy$ 都是均值面,并且

$$x^2+y^2 \smile 2xy \quad\cdots\cdots\cdots\cdots\cdots\cdots\cdots (1)。$$

分别贴这两个面于有理直线 σ,并假定

$$\left.\begin{array}{l} x^2+y^2=\sigma u \\ 2xy=\sigma v \end{array}\right\} \quad\cdots\cdots\cdots\cdots\cdots\cdots\cdots (2)。$$

因为 σu 与 σv 都是均值面,所以 u,v 是有理的并且都 $\smile \sigma$　$\cdots\cdots\cdots$ (3)。

由(1)和(2)，

$$\sigma u \smile \sigma v,$$

故 $\qquad\qquad\qquad\qquad u \smile v。$

再由这个和(3)，u,v 是有理的并且 $\smile$。

所以（X.36），$(u+v)$ 是无理的。

因此 $\sigma(u+v)$ 是无理的（由 X.20 推出）。

于是 $(x+y)^2$，因而 $(x+y)$ 是无理的。

这个无理线

$$\frac{\rho\lambda^{\frac{1}{4}}}{\sqrt{2}}\sqrt{1+\frac{k}{\sqrt{1+k^2}}}+\frac{\rho\lambda^{\frac{1}{4}}}{\sqrt{2}}\sqrt{1-\frac{k}{\sqrt{1+k^2}}}$$

称为**两均值面的和的边**。

这个以及对应的带负号的无理线（出现在 X.78 中）是下述方程的正根

$$x^4 - 2\sqrt{\lambda}\cdot x^2\rho^2 + \lambda\frac{k^2}{1+k^2}\rho^4 = 0。$$

引 理

前面说到的无理线段都只有一种方法被分为两个线段，它是它们的各个类型的和，现在我们将在叙述如下的引理作为前提之后作出证明。

给出线段 AB，由两点 C,D 的每一个分 AB 为不等的两部分，且设 AC 大于 DB。

我断言，AC,CB 上正方形的和大于 AD,DB 上正方形的和。

为此，设 E 平分 AB。

这时，由于 AC 大于 DB，若从它们中减去 DC，

则余量 AD 大于余量 CB。

但是 AE 等于 EB；所以 DE 小于 EC，

即 C,D 两点与中点距离不等。

又，由于矩形 AC,CB 连同 EC 上正方形等于 EB 上正方形。 [Ⅱ.5]

并且还有，矩形 AD,DB 连同 DE 上正方形等于 EB 上正方形， [Ⅱ.5]

所以矩形 AC,CB 连同 EC 上正方形等于矩形 AD,DB 连同 DE 上正方形。

其余 DE 上正方形小于 EC 上正方形；

所以余量，即矩形 AC,CB，也小于矩形 AD,DB，

因此二倍矩形 AC,CB 小于二倍矩形 AD,DB。

于是余量,即 AC,CB 上正方形的和也大于 AD,DB 上正方形的和。

证完

这个引理证明了,若 $x+y=u+v$,并且 u,v 比 x,y 更接近相等(即第二种情形的分点更接近中心),则

$$(x^2+y^2)>(u^2+v^2)。$$

首先由 II.5 证明了

$$2xy<2uv,$$

因为 $(x+y)^2=(u+v)^2$,所以推出上述结果。

命题 42

一个二项和线仅在一点被分为它的两段。

设 AB 是一个二项和线,并且它在 C 点被分为它的两段;

所以 AC,CB 是仅平方可公度的两有理线段。   [X.36]

我断言 AB 在另外的点不能被分为仅平方可公度的两有理线段。

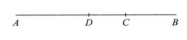

因为,如果可能,设它在 D 点被分,AD,DB 也是仅平方可公度的两有理线段。

显然 AC 与 DB 不相同,否则,AD 也与 CB 相同,

因而 AC 比 CB 将相同 BD 比 DA,

于是点 D 分 AB 与点 C 分 AB 的方法相同,这和假设相反。

所以 AC 与 DB 不相同。

由于这一理由,点 C,D 离中点不相等。

所以 AC,CB 上正方形之和与 AD,DB 上正方形之和的差即是二倍矩形 AD,DB 与二倍矩形 AC,CB 的差,

这是因为 AC,CB 上正方形加二倍矩形 AC,CB 与 AD,DB 上正方形加二倍矩形 AD,DB 都等于 AB 上的正方形。   [II.4]

但是 AC,CB 上正方形的和与 AD,DB 上正方形的和的差是有理面;因为二者都是有理面,

所以二倍矩形 AD,DB 与二倍矩形 AC,CB 的差也是有理矩形,然而它们是均值面: [X.21]

这是不合理的,因为一个均值面不会比一个均值面大一个有理面。 [X.26]

所以一个二项和线不可能在不同点被分为它的两段，所以它只能被一点分为它的两段。

证完

这个命题证明了等价于众所周知的关于不尽根的定理，若

$$a + \sqrt{b} = x + \sqrt{y},$$

则

$$a = x, b = y。$$

以及若

$$\sqrt{a} + \sqrt{b} = \sqrt{x} + \sqrt{y},$$

则

$$a = x, b = y（或 a = y, b = x）。$$

这个问题说明二项和线不能用两种方式分开，事实上，若可能，令

$$x + y = x' + y',$$

其中 x, y 与 x', y' 即是二项和线的两段，并且 x', y' 不同于 x, y（或 y, x）。

其中一对必然比另一对更接近相等。设 x', y' 比 x, y 更接近相等，

则

$$(x^2 + y^2) - (x'^2 + y'^2) = 2x'y' - 2xy。$$

由题设 $(x^2 + y^2)$，$(x'^2 + y'^2)$ 是有理面，具有形式 $\rho^2 + k\rho^2$；

但是 $2x'y'$，$2xy$ 是均值面，具有形式 $\sqrt{k} \cdot \rho^2$；

因而这两个均值面的差是有理的，这是不可能的。 [X.26]

所以 x', y' 不可能不同于 x, y（或 y, x）。

命题 43

一个第一双均线，仅在一点被分为它的两段。

设一个第一双均线 AB 在 C 点被分，使得 AC, CB 是仅平方可公度的两均值线，且由它们所夹的矩形是有理的。

[X.37]

我断言再无另外的点分 AB 为如此二段。

因为，如果可能，设它在 D 点也被分为两段，

使得 AD, DB 也是仅平方可公度的两均值线，

并且由它们所夹的矩形是有理矩形。

这时，由于二倍矩形 AD, DB 与二倍矩形 AC, CB 的差等于 AC, CB 上正方形的和与 AD, DB 上正方形和的差，

而二倍矩形 AD, DB 与二倍矩形 AC, CB 的差是有理面，因为它们都是有

理面。

所以 AC,CB 上正方形的和与 AD,DB 上正方形的和的差也是有理面，

然而它们是均值面：这是不合理的。 [X. 26]

所以第一双均线在不同的点不能分为它的两段，因此它仅在一点分为它的两段。

证完

此时同样假设

$$x + y = x' + y',$$

并且 x',y' 比 x,y 更接近相等，我们有

$$(x^2 + y^2) - (x'^2 + y'^2) = 2x'y' - 2xy。$$

但是由给定的 x,y 和 x',y' 的性质，可以推出 $2xy,2x'y'$ 是有理面，而 $(x^2 + y^2),(x'^2 + y'^2)$ 是均值面。

因而两个均值面的差是有理面，这是不可能的。 [X. 26]

命题 44

一个第二双均线仅在一点被分为它的两段。

设第二双均线 AB 在点 C 被分，使得 AC,CB 是仅平方可公度的两均值线，并且由它们所夹的矩形是均值面。 [X. 38]

于是，显然 C 不是 AB 的平分点，因为它们不是长度可公度的。

我断言没有其他的点分 AB 为如此的两段。

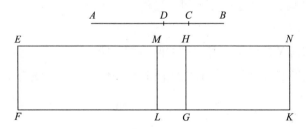

因为，如果可能，设 D 点也分 AB 为它的两段，

那么 AC 与 DB 不相同，假设 AC 是较大的；

很清楚，按照上面 [引理] 证明过的，AD,DB 上正方形的和小于 AC,CB 上正方形的和，

又假设 AD,DB 是仅平方可公度的两均值线，

且由它们所夹的矩形是均值面。

现给出一条有理线段 *EF*，在 *EF* 上贴合一矩形 *EK* 等于 *AB* 上正方形，又减去等于 *AC*,*CB* 上正方形的和的 *EG*，

所以余量 *HK* 等于二倍的矩形 *AC*,*CB*。　　　　　　　　　　　　[Ⅱ.4]

又设减去等于 *AD*,*DB* 上正方形的和的 *EL*，

已证得它小于 *AC*,*CB* 上正方形的和，　　　　　　　　　　　　[引理]

所以余量 *MK* 等于二倍矩形 *AD*,*DB*。

现在，由于 *AC*,*CB* 上正方形都是均值面，

所以 *EG* 是均值面。

又，它是贴合在有理线段 *EF* 上的，

所以 *EH* 与 *EF* 是长度不可公度的有理线段。　　　　　　　　　[X.22]

同理，*HN* 也是与 *EF* 长度不可公度的有理线段。

又因为 *AC*,*CB* 是仅平方可公度的均值线，

所以 *AC* 与 *CB* 是长度不可公度的。

但是 *AC* 比 *CB* 如同 *AC* 上正方形比矩形 *AC*,*CB*；

所以 *AC* 上正方形与矩形 *AC*,*CB* 是不可公度的。　　　　　　[X.11]

但是 *AC*,*CB* 上正方形之和与 *AC* 上正方形是可公度的；

因为 *AC*,*CB* 是平方可公度的。　　　　　　　　　　　　　　　[X.15]

又，二倍矩形 *AC*,*CB* 与矩形 *AC*,*CB* 是可公度的。　　　　　[X.6]

所以 *AC*,*CB* 上正方形也与二倍矩形 *AC*,*CB* 是不可公度的。　[X.13]

但是 *EG* 等于 *AC*,*CB* 上正方形的和，而 *HK* 等于二倍的矩形 *AC*,*CB*；

所以 *EG* 与 *HK* 不可公度，

于是 *EH* 与 *HN* 也是长度不可公度的。　　　　　　　　　[Ⅵ.1,X.11]

而它们是有理的，

所以 *EH*,*HN* 是仅平方可公度的两有理线段。

但是，仅平方可公度的两有理线段的和是称为二项和线的无理线段。

　　　　　　　　　　　　　　　　　　　　　　　　　　　　　　[X.36]

所以 *EN* 是在点 *H* 被分的二项和线。

用同样的方法可证 *EM*,*MN* 也是仅平方可公度的两有理线段，且 *EN* 是在不同的点 *H* 和 *M* 所分的二项和线。

又，*EH* 与 *MN* 不相同。

因为 *AC*,*CB* 上正方形的和大于 *AD*,*DB* 上正方形的和。

但是 *AD*,*DB* 上正方形的和大于二倍矩形 *AD*,*DB*。

而 *AC*,*CB* 上正方形的和,即 *EG*,

更大于二倍矩形 *AD*,*DB*,即 *MK*,于是 *EH* 也大于 *MN*。

所以 *EH* 与 *MN* 不相同。

证完

由于第二双均线的无理性(**X**.38)是用二项和线的无理性(**X**.36)证明的,所以这个定理归结为 **X**.42。

假定第二双均线可以用两种方式分为两段,即

$$x + y = x' + y',$$

其中 x',y' 比 x,y 更接近相等。

贴 $x^2 + y^2$,$2xy$ 于有理直线 σ,即

$$x^2 + y^2 = \sigma u,$$

$$2xy = \sigma v。$$

则如同 **X**.38,面 $x^2 + y^2$,$2xy$ 是均值面,故 σu,σv 也是均值面;所以

u,v 都是有理的并且 $\smallfrown \sigma$ ·· (1)。

又由题设,x,y 是仅平方可公度的均值线,

所以 $\qquad\qquad\qquad\qquad x \smallsmile y。$

因此 $\qquad\qquad\qquad\qquad x^2 \smallsmile xy。$

又 $x^2 \smallfrown (x^2 + y^2)$,而 $xy \smallfrown 2xy$,所以

$$(x^2 + y^2) \smallsmile 2xy,$$

或者 $\qquad\qquad\qquad\qquad \sigma u \smallsmile \sigma v,$

因此 $\qquad\qquad\qquad\qquad u \smallsmile v$ ································· (2)。

由(1)与(2),u,v 是仅平方可公度的有理直线;所以

$$u + v \text{ 是二项和线。}$$

类似地,若 $x'^2 + y'^2 = \sigma u'$,$2x'y' = \sigma v'$,则 $u' + v'$ 是二项和线。

因为 $(x + y)^2 = (x' + y')^2$,所以 $(u + v) = (u' + v')$,由此推出二项和线可用两种方式分开,这是不可能的。 [**X**.42]

所以第二二项和线只能用一种方式分开。

为了证明 $u + v$,$u' + v'$ 表示同一条直线的不同分法,欧几里得假定 $x^2 + y^2 > 2xy$。这当然可以由 **Ⅱ**.7 推出;但是此处的这个假定说明 **X**.59 后面的引理可能是插入的。

命题 45

一个大线仅在一点被分为它的两段。

设一个大线 AB 在 C 点被分,使得 AC,CB 是平方不可公度的,且 AC,CB 上正方形的和是有理面,但是由它们所夹的矩形是均值面。   [X.39]

我断言没有另外的点分 AB 为如此的两段。

因为,如果可能,设它在 D 点也被分,

于是 AD,DB 也是平方不可公度的,且 AD,DB 上正方形的和是有理面,

但是由它们所夹的矩形是均值面。

于是,由于 AC,CB 上正方形的和与 AD,DB 上正方形的和的差等于二倍矩形 AD,DB 与二倍矩形 AC,CB 的差。

而 AC,CB 上正方形的和与 AD,DB 上正方形的和的差是有理面,因为二者都是有理的。

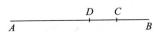

所以二倍矩形 AD,DB 与二倍矩形 AC,CB 的差是有理面,然而它们是均值面:这是不可能的。   [X.26]

所以一个大线在不同点不能分为它的两段。

所以一个大线仅在一点被分为它的两段。

证完

若大线可以用两种方式分开,即 $(x+y)$ 或 $(x'+y')$,其中 x',y' 比 x,y 更接近相等。

如同 X.42,43,有

$$(x^2+y^2)-(x'^2+y'^2)=2x'y'-2xy。$$

但是由题设,(x^2+y^2),$(x'^2+y'^2)$ 都是有理的,故它们的差也是有理的。

又由题设 $2x'y'$,$2xy$ 都是均值面;所以均值面的差是有理面,这是不可能的。   [X.26]

命题 46

一个均值面有理面和的边仅在一点被分为它的两段。

设 AB 是均值面有理面和的边在 C 点被划分为它的两段,使得 AC,CB 是平方不可公度的,且 AC,CB 上正方形的和是均值面,而二倍的矩形 AC,CB 是有理

的。 [X.40]

我断言没有另外的点分 AB 为如此的两段。

因为,如果可能,设它也在点 D 被分为两段,使得 AD,DB 也是平方不可公度的,且 AD,DB 上正方形的和是均值面,而二倍矩形 AD,DB 是有理面。

因为二倍矩形 AC,CB 与二倍矩形 AD,DB 的差等于 AD,DB 上正方形的和与 AC,CB 上正方形和的差,

而二倍矩形 AC,CB 与二倍矩形 AD,DB 的差是有理面,

所以 AD,DB 上正方形的和与 AC,CB 上正方形的和的差是有理面,

然而它们是均值面:这是不可能的。 [X.26]

所以均值面有理面和的边在不同的点不能分为它的两段。

因此它仅在一点被分为它的两段。

证完

如前,若

$$(x^2+y^2)-(x'^2+y'^2)=2x'y'-2xy,$$

则左边是两个均值面的差,而右边是有理面,这与 X.26 矛盾。

命题 47

一个两均值面和的边仅在一点被分为它的两段。

设 AB 分于 C 点,使得 AC,CB 是平方不可公度的,且 AC,CB 上正方形的和是均值面,矩形 AC,CB 是均值面,又,此矩形与 AC,CB 上正方形的和也是不可公度的。

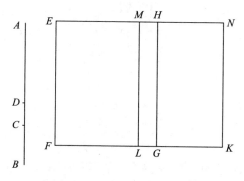

我断言没有另外的点分 AB 为两段,适合给定的条件。

因为,如果可能,设它在点 D 被分,且 AC 不同于 BD,设 AC 是较大者。

给定一个有理线段 EF,在 EF 上贴合一个矩形 EG 等于 AC,CB 上正方形的和,再作矩形 HK 等于二倍的矩形 AC,CB;

所以 EK 等于 AB 上正方形。 [Ⅱ.4]

再在 EF 上贴合一个 EL 等于 AD,DB 上正方形的和,

所以余量,即二倍矩形 AD,DB 等于余量 MK。

又由假设,AC,CB 上正方形的和是均值面,

所以 EG 也是均值面。

又,它是贴合于有理线段 EF 上,

所以 HE 是有理的,且与 EF 是长度不可公度的。 [X.22]

同理,HN 也是有理的,且与 EF 是长度不可公度的。

又,由于 AC,CB 上正方形的和与二倍矩形 AC,CB 是不可公度的,所以 EG 与 GN 也是不可公度的,

因此 EH 与 HN 也是不可公度的。 [Ⅵ.1,X.11]

而它们是有理的;

所以 EH,HN 是仅平方可公度的两有理线段,

所以 EN 是被分于 H 点的二项和线。 [X.36]

类似地,也能够证明 EN 是被分于 M 点的二项和线。

而 EH 不同于 MN,因此一个二项和线有不同分点:

这是不可能的。 [X.42]

所以一个两均值面和的边在不同点不能分为它的两段。

因此它仅在一点被分为它的两段。

证完

使用如同 X.44 的注的记号,我们假定

$$x + y = x' + y',$$

并且令

$$\left.\begin{array}{l} x^2 + y^2 = \sigma u \\ 2xy = \sigma v \end{array}\right\},$$

以及

$$\left.\begin{array}{l} x'^2 + y'^2 = \sigma u' \\ 2x'y' = \sigma v' \end{array}\right\}。$$

因为 $x^2 + y^2, 2xy$ 是均值面,σ 是有理的,所以

u, v 都是有理的并且 $\smile \sigma$ ……………… (1)。

90

又由题设，$\qquad x^2 + y^2 \smile 2xy,$

因此 $\qquad\qquad\qquad u \smile v$ ························ (2)。

由（1）与（2），u, v 是有理的并且 $\smile$。

因此 $u + v$ 是二项和线。[X. 36]

类似地，$u' + v'$ 是二项和线。

但是 $\qquad\qquad\qquad u + v = u' + v';$

所以二项和线被两种方式分开，这是不可能的。 $\qquad$ [X. 42]

定义 Ⅱ

1. 给定一个有理线段和一个二项和线，并把二项和线分为它的两段，使长线段上正方形比短线段上正方形大一个与长线段是长度可公度的线段上的正方形，如果长线段与给定的有理线段为长度可公度的，则把原二项和线称为**第一二项和线**；

2. 但若短线段与所给的有理线段是长度可公度的，则称原二项和线为**第二二项和线**；

3. 若二线段与所给的有理线段都不是长度可公度的，则称原二项和线为**第三二项和线**；

4. 若长线段上正方形比短线段上正方形大一个与长线段为长度不可公度的线段上的正方形，如果长线段与给定的有理线段为长度可公度，则称原二项和线为**第四二项和线**；

5. 如果短线段与给定的有理线段是长度可公度的，则称此二项和线为**第五二项和线**；

6. 如果两线段与给定的有理线段都不是长度可公度的，则称此二项和线为**第六二项和线**。

定义 1

Given a rational straight line and a binomial, divided into its terms, such that the square on the greater term is greater than the square on the lesser by the square on a straight line commensurable

in length with the greater, then, if the greater term be commensurable in length with the rational straight line set out, let the whole be called a *first binomial* straight line;

定义 2

but if the lesser term be commensurable in length with the rational straight line set out, let the whole be called a *second binomial*;

定义 3

and if neither of the terms be commensurable in length with the rational straight line set out, let the whole be called a *third binomial*.

定义 4

Again, if the square on the greater term be greater than the square on the lesser by the square on a straight line incommensurable in length with the greater, then, if the greater term be commensurable in length with the rational straight line set out, let the whole be called a *fourth binomial*;

定义 5

if the lesser, a *fifth binomial*;

定义 6

and if neither, a *sixth binomial*.

命题 48

求第一二项和线。

给出两数 AC,CB,并且它们的和 AB 与 BC 之比如同一个平方数比一个平方数,但它们的和与 AC 之比不同于一个平方数比一个平方数。

[Ⅹ.28 后之引理1]

给定任一有理线段 D,且设 EF 与 D 是长度可公度的。

所以 EF 也是有理的。

设作出以下比例,

使得数 BA 比 AC 如同 EF 上正方形比 FG 上
正方形。   [Ⅹ.6,推论]

但是 AB 与 AC 之比如同一个数比一个数,

所以 EF 上正方形与 FG 上正方形之比也如同
一个数比一个数,

于是 EF 上正方形与 FG 上正方形是可公度的。   [Ⅹ.6]

又 EF 是有理的;所以 FG 也是有理的。

又,由于 BA 与 AC 之比不同于一个平方数比一个平方数;

所以,EF 上正方形与 FG 上正方形之比不同于一个平方数比一个平方数。

从而 EF 与 FG 是长度不可公度的。   [Ⅹ.9]

于是 EF,FG 是仅平方可公度的两有理线段;

所以 EG 是二项和线。   [Ⅹ.36]

又可证 EG 是第一二项和线。

因为,由于数 BA 比 AC 如同 EF 上正方形比 FG 上正方形,而 BA 大于 AC,

所以 EF 上正方形也大于 FG 上正方形。

于是设 FG,H 上正方形之和等于 EF 上正方形。

现在,由于 BA 比 AC 如同 EF 上正方形比 FG 上正方形,

于是由换比例,

AB 比 BC 如同 EF 上正方形比 H 上正方形。   [Ⅴ.19,推论]

但是 AB 与 BC 之比如同一个平方数比一个平方数,

所以 EF 上正方形与 H 上正方形之比也如同一个平方数比一个平方数。

所以 EF 与 H 是长度可公度的,   [Ⅹ.9]

因此 EF 上正方形比 FG 上正方形大一个与 EF 是可公度的线段上的正方形。

并且 EF,FG 都是有理的,而且 EF 与 D 是长度可公度的。

所以 EG 是一个第一二项和线。

证完

93

设 $k\rho$ 是与给定有理直线 ρ 长度可公度的直线。

取两个数 $p(m^2 - n^2), pn^2$，其中 $(m^2 - n^2)$ 不是平方数。

取 x，使得

$$pm^2 : p(m^2 - n^2) = k^2\rho^2 : x^2 \quad\cdots\cdots\cdots\cdots\cdots (1),$$

因此

$$x = k\rho\,\frac{\sqrt{m^2 - n^2}}{m}。$$

则 $k\rho + x$ 或者 $k\rho + k\rho\,\dfrac{\sqrt{m^2 - n^2}}{m}$ 是第一二项和线 $\quad\cdots\cdots\cdots\cdots\cdots (2)$。

为了证明这个，由 (1)，

$$x^2 \frown k^2\rho^2,$$

x 是有理的，但是 $x \frown k\rho$；

即 x 是有理的并且 $\frown k\rho$，

故 $k\rho + x$ 是二项和线。

又 $k^2\rho^2$ 大于 x^2，假定 $k^2\rho^2 - x^2 = y^2$，则由 (1)，

$$pm^2 : pn^2 = k^2\rho^2 : y^2,$$

因此 y 是有理的并且 $\frown k\rho$。

所以 $k\rho + x$ 是第一二项和线（X. 定义 II. 1）。

这个二项和线可以写成

$$k\rho + k\rho\sqrt{1 - \lambda^2}。$$

当我们到达 X. 85 时，我们将看到对应的带负号的第一二项差线 $k\rho - k\rho\sqrt{1 - \lambda^2}$。

这两个表达式是下述方程的根

$$x^2 - 2k\rho \cdot x + \lambda^2 k^2\rho^2 = 0。$$

换句话说，第一二项和线与第一二项差线对应于方程

$$x^2 - 2ax + \lambda^2 a^2 = 0$$

的根，其中 $a = k\rho$。

命题 49

求第二二项和线。

给出两数 AC, CB，并且它们的和 AB 与 BC 之比如同一个平方数比一个平

方数,但 AB 与 AC 之比不同于一个平方数比一个平方数,

给定一个有理线段 D 与线段 EF 是长度可公度的,从而 EF 是有理的。

于是,设作出以下比例,

使得数 CA 比 AB 如同 EF 上正方形比 FG 上正方形,

$$[\text{X}.6,\text{推论}]$$

所以 EF 上正方形与 FG 上正方形是可公度的。 $\qquad[\text{X}.6]$

于是 FG 也是有理的。

现在,由于数 CA 与 AB 之比不同于一个平方数比一个平方数,

所以 EF 上正方形与 FG 上正方形之比不同于一个平方数比一个平方数。

于是 EF 与 FG 是长度不可公度的; $\qquad[\text{X}.9]$

从而 EF,FG 是仅平方可公度的两有理线段;

所以 EG 是二项和线。 $\qquad[\text{X}.36]$

其次可证明它是第二二项和线。

因为,由反比,数 BA 比 AC 如同 GF 上正方形比 FE 上正方形,

而 BA 大于 AC,

所以 GF 上正方形大于 FE 上正方形。

设 EF,H 上正方形之和等于 GF 上正方形;

所以由换比例,AB 比 BC 如同 FG 上正方形比 H 上正方形。$[\text{V}.19,\text{推论}]$

但是 AB 与 BC 之比如同一个平方数比一个平方数,

所以 FG 上正方形与 H 上正方形之比如同一个平方数比一个平方数。

于是 FG 与 H 是长度可公度的, $\qquad[\text{X}.9]$

因此 FG 上正方形比 FE 上正方形大一个与 FG 是可公度的线段上的正方形。

又 FG,FE 是仅平方可公度的两有理线段,且短线段 EF 与所给有理线段 D 是长度可公度的。

所以 EG 是第二二项和线。

$$\text{证完}$$

取有理直线 $k\rho$ 与 ρ 长度可公度,并选取如前的数 $p(m^2-n^2),pn^2$,令

$$p(m^2-n^2):pm^2=k^2\rho^2:x^2 \quad\cdots\cdots\cdots\cdots\cdots(1),$$

故

$$x=k\rho\frac{m}{\sqrt{m^2-n^2}}$$

$$= k\rho \frac{1}{\sqrt{1-\lambda^2}} \quad\text{······} (2)。$$

正如前面所说，x 是有理的并且$\frown k\rho$，因此 $k\rho + x$ 是二项和线。

由（1）， $x^2 > k^2\rho^2$。

设 $x^2 - k^2\rho^2 = y^2$，

由（1）， $pm^2 : pn^2 = x^2 : y^2$，

因而 y 是有理的并且$\frown x$。

这个二项和线的较大项是 x，较小项是 $k\rho$，

并且

$$\frac{k\rho}{\sqrt{1-\lambda^2}} + k\rho$$

满足第二二项和线的定义。

对应的第二二项差线（X.86）是

$$\frac{k\rho}{\sqrt{1-\lambda^2}} - k\rho。$$

这两个表达式是下述方程的根

$$x^2 - \frac{2k\rho}{\sqrt{1-\lambda^2}} \cdot x + \frac{\lambda^2}{1-\lambda^2}k^2\rho^2 = 0，$$

或者 $x^2 - 2ax + \lambda^2 a^2 = 0，$

其中 $a = \frac{k\rho}{\sqrt{1-\lambda^2}}。$

命题 50

求第三二项和线。

给出两数 AC, CB，使它们的和 AB 与 BC 的比如同一个平方数比一个平方数，但 AB 与 AC 之比不同于一个平方数比一个平方数。

又取另一个非平方数 D，并设 D 与 BA, AC 的每一个的比不同于一个平方数比一个平方数。

给定任一有理线段 E，作出比例，

使得 D 比 AB 如同 E 上正方形比 FG 上正方形；   ［X.6,推论］

所以 E 上正方形与 FG 上正方形是可公度的。   ［X.6］

而 E 是有理的，所以 FG 也是有理的。

又，由于 D 与 AB 之比不同于一个平方数比一个平方数，

所以 E 上正方形与 FG 上正方形之比不同于一个平方数比一个平方数，

所以 E 与 FG 是长度不可公度的。   ［X.9］

其次，设作出比例。

使得数 BA 比 AC 如同 FG 上正方形比 GH 上正方形，   ［X.6,推论］

所以 FG 上正方形与 GH 上正方形是可公度的。   ［X.6］

但 FG 是有理的，所以 GH 也是有理的。

又，由于 BA 与 AC 之比不同于一个平方数比一个平方数，

于是 FG 上正方形与 HG 上正方形之比不同于一个平方数比一个平方数，

所以 FG 与 GH 是长度不可公度的。   ［X.9］

因此 FG,GH 是仅平方可公度的两有理线段，

所以 FH 是二项和线。   ［X.36］

其次可证它也是第三二项和线。

因为，由于 D 比 AB 如同 E 上正方形比 FG 上正方形；

又，BA 比 AC 如同 FG 上正方形比 GH 上正方形，

所以取首末比，D 比 AC 如同 E 上正方形比 GH 上正方形。   ［V.22］

但 D 与 AC 之比不同于一个平方数比一个平方数，

所以 E 上正方形与 GH 上正方形之比不同于一个平方数比一个平方数；所以 E 与 GH 是长度不可公度的。   ［X.9］

又，由于 BA 比 AC 如同 FG 上正方形比 GH 上正方形，

所以 FG 上正方形大于 GH 上正方形。

于是，设 GH,K 上正方形的和等于 FG 上正方形；

所以又换比例，AB 比 BC 如同 FG 上正方形比 K 上正方形。

          ［V.19,推论］

但是 AB 与 BC 之比如同一个平方数比一个平方数，

所以 FG 上正方形与 K 上正方形的比也如同一个平方数比一个平方数，

因此 FG 与 K 是长度可公度的。   ［X.9］

于是 FG 上正方形比 GH 上正方形大一个与 FG 是可公度的线段 K 上的正方形。

又 FG,GH 是仅平方可公度的两有理线段，

而它们的每一个与 E 是长度不可公度的。

所以 FH 是第三二项和线。

证完

设 ρ 是一条有理直线。

取数 $q(m^2-n^2),qn^2$ 并且设 p 是第三个数,它不是平方数,与 qm^2 或 $q(m^2-n^2)$ 的比不是平方数比平方数。

取 x 使得 $\qquad\qquad p:qm^2=\rho^2:x^2$ ·················· (1)。

于是 $\qquad\qquad\qquad x$ 是有理的并且 $\smile\rho$ ·················· (2)。

其次,假定 $\qquad qm^2:q(m^2-n^2)=x^2:y^2$ ·················· (3)。

由此推出 y 是有理的并且 $\frown x$ ·················· (4)。

因而 $(x+y)$ 是二项和线。

又由 (1) 和 (3) 的首末比,

$$p:q(m^2-n^2)=\rho^2:y^2 \qquad\cdots\cdots\cdots\cdots (5),$$

因此 $\qquad\qquad\qquad y\smile\rho$ ·················· (6)。

假定 $\qquad\qquad\qquad x^2-y^2=z^2。$

由 (3),换比例, $\qquad qm^2:qn^2=x^2:z^2,$

因此 $\qquad\qquad\qquad z\frown x。$

于是 $\qquad\qquad\qquad \sqrt{x^2-y^2}\frown x,$

并且 x,y 都 $\smile\rho$

所以 $x+y$ 是第三二项和线。

由 (1), $\qquad\qquad x=\rho\cdot\dfrac{m\sqrt{q}}{\sqrt{p}},$

由 (5), $\qquad\qquad y=\rho\cdot\dfrac{\sqrt{m^2-n^2}\cdot\sqrt{q}}{\sqrt{p}}。$

于是第三二项和线是

$$\sqrt{\frac{q}{p}}\cdot\rho(m+\sqrt{m^2-n^2}),$$

可以写成

$$m\sqrt{k}\cdot\rho+m\sqrt{k}\cdot\rho\sqrt{1-\lambda^2}。$$

对应的第三二项差线 $(\text{X}.87)$ 是

$$m\sqrt{k}\cdot\rho-m\sqrt{k}\cdot\rho\sqrt{1-\lambda^2}。$$

这两个表达式是下述方程的根

$$x^2 - 2m\sqrt{k} \cdot \rho x + \lambda^2 m^2 k\rho^2 = 0,$$

或者
$$x^2 - 2ax + \lambda^2 a^2 = 0,$$

其中
$$a = m\sqrt{k} \cdot \rho。$$

并见 X.53 的注。

命题 51

求第四二项和线。

给出两数 AC, CB，并且它们的和 AB 与 BC 及与 AC 的比都不同于一个平方数比一个平方数。

给出一个有理线段 D，并设 EF 与 D 是长度可公度的；所以 EF 也是有理的。

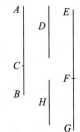

设作出比例，使得数 BA 比 AC 如同 EF 上正方形比 FG 上正方形，　　　　　　　　　　　　　　　　　　[X.6，推论]

所以 EF 上正方形与 FG 上正方形是可公度的，　　　[X.6]

所以 FG 也是有理的。

现在，因为 BA 与 AC 之比不同于一个平方数比一个平方数，

因此 EF 上正方形与 FG 上正方形之比不同于一个平方数比一个平方数；

所以 EF 与 FG 是长度不可公度的。　　　　　　　　[X.9]

所以 EF, FG 是仅平方可公度的两有理线段，

因而 EG 是二项和线。

其次可证 EG 也是一个第四二项和线。

因为，由于 BA 比 AC 如同 EF 上正方形比 FG 上正方形，

所以 EF 上正方形大于 FG 上正方形。

于是设 FG, H 上正方形的和等于 EF 上正方形；

所以由换比例，数 AB 比 BC 如同 EF 上正方形比 H 上正方形。

[V.19，推论]

但是 AB 与 BC 之比不同于一个平方数比一个平方数，

所以 EF 上正方形与 H 上正方形之比不同于一个平方数比一个平方数。

所以 EF 与 H 是长度不可公度的，　　　　　　　　[X.9]

于是 EF 上正方形比 GF 上正方形大一个与 EF 是不可公度的线段 H 上的

正方形。

又 EF, FG 是仅平方可公度的两有理线段,

且 EF 与 D 是长度可公度的。

所以 EG 是一个第四二项和线。

证完

取数 m, n, 使得 $(m+n)$ 与 m 或 n 的比不是平方数比平方数。

取 x 使得 $\qquad (m+n) : m = k^2\rho^2 : x^2$,

因此

$$x = k\rho\sqrt{\frac{m}{m+n}}$$

$$= \frac{k\rho}{\sqrt{1+\lambda}},$$

则 $k\rho + x$ 或 $k\rho + \dfrac{k\rho}{\sqrt{1+\lambda}}$ 是第四二项和线。

事实上,$\sqrt{k^2\rho^2 - x^2}$ 与 $k\rho$ 长度不可公度,

而 $k\rho$ 与 ρ 长度可公度。

对应的第四二项差线($\mathbf{X}.88$)是

$$k\rho - \frac{k\rho}{\sqrt{1+\lambda}}。$$

这两个表达式是下述方程的根

$$x^2 - 2k\rho \cdot x + \frac{\lambda}{1+\lambda}k^2\rho^2 = 0,$$

或者 $\qquad x^2 - 2ax + \dfrac{\lambda}{1+\lambda}a^2 = 0,$

其中 $\qquad\qquad a = k\rho。$

命题 52

求第五二项和线。

给出两数 AC, CB, 并且 AB 与它们每一个的比不同于一个平方数比一个平方数。

给出一有理线段 D, 设 EF 与 D 是可公度的, 所以 EF 是有理的。

设作出比例,

使得 CA 比 AB 如同 EF 上正方形比 FG 上正方形，

［Ⅹ.6,推论］

但是 CA 与 AB 之比不同于一个平方数比一个平方数；

所以 EF 上正方形与 FG 上正方形的比也不同于一个平方数
比一个平方数。

所以 EF,FG 是仅平方可公度的两有理线段。　　　　［Ⅹ.9］

所以 EG 是二项和线。　　　　　　　　　　　　　　［Ⅹ.36］

其次可证 EG 也是第五二项和线。

因为,由于 CA 比 AB 如同 EF 上正方形比 FG 上正方形,

由反比,BA 比 AC 如同 FG 上正方形比 FE 上正方形,

所以 GF 上正方形大于 EF 上正方形。

设 EF,H 上正方形的和等于 GF 上正方形,

所以由换比例,数 AB 比 BC 如同 GF 上正方形比 H 上正方形。

［Ⅴ.19,推论］

但是 AB 与 BC 的比不同于一个平方数比一个平方数,

所以 FG 上正方形与 H 上正方形的比也不同于一个平方数比一个平方数。

所以 FG 与 H 是长度不可公度的,　　　　　　　　　　［Ⅹ.9］

因此 FG 上正方形比 FE 上正方形大一个与 FG 是不可公度的线段 H 上的
正方形。

又 GF,FE 是仅平方可公度的两有理线段,

且短线段 EF 与所给有理线段 D 是长度可公度的,

所以 EG 是一个第五二项和线。

证完

若 m,n 是上述命题中的数,取 x 使得

$$m : (m + n) = k^2\rho^2 : x^2 。$$

此时,
$$x = k\rho \sqrt{\frac{m + n}{m}}$$

$$= k\rho \sqrt{1 + \lambda} ,$$

并且
$$x > k\rho 。$$

则 $k\rho \sqrt{1 + \lambda} + k\rho$ 是第五二项和线。

事实上,$\sqrt{x^2 - k^2\rho^2}$ 或者 $\sqrt{\lambda} \cdot k\rho$ 与 $k\rho \sqrt{1 + \lambda}$ 或 x 长度不可公度;并且 $k\rho$,

而不是 $k\rho\sqrt{1+\lambda}$ 与 ρ 长度可公度。

对应的第五二项差线（X.89）是

$$k\rho\sqrt{1+\lambda}-k\rho。$$

第五二项和线与第五二项差线是下述方程的根

$$x^2-2k\rho\sqrt{1+\lambda}\cdot x+\lambda k^2\rho^2=0，$$

或者

$$x^2-2ax+\frac{\lambda}{1+\lambda}a^2=0，$$

其中

$$a=k\rho\sqrt{1+\lambda}。$$

命题 53

求第六二项和线。

给出两数 AC，CB，且它们的和 AB 与它们每一个的比都不同于一个平方数比一个平方数，并且又给出一个非平方数 D，而 D 与数 BA，AC 每一个的比都不同于一个平方数比一个平方数。

又给出一个有理线段 E，作出比例，

使得 D 比 AB 如同 E 上正方形比 FG 上正方形；

[X.6，推论]

所以 E 上正方形与 FG 上正方形是可公度的。 [X.6]

又 E 是有理的，所以 FG 也是有理的。

现在，由于 D 与 AB 的比不同于一个平方数比一个平方数，

于是 E 上正方形与 FG 上正方形的比也不同于一个平方数比一个平方数，

所以 E 与 FG 是长度不可公度的。 [X.9]

又作出比例，BA 比 AC 如同 FG 上正方形比 GH 上正方形。 [X.6，推论]

所以 FG 上正方形与 HG 上正方形是可公度的。 [X.6]

从而 HG 上正方形是有理的，所以 HG 是有理的。

又，由于 BA 与 AC 的比不同于一个平方数比一个平方数，

因而 FG 上正方形与 GH 上正方形的比也不同于一个平方数比一个平方数；

所以 FG 与 GH 是长度不可公度的。 [X.9]

于是 FG，GH 是仅平方可公度的两有理线段；

故 FH 是二项和线。   [X. 36]

其次,可证 FH 也是一个第六二项和线。

因为,由于 D 比 AB 如同 E 上正方形比 FG 上正方形,

还有,BA 比 AC 如同 FG 上正方形比 GH 上正方形,

所以取首末比,D 比 AC 如同 E 上正方形比 GH 上正方形,   [V. 22]

但是 D 与 AC 的比不同于一个平方数比一个平方数,

所以 E 上正方形与 GH 上正方形的比也不同于一个平方数比一个平方数,

所以 E 与 GH 是长度不可公度的。   [X. 9]

但是已证明了 E 与 FG 不可公度;

所以两线段 FG,GH 的每一个与 E 是长度不可公度的。

又,由于 BA 比 AC 如同 FG 上正方形比 GH 上正方形,

所以 FG 上正方形大于 GH 上正方形。

于是设 GH,K 上正方形的和等于 FG 上正方形;

由换比例,AB 比 BC 如同 FG 上正方形比 K 上正方形。   [V. 19,推论]

但是 AB 与 BC 的比不同于一个平方数比一个平方数,

从而 FG 上正方形与 K 上正方形的比也不同于一个平方数比一个平方数。

所以 FG 与 K 是长度不可公度的,   [X. 9]

所以 FG 上正方形比 GH 上正方形大一个与 FG 是不可公度的线段 K 上的正方形,

又 FG,GH 是仅平方可公度的两有理线段,

并且它们每一个与给定的有理线段 E 是长度不可公度的。

所以 FH 是一个第六二项和线。

证完

取数 m,n,使得 $(m+n)$ 与 m,n 的比不是平方数比平方数;取第三个数 p,它不是平方数并且与 $(m+n),m$ 的比不是平方数比平方数。

设 $\qquad p:(m+n)=\rho^2:x^2$ ·········· (1)

$\qquad\qquad (m+n):m=x^2:y^2$ ·········· (2)。

则 $(x+y)$ 是第六二项和线。

事实上,由(1),x 是有理的并且 $\smile\rho$。

由(2),因为 x 是有理的,所以

y 是有理的并且 $\smile x$。

因此 x,y 是有理的并且仅平方可公度,故 $(x+y)$ 是二项和线。

又由(1)与(2)的首末比,

$$p : m = \rho^2 : y^2 \quad \cdots\cdots\cdots\cdots\cdots\cdots\cdots\cdots (3),$$

因此 $y \frown \rho$,

于是 x, y 都与 p 长度不可公度。

最后,由(2),换比例,

$$(m+n) : n = x^2 : (x^2 - y^2),$$

故 $\sqrt{x^2 - y^2} \frown x$。

所以 $(x+y)$ 是第六二项和线。

由(1)和(3),

$$x = \rho \cdot \sqrt{\frac{m+n}{p}} = \rho \sqrt{k},$$

$$y = \rho \cdot \sqrt{\frac{m}{p}} = \rho \sqrt{\lambda},$$

并且第六二项和线可以写成

$$\sqrt{k} \cdot \rho + \sqrt{\lambda} \cdot \rho。$$

对应的第六二项差线(X. 90)是

$$\sqrt{k} \cdot \rho - \sqrt{\lambda} \cdot \rho;$$

这两个表达式是下述方程的根

$$x^2 - 2\sqrt{k} \cdot \rho x + (k-\lambda)\rho^2 = 0,$$

或者

$$x^2 - 2ax + \frac{k-\lambda}{k}a^2 = 0,$$

其中

$$a = \sqrt{k} \cdot \rho。$$

唐内里指出("De la solution géométrique des problèms du second degré avant Euclide" in *Mémoires de la Société des sciences physiques et naturelles de Bordeaux*, 2e Série, T. Ⅳ.)欧几里得认为第三和第六二项和线与二项差线分别是第一二项和线与二项差线的平方根。因此第三和第六二项和线与二项差线是双二次方程的正根,这个双二次方程与给出第一与第四二项和线和二项差线的二次方程有同样的形式。但是这个注释似乎没有价值,由于一百年前科萨里指出,所有六个二项和线与二项差线(包括第一和第四)的平方都是第一二项和线与二项差线。因此我们可以把它们看作双二次方程或更一般的下述方程的根

$$x^{2^n} \pm 2a \cdot x^{2^{n-1}} \pm q = 0;$$

当然容易看出,二项和线与二项差线的最一般的形式

$$\rho \cdot \sqrt{k} \pm \rho \cdot \sqrt{\lambda},$$

当平方以后就给出第一二项和线与第一二项差线。

事实上,其平方是 $\rho\{(k+\lambda)\rho \pm 2\sqrt{k\lambda} \cdot \rho\}$;括号内的表达式是第一二项和线或第一二项差线,由于

(1) $k+\lambda > 2\sqrt{k\lambda}$,

(2) $\sqrt{(k+\lambda)^2 - 4k\lambda} = k-\lambda$,它$\frown$ $(k+\lambda)$,

(3) $(k+\lambda)\rho \frown \rho$ 。

引　理

设有两个正方形 AB, BC ,使它们的边 DB 与边 BE 在同一直线上,因而 FB 与 BG 也在同一直线上。

作出平行四边形 AC 。

我断言 AC 是正方形,且 DG 是 AB, BC 的比例中项,

而 DC 是 AC, CB 的比例中项。

因为, DB 等于 BF , BE 等于 BG ,

所以整体 DE 等于整体 FG 。

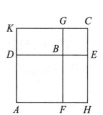

但是 DE 等于线段 AH, KC 的每一个,

并且 FG 等于线段 AK, HC 的每一个,　　　　　　　　　[Ⅰ.34]

所以线段 AH, KC 每一个也等于线段 AK, HC 每一个。

所以 AC 是一个等边的平行四边形,

并且它也是一个直角的,

所以 AC 是一个正方形。

又,由于 FB 比 BG 如同 DB 比 BE 。

而 FB 比 BG 如同 AB 比 DG ,

又 DB 比 BE 如同 DG 比 BC ,　　　　　　　　　　　[Ⅵ.1]

所以也有, AB 比 DG 如同 DG 比 BC 。　　　　　　　　[Ⅴ.11]

于是 DG 是 AB, BC 的比例中项。

其次可证 DC 也是 AC, BC 的比例中项。

因为,由于 AD 比 DK 如同 KG 比 GC ,由于它们分别相等,

由合比, AK 比 KD 如同 KC 比 CG ,　　　　　　　　　[Ⅴ.18]

而 *AK* 比 *KD* 如同 *AC* 比 *CD*，

并且 *KC* 比 *CG* 如同 *DC* 比 *CB*，　　　　　　　　　　　　［Ⅵ.1］

所以也有，*AC* 比 *DC* 如同 *DC* 比 *BC*。　　　　　　　　　　［Ⅴ.11］

所以 *DC* 是 *AC*，*CB* 的比例中项。

这正是所要求证明的。

证完

此处证明了

$$x^2 : xy = xy : y^2,$$
$$(x+y)^2 : (x+y)y = (x+y)y : y^2。$$

这两个结果的第一个出现在 X.25 中，我认为这个事实提示对这个引理的真实性的怀疑。

命题 54

若一有理线段与第一二项和线夹一个面［矩形］，则此面的"边"是称为二项和线的无理线段。

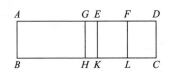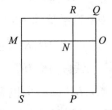

为此，设有理线段 *AB* 和第一二项和线 *AD* 夹一个面 *AC*。

我断言，面 *AC* 的"边"是称为二项和线的无理线段。

因为，由于 *AD* 是一个第一二项和线，设点 *E* 把它分为它的两段，且设 *AE* 是长段。

于是，显然 *AE*，*ED* 是仅平方可公度的两有理线段，

而且 *AE* 上正方形比 *ED* 上正方形大一个与 *AE* 是可公度的线段上的正方形，

而且 *AE* 与给出的有理线段 *AB* 是长度可公度的。　　　　［X.定义Ⅱ.1］

设点 *F* 平分 *ED*。

因为 *AE* 上正方形比 *ED* 上正方形大一个与 *AE* 是可公度的线段上的正方形。

如果在大线段 AE 上贴合一个等于 ED 上正方形的四分之一，即等于 EF 上的正方形，且缺少一个正方形的矩形，

则 AE 被分为长度可公度的两段。 [X.17]

为此在 AE 上贴合一个矩形 AG，GE 等于 EF 上正方形，

所以 AG 与 EG 是长度可公度的。

从 G，E，F 分别画出平行于 AB，CD 的线段 GH，EK，FL，

作出正方形 SN 等于矩形 AH，和正方形 NQ 等于 GK， [II.14]

并且设 MN 与 NO 在一直线上；

所以 RN 与 NP 也在一直线上。

完全画出平行四边形 SQ；于是 SQ 是正方形。 [引理]

现在，由于矩形 AG，GE 等于 EF 上正方形，

所以，AG 比 EF 如同 FE 比 EG， [VI.17]

于是也有，AH 比 EL 如同 EL 比 KG， [VI.1]

所以 EL 是 AH，GK 的比例中项。

但是 AH 等于 SN，GK 等于 NQ；

所以 EL 是 SN，NQ 的比例中项。

但是 MR 同样也是相同的 SN，NQ 的比例中项； [引理]

所以 EL 等于 MR，于是它也等于 PO。

但是 AH，GK 分别等于 SN，NQ；

所以整体 AC 等于整体 SQ，即 MO 上正方形，

所以 MO 是 AC 的"边"。

其次可证 MO 是二项和线。

因为，AG 与 GE 是可公度的，

所以 AE 与线段 AG，GE 每一个也是可公度的。 [X.15]

但由假设，AE 与 AB 也是可公度的。

所以 AG，GE 与 AB 也是可公度的。 [X.12]

又 AB 是有理的；

所以线段 AG，GE 的每一个也是有理的，

所以矩形 AH，GK 每一个是有理的。 [X.19]

从而 AH 与 GK 是可公度的。

但是 AH 等于 SN，GK 等于 NQ；

所以 SN，NQ，即 MN，NO 上正方形，都是有理的且是可公度的。

又，由于 AE 与 ED 是长度不可公度的，

而 AE 与 AG 是可公度的, DE 与 EF 是可公度的,

所以 AG 与 EF 也是不可公度的, [X.13]

因此 AH 与 EL 也是不可公度的。 [VI.1, X.11]

但是 AH 等于 SN, EL 等于 MR;

所以 SN 与 MR 也是不可公度的。

又, SN 比 MR 如同 PN 比 NR, [VI.1]

所以 PN 与 NR 是不可公度的。 [X.11]

但是 PN 等于 MN, NR 等于 NO;

所以 MN 与 NO 是不可公度的。

又 MN 上正方形与 NO 上正方形是可公度的,

并且每一个都是有理的,

所以 MN, NO 是仅平方可公度的有理线段。

所以 MO 是二项和线[X.36],且它是 AC 的"边"。

证完

第一二项和线有形式[X.48]

$$k\rho + k\rho \sqrt{1 - \lambda^2},$$

这个命题等价于求这个表达式乘以 ρ 的,即

$$\rho(k\rho + k\rho \sqrt{1 - \lambda^2})$$

的平方根,并且证明其平方根是 X.36 定义的二项和线。

几何方法与我们使用的代数方法相当接近。

首先解方程组

$$\left. \begin{array}{l} u + v = k\rho \\ uv = \dfrac{1}{4}k^2\rho^2(1 - \lambda^2) \end{array} \right\} \quad \cdots\cdots\cdots\cdots\cdots (1)。$$

其次,若 u, v 是如此求出的直线,则令

$$\left. \begin{array}{l} x^2 = \rho u \\ y^2 = \rho v \end{array} \right\} \quad \cdots\cdots\cdots\cdots\cdots\cdots (2);$$

并且直线 $(x + y)$ 就是所求的平方根。

(1)的代数解释给出

$$u - v = k\rho \cdot \lambda,$$

因此 $\qquad\qquad\qquad u = \dfrac{1}{2}k\rho(1 + \lambda),$

$$v = \frac{1}{2} k\rho(1-\lambda),$$

因而
$$x = \rho \sqrt{\frac{k}{2}(1+\lambda)},$$

$$y = \rho \sqrt{\frac{k}{2}(1-\lambda)},$$

并且
$$x + y = \rho \sqrt{\frac{k}{2}(1+\lambda)} + \rho \sqrt{\frac{k}{2}(1-\lambda)}.$$

这显然是 X.36 定义的二项和线。

因为欧几里得必须把这些结果表示为他的图形中的直线,并且没有符号使这些结果明显地被看出来,所以他必须证明$(1)(x+y)$是$\rho(k\rho + k\rho\sqrt{1-\lambda^2})$的平方根,$(2)(x+y)$是二项和线。

首先,用上述引理证明了

$$xy = \frac{k}{2}\rho^2 \sqrt{1-\lambda^2} \cdots\cdots\cdots\cdots (3);$$

因而
$$(x+y)^2 = x^2 + y^2 + 2xy$$
$$= \rho(u+v) + 2xy$$
$$= k\rho^2 + k\rho^2 \sqrt{1-\lambda^2}, 由(1)和(3),$$

所以
$$x + y = \sqrt{\rho(k\rho + k\rho\sqrt{1-\lambda^2})}.$$

其次,由(1)(X.17),
$$u \frown v,$$

故 u,v 都$\frown(u+v)$,因而$\frown\rho$ $\cdots\cdots\cdots\cdots\cdots\cdots (4);$
于是 u,v 是有理的,因此 $\rho u, \rho v$ 都是有理的并且
$$\rho u \frown \rho v.$$

所以 x^2, y^2 是有理的并且可公度 $\cdots\cdots\cdots\cdots\cdots (5).$

再次, $\qquad k\rho \frown k\rho \sqrt{1-\lambda^2},$

并且 $k\rho \frown u$,而 $k\rho \sqrt{1-\lambda^2} \frown \frac{1}{2} k\rho \sqrt{1-\lambda^2};$

所以
$$u \frown \frac{1}{2} k\rho \sqrt{1-\lambda^2},$$

因此
$$\rho u \frown \frac{1}{2} k\rho^2 \sqrt{1-\lambda^2},$$

或者 $\qquad\qquad\qquad x^2 \frown xy,$

故 $\qquad\qquad\qquad\qquad x \frown y\,。$

由这个和(5)，x,y 是有理的并且 $\frown$，故 $(x+y)$ 是二项和线。 $\qquad$ [X.36]

X.91 将以类似的方式证明关于二项差线的定理，即

$$\rho\sqrt{\frac{k}{2}(1+\lambda)} - \rho\sqrt{\frac{k}{2}(1-\lambda)} = \sqrt{\rho(k\rho - k\rho\sqrt{1-\lambda^2})}\,。$$

因为第一二项和线与第一二项差线是下述方程的根

$$x^2 - 2k\rho \cdot x + \lambda^2 k^2 \rho^2 = 0,$$

所以这个命题以及 X.91 给出下述双二次方程的解

$$x^4 - 2k\rho^2 \cdot x^2 + \lambda^2 k^2 \rho^4 = 0\,。$$

命题 55

若一个有理线段与第二二项和线夹一个面，则此面的"边"是称为第一双均线的无理线段。

为此，设有理线段 AB 和第二二项和线 AD 夹面 $ABCD$。

我断言面 AC 的"边"是一个第一双均线。

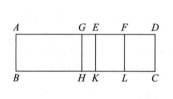 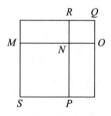

因为，AD 是一个第二二项和线，设点 E 分 AD 为它的两段，并且 AE 是长段。

这时 AE, ED 是仅平方可公度的两有理线段，

并且 AE 上正方形比 ED 上正方形大一个与 AE 是可公度的线段上的正方形，

且短线段 ED 与 AB 是长度可公度的。 $\qquad$ [X.定义Ⅱ.2]

设点 F 平分 ED，又在 AE 上贴合缺少一个正方形的矩形 AG, GE，使其等于 EF 上正方形，

所以 AG 与 GE 是长度可公度的。 $\qquad$ [X.17]

通过 G, E, F 引 GH, EK, FL 平行于 AB, CD，

画出正方形 SN 等于平行四边形 AH，正方形 NQ 等于 GK，

并且设 MN 与 NO 在一直线上，于是 RN 与 NP 也在一直线上。

完全画出正方形 SQ。

显然,由前面的证明,MR 是 SN,NQ 的比例中项,且等于 EL,而且 MO 是面 AC 的"边"。

现在证明 MO 是第一双均线。

由于 AE 与 ED 是长度不可公度的,

而 ED 与 AB 是不可公度的,

所以 AE 与 AB 也是不可公度的。   [X. 13]

又因为,AG 与 EG 是可公度的,

那么 AE 与两线段 AG,GE 每一个也是可公度的。   [X. 15]

但是 AE 与 AB 是长度不可公度的,

所以 AG,GE 与 AB 也都是不可公度的。   [X. 13]

因此 BA,AG 和 BA,GE 是两对仅平方可公度的有理线段,

所以两矩形 AH,GK 都是均值面。   [X. 21]

因此两正方形 SN,NQ 也都是均值面。

所以 MN,NO 都是均值线。

又,由于 AG 与 GE 是长度可公度的,

于是 AH 与 GK 也是可公度的,   [VI. 1 , X. 11]

即 SN 与 NQ 是可公度的,

即 MN 上正方形与 NO 上正方形可公度。

又,由于 AE 与 ED 是长度不可公度的,

而 AE 与 AG 是可公度的,ED 与 EF 是可公度的,

所以 AG 与 EF 是不可公度的。   [X. 13]

因此 AH 与 EL 是不可公度的,

即 SN 与 MR 不可公度,即 PN 与 NR 不可公度, [VI. 1 , X. 11]

即 MN 与 NO 是长度不可公度的。

但是已证 MN,NO 是两均值线,且是平方可公度的;

所以 MN,NO 是仅平方可公度的两均值线。

其次可证由 MN,NO 所夹的矩形是有理面。

因为由假设,DE 与两线段 AB,EF 每一个是可公度的,

所以 EF 与 EK 也是可公度的。   [X. 12]

又它们都是有理的,

所以 EL,即 MR 是有理的。   [X. 19]

并且 MR 是矩形 MN,NO。

但是,当以两个仅平方可公度的均值线所夹的矩形是有理的,则两均值线的和是无理的,称此线为第一双均线。 [X.37]

于是 *MO* 是一个第一双均线。

证完

第二二项和线有形式[X.49]

$$\frac{k\rho}{\sqrt{1-\lambda^2}}+k\rho,$$

这个命题等价于求下述表达式的平方根

$$\rho\left(\frac{k\rho}{\sqrt{1-\lambda^2}}+k\rho\right)。$$

正如上一命题,欧几里得从下述方程组求出 u,v,

$$\left.\begin{array}{l} u+v=\dfrac{k\rho}{\sqrt{1-\lambda^2}} \\[2mm] uv=\dfrac{1}{4}k^2\rho^2 \end{array}\right\}\quad\cdots\cdots\cdots\cdots\cdots\cdots(1),$$

而后从下述方程组求出 x,y,

$$\left.\begin{array}{l} x^2=\rho u \\[1mm] y^2=\rho v \end{array}\right\}\quad\cdots\cdots\cdots\cdots\cdots\cdots(2),$$

再证明(α)

$$x+y=\sqrt{\rho\left(\frac{k\rho}{\sqrt{1-\lambda^2}}+k\rho\right)}\;,$$

以及(β)($x+y$)是第一双均线[X.37]。

其证明步骤如下。

事实上,(α)可参考上述命题的对应部分。

(β)由(1)和 X.17,

$$u\frown v;$$

所以 u,v 都是有理的并且$\frown(u+v)$,因而$\smile\rho$[由(1)] $\cdots\cdots\cdots$(3)。

因此 $\rho u,\rho v$ 或者 x^2,y^2 是均值面,

故 x,y 也是均值线 $\cdots\cdots\cdots\cdots\cdots\cdots\cdots\cdots$(4)。

但是,因为 $u\frown v$,所以

$$x^2\frown y^2\quad\cdots\cdots\cdots\cdots\cdots\cdots(5)。$$

又 $\qquad\qquad\qquad (u+v)$ 或$\dfrac{k\rho}{\sqrt{1-\lambda^2}}$,$\smile k\rho$,

故
$$u \smile \frac{1}{2}k\rho,$$

因此
$$\rho u \smile \frac{1}{2}k\rho^2,$$

或者
$$x^2 \smile xy,$$

并且
$$x \smile y \quad\cdots\cdots\cdots\cdots\cdots\cdots\cdots\cdots (6)。$$

于是[(4)(5)(6)]x,y 是均值线并且$\smile$。

最后,$xy = \frac{1}{2}k\rho^2$,是有理的。

所以$(x+y)$ 是第一双均线。

从(1)得到的直线是

$$\left.\begin{array}{l}u = \dfrac{1}{2}\dfrac{1+\lambda}{\sqrt{1-\lambda^2}}k\rho \\[3mm] v = \dfrac{1}{2}\dfrac{1-\lambda}{\sqrt{1-\lambda^2}}k\rho\end{array}\right\},$$

故
$$x + y = \rho\sqrt{\frac{k}{2}\left(\frac{1+\lambda}{1-\lambda}\right)^{\frac{1}{2}}} + \rho\sqrt{\frac{k}{2}\left(\frac{1-\lambda}{1+\lambda}\right)^{\frac{1}{2}}}。$$

对应的第一均差线出现在 X.92 中,是两项中间是负号的同样东西,这两个表达式是下述双二次方程的根

$$x^4 - \frac{2k\rho^2}{\sqrt{1-\lambda^2}}x^2 + \frac{\lambda^2}{1-\lambda^2}k^2\rho^4 = 0,$$

对应于 X.49 的方程,用 x^2 代替 x。

命题 56

若一个有理线段和第三二项和线夹一个面,则此面的"边"是一个称为第二双均线的无理线段。

为此,设有理线段 AB 和第三二项和线 AD 所夹面 $ABCD$,且 E 分 AD 为它的两段,AE 是大段。

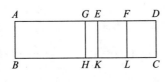 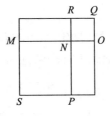

我断言面 AC 的"边"是一个称为第二双均线的无理线段。

仿前面的作图。

现在,由于 AD 是一个第三二项和线,所以 AE,ED 是仅平方可公度的两有理线段,且 AE 上正方形比 ED 上正方形大一个与 AE 是可公度的线段上正方形,又 AE,ED 每一个与 AB 是长度不可公度的。　　　　　　　[X.定义Ⅱ.3]

于是依照前面类似地可以证明 MO 是面 AC 的"边",且 MN,NO 是仅平方可公度的两均值线,所以 MO 是一个双均线。

其次可证明 MO 也是一个第二双均线。

因为 DE 与 AB,即 DE 与 EK 是长度不可公度的,

并且 DE 与 EF 是可公度的,

所以 EF 与 EK 是长度不可公度的。　　　　　　　　　　[X.13]

又它们都是有理的,

所以 FE,EK 是仅平方可公度的两有理线段,

所以 EL,即 MR,是均值面。　　　　　　　　　　　　　　[X.21]

而它是由 MN,NO 所夹的,

所以矩形 MN,NO 是均值面。

于是,MO 是一个第二双均线。　　　　　　　　　　　　　　[X.38]

证完

这个命题等价于求 ρ 与第三二项和线(X.50)的乘积,即表达式

$$\rho(\sqrt{k} \cdot \rho + \sqrt{k} \cdot \rho \sqrt{1-\lambda^2})$$

的平方根。

如前,令

$$\left.\begin{array}{l} u + v = \sqrt{k} \cdot \rho \\[2mm] uv = \dfrac{1}{4}k\rho^2(1-\lambda^2) \end{array}\right\} \cdots\cdots\cdots\cdots\cdots\cdots (1)。$$

其次,令

$$x^2 = \rho u,$$
$$y^2 = \rho v;$$

则 $(x+y)$ 是要求的平方根并且是第二双均线。　　　　　　　[X.38]

事实上,如同上一命题,证明 $(x+y)$ 是平方根,并且 x,y 是均值线且～。

又 $xy = \dfrac{1}{2}\sqrt{k} \cdot \rho^2 \sqrt{1-\lambda^2}$,是均值面。

114

因此$(x+y)$是第二双均线。

由(1)可求得

$$u = \frac{1}{2}(\sqrt{k} \cdot \rho + \lambda \sqrt{k} \cdot \rho),$$

$$v = \frac{1}{2}(\sqrt{k} \cdot \rho - \lambda \sqrt{k} \cdot \rho),$$

并且

$$x + y = \rho \sqrt{\frac{\sqrt{k}}{2}(1+\lambda)} + \rho \sqrt{\frac{\sqrt{k}}{2}(1-\lambda)}。$$

对应的第二均差线出现在 X.93 中,在两项之间是负号,并且这两个是下述双二次方程的根(参考 X.50 的注)

$$x^4 - 2\sqrt{k} \cdot \rho^2 x^2 + \lambda^2 k \rho^4 = 0。$$

命题 57

若一个有理线段与第四二项和线夹一个面,则此面的"边"是称为大线的无理线段。

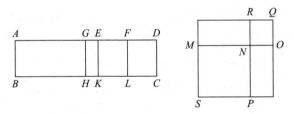

为此,设由有理线段 AB 和第四二项和线 AD 所夹的面 AC,且 E 分 AD 为它的两段,AE 是大段。

我断言面 AC 的"边"是称为大线的无理线段。

因为,由于 AD 是一个第四二项和线,所以 AE,ED 是仅平方可公度的两有理线段,且 AE 上正方形比 ED 上正方形大一个与 AE 是不可公度的线段上的正方形,

又 AE 与 AB 是长度可公度的。   [X. 定义 Ⅱ.4]

设 F 平分 DE,

在 AE 上贴合矩形 AG,GE 等于 EF 上正方形,

所以 AG 与 GE 是长度不可公度的。   [X.18]

引 GH,EK,FL 平行于 AB,

并且其余作图如前,于是,明显地 MO 是 AC 的"边"。

其次可证 MO 是称为大线的无理线段。

由于 AG 与 EG 是不可公度的,AH 与 GK 也不可公度,即 SN 与 NQ 不可公度; [Ⅵ.1, X.11]

所以 MN,NO 是平方不可公度的。

又,由于 AE 与 AB 是可公度的,

于是 AK 是有理面; [X.19]

并且它等于 MN,NO 上正方形的和,

所以 MN,NO 上正方形的和也是有理的。

又,由于 DE 与 AB,即 DE 与 EK,是长度不可公度的,

而 DE 与 EF 可公度,

所以 EF 与 EK 是长度不可公度的。 [X.13]

因此 EK,EF 是仅平方可公度的两有理线段,

所以 LE,即 MR 是均值面。 [X.21]

又,它是由 MN,NO 所夹的,

所以矩形 MN,NO 是均值面。又 MN,NO 上正方形的和是有理的,

并且 MN,NO 平方不可公度。

但是,如果平方不可公度的两线段上的正方形的和是有理的,并且由它们所夹的矩形是均值面,

这二线段的和是无理的,称此线为大线。 [X.39]

于是 MO 是称为大线的无理线段,并且它是面 AC 的"边"。

证完

这个命题是求表达式

$$\rho\left(k\rho + \frac{k\rho}{\sqrt{1+\lambda}}\right)$$

的平方根(参考 X.51)。

其程序是同样的。

从下述方程组求 u,v,

$$\left.\begin{array}{l} u + v = k\rho \\ uv = \dfrac{1}{4}\dfrac{k^2\rho^2}{1+\lambda} \end{array}\right\} \quad \cdots\cdots\cdots\cdots\cdots (1),$$

并且若

$$\left.\begin{aligned} x^2 &= \rho u \\ y^2 &= \rho v \end{aligned}\right\} \quad \cdots\cdots\cdots\cdots\cdots\cdots\cdots\cdots \quad (2),$$

则$(x+y)$是所求的平方根。

为了证明$(x+y)$是大线,欧几里得如下推理。

由 $\mathrm{X.18}$, $\qquad\qquad u \frown v,$

所以 $\qquad\qquad\qquad \rho u \frown \rho v,$

或者 $\qquad\qquad\qquad x^2 \frown y^2,$

故 $\qquad\qquad\qquad x \frown y \quad \cdots\cdots\cdots\cdots\cdots\cdots\cdots\cdots (3)。$

因为$(u+v)\frown\rho$,所以

$\qquad (u+v)\rho$,或(x^2+y^2)是有理面$\cdots\cdots\cdots\cdots\cdots\cdots (4)。$

最后, $\qquad xy = \dfrac{1}{2}\dfrac{k\rho^2}{\sqrt{1+\lambda}}$,是均值面 $\cdots\cdots\cdots\cdots\cdots\cdots (5)。$

于是$[(3)(4)(5)]$ $(x+y)$是大线。 $\qquad\qquad\qquad [\mathrm{X.39}]$

实际的解是

$$u = \frac{1}{2}k\rho\left(1+\sqrt{\frac{\lambda}{1+\lambda}}\right),$$

$$v = \frac{1}{2}k\rho\left(1-\sqrt{\frac{\lambda}{1+\lambda}}\right),$$

并且

$$x+y = \rho\cdot\sqrt{\frac{k}{2}\left(1+\sqrt{\frac{\lambda}{1+\lambda}}\right)} + \rho\cdot\sqrt{\frac{k}{2}\left(1-\sqrt{\frac{\lambda}{1+\lambda}}\right)}。$$

对应的平方根出现在 $\mathrm{X.94}$ 中,是小线,两项由负号隔开,并且这两条线是下述方程的根

$$x^4 - 2k\rho^2\cdot x^2 + \frac{\lambda}{1+\lambda}k^2\rho^4 = 0。$$

命题 58

若一有理线段与第五二项和线夹一个面,则此面的"边"是一个称为均值面有理面和的边的无理线段。

为此,设由有理线段 AB 和第五二项和线 AD 所夹面 AC,且 E 是 AD 被分为它的两段的分点,AE 是大段。

我断言面 AC 的"边"是称为均值面有理面和的边的无理线段。

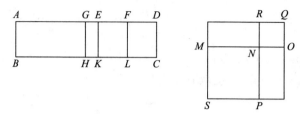

和以前的作图一样,显然 MO 是面 AC 的"边"。

那么要证明 MO 是一个均值面有理面和的边。

因为,由于 AG 与 GE 是不可公度的,   [X. 18]

所以 AH 与 HE 也是不可公度的,   [Ⅵ. 1 , X. 11]

即 MN 上正方形与 NO 上正方形是不可公度的,

所以 MN,NO 是平方不可公度的。

又,由于 AD 是一个第五二项和线,且 ED 是小段,

所以 ED 与 AB 是长度可公度的。   [X. 定义Ⅱ. 5]

但是 AE 与 ED 不可公度,

所以 AB 与 AE 也是长度不可公度的。   [X. 13]

因此 AK,即 MN,NO 上正方形的和是均值面。   [X. 21]

又因为,DE 与 AB,即与 EK,是长度可公度的,

而 DE 与 EF 是可公度的,

所以 EF 与 EK 也是可公度的。   [X. 12]

又 EK 是有理的;

所以 EL,即 MR,即矩形 MN,NO 也是有理的。   [X. 19]

于是 MN,NO 是平方不可公度的线段,

并且它们上正方形的和是均值面,但由它们所夹的矩形是有理面。

所以 MO 是均值面有理面和的边[X. 40],并且它是面 AC 的"边"。

证完

此时是要求表达式

$$\rho(k\rho\sqrt{1+\lambda}+k\rho)$$

的平方根(参考 X. 52)。

如前,令

$$\left.\begin{array}{l} u + v = k\rho\sqrt{1+\lambda} \\ uv = \dfrac{1}{4}k^2\rho^2 \end{array}\right\} \quad \cdots\cdots\cdots\cdots\cdots\quad (1)。$$

而后令

$$
\left.\begin{array}{l}
x^2 = \rho u \\
y^2 = \rho v
\end{array}\right\} \quad \cdots\cdots\cdots\cdots\cdots\cdots\cdots\cdots\cdots \quad (2),
$$

则 $(x+y)$ 是要求的平方根。

欧几里得的证明如下。

如 X.18,	$u \smallsmile v$;
因而	$\rho u \smallsmile \rho v$,
故	$x^2 \smallsmile y^2$,
并且	$x \smallsmile y \quad \cdots\cdots\cdots\cdots\cdots\cdots\cdots \quad (3)$。
其次,	$u + v \smallsmile k\rho$
	$\smallsmile \rho$,

因此 $\rho(u+v)$ 或 (x^2+y^2) 是均值面 $\cdots\cdots\cdots\cdots\cdots\cdots$ (4)。

最后, $xy = \dfrac{1}{2}k\rho^2$, 是有理面 $\quad \cdots\cdots\cdots\cdots\cdots\cdots\cdots$ (5)。

因此 [(3)(4)(5)] $(x+y)$ 是有理面与均值面和的边。 [X.40]

代数的解答是

$$
u = \frac{k\rho}{2}(\sqrt{1+\lambda} + \sqrt{\lambda}),
$$

$$
v = \frac{k\rho}{2}(\sqrt{1+\lambda} - \sqrt{\lambda}),
$$

并且

$$
x + y = \rho\sqrt{\frac{k}{2}(\sqrt{1+\lambda} + \sqrt{\lambda})} + \rho\sqrt{\frac{k}{2}(\sqrt{1+\lambda} - \sqrt{\lambda})}。
$$

对应地出现在 X.95 中的是有理面与均值面差的边,形为 $(x-y)$, x,y 有上述同样的值。

这两个表达式是下述双二次方程的根 (参考 X.52 的注)

$$
x^4 - 2k\rho^2\sqrt{1+\lambda} \cdot x^2 + \lambda k^2\rho^4 = 0。
$$

命题 59

若一有理线段与第六二项和线夹一个面,则此面的"边"是称为两均值面和的边的无理线段。

为此,设由有理线段 AB 和第六二项和线 AD 夹面 $ABCD$,且点 E 分 AD 为它

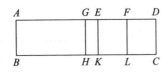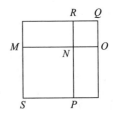

的两段，*AE* 是大段。

我断言 *AC* 的"边"是两均值面和的边。

和以前作图一样。

于是明显地，*MO* 是 *AC* 的"边"，且 *MN* 与 *NO* 是平方不可公度的。

现在，由于 *EA* 与 *AB* 是长度不可公度的，

所以 *EA*，*AB* 是仅平方可公度的两有理线段，

所以 *AK*，即 *MN*，*NO* 上正方形之和，是均值面。　　　　　　[X. 21]

又由于 *ED* 与 *AB* 是长度不可公度的，

所以 *FE* 与 *EK* 也是不可公度的，　　　　　　　　　　　　　[X. 13]

所以 *FE*，*EK* 是仅平方可公度的两有理线段，

所以 *EL*，即 *MR*，即矩形 *MN*，*NO* 是均值面。　　　　　　[X. 21]

又由于，*AE* 与 *EF* 是不可公度的，

于是 *AK* 与 *EL* 也是不可公度的。　　　　　　　　　[Ⅵ. 1，X. 11]

但是 *AK* 是 *MN*，*NO* 上正方形的和，

并且 *EL* 是矩形 *MN*，*NO*，所以 *MN*，*NO* 上正方形的和与矩形 *MN*，*NO* 是不可公度的。

而它们都是均值面，并且 *MN*，*NO* 是平方不可公度的。

所以 *MO* 是两均值面和的边[X. 41]，并且它是 *AC* 的"边"。

证完

欧几里得在此求出了表达式

$$\rho(\sqrt{k} \cdot \rho + \sqrt{\lambda} \cdot \rho)$$

的平方根。

如前解方程组

$$\left.\begin{array}{l} u + v = \sqrt{k} \cdot \rho \\[2mm] uv = \dfrac{1}{4}\lambda\rho^2 \end{array}\right\} \quad \cdots\cdots\cdots\cdots\cdots\cdots (1);$$

而后令

$$\left.\begin{array}{l}x^2 = \rho u\\y^2 = \rho v\end{array}\right\} \cdots\cdots\cdots\cdots\cdots\cdots\cdots\cdots\cdots\cdots\text{(2)},$$

则 $(x+y)$ 是所求的平方根。

欧几里得如下证明 $(x+y)$ 是二均值面和的边。

正如上述两个命题,可证明 x,y 平方不可公度。

现在 $\sqrt{k}\cdot\rho,\rho$ 仅平方可公度;

所以 $\rho(u+v)$ 或 (x^2+y^2) 是均值面 $\cdots\cdots\cdots\cdots\cdots\cdots$ (3)。

其次,$xy = \dfrac{1}{2}\sqrt{\lambda}\cdot p^2$ 也是均值面 $\cdots\cdots\cdots\cdots\cdots\cdots$ (4)。

最后,$\qquad\qquad\qquad\sqrt{k}\cdot\rho \smile \dfrac{1}{2}\sqrt{\lambda}\cdot\rho,$

故 $\qquad\qquad\qquad\qquad\sqrt{k}\cdot\rho^2 \smile \dfrac{1}{2}\sqrt{\lambda}\cdot\rho^2;$

即 $\qquad\qquad\qquad\qquad (x^2+y^2)\smile xy \cdots\cdots\cdots\cdots\cdots\cdots$ (5)。

因此 [(3)(4)(5)] $(x+y)$ 是二均值面和的边,

代数地解方程组,有

$$u = \frac{\rho}{2}(\sqrt{k}+\sqrt{k-\lambda}),$$

$$v = \frac{\rho}{2}(\sqrt{k}-\sqrt{k-\lambda}),$$

并且

$$x+y = \rho\sqrt{\frac{1}{2}(\sqrt{k}+\sqrt{k-\lambda})} + \rho\sqrt{\frac{1}{2}(\sqrt{k}-\sqrt{k-\lambda})}.$$

对应地出现在 X.96 中的平方根是 $x-y$,其中 x,y 与此处相同。

这两个表达式是下述双二次方程的根(参考 X.53 的注)

$$x^4 - 2\sqrt{k}\cdot\rho^2 x^2 + (k-\lambda)\rho^4 = 0.$$

引　理

如果一个线段分为不相等的两段,则两段上正方形的和大于由两段夹的矩形的二倍。

设 AB 是一个线段,它被点 C 分为两不等线段,AC 是大段。

我断言 AC,CB 上正方形的和大于二倍的矩形 AC,CB。

为此使 D 平分 AB。

这时,由于一线段在点 D 被分为相等的两段,

又在点 C 被分为不等的两段,

所以矩形 AC,CB 加 CD 上正方形等于 AD 上正方形, [Ⅱ.5]

于是矩形 AC,CB 小于 AD 上正方形;

所以二倍的矩形 AC,CB 小于 AD 上正方形的二倍。

但是 AC,CB 上正方形的和等于 AD,DC 上正方形的和的二倍,所以 AC,CB 上正方形的和大于二倍的矩形 AC,CB。 [Ⅱ.9]

证完]

我们已经指出[X.44 的注]这个引理证明了

$$x^2 + y^2 > 2xy,$$

这个引理不是原有的,由于其结果已用在X.44 中。

命题 60

如果对一个有理线段上贴合一矩形使其与一个二项和线上的正方形相等,则所产生的宽是第一二项和线。

设 AB 是一个二项和线,C 分 AB 为它的两段,并且 AC 是大段,给出有理线段 DE,在 DE 上贴合一矩形 $DEFG$ 等于 AB 上的正方形,产生出 DG 作为宽。

我断言 DG 是第一二项和线。

因为,若在 DE 上贴合矩形 DH 使其等于 AC 上正方形,KL 等于 BC 上正方形,则余量,即二倍矩形 AC,CB 等于 MF。

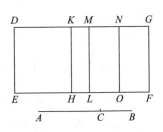

设 N 平分 MG,又设 NO 平行于 ML 或 GF。

这样一来,两矩形 MO,NF 的每一个等于矩形 AC,CB。

现在,由于 AB 是一个二项和线,且 C 分 AB 为两段,

所以 AC,CB 是仅平方可公度的两有理线段, [X.36]

所以 AC,CB 上正方形都是有理的且彼此可公度,

从而 AC,CB 上正方形的和也是有理的。 [X.15]

这个和等于 DL;所以 DL 是有理的。

并且它是贴合于有理线段 DE 上的;

所以 *DM* 是有理的,且与 *DE* 是长度可公度的。 [X.20]

又由于 *AC*,*CB* 是仅平方可公度的两有理线段,所以二倍的矩形 *AC*,*CB*,即 *MF*,是均值面。 [X.21]

又它是贴合于有理线段 *LM* 上;

所以 *MG* 也是有理的,且与 *ML*,即 *DE*,是长度不可公度的。 [X.22]

但是 *MD* 也是有理的,且与 *DE* 是长度可公度的,

所以 *DM* 与 *MG* 是长度不可公度的。 [X.13]

而它们都是有理的;

所以 *DM*,*MG* 是仅平方可公度的两有理线段,因此 *DG* 是二项和线。

[X.36]

其次可证明 *DG* 也是一个第一二项和线。

由于矩形 *AC*,*CB* 是 *AC*,*CB* 上两正方形的比例中项, [X.53 后之引理]

所以 *MO* 也是 *DH*,*KL* 的比例中项。

所以,*DH* 比 *MO* 如同 *MO* 比 *KL*,

即,*DK* 比 *MN* 如同 *MN* 比 *MK*; [VI.1]

所以矩形 *DK*,*KM* 等于 *MN* 上正方形。 [VI.17]

又,由于 *AC*,*CB* 上的两正方形是可公度的,

于是 *DH* 与 *KL* 也是可公度的,

因而 *DK* 与 *KM* 也是可公度的。 [VI.1,X.11]

又,由于 *AC*,*CB* 上正方形的和大于二倍矩形 *AC*,*CB*, [引理]

所以 *DL* 也大于 *MF*,于是 *DM* 大于 *MG*。 [VI.1]

又矩形 *DK*,*KM* 等于 *MN* 上正方形,

即等于 *MG* 上正方形的四分之一,且 *DK* 与 *KM* 是可公度的。

但是,如果有两不等线段,在大线段上贴合一个缺少一正方形且等于小线段上正方形的四分之一的矩形,若分大线段之两部分是长度可公度的,则大线段上正方形比小线段上正方形大一个与大线段是可公度的线段上的正方形。

[X.17]

所以 *DM* 上正方形比 *MG* 上正方形大一个与 *DM* 是可公度的线段上的正方形。

又 *DM*,*MG* 都是有理的,

而大线段 *DM* 与已给的有理线段 *DE* 是长度可公度的。

所以 *DG* 是一个第一二项和线。 [X.定义Ⅱ.1]

证完

123

由此开始的六个命题是 X. 54—59 的逆命题,我们求出 X. 36—41 中的无理直线的平方,并且证明它们分别等于一个有理线段与第一,第二,第三,第四,第五和第六二项和线构成的矩形。

在 X. 60 中我们证明二项和线 $\rho + \sqrt{k} \cdot \rho$ [X. 36] 的

$$\frac{(\rho + \sqrt{k} \cdot \rho)^2}{\sigma}$$

是第一二项和线。

其证明程序如下。

取 x, y, z 使得

$$\sigma x = \rho^2,$$

$$\sigma y = k\rho^2,$$

$$\sigma \cdot 2z = 2\sqrt{k} \cdot \rho^2,$$

$\rho^2, k\rho^2$ 当然是原来二项和线的两项的平方,而 $2\sqrt{k} \cdot \rho^2$ 是它们包围的矩形的二倍。

则 $\qquad (x + y) + 2z = \dfrac{(\rho + \sqrt{k} \cdot \rho)^2}{\sigma},$

并且我们必须证明 $(x + y) + 2z$ 是第一二项和线,$(x + y)$ 是两项 $(x + y), 2z$ 中较大者。

欧几里得的证明分为两部分,首先证明 $(x + y) + 2z$ 是二项和线,其次证明它是第一二项和线。

$(\alpha) \rho \sim \sqrt{k} \cdot \rho$,故 $\rho^2, k\rho^2$ 是有理的并且可公度,所以 $\rho^2 + k\rho^2$ 或 $\sigma (x + y)$ 是有理面,因此 $(x + y)$ 是有理的并且 $\frown \sigma$ $\qquad$ (1)。

其次,$2\rho \cdot \sqrt{k} \cdot \rho$ 是均值面,故 $\sigma \cdot 2z$ 是均值面,因此

$\qquad 2z$ 是有理的但 $\smile \sigma$ $\qquad$ (2)。

所以 [(1)(2)] $(x + y), 2z$ 是有理的并且仅平方可公度 $\qquad$ (3);

于是 $(x + y) + 2z$ 是二项和线。 $\qquad$ [X. 36]

$(\beta) \qquad\qquad \rho^2 : \sqrt{k} \cdot \rho^2 = \sqrt{k} \cdot \rho^2 : k\rho^2,$

故 $\qquad\qquad \sigma x : \sigma z = \sigma z : \sigma y,$

并且 $\qquad\qquad x : z = z : y,$

或者 $\qquad\qquad xy = 2z^2 - \dfrac{1}{4}(2z)^2$ $\qquad$ (4)。

124

现在 ρ^2，$k\rho^2$ 可公度，故 σx，σy 可公度，因而

$$x \frown y \quad\cdots\cdots\cdots\cdots\cdots\cdots\cdots (5)。$$

又因为 [引理] $\rho^2 + k\rho^2 > 2\sqrt{k}\cdot\rho^2$，所以

$$x + y > 2z。$$

但是

$$x + y = \frac{\rho^2 + k\rho^2}{\sigma} \quad\cdots\cdots\cdots\cdots\cdots\cdots (6)。$$

所以 [(4)(5)(6) 以及 (X.17)] $\sqrt{(x+y)^2 - (2z)^2} \frown (x+y)$。

并且 $(x+y)$，$2z$ 是有理的并 $\sim$ [(3)]，

而 $(x+y) \frown \sigma$ [(1)]。

因此 $(x+y) + 2z$ 是第一二项和线。

$(x+y) + 2z$ 的真正的值是

$$\frac{\rho^2}{\sigma}(\sqrt{1+k} + 2\sqrt{k})。$$

命题 61

如果对一个有理线段贴合一矩形与一个第一双均线上的正方形相等，则所产生的宽是第二二项和线。

设 AB 是一个第一双均线，点 C 将 AB 分为两段，AC 是大段，又给出有理线段 DE，在 DE 上贴合矩形 DF 等于 AB 上的正方形，产生出的 DG 作为宽。

我断言，DG 是一个第二二项和线。

按照前面作同样的图。

这时，由于 AB 是分于点 C 的一个第一双均线，

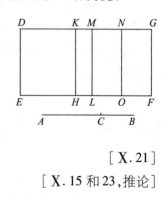

所以 AC，CB 是仅平方可公度的二均值线，

并且它们构成一个有理矩形， [X.37]

于是 AC，CB 上正方形也是均值面。 [X.21]

所以，DL 是均值面。 [X.15 和 23，推论]

又它被贴合于有理线段 DE 上；

所以 MD 是有理的且与 DE 是长度不可公度的。 [X.22]

另外，因为二倍的矩形 AC，CB 是有理的，

于是 MF 也是有理的。

又它是作在有理线段 ML 上；

所以 MG 也是有理的且与 ML,即 DE,是长度可公度的; [Ⅹ.20]

所以 DM 与 MG 是长度不可公度的。 [Ⅹ.13]

又它们是有理的;

所以 DM,MG 是仅平方可公度的有理线段;

于是 DG 是二项和线。 [Ⅹ.36]

其次可证明 DG 也是一个第二二项和线。

由于 AC,CB 上正方形的和大于二倍的矩形 AC,CB,

于是 DL 也大于 MF,从而 DM 也大于 MG。 [Ⅵ.1]

又,由于 AC 上正方形与 CB 上正方形是可公度的,所以 DH 与 KL 也

是可公度的,因此 DK 与 KM 也是可公度的。 [Ⅵ.1,Ⅹ.11]

又矩形 DK,KM 等于 MN 上正方形,

所以 DM 上正方形比 MG 上正方形大一个与 DM 是可公度的线段上

的正方形。 [Ⅹ.17]

又 MG 与 DE 是长度可公度的。

所以 DG 是一个第二二项和线。 [Ⅹ.定义Ⅱ.2]

证完

此时我们要证明第一双均线 $(k^{\frac{1}{4}}\rho + k^{\frac{3}{4}}\rho)$ [Ⅹ.37]的

$$\frac{(k^{\frac{1}{4}}\rho + k^{\frac{3}{4}}\rho)^2}{\sigma}$$

是第二二项和线。

这个命题的形式以及图形与 Ⅹ.60 类似,我简要地重述其证明。

取 x,y,z 使得

$$\sigma x = k^{\frac{1}{2}}\rho^2,$$
$$\sigma y = k^{\frac{3}{2}}\rho^2,$$
$$\sigma \cdot 2z = 2k\rho^2.$$

则 $(x+y)+2z$ 是第二二项和线。

$(\alpha)\, k^{\frac{1}{4}}\rho, k^{\frac{3}{4}}\rho$ 是均值线,仅平方可公度并且包围一个有理矩形。 [Ⅹ.37]

其平方 $k^{\frac{1}{2}}\rho^2, k^{\frac{3}{2}}\rho^2$ 是均值面;于是其和或者 $\sigma(x+y)$ 是均值面;

[Ⅹ.23,推论]

所以 $(x+y)$ 是有理的并且 $\smile \sigma$。

又 $\sigma \cdot 2z$ 是有理的;所以

$2z$ 是有理的并且 $\frown\sigma$ ·· (1)。

因此 $(x+y),2z$ 是有理的并且 $\sim$ ································· (2),

故 $(x+y)+2z$ 是二项和线。

(β)如前,

$k^{\frac{1}{2}}\rho^2,k^{\frac{3}{2}}\rho^2$ 可公度,

$$x\frown y。$$

并且
$$xy=z^2,$$

而且
$$x+y=\frac{k^{\frac{1}{2}}\rho^2+k^{\frac{3}{2}}\rho^2}{\sigma}。$$

因此[X.17] $\qquad$ $\sqrt{(x+y)^2-(2z)^2}\frown(x+y)$ ················ (3)。

但是 $2z\frown\sigma$,由(1)。

因此[(1)(2)(3)] $(x+y)+2z$ 是第二二项和线,并且

$$(x+y)+2z=\frac{\rho^2}{\sigma}\{\sqrt{k}(1+k)+2k\}。$$

命题 62

如果对一个有理线段贴合一个矩形,与一个第二双均线上的正方形相等,则所产生的宽是第三二项和线。

设 AB 是一个第二双均线,点 C 分 AB 为两段,AC 是大段,又设 DE 为有理线段,在 DE 上贴合矩形 DF 等于 AB 上的正方形,产生出的 DG 作为宽。

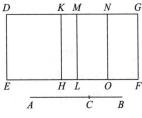

我断言 DG 是一个第三二项和线。

按照前面同样地作图。

于是,由于 AB 是分于点 C 的第二双均线,

所以 AC,CB 是仅平方可公度的二均值线,

且它们所夹的矩形是均值面, [X.38]

于是 AC,CB 上正方形的和也是均值面。 [X.15 和 23,推论]

而,它等于 DL;所以 DL 也是均值面。

又它是作在有理线段 DE 上,

所以 MD 也是有理的,且与 DE 是长度不可公度的。 [X.22]

同理,MG 也是有理的,且与 ML,即与 DE,是长度不可公度的;

所以线段 DM,MG 的每一个是有理的,且与 DE 是长度不可公度的。

127

又，由于 *AC* 与 *CB* 是长度不可公度的，

并且 *AC* 比 *CB* 如同 *AC* 上正方形比矩形 *AC*,*CB*，

所以 *AC* 上正方形与矩形 *AC*,*CB* 也是不可公度的，　　　　　　[X.11]

因此，*AC*,*CB* 上正方形的和与二倍的矩形 *AC*,*CB* 是不可公度的，

　　　　　　　　　　　　　　　　　　　　　　　　　[X.12,13]

也就是，*DL* 与 *MF* 是不可公度的，

因此 *DM* 与 *MG* 也是不可公度的。　　　　　　　　[Ⅵ.1, X.11]

而，它们是有理的；

所以 *DG* 是二项和线。

其次可证明它也是第三二项和线。

在此，类似前述，我们可以断定 *DM* 大于 *MG*，

并且 *DK* 与 *KM* 是可公度的。

又，矩形 *DK*,*KM* 等于 *MN* 上正方形；

所以 *DM* 上正方形比 *MG* 上正方形大一个与 *DM* 是可公度的线段上
的正方形。

而且线段 *DM*,*MG* 的每一个与 *DE* 都不是长度可公度的。

所以 *DG* 是一个第三二项和线。　　　　　　　　　　[X.定义Ⅱ.3]

证完

我们要证明[参考 X.38]

$$\frac{1}{\sigma}\left(k^{\frac{1}{4}}\rho + \frac{\lambda^{\frac{1}{2}}\rho}{k^{\frac{1}{4}}}\right)^2$$

是第三二项和线。

取 x, y, z，使得

$$\sigma x = k^{\frac{1}{4}}\rho^2,$$

$$\sigma y = \frac{\lambda\rho^2}{k^{\frac{1}{4}}},$$

$$\sigma \cdot 2z = 2\sqrt{\lambda} \cdot \rho^2。$$

$(\alpha)\, k^{\frac{1}{4}}\rho, \dfrac{\lambda^{\frac{1}{2}}\rho}{k^{\frac{1}{4}}}$ 是均值线，仅平方可公度，并且包围一个均值矩形。　[X.38]

它们上的正方形的和，或 $\sigma(x+y)$ 是均值面；

所以 $(x+y)$ 是有理的并且 $\smile \sigma$ ……………………………………… (1)。

128

又 $\sigma \cdot 2z$ 也是均值面，

2z 是有理的并且 $\smile \sigma$ ……………………………………… (2)。

现在

$$k^{\frac{1}{4}}\rho : \frac{\lambda^{\frac{1}{2}}\rho}{k^{\frac{1}{4}}} = (k^{\frac{1}{4}}\rho)^2 : k^{\frac{1}{4}}\rho \cdot \frac{\lambda^{\frac{1}{2}}\rho}{k^{\frac{1}{4}}}$$

$$= \sigma x : \sigma z,$$

因此 $\sigma x \smile \sigma z$。

但是 $(k^{\frac{1}{4}}\rho)^2 \frown \left\{ (k^{\frac{1}{4}}\rho)^2 + \left(\frac{\lambda^{\frac{1}{2}}\rho}{k^{\frac{1}{4}}} \right)^2 \right\}$，或者 $\sigma x \frown \sigma(x+y)$，并且 $\sigma z \frown \sigma \cdot 2z$；

所以

$$\sigma(x+y) \smile \sigma \cdot 2z,$$

或 $$(x+y) \smile 2z \qquad\qquad ……………………………………… (3)。$$

因此 [(1)(2)(3)] $(x+y)+2z$ 是二项和线 ………………… (4)。

(β) 如前，$$\qquad\qquad (x+y) > 2z,$$

并且 $$\qquad\qquad x \frown y,$$

又 $$\qquad\qquad xy = z^2。$$

因此 [X.17] $$\qquad \sqrt{(x+y)^2 - (2z)^2} \frown (x+y),$$

并且 [(1)(2)] $(x+y)$ 与 2z 都不 $\frown \sigma$。

所以 $(x+y)+2z$ 是第三二项和线。

显然

$$(x+y) + 2z = \frac{\rho^2}{\sigma} \left\{ \frac{k+\lambda}{\sqrt{k}} + 2\sqrt{\lambda} \right\}。$$

命题 63

如果对一个有理线段上贴合一矩形与一个大线上的正方形相等，则所产生的宽是第四二项和线。

设 AB 是一个大线，点 C 分 AB 为它的两段，AC 大于 CB，又设 DE 是一个有理线段，在 DE 上贴合一矩形 DF 等于 AB 上正方形，产生出的 DG 作为宽。

我断言 DG 是第四二项和线。

按照前面同样地作图。

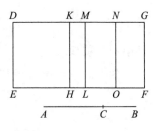

于是，由于 AB 是分于点 C 的一个大线，所以 AC,CB 是平方不可公度的两线段，且它们上正方形的和是有理的，而由它们所夹的矩形是均值面。 [X.39]

由于这时 AC,CB 上正方形的和是有理的，所以 DL 是有理的；

所以 DM 也是有理的且与 DE 是长度可公度的。 [X.20]

又，由于二倍的矩形 AC,CB，即 MF，是均值面，

并且它是贴合于有理线段 ML 上的，

所以 MG 也是有理的且与 DE 是长度不可公度的； [X.22]

所以 DM 与 MG 是长度不可公度的。 [X.13]

所以 DM,MG 是仅平方可公度的有理线段。

因此 DG 是二项和线。 [X.36]

其次可证明 DG 也是一个第四二项和线。

类似前面的方法，我们能够证明 DM 大于 MG，且矩形 DK,KM 等于 MN 上正方形。

由于，这时 AC 上正方形与 CB 上正方形是不可公度的，所以 DH 与 KL 也是不可公度的，因此 DK 与 KM 也是不可公度的。 [VI.1,X.11]

但是，如果有两个不相等的线段，且在大线段贴合一缺少一个正方形且等于小线段上正方形的四分之一的矩形，且它分它为不可公度的两部分，则大线段上正方形比小线段上正方形大一个与大线段不可公度的线段上的正方形；

[X.18]

所以 DM 上正方形比 MG 上正方形大一个与 DM 是不可公度的线段上的正方形。

又 DM,MG 是仅平方可公度的两有理线段，而 DM 与所给定的有理线段 DE 是可公度的。

所以 DG 是一个第四二项和线。 [X.定义II.4]

证完

我们要证明[参考 X.39]

$$\frac{1}{\sigma}\left\{\frac{\rho}{\sqrt{2}}\sqrt{1+\frac{k}{\sqrt{1+k^2}}}+\frac{\rho}{\sqrt{2}}\sqrt{1-\frac{k}{\sqrt{1+k^2}}}\right\}^2$$

是第四二项和线。

为了简单起见，我们把这个写成

$$\frac{1}{\sigma}(u+v)^2。$$

取 x,y,z 使得

$$\left.\begin{array}{r}\sigma x = u^2 \\ \sigma y = v^2 \\ \sigma \cdot 2z = 2uv\end{array}\right\},$$

回忆 [X. 39]，u,v 平方不可公度，$(u^2 + v^2)$ 是有理的，并且 uv 是均值面。

$(\alpha)(u^2 + v^2)$，因而 $\sigma(x+y)$ 是有理的；所以

$\qquad (x+y)$ 是有理的并且 $\frown \sigma$ ················· (1)。

$2uv$，因而 $\sigma \cdot 2z$ 是均值面；所以

$\qquad\qquad 2z$ 是有理的并且 $\smile \sigma$ ················· (2)。

于是 $\qquad\qquad (x+y), 2z$ 是有理的且 $\smile$ ·············· (3)，

故 $(x+y) + 2z$ 是二项和线。

(β) 如前， $\qquad\qquad x + y > 2z,$

并且 $\qquad\qquad\qquad xy = z^2 \,。$

因为 $u^2 \smile v^2$，所以

$\sigma x \smile \sigma y$ 或 $x \smile y$。

因此 [X. 18] $\sqrt{(x+y)^2 - (2z)^2} \smile (x+y)$ ·············· (4)。

又由(1)，$(x+y) \frown \sigma$。

所以 [(3)(4)] $(x+y) + 2z$ 是第四二项和线。

显然它是

$$\frac{\rho^2}{\sigma}\left\{1 + \frac{1}{\sqrt{1+k^2}}\right\}。$$

命题 64

如果对一个有理线段贴合一矩形与一个均值面有理面和的边上的正方形相等，所产生的宽是第五二项和线。

设 AB 是一个均值面有理面和的边，点 C 分 AB 为它的两段，AC 大于 CB，又设 DE 是一个有理线段，在 DE 上贴合矩形 DF 等于 AB 上正方形，产生出的 DG 作为宽。

我断言 DG 是一个第五二项和线。

按照前面同样地作图。

于是，由于 AB 是分于点 C 的均值面有理面和的

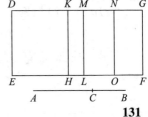

边,所以 AC,CB 是平方不可公度的两线段,它们上正方形的和是均值面,但是由它们所夹的矩形是有理的。 [Ⅹ.40]

这时,由于 AC,CB 上正方形的和是均值面。所以 DL 是均值面,所以 DM 是有理的且与 DE 是长度不可公度的。 [Ⅹ.22]

又,由于二倍的矩形 AC,CB,即 MF,是有理的,

所以 MG 是有理的且与 DE 可公度。 [Ⅹ.20]

于是 DM 与 MG 是不可公度的。 [Ⅹ.13]

所以 DM,MG 是仅平方可公度的两有理线段;

因此 DG 是二项和线。 [Ⅹ.36]

其次可证明它也是一个第五二项和线。

因为类似地能够证明矩形 DK,KM 等于 MN 上正方形,且 DK 与 KM 是长度不可公度的;

所以 DM 上正方形比 MG 上正方形大一个与 DM 是不可公度的线段上的正方形。 [Ⅹ.18]

而 DM,MG 是仅平方可公度的,且小线段 MG 与 DE 是长度可公度的,

所以 DG 是一个第五二项和线。 [Ⅹ.定义Ⅱ.5]

证完

要证[参考 Ⅹ.40]

$$\frac{1}{\sigma}\left\{\frac{\rho}{\sqrt{2(1+k^2)}}\sqrt{\sqrt{1+k^2}+k}+\frac{\rho}{\sqrt{2(1+k^2)}}\sqrt{\sqrt{1+k^2}-k}\right\}^2$$

是第五二项和线。

为了简明起见,用 $\frac{1}{\sigma}(u+v)^2$ 来记它,并且令

$$\sigma x = u^2,$$
$$\sigma y = v^2,$$
$$\sigma \cdot 2z = 2uv.$$

回忆[Ⅹ.40]$u^2 \smile v^2$,(u^2+v^2) 是均值面,而 $2uv$ 是有理的,如下进行。

$(\alpha)\sigma(x+y)$ 是均值面;因而

$(x+y)$ 是有理的并且 $\smile \sigma$ ……………… (1)。

其次,$\sigma \cdot 2z$ 是有理的;因而

$2z$ 是有理的并且 $\frown \sigma$ ……………… (2)。

于是　　　　　$(x+y),2z$ 是有理的并且~ ………………… (3)，

故 $(x+y)+2z$ 是二项和线。

(β) 如前，

$$x+y>2z,$$
$$xy=z^2,$$

并且　　　　　$x \smile y$。

所以 $[\,\mathrm{X}.18\,]\sqrt{(x+y)^2-(2z)^2}\smile(x+y)$ ………………… (4)。

因此 $[\,(2)(3)(4)\,](x+y)+2z$ 是第五二项和线。

显然它是　　　　　$\dfrac{\rho^2}{\sigma}\left\{\dfrac{1}{\sqrt{1+k^2}}+\dfrac{1}{1+k^2}\right\}$。

命题 65

　　如果对一个有理线段贴合一矩形与一个两均值面和的边上的正方形相等，则所产生的宽是第六二项和线。

　　设 AB 是一个两均值面和的边，点 C 分 AB 为两段，又设 DE 是有理线段，且在 DE 上贴合矩形 DF 等于 AB 上正方形，产生出的 DG 作为宽。

　　我断言 DG 是第六二项和线。

　　按照前面同样地作图。

　　于是，由于 AB 是分于点 C 的两均值面和的边，所以 AC,CB 是平方不可公度的两线段，它们上正方形的和是均值面，由它们所夹的矩形是均值面，且它们上正方形的和与它们所夹的矩形是不可公度的，　　　　　$[\,\mathrm{X}.41\,]$

　　因此，依照以前的证明，两矩形 DL,MF 都是均值面。

　　又它们是贴合于有理线段 DE 上的，

　　所以每一个线段 DM,MG 是有理的且与 DE 是长度不可公度的。

$$[\,\mathrm{X}.22\,]$$

　　又，由于 AC,CB 上正方形的和与二倍的矩形 AC,CB 是不可公度的，所以 DL 与 MF 是不可公度的。

　　因而 DM 与 MG 也是不可公度的；　　　　　$[\,\mathrm{VI}.1,\mathrm{X}.11\,]$

　　所以 DM,MG 是仅平方可公度的两有理线段；

　　因此 DG 是二项和线。　　　　　$[\,\mathrm{X}.36\,]$

其次可证明它也是一个第六二项和线。

类似地，我们又能证明矩形 DK, KM 等于 MN 上正方形，且 DK 与 KM 是长度不可公度的。

同理，DM 上正方形比 MG 上正方形大一个与 DM 是长度不可公度的线段上的正方形。

又线段 DM, MG 两者与所给定的有理线段 DE 都不是长度可公度的，

所以 DG 是一个第六二项和线。 　　　　　　　　　　　　[X.定义Ⅱ.6]

证完

要证[参考 X.41]

$$\frac{1}{\sigma}\left\{\frac{\rho\lambda^{\frac{1}{4}}}{\sqrt{2}}\sqrt{1+\frac{k}{\sqrt{1+k^2}}}+\frac{\rho\lambda^{\frac{1}{4}}}{\sqrt{2}}\sqrt{1-\frac{k}{\sqrt{1+k^2}}}\right\}^2$$

是第六二项和线。

用 $\frac{1}{\sigma}(u+v)^2$ 记它，并且令

$$\sigma x = u^2,$$
$$\sigma y = v^2,$$
$$\sigma \cdot 2z = 2uv.$$

由 X.41，$u^2 \smile v^2$，(u^2+v^2) 是均值面，$2uv$ 是均值面，并且 $(u^2+v^2) \smile 2uv$。

（α）此时 $\sigma(x+y)$ 是均值面；因而

$$(x+y) \text{ 是有理的并且} \smile \sigma \quad\cdots\cdots\cdots\cdots\cdots(1)。$$

类似地，　　　　　　$2z$ 是有理的并且 $\smile \sigma \quad\cdots\cdots\cdots\cdots\cdots(2)。$

又因为 $\sigma(x+y) \smile \sigma \cdot 2z$，所以

$$(x+y) \smile 2z \quad\cdots\cdots\cdots\cdots\cdots(3)。$$

所以 $(x+y)+2z$ 是二项和线。

（β）如前，　　　　　　$x+y > 2z,$

$$xy = z^2,$$
$$x \smile y;$$

所以[X.18]　　　$\sqrt{(x+y)^2-(2z)^2} \smile (x+y) \quad\cdots\cdots\cdots\cdots(4)。$

因此[（1）（2）（3）（4）] $(x+y)+2z$ 是第六二项和线。

显然它是　　　　　　$\dfrac{\rho^2}{\sigma}\left\{\sqrt{\lambda}+\dfrac{\sqrt{\lambda}}{\sqrt{1+k^2}}\right\}。$

命题 66

与一个二项和线是长度可公度的线段本身也是二项和线，并且是同顺序的。

设 AB 是一个二项和线，并且 CD 与 AB 是长度可公度的。

我断言 CD 是二项和线且与 AB 是同顺序的。

因为，由于 AB 是一个二项和线，设在点 E
分 AB 为它的两段，且 AE 是大段。

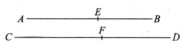

于是 AE, EB 是仅平方可公度的两有理线
段。　　　　　　　　　　　　　　　　　　　　　　　　　[X.36]

作出比例，AB 比 CD 如同 AE 比 CF，　　　　　　　[VI.12]

所以也有，余量 EB 比余量 FD 如同 AB 比 CD。　　　[V.19]

但是 AB 与 CD 是长度可公度的，

所以也有 AE 与 CF，EB 与 FD 也都是长度可公度的。　[X.11]

而 AE, EB 是有理的，所以 CF, FD 也是有理的。

又 AE 比 CF 如同 EB 比 FD。　　　　　　　　　　[V.11]

所以由更比，AE 比 EB 如同 CF 比 FD。　　　　　　[V.16]

但是 AE, EB 是仅平方可公度的，

所以 CF, FD 也是仅平方可公度的。　　　　　　　　　　[X.11]

又它们是有理的，所以 CD 是二项和线。　　　　　　　　[X.36]

其次可证明它与 AB 是同顺序的。

因为 AE 上正方形比 EB 上正方形大一个与 AE 或者是可公度的或者是不
可公度的线段上的正方形。

如果，这时 AE 上正方形比 EB 上正方形大一个与 AE 是可公度的线段上的
正方形。

则 CF 上正方形也将比 FD 上正方形大一个与 CF 也是可公度的线段上的
正方形。　　　　　　　　　　　　　　　　　　　　　　[X.14]

又如果 AE 与给定的有理线段是可公度的，那么 CF 与给定的有理线段也是
可公度的。　　　　　　　　　　　　　　　　　　　　　[X.12]

因此线段 AB, CD 皆为第一二项和线，即它们是同顺序的。

　　　　　　　　　　　　　　　　　　　　　　[X.定义Ⅱ.1]

但是，如果 EB 与给定的有理线段是可公度的，则 FD 与给定的有理线段也

是可公度的。 [X.12]

因此 CD 与 AB 是同顺序的,它们都是第二二项和线。 [X.定义Ⅱ.2]

但是,如果线段 AE,EB 的每一个与所设有理线段都不是可公度的,则线段 CF,FD 每一个与所设有理线段也不是可公度的, [X.13]

由此 AB,CD 都是第三二项和线。 [X.定义Ⅱ.3]

但是,如果 AE 上正方形比 EB 上正方形大一个与 AE 是不可公度的线段上的正方形,则 CF 上正方形比 FD 上正方形也大一个与 CF 是不可公度的线段上的正方形。 [X.14]

又,如果 AE 与所设有理线段是可公度的,那么 CF 与所设有理线段也是可公度的,因而 AB,CD 都是第四二项和线。 [X.定义Ⅱ.4]

但是,如果 EB 与所设有理线段是可公度的,那么 FD 也是如此,从而两线段 AB,CD 都是第五二项和线。 [X.定义Ⅱ.5]

但是,如果线段 AE,EB 的每一个与所设有理线段都不是可公度的,线段 CF,FD 的每一个与所设有理线段都不是可公度的;

则线段 AB,CD 每一个都是第六二项和线。 [X.定义Ⅱ.6]

因此与二项和线是长度可公度的线段是同顺序的二项和线。

证完

这个命题以及后面直到 X.70 的证明都是容易的,并且不需要再解释,每一个都是用 $\frac{m}{n}\rho$ 代替 ρ,两者属于同一个类型的无理线。

命题 67

与一个双均线是长度可公度的线段本身也是双均线,并且是同顺序的。

设 AB 是双均线,又 CD 与 AB 是长度可公度的。

我断言 CD 是双均线,且与 AB 是同顺序的。

因为,由于 AB 是双均线,设它在点 E 被分为它的两个均值线,所以 AE,EB 是仅平方可公度的两均值线。 [X.37,38]

作出比例,使得 AB 比 CD 如同 AE 比 CF;

所以也有余量 EB 比余量 FD 如同 AB 比 CD。 [V.19]

但是 AB 与 CD 是长度可公度的,所以 AE,EB 分别与 CF,FD 是可公度的。 [X.11]

136

但是 AE,EB 是均值线,所以 CF,FD 也是均值线。　　　　　　　[X.23]

又因为,AE 比 EB 如同 CF 比 FD,　　　　　　　　　　　[V.11]

而 AE,EB 是仅平方可公度的,那么 CF,FD 也是仅平方可公度的。

[X.11]

但是,已证明了它们是均值线;

所以 CD 是双均线。

其次可证它与 AB 也是同顺序的。

因为,AE 比 EB 如同 CF 比 FD。

所以也有,AE 上正方形比矩形 AE,EB 如同 CF 上正方形比矩形 CF,FD;

有更比例,有 AE 上正方形比 CF 上正方形如同矩形 AE,EB 比矩形 $CF,$
FD。　　　　　　　　　　　　　　　　　　　　　　　　[V.16]

但是 AE 上正方形与 CF 上正方形是可公度的,所以矩形 AE,EB 与矩形
CF,FD 也是可公度的。

如果矩形 AE,EB 是有理的,则矩形 CF,FD 也是有理的,[又因为,CD 是一
个第一双均线;]　　　　　　　　　　　　　　　　　　　　[X.37]

但是,如果矩形 AE,EB 是均值面,

则矩形 CF,FD 也是均值面。　　　　　　　　　　　[X.23,推论]

因此 AB,CD 都是第二双均线。　　　　　　　　　　　　　[X.38]

由于这个理由,CD 与 AB 是同顺序的双均线。

证完

命题 68

与一大线可公度的线段本身也是大线。

设 AB 是一个大线,又 CD 与 AB 是可公度的。

我断言 CD 是大线。

设在点 E 分 AB 为它的两段,所以 AE,EB 是平方不可公度的两线段,而它
们上正方形之和是有理的,但是由它们所夹的矩形是均值面。　　　[X.39]

按照前面同样地作图。

于是,因为 AB 比 CD 如同 AE 比 CF,且如同 EB 比 FD,所以也有,AE 比 CF
如同 EB 比 FD。　　　　　　　　　　　　　　　　　　　[V.11]

但是 AB 与 CD 是可公度的,所以 AE,EB 分别与 CF,FD 也是可公度的。

[X.11]

又，由于 *AE* 比 *CF* 如同 *EB* 比 *FD*，由更比，有 *AE* 比 *EB* 如同 *CF* 比 *FD*，
　　　　　　　　　　　　　　　　　　　　　　　　　　　　［Ⅴ.16］

由合比，有 *AB* 比 *BE* 如同 *CD* 比 *DF*，　　　　　　　　　［Ⅴ.18］

所以也有，*AB* 上正方形比 *BE* 上正方形如同 *CD* 上正方形比 *DF* 上
正方形。　　　　　　　　　　　　　　　　　　　　　　　　　［Ⅵ.20］

类似地，能够证明，*AB* 上正方形比 *AE* 上正方形也如同 *CD* 上正方形比 *CF*
上正方形。

所以也有，*AB* 上正方形比 *AE*，*EB* 上正方形的和如同 *CD* 上正方形比 *CF*，
FD 上正方形的和，由更比，有 *AB* 上正方形比 *CD* 上正方形如同 *AE*，*EB* 上正方
形的和比 *CF*，*FD* 上正方形的和。　　　　　　　　　　　　［Ⅴ.16］

但是 *AB* 上正方形与 *CD* 上正方形是可公度的，所以 *AE*，*EB* 上正方形的和
与 *CF*，*FD* 上正方形的和也是可公度的。

又 *AE*，*EB* 上正方形的和是有理的，

所以 *CF*，*FD* 上正方形的和是有理的。

类似地，也有二倍的矩形 *AE*，*EB* 与二倍的矩形 *CF*，*FD* 是可公度的。

又二倍的矩形 *AE*，*EB* 是均值面，所以二倍的矩形 *CF*，*FD* 也是均值面。
　　　　　　　　　　　　　　　　　　　　　　　　　　　　［Ⅹ.23，推论］

所以 *CF*，*FD* 是平方不可公度的两线段，同时，它们上正方形的和是有理
的，且由它们所夹的矩形是均值面；

所以整体 *CD* 是称为大线的无理线段。　　　　　　　　　　［Ⅹ.39］

所以与大线可公度的线段是大线。

　　　　　　　　　　　　　　　　　　　　　　　　　　　　　　　证完

命题 69

与一均值面有理面和的边可公度的线段也是均值面有理面和的边。

设 *AB* 是均值面有理面和的边，又 *CD* 与 *AB* 可公度。

我断言 *CD* 也是均值面有理面和的边。

设 *AB* 在点 *E* 被分为它的两线段，所以 *AE*，*EB* 是平方不可公度的
线段，且它们上正方形的和是均值面，但是由它们所夹的矩形是有理
面。　　　　　　　　　　　　　　　　　　　　　　　　　　　［Ⅹ.40］

按照前面同样地作图。

能够类似地证明 CF,FD 是平方不可公度的，且 AE,EB 上正方形的和与 CF,FD 上正方形的和是可公度的，又矩形 AE,EB 与矩形 CF,FD 是可公度的。

所以 CF,FD 上正方形的和也是均值面，以及矩形 CF,FD 是有理的。

所以 CD 是一个均值面有理面和的边。

证完

命题 70

与一两均值面和的边可公度的线段也是两均值面和的边。

设 AB 是两均值面和的边，且 CD 与 AB 是可公度的。

我断言 CD 也是一个两均值面和的边。

因为，由于 AB 是两均值面和的边，设点 E 分它为它的两段，所以 AE,EB 是平方不可公度的两线段，且它们上正方形的和是均值面，由它们所夹的矩形是均值面，而且 AE,EB 上正方形的和与矩形 AE,EB 是不可公度的。

$[\text{X}.41]$

按照前面同样地作图。

可以类似地证明 CF,FD 也是平方不可公度的，而 AE,EB 上正方形的和与 CF,FD 上正方形的和是可公度的，又，矩形 AE,EB 与矩形 CF,FD 是可公度的；

于是 CF,FD 上正方形的和及矩形 CF,FD 都是均值面。

此外 CF,FD 上正方形的和与矩形 CF,FD 是不可公度的。

所以 CD 是一个两均值面和的边。

证完

命题 71

如果一有理面和一均值面相加，则可产生四个无理线段，即一个二项和线或者一个第一双均线或者一个大线或者一个均值面有理面和的边。

设 AB 是有理面，CD 是均值面。

我断言面 AD 的"边"是一个二项和线或者是第一双均线或者是一个大线或者是一个均值面有理面和的边。

因为 AB 大于或小于 CD。

首先，设 AB 大于 CD。

给定一个有理线段 EF，在 EF 上贴合一个矩形 EG 等于 AB，产生出作为宽

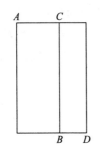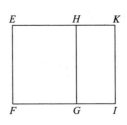

的 *EH*；

又在 *EF* 上贴合一个矩形 *HI* 等于 *DC*，产生出作为宽的 *HK*。

这时，由于 *AB* 是有理面，且等于 *EG*，所以 *EG* 也是有理面。

又它是贴合于 *EF* 上的，产生出作为宽的 *EH*，所以 *EH* 是有理的，且与 *EF* 是长度可公度的。　　　　　　　　　　　　　　　　　　　　　　　　［Ⅹ.20］

又因为 *CD* 是均值面，且等于 *HI*，所以 *HI* 也是均值面。

又它是贴合在有理线段 *EF* 上，产生出作为宽的 *HK*；

所以 *HK* 是有理的，并且与 *EF* 是长度不可公度的。　　　　　　　［Ⅹ.22］

又由于，*CD* 是均值面，而 *AB* 是有理面，所以 *AB* 与 *CD* 是不可公度的，于是 *EG* 与 *HI* 也是不可公度的。

但是，*EG* 比 *HI* 如同 *EH* 比 *HK*；　　　　　　　　　　　　　　［Ⅵ.1］

所以 *EH* 与 *HK* 也是长度不可公度的。　　　　　　　　　　　　　［Ⅹ.11］

又二者都是有理的；

所以 *EH*，*HK* 是仅平方可公度的两有理线段，所以 *EK* 是一个被分于点 *H* 的二项和线。　　　　　　　　　　　　　　　　　　　　　　　　　　　　　［Ⅹ.36］

又由于 *AB* 大于 *CD*，而 *AB* 等于 *EG*，*CD* 等于 *HI*，所以 *EG* 也大于 *HI*；所以 *EH* 也大于 *HK*。

于是 *EH* 上正方形比 *HK* 上正方形大一个与 *EH* 或是长度可公度的或者是不可公度的线段上的正方形。

首先，设 *EH* 上正方形比 *HK* 上正方形大一个与 *EH* 是长度可公度的线段上的正方形。

现在因为大线段 *HE* 与给定有理线段 *EF* 是长度可公度的，所以 *EK* 是一个第一二项和线。　　　　　　　　　　　　　　　　　　　　　　　　　［Ⅹ.定义Ⅱ.1］

但 *EF* 是有理的；

又如果由一个有理线段与第一二项和线夹一个矩形面，则此面的"边"是二项和线。　　　　　　　　　　　　　　　　　　　　　　　　　　　　　　　　［Ⅹ.54］

所以 *EI* 的"边"是二项和线,因此 *AD* 的"边"也是二项和线。

其次,设 *EH* 上正方形比 *HK* 上正方形大一个与 *EH* 是不可公度的线段上的正方形。

因为大线段 *EH* 与给出的有理线段 *EF* 是长度可公度的,所以 *EK* 是一个第四二项和线。   [X. 定义 II. 4]

但是 *EF* 是有理的,又如果由有理线段和第四二项和线夹一个矩形面,则此面的"边"是称为大线的无理线段。   [X. 57]

所以面 *EI* 的"边"是大线;

因此面 *AD* 的"边"也是大线。

其次,设 *AB* 小于 *CD*;

从而 *EG* 也小于 *HI*,于是 *EH* 也小于 *HK*。

现在 *HK* 上正方形比 *EH* 上正方形大一个与 *HK* 或是可公度的或是不可公度的线段上的正方形。

首先,设 *HK* 上正方形比 *EH* 上正方形大一个与 *HK* 是长度可公度的线段上的正方形。

现在小线段 *EH* 与给出的有理线段 *EF* 是长度可公度的;所以 *EK* 是一个第二二项和线。   [X. 定义 II. 2]

但是 *EF* 是有理的,又如果由有理线段和第二二项和线夹一个矩形面,则此面的"边"是一个第一双均线。   [X. 55]

所以面 *EI* 的"边"是一个第一双均线。

于是面 *AD* 的"边"也是一个第一双均线。

其次,设 *HK* 上正方形比 *HE* 上正方形大一个与 *HK* 是不可公度的线段上的正方形。

现在小线段 *EH* 与给出的有理线段 *EF* 是可公度的;

所以 *EK* 是一个第五二项和线。   [X. 定义 II. 5]

但是 *EF* 是有理的;

又如果由有理线段和第五二项和线夹一个矩形面,则此面的"边"是一个均值面有理面和的边。   [X. 58]

所以面 *EI* 的"边"是一个均值面有理面和的边,于是面 *AD* 的"边"也是均值面有理面和的边。

以上就是本命题所要证的。

证完

一个有理面有形式 $k\rho^2$，一个均值面有形式 $\sqrt{\lambda}\cdot\rho^2$，这个问题是要根据 k,λ 之间的不同关系对下式进行分类

$$\sqrt{k\rho^2+\sqrt{\lambda\cdot\rho^2}}。$$

令

$$\sigma u = k\rho^2，$$

$$\sigma v = \sqrt{\lambda}\cdot\rho^2。$$

因为前一个矩形是有理的，后一个是均值的，所以

$$u\text{ 是有理的并且}\frown\sigma，$$

$$v\text{ 是有理的并且}\smile\sigma。$$

又这两个矩形不可公度；故

$$u\smile v。$$

因此 u,v 是有理的并且 $\smile$；因而 $(u+v)$ 是二项和线。

其可能性如下：

Ⅰ. $u>v$，则

(1) $\sqrt{u^2-v^2}\frown u$，

或 (2) $\sqrt{u^2-v^2}\smile u$。

在两种情形中 $u\frown\sigma$。

情形 (1)，$(u+v)$ 是第一二项和线，

情形 (2)，$(u+v)$ 是第四二项和线。

于是 $\sqrt{\sigma(u+v)}$ 或者是 (1) 二项和线 $[\text{Ⅹ}.54]$，或者 (2) 大线 $[\text{Ⅹ}.57]$。

Ⅱ. $v>u$，则

(1) $\sqrt{v^2-u^2}\frown v$，

或 (2) $\sqrt{v^2-u^2}\smile v$。

在两种情形下，$v\smile\sigma$，而 $u\frown\sigma$。

因此，情形 (1)，$(v+u)$ 是第二二项和线，

情形 (2)，$(v+u)$ 是第五二项和线。

于是 $\sqrt{\sigma(v+u)}$ 或 (1) 是第一双均线 $[\text{Ⅹ}.55]$，或者 (2) 是有理面与均值面和的边 $[\text{Ⅹ}.58]$。

命题 72

若把两个彼此不可公度的均值面相加，则可产生两个无理线段，即或者是

一个第二双均线或者是一个两均值面和的边。

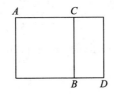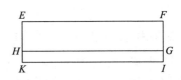

为此,设彼此不可公度的两均值面 AB 与 CD 相加。

我断言面 AD 的"边"或者是一个第二双均线或者是一个两均值面和的边。

因为 AB 大于或者小于 CD。

首先,设 AB 大于 CD。

给出有理线段 EF,且在 EF 上贴合一个矩形 EG 等于 AB,产生出作为宽的 EH,且矩形 HI 等于 CD,产生出作为宽的 HK。

现在,由于面 AB,CD 都是均值面,所以面 EG,HI 也都是均值面。

并且它们都是贴合于有理线段 FE 上的矩形,产生出作为宽的 EH,HK。

所以线段 EH,HK 的每一个是有理的,且与 EF 是长度不可公度的。

[X. 22]

又因为 AB 与 CD 不可公度,且 AB 等于 EG,CD 等于 HI,所以 EG 与 HI 也是不可公度的。

但是,EG 比 HI 如同 EH 比 HK；　　　　　　　　　　　　[Ⅵ.1]

所以 EH 与 HK 是长度不可公度的。　　　　　　　　　　[X.11]

于是 EH,HK 是仅平方可公度的两有理线段；

所以 EK 是二项和线。　　　　　　　　　　　　　　　　　[X.36]

但是,EH 上正方形比 HK 上正方形大一个与 EH 或者是可公度的或者是不可公度的线段上的正方形。

首先,设 EH 上正方形比 HK 上正方形大一个与 EH 是长度可公度的线段上的正方形。

现在线段 EH,HK 的每一个与所给出的有理线段 EF 是长度不可公度的,所以 EK 是一个第三二项和线。　　　　　　　　　　　　　[X. 定义Ⅱ.3]

但是 EF 是有理的；

又如果由有理线段和第三二项和线夹一个矩形面,则此面的"边"是一个第二双均线；　　　　　　　　　　　　　　　　　　　　　　[X.56]

所以面 EI,即 AD,的"边"是一个第二双均线。

其次设 EH 上正方形比 HK 上正方形大一个与 EH 是不可公度的线段上的

正方形。

现在线段 EH,HK 每一个与 EF 是长度不可公度的,所以 EK 是一个第六二项和线。

$[\text{X}.\text{定义 II}.6]$

但是,如果由有理线段和第六二项和线夹一个矩形面,则该面的"边"是一个两均值面和的边,

$[\text{X}.59]$

因此面 AD 的"边"也是一个两均值面和的边。

证完

我们要根据 k,λ 之间的不同关系对直线

$$\sqrt{\sqrt{k}\cdot\rho^2+\sqrt{\lambda}\cdot\rho^2}$$

进行分类,其中 $\sqrt{k}\cdot\rho^2$ 与 $\sqrt{\lambda}\cdot\rho^2$ 是不可公度的。

假定
$$\sigma u=\sqrt{k}\cdot\rho^2,$$
$$\sigma v=\sqrt{\lambda}\cdot\rho^2。$$

$\sqrt{k}\cdot\rho^2$ 或 $\sqrt{\lambda}\cdot\rho^2$ 一个较大是不重要的,假定前者较大。

$\sqrt{k}\cdot\rho^2,\sqrt{\lambda}\cdot\rho^2$ 都是均值面,并且 σ 是有理的,

u,v 都是有理的并且 $\smallsmile\sigma$·················(1)。

又由题设,$\sigma u\smallsmile\sigma v$,

或者 $u\smallsmile v$ ·······························(2)。

因此 $[(1)(2)](u+v)$ 是二项和线。

其次,$\sqrt{u^2-v^2}$ 与 u 或者长度可公度或者长度不可公度。

(α) 假定 $\sqrt{u^2-v^2}\frown u$。

此时 $(u+v)$ 是第三二项和线,因而 $[\text{X}.56]$

$\sqrt{\sigma(u+v)}$ 是第二双均线。

(β) 若 $\sqrt{u^2-v^2}\smallsmile u$,则 $(u+v)$ 是第六二项和线,因而 $[\text{X}.59]$

$\sqrt{\sigma(u+v)}$ 是二均值面和的边。

小结

二项和线和它以后的无理线段既不同于均值线,又彼此不相同。

因为如果在一个有理线段上贴合一个与均值线上正方形相等的矩形,则产生出的宽是有理的,并且与原有理线段是长度不可公度的。

$[\text{X}.22]$

144

但是,如果在一个有理线段上贴合一个与二项和线上正方形相等的矩形,则产生出的宽是第一二项和线。　　　　　　　　　　　　　　　　　　　　　　　[Ⅹ.60]

如果在有理线段上贴合一个与第一双均线上正方形相等的矩形,则产生出作为宽的线段是第二二项和线。　　　　　　　　　　　　　　　　　　　[Ⅹ.61]

如果在有理线段上贴合一个与第二双均线上正方形相等的矩形,则产生出作为宽的线段是第三二项和线。　　　　　　　　　　　　　　　　　　　[Ⅹ.62]

如果在有理线段上贴合一个与大线上正方形相等的矩形,则产生出作为宽的线段是第四二项和线。　　　　　　　　　　　　　　　　　　　　　[Ⅹ.63]

如果在有理线段上贴合一个与均值面有理面和的边上正方形相等的矩形,则矩形另一边是第五二项和线。　　　　　　　　　　　　　　　　　　[Ⅹ.64]

如果在有理线段上贴合一个与两均值面和的边上正方形相等的矩形,则产生出作为宽的线段是第六二项和线。　　　　　　　　　　　　　　　　[Ⅹ.65]

同时上面所述的那些产生出作为宽的线段既与第一个有理线段不同,并且又彼此不同;与第一个有理线段不同,是由于它是有理的,并且又彼此不同,是因为它们不同级;因此所得的这些无理线段是彼此不同的。

命题 Ⅹ.72 后面的解释的目的是说明截至目前所说的无理直线是彼此不同的,即均值线,由二项和线开始的六个无理直线,以及第一,第二,第三,第四,第五和第六二项和线都是不同的。

命题 73

若从一有理线段减去一与此线仅平方可公度的有理线段,则其差为无理线段,称为二项差线。

为此从有理线段 *AB* 减去与 *AB* 仅平方可公度的有理线段 *BC*。

我断言余量 *AC* 是称其为二项差线的无理线段。

因为,由于 *AB* 与 *BC* 是长度不可公度的,

而且 *AB* 比 *BC* 如同 *AB* 上正方形比矩形 *AB*,*BC*,所以 *AB* 上正方形与矩形 *AB*,*BC* 是不可公度的。　　　　　　　　　　　　　　　　　　　[Ⅹ.11]

但是 *AB*,*BC* 上正方形的和与 *AB* 上正方形是可公度的。　[Ⅹ.15]

而二倍的矩形 *AB*,*BC* 与矩形 *AB*,*BC* 是可公度的。　　[Ⅹ.6]

又由于,*AB*,*BC* 上正方形的和等于二倍矩形 *AB*,*BC* 连同 *CA* 上正方形的和,　　　　　　　　　　　　　　　　　　　　　　　　　　　[Ⅱ.7]

所以 AB, BC 上正方形的和与余量 AC 上正方形是不可公度的。

$$[\text{X}.13,16]$$

但是 AB, BC 上正方形的和是有理的,所以 AC 是无理的。 [X. 定义 II . 4]
它称为**二项差线**。

证完

现在欧几里得过渡到两条直线的差而不是和的无理直线。二项差线 [apotome(截出的部分)] 取代了二项和线 (binomial)。第一组六个命题 (73—78) 展示了六种无理直线,它们是后面命题 85—90 中的无理直线的平方根(严格地说,是求等于由这六条无理直线与一条有理直线构成的矩形的正方形的边)。于是,正如用加法构成无理直线的对应命题,首先讨论这些较远的无理直线。

我们将用 $(x-y)$ 来记二项差,它是从较大的 x 减去较小的 y,在 X.79 及其后的命题中,欧几里得称 y 为附加的直线 (annex),当它加到二项差线时得到较大的 x。

其证明方法完全与前面用加法构成无理线的命题相同。

在这个命题中,x, y 是仅平方可公度的有理直线,我们要证明二项差线 $(x-y)$ 是无理线。

$$x \frown y, \text{故 } x \smile y;$$

因为

$$x:y = x^2:xy,$$

所以

$$x^2 \smile xy_{\circ}$$

但是 $x^2 \frown (x^2+y^2)$,并且 $xy \frown 2xy$;

所以

$$x^2+y^2 \smile 2xy,$$

因此

$$(x-y)^2 \smile (x^2+y^2)_{\circ}$$

但是 (x^2+y^2) 是有理的,所以 $(x-y)^2$,因而 $(x-y)$ 是无理的。

二项差线 $(x-y)$ 有形式 $\rho - \sqrt{k} \cdot \rho$,正如二项和线有形式 $\rho + \sqrt{k} \cdot \rho$。

命题 74

若从一均值线减去与此线仅平方可公度的均值线,并且这两均值线所夹的矩形是有理面,则所得的余量是无理的,称为第一均差线。

为此从均值线 AB 减去与 AB 仅平方可公度的均值线 BC,并且矩形 AB, BC 是有理的。

我断言余量 AC 是无理的,并称其为第一均差线。

因为 AB,BC 是均值线，

所以 AB,BC 上正方形也都是均值面。

但是二倍的矩形 AB,BC 是有理的；

所以 AB,BC 上正方形的和与二倍矩形 AB,BC 是不可公度的；

所以二倍矩形 AB,BC 与余量 AC 上正方形也是不可公度的， ［参看Ⅱ.7］

由于，如果整个的和与二量之一不可公度，则原来二量是不可公度的。

［Ⅹ.16］

但是二倍矩形 AB,BC 是有理的。

所以 AC 上正方形是无理的，所以 AC 是无理的。 ［Ⅹ.定义Ⅰ.4］

它称为**第一均差线**。

证完

第一均差线是形为 $k^{\frac{1}{4}}\rho,k^{\frac{3}{4}}\rho$ 两直线的差，这两直线是仅平方可公度的并且构成一个有理矩形。

由题设，x^2,y^2 是均值面。

因为 xy 是有理的，所以 $(x^2+y^2)\smile xy$

$$\smile 2xy,$$

因此 $(x-y)^2\smile 2xy$。

但是 $2xy$ 是有理的，所以 $(x-y)^2$，因而 $(x-y)$ 是无理的。

这个无理线具有形式 $(k^{\frac{1}{4}}\rho-k^{\frac{3}{4}}\rho)$，是第一均差线；对应于两项中间是加号的第一二项和线。

命题 75

若从一个均值线减去一个与此均值线仅平方可公度又与原均值线所夹的矩形为均值面的均值线，则所得余量是无理的，称为第二均差线。

为此从均值线 AB 减去一个与 AB 仅平方可公度的均值线 CB，并且矩形 AB,BC 是均值面。 ［Ⅹ.28］

我断言余量 AC 是无理的，并称其为第二均差线。

为此，给定一个有理线段 DI，在 DI 上贴合一矩形 DE 等于 AB,BC 上正方形的和，产生出作为宽的 DG，又在 DI 上贴合 DH 等于二倍的矩形 AB,BC，产生作为宽的 DF，所以余量 FE 等于 AC 上正方形。 ［Ⅱ.7］

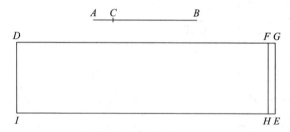

现在，由于 AB，BC 上正方形都是均值面而且是可公度的，所以 DE 也是均值面。　　　　　　　　　　　　　　　　　　　　　　　　　　　［X.15,23,推论］

又它是贴合于有理线段 DI 上的矩形，产生出作为宽的 DG，所以 DG 是有理的且与 DI 是长度不可公度的。　　　　　　　　　　　　　　　　　　　　　［X.22］

又由于矩形 AB，BC 是均值面，所以二倍的矩形 AB，BC 也是均值面。

［X.23,推论］

并且它等于 DH；所以 DH 也是均值面。

又它是贴合于有理线段 DI 上，产生出作为宽的 DF，所以 DF 是有理的，而与 DI 是长度不可公度的。　　　　　　　　　　　　　　　　　　　　　　　　［X.22］

又因为 AB，BC 是仅平方可公度的，所以 AB 与 BC 是长度不可公度的；

因此 AB 上正方形与矩形 AB，BC 也是不可公度的。　　　　　　　　［X.11］

但是 AB，BC 上正方形的和与 AB 上正方形是可公度的，　　　　　　［X.15］

并且二倍的矩形 AB，BC 与矩形 AB，BC 是可公度的；　　　　　　　［X.6］

所以二倍的矩形 AB，BC 与 AB，BC 上正方形的和是不可公度的。［X.13］

但是 DE 等于 AB，BC 上正方形的和，并且 DH 等于二倍矩形 AB，BC；所以 DE 与 DH 是不可公度的。

但是 DE 比 DH 如同 GD 比 DF，　　　　　　　　　　　　　　　　　［VI.1］

所以 GD 与 DF 是不可公度的。　　　　　　　　　　　　　　　　　　　［X.11］

又 GD，DF 都是有理的；

所以 GD，DF 是仅平方可公度的两有理线段，所以 FG 是一个二项差线。

［X.73］

但是，DI 是有理的，而由有理线段和无理线段所夹的矩形是无理的。

［从 X.20 推出］

并且其"边"是无理的。

又 AC 是 FE 的"边"，所以 AC 是无理的。

AC 被称为**第二均差线**。

证完

148

此处我们有 $k^{\frac{1}{4}}\rho, \sqrt{\lambda} \cdot \rho/k^{\frac{1}{4}}$ 的差,它们是仅平方可公度的两均值线,并且构成一个均值矩形。

贴面 $(x^2 + y^2), 2xy$ 于有理直线 σ,即假定

$$x^2 + y^2 = \sigma u,$$

$$2xy = \sigma v。$$

则 $\sigma u, \sigma v$ 都是均值面,故 u, v 都是有理的并且 $\smile \sigma$ ……………(1)。

又 $\qquad\qquad\qquad\qquad x \smile y;$

所以 $\qquad\qquad\qquad\qquad x^2 \smile xy,$

因而 $\qquad\qquad\qquad x^2 + y^2 \smile 2xy,$

或者 $\qquad\qquad\qquad \sigma u \smile \sigma v,$

并且 $\qquad\qquad\qquad u \smile v$ ……………………(2)。

于是 $[(1)(2)] u, v$ 是有理的并且 $\smile$;所以 [X.73] $(u - v)$ 是二项差线,并且 $(u - v)$ 是无理的,

$$(u - v)\sigma \text{ 是无理面。}$$

因此 $(x - y)^2$,因而 $(x - y)$ 是无理的。

这种无理直线 $k^{\frac{1}{4}}\rho - \dfrac{\sqrt{\lambda} \cdot \rho}{k^{\frac{1}{4}}}$ 称为第二均差线。

命题 76

若从一个线段上减去一个与它是平方不可公度的线段,且它们上正方形的和是有理的,但是它们所夹的矩形是均值面,则所得余量是无理的,称为小线。

为此从线段 AB 减去与 AB 是平方不可公度的线段 BC,且满足假定的条件。

[X.33]

我断言余量 AC 是称作小线的无理线段。

因为,由于 AB, BC 上正方形的和是有理的,而二倍矩形 AB, BC 是均值面,

所以 AB, BC 上正方形的和与二倍矩形 AB, BC 是不可公度的。

又,变更后,AB, BC 上正方形的和与余量,

即 AC 上正方形,是不可公度的。 [II.7, X.16]

但是 AB,BC 上正方形都是有理的；

所以 AC 上正方形是无理的；

所以余量 AC 是无理的。

它被称为**小线**。

证完

此时 x,y 有 X.33 中的形式

$$\frac{\rho}{\sqrt{2}}\sqrt{1+\frac{k}{\sqrt{1+k^2}}},\ \frac{\rho}{\sqrt{2}}\sqrt{1-\frac{k}{\sqrt{1+k^2}}}。$$

由假设 (x^2+y^2) 是有理面，xy 是均值面。

所以 $$(x^2+y^2)\smile 2xy,$$

因此 $$(x-y)^2\smile(x^2+y^2)。$$

所以 $(x-y)^2$，因而 $(x-y)$ 是无理的。

这条小线有形式

$$\frac{\rho}{\sqrt{2}}\sqrt{1+\frac{k}{\sqrt{1+k^2}}}-\frac{\rho}{\sqrt{2}}\sqrt{1-\frac{k}{\sqrt{1+k^2}}}。$$

命题 77

若从一个线段上减去一个与此线段平方不可公度的线段，并且该线段与原线段上正方形的和是均值面，但它们所夹的矩形的二倍是有理的，则余量是无理的，称其为均值面有理面差的边。

为此从线段 AB 上减去一个与 AB 是平方不可公度的线段 BC，

并且满足所给的条件。　　　　　　　　　　　　　　　　　　[X.34]

我断言余量 AC 是上述的无理线段。

因为，由于 AB,BC 上正方形的和是均值面，而二倍矩形 AB,BC 是有理的，

所以 AB,BC 上正方形的和与二倍的矩形 AB,BC 是不可公度的；

所以余量，即 AC 上正方形，与二倍的矩形 AB,AC 也是不可公度的。

　　　　　　　　　　　　　　　　　　　　　　　　[II.7,X.16]

又二倍的矩形 AB,BC 是有理的；

所以 AC 上正方形是无理的；

所以 AC 是无理的。

把 AC 称为**均值面有理面差的边**。

证完

此时 x,y 有形式[参看 X.34]

$$\frac{\rho}{\sqrt{2(1+k^2)}}\sqrt{\sqrt{1+k^2}+k}, \quad \frac{\rho}{\sqrt{2(1+k^2)}}\sqrt{\sqrt{1+k^2}-k},$$

由题设,(x^2+y^2) 是均值面,xy 是有理面;

于是 $\qquad\qquad\qquad\qquad (x^2+y^2)\smile 2xy,$

因而 $\qquad\qquad\qquad\qquad (x-y)^2\smile 2xy,$

所以 $(x-y)^2$,因而 $(x-y)$ 是无理的。

这种无理线

$$\frac{\rho}{\sqrt{2(1+k^2)}}\sqrt{\sqrt{1+k^2}+k}-\frac{\rho}{\sqrt{2(1+k^2)}}\sqrt{\sqrt{1+k^2}-k},$$

称为均值面减去有理面的边,对应于有理面加均值面的边[X.40]。

命题 78

若从一个线段减去与此线段是平方不可公度的线段,并且该线段与原线段上正方形的和是均值面,又由它们所夹的矩形的二倍也为均值面,而且它们上正方形的和与由它们所夹的矩形的二倍是不可公度的,则余量是无理的,称为**两均值面差的边**。

为此从线段 AB 减去 AB 是平方不可公度的线段 BC,且满足所给的条件。

[X.35]

我断言余量 AC 称为两均值面差的边的无理线段。

给定一个有理线段 DI,在 DI 上贴合一 DE 等于 AB,BC 上正方形的和,产生出作为宽的 DG,又矩形 DH 等于二倍矩形 AB,BC。

所以余量 FE 等于 AC 上正方形, [II.7]

于是 AC 是等于 EF 的正方形的"边"。

现在,由于 AB,AC 上正方形的和是均值面且等于 DE,所以 DE 是均值面。

又它是贴合于有理线段 DI 上,产生出作为宽的 DG;

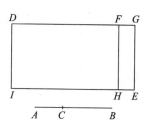

所以 *DG* 是有理的,且与 *DI* 是长度不可公度的。 [X.22]

又因为二倍的矩形 *AB*,*BC* 是均值面且等于 *DH*,所以 *DH* 是均值面。

又它是贴合于有理线段 *DI* 上的,产生出作为宽的 *DF*;

所以 *DF* 也是有理的,且与 *DI* 是长度不可公度的。 [X.22]

又,由于 *AB*,*BC* 上正方形的和与二倍矩形 *AB*,*BC* 是不可公度的,

所以 *DE* 与 *DH* 也是不可公度的。

但是 *DE* 比 *DH* 如同 *DG* 比 *DF*; [Ⅵ.1]

所以 *DG* 与 *DF* 是不可公度的。 [X.11]

又两者都是有理的;

所以 *GD*,*DF* 是仅平方可公度的两有理线段。

因此 *FG* 是一个二项差线。 [X.73]

又 *FH* 是有理的,

但是由一个有理线段和一个二项差线夹的矩形是无理的,

[从 X.20 推出]

并且它的"边"是无理的。

又 *AC* 是 *FE* 的"边",

所以 *AC* 是无理线段。

它被称为**两均值面差的边**。

证完

此时 x,y 有形式 [参考 X.35]

$$\frac{\rho\lambda^{\frac{1}{4}}}{\sqrt{2}}\sqrt{1+\frac{k}{\sqrt{1+k^2}}},\ \frac{\rho\lambda^{\frac{1}{4}}}{\sqrt{2}}\sqrt{1-\frac{k}{\sqrt{1+k^2}}}。$$

假定
$$x^2+y^2=\sigma u,$$
$$2xy=\sigma v。$$

由题设,而 $\sigma u,\sigma v$ 是均值面;所以 u,v 都是有理的并且 $\smile\sigma$ ……(1)。

又
$$\sigma u \smile \sigma v,$$

故
$$u \smile v \cdots\cdots\cdots\cdots\cdots\cdots\cdots (2)。$$

因此 [(1)(2)] u,v 是有理的并且 $\frown$,故 $(u-v)$ 是称为二项差线的无理线。

[X.73]

于是 $\sigma(u-v)$ 是无理面,故 $(x-y)^2$,因而 $(x-y)$ 是无理的。

这种无理线是

$$\frac{\rho\lambda^{\frac{1}{4}}}{\sqrt{2}}\sqrt{1+\frac{k}{\sqrt{1+k^2}}}-\frac{\rho\lambda^{\frac{1}{4}}}{\sqrt{2}}\sqrt{1-\frac{k}{\sqrt{1+k^2}}},$$

称为两均值面差的边,对应于两均值面和的边[X.41]。

命题 79

仅有一个有理线段可以附加到一个二项差线上,能使此有理线段与全线段是仅平方可公度的。

设 AB 是一个二项差线,且 BC 是加到 AB 上的附加线段;

$$\underset{A \qquad\qquad B \qquad\qquad C\ \ D}{\rule{18em}{0.4pt}}$$

所以 AC,CB 是仅平方可公度的两有理线段。 [X.73]

我断言没有别的有理线段可以附加到 AB 上,使得此有理线段与全线段仅平方可公度。

如果可能,设 BD 是附加的线段,

所以 AD,DB 也是仅平方可公度的两有理线段。 [X.73]

现在,由于 AD,DB 上正方形的和比二倍矩形 AD,DB 所超过的量也是 AC,CB 上正方形之和比二倍矩形 AC,CB 所超过的量,因为二者超出同一个量,即 AB 上正方形,[II.7]所以,变更后,AD,DB 上正方形的和比 AC,CB 上正方形的和所超过的量是二倍的矩形 AD,DB 比二倍的矩形 AC,CB 所超过的量。

但 AD,DB 上正方形的和比 AC,CB 上正方形的和超出一个有理面,这是因为两者都是有理面,所以两倍矩形 AD,DB 比二倍矩形 AC,CB 所超过的量也为一个有理面:这是不可能的,因为两者都是均值面, [X.21]

又一个均值面与一个均值面之差不是有理面。 [X.26]

所以没有另外的有理线段附加到 AB 上,使得此有理线段与全线段是仅平方可公度的。

所以仅有一个有理线段附加到一个二项差线上,能使得此有理线段与全线段是仅平方可公度的。

证完

这个命题证明了众所周知的关于不尽根的等价定理,若 $a-\sqrt{b}=x-\sqrt{y}$,则 $a=x,b=y$;以及若 $\sqrt{a}-\sqrt{b}=\sqrt{x}-\sqrt{y}$,则 $a=x,b=y$。

证明方法对应于带正号的 X.42。

假定一个二项差线可以表示为 $(x-y)$ 及 $(x'-y')$,其中 x,y 是仅平方可公度的有理直线,x',y' 也是这样。

关于 x,x',设 x 较长。

因为
$$x-y=x'-y',$$

所以
$$x^2+y^2-(x'^2+y'^2)=2xy-2x'y'。$$

但是 (x^2+y^2),$(x'^2+y'^2)$ 都是有理的,故它们的差是有理面。

另一方面,$2xy,2x'y'$ 都是均值面,具有形式 $\sqrt{k}\cdot\rho^2$;所以两个均值面的差是有理的,这是不可能的 [X.26]。

命题 80

仅有一个均值线可以附加到一个第一均差线上,能使此均值线与全线段是仅平方可公度的,并且它们所夹的矩形是有理的。

为此,设 AB 是一个第一二项差线,又设 BC 是加到 AB 上的附加线段,所以 AC,CB 是仅平方可公度的两均值线,且矩形 AC,CB 是有理面。

[X.74]

我断言没有另外的均值线加到 AB 上,能使得均值线与全线段是仅平方可公度的,且它们所夹的矩形是有理面。

如果可能,设 DB 也是这样地附加上去的线段,所以 AD,DB 也是仅平方可公度的两均值线,且矩形 AD,DB 是有理面。

[X.74]

现在,由于 AD,DB 上正方形的和比二倍的矩形 AD,DB 所超过的量也是 AC,CB 上正方形的和比二倍的矩形 AC,CB 所超过的量,因为它们超出同一个量,即 AB 上正方形,

[II.7]

所以,变更后,AD,DB 上正方形的和比 AC,CB 上正方形的和所超过的量也是二倍的矩形 AD,DB 比二倍的矩形 AC,CB 所超过的量。

但是二倍矩形 AD,DB 比二倍矩形 AC,CB 超出一个有理面,又因为两者都是有理面。

所以 AD,DB 上正方形的和比 AC,CB 上正方形的和也超过一个有理面:这是不可能的,因为两者都是均值面,

[X.15 和 23,推论]

并且一个均值面不会比一个均值面大一个有理面。

[X.26]

从而命题得证。

证完

假定第一均差线可以用两种方式表示，

$$x - y = x' - y',$$

并且

$$x > x'。$$

此时$(x^2 + y^2)$，$(x'^2 + y'^2)$都是均值面，而$2xy,2x'y'$都是有理面；并且

$$x^2 + y^2 - (x'^2 + y'^2) = 2xy - 2x'y'。$$

这与X.26矛盾。

命题 81

仅有一个均值线附加到一个第二均差线上，能使此均值线和全线段是仅平方可公度，并且它们所夹的矩形是一个均值面。

设 *AB* 是一个第二均差线，并且 *BC* 是加到 *AB* 上的附加线段，所以 *AC,CB* 是仅平方可公度的两均值线，又矩形 *AC,CB* 是一个均值面。　　　　　　　　　　［X.75］

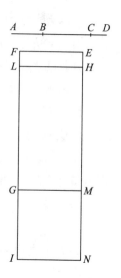

我断言没有另外的均值线附加到 *AB* 上，使得此均值线与全线段是仅平方可公度的，且由它们夹的矩形是一个均值面。

如果可能，设 *BD* 也是这样地附加上去的，所以 *AD,DB* 也是仅平方可公度的两均值线，这样矩形 *AD,DB* 是均值面。　　　　　　　　　　　　　　　　　　　　　　［X.75］

给定一个有理线段 *EF*，且在 *EF* 上贴合一个等于 *AC*，*CB* 上正方形的和的矩形 *EG*，产生出作为宽的 *EM*；又从中减去等于二倍矩形 *AC,CB* 的 *HG*，产生出作为宽的 *HM*，所以余量 *EL* 等于 *AB* 上正方形，　　　　　　　［Ⅱ.7］

因此 *AB* 是 *EL* 的"边"。

又设在 *EF* 上贴合一个 *EI* 等于 *AD,DB* 上正方形的和，产生出作为宽的 *EN*。

但是 *EL* 也等于 *AB* 上正方形，所以余量 *HI* 等于二倍矩形 *AD,DB*。［Ⅱ.7］

现在，因为 *AC,CB* 都是均值线，所以 *AC,CB* 上正方形也都是均值面。

并且它们的和等于 *EG*，所以 *EG* 也是均值面。　　　　［X.15 和 23，推论］

而它是贴合于有理线段 *EF* 上，产生出作为宽的 *EM*；

所以 *EM* 是有理的且与 *EF* 是长度不可公度的。　　　　　　［X.22］

又由于矩形 AC,CB 是均值面,二倍的矩形 AC,CB 也是均值面。

[X.23,推论]

又它等于 HG;所以 HG 也是均值面,又它是贴合于有理线段 EF 上,产生出作为宽的 HM,所以 HM 也是有理的,且与 EF 是长度不可公度的。　　[X.22]

又由于,AC,CB 是仅平方可公度的,所以 AC 与 CB 是长度不可公度的。

但是,AC 比 CB 如同 AC 上正方形比矩形 AC,CB;

所以 AC 上正方形与矩形 AC,CB 是不可公度的。　　[X.11]

但是,AC,CB 上正方形的和与 AC 上正方形是可公度的,而二倍的矩形 AC,CB 与矩形 AC,CB 是可公度的,　　[X.6]

所以 AC,CB 上正方形的和与二倍矩形 AC,CB 是不可公度的。　　[X.13]

又 EG 等于 AC,CB 上正方形的和,而 GH 等于二倍矩形 AC,CB;

所以 EG 与 HG 是不可公度的,但是,EG 比 HG 如同 EM 比 HM,　　[VI.1]

所以 EM 与 HM 是长度不可公度的。　　[X.11]

并且两者都是有理的;

所以 EM,MH 是仅平方可公度的两有理线段;

所以 EH 是一个二项差线,并且 HM 是附加在其上的线段,　　[X.73]

类似地,我们能够证明 HN 也是附加在 EH 上的线段。

所以有不同的线段附加到一个二项差线上,并且它们与所得的全线段是仅平方可公度的:这是不可能的。　　[X.79]

证完

正如第二均差线的无理性来自二项差线的无理性,故这个定理归结为 X.79。

假定 $(x-y)$,$(x'-y')$ 是同一个第二均差线;并且设 x 大于 x'。

贴 (x^2+y^2),$2xy$ 以及 $(x'^2+y'^2)$,$2x'y'$ 于有理直线 σ,即令

$$\left.\begin{array}{l} x^2+y^2=\sigma u \\ 2xy=\sigma v \end{array}\right\}, \quad \left.\begin{array}{l} x'^2+y'^2=\sigma u' \\ 2x'y'=\sigma v' \end{array}\right\}。$$

首先讨论 $(x-y)$,我们有

(x^2+y^2) 是均值面,$2xy$ 也是均值面,

所以 u,v 都是有理的并且 $\smile\sigma$ ························ (1)。

又因为 $x\frown y$,所以 $x\smile y$,

故　　　　　　　　　　　　　　　　$x^2\smile xy$,

因此　　　　　　　　　　　　　　$x^2+y^2\smile 2xy$,

即 $$\sigma u \smile \sigma v,$$

因而 $$u \smile v \cdots\cdots\cdots\cdots\cdots\cdots\cdots (2)。$$

于是[(1)(2)]u,v 是有理的并且 $\smile$，故 $(u-v)$ 是二项差线。

类似地，$(u'-v')$ 是同一二项差线。

因此，这个二项差线由两种方式构成，这与X.79 矛盾。

所以假设是错误的，第二均差线只能用一种方式构成。

命题 82

仅有一个线段附加到一个小线上，能使此线与全线段是平方不可公度的，并且它们上的正方形的和是有理的，而由它们所夹的矩形的二倍是均值面。

设 AB 是一个小线，BC 是附加到 AB 上的，所以 AC,CB 是平方不可公度的，又它们上的正方形的和是有理的。而且由它们所夹的矩形的二倍是均值面。　　　　　[X.76]

我断言没有另外的线段附加到 AB 上，能满足同样的条件。

如果可能，设 BD 是如此附加的线段，所以 AD,BD 也是满足前述条件的平方不可公度的两线段。　　　　　[X.76]

现在，因为 AD,DB 上正方形的和比 AC,CB 上正方形的和所超过的量也是二倍矩形 AD,DB 比二倍矩形 AC,CB 所超过的量，而 AD,DB 上正方形的和比 AC,CB 上正方形之和超过的量为一个有理面。

因为两者都是有理面，

所以二倍矩形 AD,DB 也超过二倍矩形 AC,CB 的量为一个有理面：

这是不可能的，因为两者都是均值面。　　　　　[X.26]

所以仅有一个线段附加到一个小线上，能使此线段与全线段是平方不可公度的，并且它们上的正方形的和是有理的，而由它们所夹的矩形的二倍是均值面。

　　　　　　　　　　　　　　　　　　　　　证完

用通常的记号，假定

$$x - y = x' - y';$$

并且 x 大于 x'。

此时 $(x^2+y^2),(x'^2+y'^2)$ 都是有理面，而 $2xy,2x'y'$ 都是均值面。

但是 $$(x^2+y^2)-(x'^2+y'^2)=2xy-2x'y';$$

于是两个均值面的差是有理面,这是不可能的[X.26]。

命题 83

仅有一个线段附加到一个均值面有理面差的边上,能使该线段与全线段是平方不可公度的,并且在它们上的正方形的和是均值面,而它们所夹的矩形的二倍是有理面。

设 AB 是一个均值面有理面差的边,BC 是附加到 AB 上的线段;

$$A \qquad B \qquad\qquad C\ D$$

所以 AC,CB 是平方不可公度的两线段,且满足前述条件。 [X.77]

我断言没有另外的线段能附加到 AB 上,且满足同样的条件。

因为如果可能,设 BD 是如此附加的线段,

所以 AD,DB 也是平方不可公度的,且满足已给条件。 [X.77]

于是,像前面的情况一样,AD,DB 上的正方形的和比 AC,CB 上的正方形的和所超过的量也是二倍矩形 AD,DB 比二倍矩形 AC,CB 所超过的量,而二倍矩形 AD,DB 比二倍矩形 AC,CB 所超过的量为一个有理面,因为二者都是有理面,所以 AD,DB 上正方形的和比 AC,CB 上正方形的和的超过量也为一个有理面:这是不可能的,因为两者都是均值面。 [X.26]

所以没有别的线段附加到 AB 上,且该线段与全线段是平方不可公度的,又它与整个线段满足前述的条件;

所以仅有一个线段能这样附加上去。

证完

用同样的符号,假定

$$x - y = x' - y'。\ (x > x')$$

此时 $(x^2 + y^2),(x'^2 + y'^2)$ 都是均值面,而 $2xy,2x'y'$ 都是有理面,而

$$(x^2 + y^2) - (x'^2 + y'^2) = 2xy - 2x'y',$$

与 X.26 矛盾。

命题 84

仅有一个线段附加到一个两均值面差的边上,能使该线段与全线段是平方不可公度的,并且它们上的正方形的和是均值面,由它们所夹的矩形的二倍既

是均值面，又与它们上正方形的和不可公度。

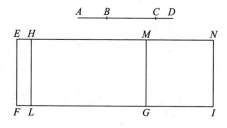

设 *AB* 是一个两均值面差的边，且 *BC* 是附加到 *AB* 上的线段，所以 *AC, CB* 是平方不可公度的两线段，且满足前述的条件。　　　　　　　　　　　　[Ⅹ.78]

我断言没有另外的线段附加到 *AB* 上，且满足前述条件。

因为，如果可能，设 *BD* 是如此附加的线段，所以 *AD, DB* 也是平方不可公度的；

并且 *AD, DB* 上正方形的和是均值面，二倍的矩形 *AD, DB* 是均值面，又 *AD, DB* 上正方形的和与二倍的矩形 *AD, DB* 也是不可公度的。　　　　[Ⅹ.78]

给定一个有理线段 *EF*，在 *EF* 上贴合 *EG* 等于 *AC, CB* 上正方形的和，产生出作为宽的 *EM*；

又在 *EF* 上贴合于 *HG* 等于二倍的矩形 *AC, CB*，产生出作为宽的 *HM*；

所以余量，即 *AB* 上正方形[Ⅱ.7]，等于 *EL*；

所以 *AB* 是与 *LE* 相等的正方形的"边"。

又，在 *EF* 上贴合于 *EI* 等于 *AD, DB* 上正方形的和，产生出作为宽的 *EN*。

但是，*AB* 上正方形也等于 *EL*，所以余量，即二倍的矩形 *AD, DB*[Ⅱ.7]，等于 *HI*。

现在，因为 *AC, CB* 上正方形的和是均值面且等于 *EG*，所以 *EG* 也是均值面。

又，它是贴合于有理线段 *EF* 上的，产生出作为宽的 *EM*，所以 *EM* 是有理的，且与 *EF* 是长度不可公度的。　　　　　　　　　　　　　　[Ⅹ.22]

又因为二倍的矩形 *AC, CB* 是均值面，且等于 *HG*，所以 *HG* 也是均值面。

又，它是贴合于有理线段 *EF* 上的，产生出作为宽的 *HM*，所以 *HM* 是有理的，且与 *EF* 是长度不可公度的。　　　　　　　　　　　　　　[Ⅹ.22]

因为 *AC, CB* 上正方形的和与二倍的矩形 *AC, CB* 是不可公度的，*EG* 与 *HG* 也是不可公度的，于是 *EM* 与 *MH* 也是长度不可公度的。　　[Ⅵ.1, Ⅹ.11]

又两者都是有理的；

所以 *EM, MH* 是仅平方可公度的有理线段，所以 *EH* 是一个二项差线，且 *HM* 是附加到它上的线段。　　　　　　　　　　　　　　　　　[Ⅹ.73]

类似地，我们能够证明 *EH* 也是一个二项差线，且 *HN* 是附加到它上的。

所以有不同的有理线段附加到一个二项差线上，且与全线段是仅平方可公

159

度的：

这已经证明是不可能的。 $\qquad\qquad\qquad$ [X.79]

因此没有另外的线段能附加到 AB 上。

所以仅有一个线段能附加到 AB 上，且该线段与全线段是平方不可公度的，且它们上正方形的和是均值面，由它们所夹的矩形的二倍是均值面，并且它们上正方形的和与由它们所夹的矩形的二倍是不可公度的。

证完

用通常的记号，假定

$$x - y = x' - y'。\ (x > x')$$

设

$$\left. \begin{array}{l} x^2 + y^2 = \sigma u \\ 2xy = \sigma v \end{array} \right\}, \quad \left. \begin{array}{l} x'^2 + y'^2 = \sigma u' \\ 2x'y' = \sigma v' \end{array} \right\}。$$

首先讨论 $(x - y)$；

因为 $(x^2 + y^2)$，$2xy$ 都是均值面，所以 u, v 都是有理的并且 $\smile \sigma$ $\cdots\cdots\cdots\cdots$

$\cdots\cdots\cdots\cdots\cdots\cdots\cdots\cdots\cdots\cdots\cdots\cdots\cdots\cdots\cdots\cdots\cdots\cdots\cdots\cdots\cdots\cdots\cdots\cdots\cdots\cdots$（1）。

但是 $\qquad\qquad\qquad x^2 + y^2 \smile 2xy,$

即 $\qquad\qquad\qquad\qquad \sigma u \smile \sigma v,$

所以 $\qquad\qquad\qquad\qquad u \smile v \cdots\cdots\cdots\cdots\cdots\cdots\cdots$（2）。

因而 [（1）（2）] u, v 都是有理的并且 $\sim$；

因此 $(u - v)$ 是二项差线。

类似地，$(u' - v')$ 是同一二项差线。

于是同一个二项差线由两种方式构成，这是不可能的 [X.79]。

定义 Ⅲ

1. 给定一个有理线段和一个二项差线，如果全线段上正方形比附加上去的线段上正方形大一个与全线段是长度可公度的一个线段上的正方形，并且全线段与给定的有理线段是长度可公度的，把此二项差线称为**第一二项差线**。

2. 但若附加线段与给定的有理线段是长度可公度的，而全线段上正方形比附加线段上正方形大一个与全线段可公度的一个线段上的正方形，把此二项差线称为**第二二项差线**。

3. 但若全线段及附加线段两者与给定的有理线段都是长度不可公度的,并且全线段上正方形比附加线段上正方形大一个与全线段可公度的一个线段上的正方形,把此二项差线称为**第三二项差线**。

4. 又若全线段上的正方形比附加线段上正方形大一个与全线段不可公度的一个线段上的正方形,此外,如果全线段与给定的有理线段是长度可公度的,把此二项差线称为**第四二项差线**。

5. 若附加线段与已知有理线段是长度可公度的,把此二项差线称为**第五二项差线**。

6. 若全线段及附加线段两者与给定有理线段都是长度不可公度的,把此二项差线称为**第六二项差线**。

定义 1

Given a rational straight line and an apotome, if the square on the whole be greater than the square on the annex by the square on a straight line commensurable in length with the whole, and the whole be commensurable in length with the rational straight line set out, let the apotome be called a *first apotome*.

定义 2

But if the annex be commensurable in length with the rational straight line set out, and the square on the whole be greater than that on the annex by the square on a straight line commensurable with the whole, let the apotome be called a *second apotome*.

定义 3

But if neither be commensurable in length with the rational straight line set out, and the square on the whole be greater than the square on the annex by the square on a straight line commensurable with the whole, let the apotome be called a *third apotome*.

定义 4

Again, if the square on the whole be greater than the square on the annex by the square on a straight line incommensurable with the whole, then, if the whole be commensurable in length with the rational straight line set out, let the apotome be called a *fourth apotome*;

定义 5

if the annex be so commensurable, a *fifth*;

定义 6

and, if neither, a *sixth*.

命题 85

求第一二项差线。

设给定一个有理线段 A,并设 BG 与 A 是长度可公度的;所以 BG 也是有理的。

$$A \rule{6em}{0.4pt} \qquad \overset{B \quad C \qquad\qquad G}{\rule{10em}{0.4pt}}$$

$$H \rule{6em}{0.4pt} \qquad \underset{E \quad F \qquad\quad D}{\rule{10em}{0.4pt}}$$

给定两个平方数 DE, EF,又它们的差 FD 不是平方数;于是 ED 与 DF 的比不同于一个平方数比一个平方数。

设作出比例,ED 比 DF 如同 BG 上正方形比 GC 上正方形;   〔X.6,推论〕

所以 BG 上正方形与 GC 上正方形是可公度的。   〔X.6〕

但是 BG 上正方形是有理的;

所以 GC 上正方形也是有理的;从而 GC 也是有理的。

又,由于 ED 比 DF 不同于一个平方数比一个平方数;

所以 BG 上正方形与 GC 上正方形的比也不同于一个平方数比一个平方

数,所以 BG 与 GC 是长度不可公度的。 [X.9]

又两者都是有理的,所以 BG,GC 是仅平方可公度的两有理线段;

因此 BC 是一个二项差线。 [X.73]

其次可证它也是一个第一二项差线。

为此,设 H 上正方形是 BG 上正方形与 GC 上正方形的差。

现在,由于 ED 比 FD 如同 BG 上正方形比 GC 上正方形,所以由换比[V. 19,推论]得,DE 比 EF 如同 GB 上正方形比 H 上正方形。

但是,DE 与 EF 的比如同一个平方数比一个平方数,因为每一个是平方数;

所以 GB 上正方形与 H 上正方形之比如同一个平方数比一个平方数;

于是 BG 与 H 是长度可公度的。 [X.9]

又 BG 上正方形比 GC 上正方形大一个 H 上正方形;

因此 BG 上正方形比 GC 上正方形大一个与 BG 是长度可公度的一个线段上的正方形。

又全线段 BG 与给定的有理线段 A 是长度可公度的。

所以 BC 是一个第一二项差线。 [X.定义Ⅲ.1]

于是第一二项差线已求出。

证完

取与给定有理直线 ρ 长度可公度的直线 $k\rho$。

设 m^2, n^2 是平方数,使得 $(m^2 - n^2)$ 不是平方数。

取 x,使得 $m^2 : (m^2 - n^2) = k^2 \rho^2 : x^2$ ……………………… (1),

故
$$x = k\rho \frac{\sqrt{m^2 - n^2}}{m}$$

$$= k\rho \sqrt{1 - \lambda^2}。$$

则 $k\rho - x$ 或 $k\rho - k\rho \sqrt{1 - \lambda^2}$ 是第一二项差线。

事实上,(α) 由(1)可推出 x 是有理的但与 $k\rho$ 不可公度,因此 $k\rho, x$ 是有理的并且⌣,故 $(k\rho - x)$ 是二项差线。

(β) 若 $y^2 = k^2\rho^2 - x^2$,则由(1)
$$m^2 : n^2 = k^2\rho^2 : y^2,$$

因此 y,即 $\sqrt{k^2\rho^2 - x^2}$ 与 $k\rho$ 长度可公度。

又 $k\rho \frown \rho$;所以 $k\rho - x$ 是第一二项差线。

正如 X.48 的注所说,第一二项差线

$$kp - kp \sqrt{1-\lambda^2}$$

是下述方程的一个根

$$x^2 - 2kp \cdot x + \lambda^2 k^2 \rho^2 = 0。$$

命题 86

求第二二项差线。

设给定一个有理线段 A，并设 GC 与 A 是长度可公度的，

所以 GC 是有理的。

给出两个平方数 DE,EF，

又它们的差 DF 不是平方数。

设作出比例，FD 比 DE 如同 CG 上正方形比

GB 上正方形。　　　　　　　　　　 [X.6，推论]

所以 CG 上正方形与 GB 上正方形是可公度的。　　　　　　　　　 [X.6]

但是 CG 上正方形是有理的；

所以 GB 上正方形也是有理的；所以 BG 也是有理线段。

又，由于 GC 上正方形与 GB 上正方形的比不同于一个平方数比一个平方数，于是 CG 与 GB 是长度不可公度的。　　　　　　　　　　　 [X.9]

而两者都是有理的，所以 CG,GB 是仅平方可公度的两有理线段，于是 BC 是一个二项差线。　　　　　　　　　　 [X.73]

其次可证它也是一个第二二项差线。

设 H 上正方形是 BG 上正方形比 GC 上正方形所超过的量。

这时，由于 BG 上正方形比 GC 上正方形如同数 ED 比数 DF，所以由换比，BG 上正方形比 H 上正方形如同 DE 比 EF。　　　　　　　 [V.19，推论]

且两数 DE,EF 都是平方数，所以 BG 上正方形与 H 上正方形的比如同一个平方数比一个平方数，因此 BG 与 H 长度可公度。　　　　　　 [X.9]

而 BG 上正方形比 GC 上正方形大一个 H 上正方形，所以 BG 上正方形比 GC 上正方形大一个与 BG 是长度可公度的线段上的正方形。

又附加线段 CG 与给定的有理线段 A 是可公度的。

所以 BC 是一个第二二项差线。　　　　　　　　　 [X.定义Ⅲ.2]

于是第二二项差线 BC 已求出。

证完

164

如前,取 $k\rho$ 与 ρ 长度可公度。

设 m^2, n^2 是平方数,但 $(m^2 - n^2)$ 不是平方数。

取 x,使得
$$(m^2 - n^2) : m^2 = k^2\rho^2 : x^2 \quad \cdots\cdots\cdots\cdots (1),$$

因此
$$x = k\rho \frac{m}{\sqrt{m^2 - n^2}}$$

$$= \frac{k\rho}{\sqrt{1 - \lambda^2}}。$$

于是 x 大于 $k\rho$。

则 $x - k\rho$ 或 $\dfrac{k\rho}{\sqrt{1 - \lambda^2}} - k\rho$ 是第二二项差线。

事实上 (α) 如前,x 是有理的并且 $\frown k\rho$。

(β) 若 $x^2 - k^2\rho^2 = y^2$,则由 (1),
$$m^2 : n^2 = x^2 : y^2。$$

于是 y 或 $\sqrt{x^2 - k^2\rho^2}$ 与 x 长度可公度。

又 $k\rho \frown \rho$。

所以 $x - k\rho$ 是第二二项差线。

正如 X.49 的注所说的,第二二项差线
$$\frac{k\rho}{\sqrt{1 - \lambda^2}} - k\rho$$

是下述方程的较小根
$$x^2 - \frac{2k\rho}{\sqrt{1 - \lambda^2}} \cdot x + \frac{\lambda^2}{1 - \lambda^2}k^2\rho^2 = 0。$$

命题 87

求第三二项差线。

给定一个有理线段 A,设三个数 E, BC, CD 任两者的比不同于一个平方数比一个平方数,但是,CB 与 BD 的比如同一个平方数比一个平方数。

设作出比例,E 比 BC 如同 A 上正方形比 FG 上正方形,又使 BC 比 CD 如同 FG 上正方形比 GH 上正方形。 [X.6,推论]

这时,由于 E 比 BC 如同 A 上正方形比 FG 上正方形,所以 A 上正方形与 FG 上正方形是可公度的。 [X.6]

但是 A 上正方形是有理的,所以 FG 上正方形也是有理的;于是 FG 是有理的。

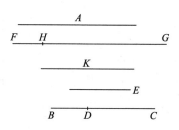

又由于,E 与 BC 的比不同于一个平方数比一个平方数,所以 A 上正方形与 FG 上正方形的比也不同于一个平方数比一个平方数;

于是 A 与 FG 是长度不可公度的。　　［X.9］

又因为,BC 比 CD 如同 FG 上正方形比 GH 上正方形,所以 FG 上正方形与 GH 上正方形是可公度的。　　　　　　　　　　　　　［X.6］

但是 FG 上正方形是有理的,从而 GH 上正方形也是有理的,于是 GH 是有理的。

又因为,BC 与 CD 的比不同于一个平方数比一个平方数,所以 FG 上正方形比 GH 上正方形也不同于一个平方数比一个平方数,因此 FG 与 GH 是长度不可公度的。　　　　　　　　　　　　　　　　　　　　　　　　　［X.9］

又两者都是有理的;

所以 FG,GH 是仅平方可公度的两有理线段;

因此 FH 是一个二项差线。　　　　　　　　　　　　　　　［X.73］

其次可证它也是一个第三二项差线。

因为,由于 E 比 BC 如同 A 上正方形比 FG 上正方形,又,BC 比 CD 如同 FG 上正方形比 HG 上正方形,所以,取首末比,E 比 CD 如同 A 上正方形比 HG 上正方形。　　　　　　　　　　　　　　　　　　　　　　　　　　　［V.22］

但是 E 与 CD 的比不同于一个平方数比一个平方数,所以 A 上正方形与 GH 上正方形的比不同于一个平方数比一个平方数,因此 A 与 GH 是长度不可公度的。　　　　　　　　　　　　　　　　　　　　　　　　　　［X.9］

所以线段 FG,GH 都与给定的有理线段 A 不是长度可公度的。

现在设 K 上正方形是 FG 上正方形比 GH 上正方形超过的量。

又因为 BC 比 CD 如同 FG 上正方形比 GH 上正方形,所以由换比例,BC 比 BD 如同 FG 上正方形比 K 上正方形。　　　　　　　［V.19,推论］

但是 BC 与 BD 的比如同一个平方数比一个平方数,所以 FG 上正方形与 K 上正方形的比也如同一个平方数比一个平方数。

所以 FG 与 K 是长度可公度的,　　　　　　　　　　　　　［X.9］

并且 FG 上正方形比 GH 上正方形大一个与 FG 是可公度的线段上的正方形。

又 FG,GH 都与所给定的有理线段 A 不是长度可公度的，所以 FH 是一个第三二项差线。 [Ⅹ. 定义Ⅲ.3]

于是第三二项差线 FH 已作出。

证完

设 ρ 是有理直线。

取数 $p,\ qm^2\ q(m^2-n^2)$ ，它们不是平方数比平方数。

设 x,y ，使得

$$p:qm^2=\rho^2:x^2 \quad\cdots\cdots\cdots\cdots\cdots\text{（1）}$$

并且

$$qm^2:q(m^2-n^2)=x^2:y^2 \quad\cdots\cdots\cdots\cdots\text{（2）}。$$

则 $(x-y)$ 是第三二项差线。

事实上，(α) 由（1），

$$x\ \text{是有理的但是}\smile\rho \quad\cdots\cdots\cdots\cdots\cdots\text{（3）}。$$

又由（2）， $\qquad\qquad y$ 是有理的但是 $\smile x$ ，

所以 x,y 是有理的并且 $\sim$ ，

故 $(x-y)$ 是二项差线。

(β) 由（1），（2），首末比，

$$p:q(m^2-n^2)=\rho^2:y^2,$$

因此 $y\smile\rho$ ，

于是，由此和（3），x,y 都 $\smile\rho$ $\cdots\cdots\cdots\cdots\cdots\cdots$ （4）。

最后，设 $z^2=x^2-y^2$ ，由（2），换比

$$qm^2:qn^2=x^2:z^2;$$

所以， $\qquad\qquad z$ ，或者 $\sqrt{x^2-y^2}\frown x \quad\cdots\cdots\cdots\cdots\text{（5）}。$

于是 [（4）（5）] $(x-y)$ 是第三二项差线。

由（1）和（2），我们有

$$x=\rho\cdot\frac{m\sqrt{q}}{\sqrt{p}},$$

$$y=\rho\cdot\frac{\sqrt{m^2-n^2}\cdot\sqrt{q}}{\sqrt{p}}$$

故

$$x-y=\sqrt{\frac{q}{p}}\cdot\rho(m-\sqrt{m^2-n^2})。$$

这个可以写成

$$m\sqrt{k}\cdot\rho-m\sqrt{k}\cdot\rho\ \sqrt{1-\lambda^2}\,。$$

正如 X.50 的注所说的,这个是下述方程较小的根

$$x^2-2m\sqrt{k}\cdot\rho x+\lambda^2 m^2 k\rho^2=0\,。$$

命题 88

求第四二项差线。

给定一个有理线段 A,又设 BG 与它是长度可公度的,所以 BG 也是有理线段。

设给定两个数 DF,FE,并且使其和 DE 与数 DF,EF 每一个的比不同于一个平方数比一个平方数。

设作出比例,DE 比 EF 如同 BG 上正方形比 GC 上正方形,　　[X.6,推论]

所以 BG 上正方形与 GC 上正方形是可公度。　　　　　　　　[X.6]

但是 BG 上正方形是有理的,所以 GC 上正方形也是有理的,从而 GC 是有理的。

现在,因为 DE 与 EF 的比不同于一个平方数比一个平方数,所以 BG 上正方形与 GC 上正方形的比也不同于一个平方数比一个平方数,所以 BG 与 GC 是长度不可公度的。　　　　　　　　　　　　　　　　　　　　　[X.9]

又两者都是有理的,所以 BG,GC 是仅平方可公度的两有理线段,因此 BC 是一个二项差线。　　　　　　　　　　　　　　　　　　　　　[X.73]

现在设 H 上正方形是 BG 上正方形比 GC 上正方形所超过的量。

这时,由于 DE 比 EF 如同 BG 上正方形比 GC 上正方形。

所以由换比,ED 比 DF 如同 GB 上正方形比 H 上正方形。　[V.19,推论]

但是 ED 与 DF 的比不同于一个平方数比一个平方数;

所以 GB 上正方形与 H 上正方形的比不同于一个平方数比一个平方数,所以 BG 与 H 是长度不可公度的。　　　　　　　　　　　　　　[X.9]

又 BG 上正方形比 GC 上正方形大一个 H 上正方形,所以 BG 上正方形比 GC 上正方形大一个与 BG 是不可公度的线段上的正方形。

又整体 BG 与所给定的有理线段 A 是长度可公度的。

所以 BC 是一个第四二项差线。　　　　　　　　　　　　[X.定义Ⅲ.4]

于是第四二项差线 BC 已求出。

证完

正如在 $\mathrm{X}.85,86$ 中,从 $\rho,k\rho$ 开始,我们取数 m,n,使得 $(m+n)$ 与 m,n 的比不是平方数比平方数。

取 x 使得
$$(m+n):n=k^2\rho^2:x^2 \quad\cdots\cdots\cdots\cdots\cdots (1),$$

因此
$$x=k\rho\sqrt{\frac{n}{m+n}}$$

$$=\frac{k\rho}{\sqrt{1+\lambda}}。$$

则 $(k\rho-x)$ 或 $\left(k\rho-\dfrac{k\rho}{\sqrt{1+\lambda}}\right)$ 是第四二项差线。

事实上,由 (1),x 是有理的并且 $\frown k\rho$。

又 $\sqrt{k^2\rho^2-x^2}$ 与 $k\rho$ 不可公度,由于
$$(m+n):m=k^2\rho^2:(k^2\rho^2-x^2),$$

并且比 $(m+n):m$ 不是平方数比平方数。

又
$$k\rho\frown\rho。$$

正如 $\mathrm{X}.51$ 的注所说,第四二项差线

$$k\rho-\frac{k\rho}{\sqrt{1+\lambda}}$$

是下述二次方程的较小根

$$x^2-2k\rho\cdot x+\frac{\lambda}{1+\lambda}k^2\rho^2=0。$$

命题 89

求第五二项差线。

给定一个有理线段 A,又设 CG 与 A 是长度可公度的,所以 CG 是有理的。

给定两数 DF,FE,且使 DE 与线段 DF,FE 的每一个的比不同于一个平方数比一个平方数;

设作出比例,FE 比 ED 如同 CG 上正方形比 GB 上正方形。

所以 GB 上正方形也是有理的,   [X.6]

从而 BG 也是有理的。

现在,由于 DE 比 EF 如同 BG 上正方形比 GC 上正方形,而 DE 与 EF 的比不同于一个平方数比一个平方数,所以 BG 上正方形与 GC 上正方形的比不同于一个平方数比一个平方数;

于是 BG 与 GC 是长度不可公度的。 ［Ⅹ.9］

又两者都是有理的,所以 BG,GC 是仅平方可公度的两有理线段,因此 BC 是一个二项差线。 ［Ⅹ.73］

其次可证它是一个第五二项差线。

因为,若设 H 上正方形是 BG 上正方形比 GC 上正方形所超过的量。

这时,由于 BG 上正方形比 GC 上正方形如同 DE 比 EF,

所以,由换比,ED 比 DF 如同 BG 上正方形比 H 上正方形。 ［Ⅴ.19,推论］

但是 ED 与 DF 的比不同于一个平方数比一个平方数,

所以 BG 上正方形与 H 上正方形的比不同于一个平方数比一个平方数,

所以 BG 与 H 是长度不可公度的。 ［Ⅹ.9］

又 BG 上正方形比 GC 上正方形大一个 H 上正方形,

所以 GB 上正方形比 GC 上正方形大一个与 GB 是长度不可公度的线段上的正方形。

又,附加线段 CG 与所给定的有理线段 A 是长度可公度的;

所以 BC 是一个第五二项差线。 ［Ⅹ.定义Ⅲ.5］

于是第五二项差线 BC 已作出。

证完

设 $\rho,k\rho$ 以及数 m,n 如同上述命题。

取 x 使得 $\qquad n:(m+n)=k^2\rho^2:x^2 \quad\cdots\cdots\cdots\cdots\cdots$ (1)。

此时 $x>k\rho$,并且

$$x = k\rho \sqrt{\frac{m+n}{n}}$$

$$= k\rho \sqrt{1+\lambda}。$$

则 $(x-k\rho)$ 或 $(k\rho\sqrt{1+\lambda}-k\rho)$ 是第五二项差线。

事实上,由(1),x 是有理的并且 $\smallfrown k\rho$。

又因为,由(1),$(m+n):m=x^2:(x^2-k^2\rho^2)$,所以 $\sqrt{x^2-k^2\rho^2}$ 与 x 不可公度。

又 $\qquad\qquad\qquad\qquad\qquad k\rho\smallfrown\rho$。

正如 Ⅹ.52 的注说所,第五二项差线

170

$$kp\sqrt{1+\lambda}-k\rho$$

是下述方程的较小根

$$x^2-2k\rho\sqrt{1+\lambda}\cdot x+\lambda k^2\rho^2=0。$$

命题 90

求第六二项差线。

给定一个有理线段 A，又三个数 E, BC, CD 两两之比不同于一个平方数比一个平方数，又设 CB 与 BD 的比也不同于一个平方数比一个平方数。

设作出比例，E 比 BC 如同 A 上正方形比 FG 上正方形，又，BC 比 CD 如同 FG 上正方形比 GH 上正方形。　　　　　　［X.6，推论］

现在，因为 E 比 BC 如同 A 上正方形比 FG 上正方形，所以 A 上正方形与 FG 上正方形是可公度的。　　　　　　　　　　　　　　　　［X.6］

但是 A 上正方形是有理的，所以 FG 上正方形也是有理的，从而 FG 也是有理的。

又因为，E 与 BC 的比不同于一个平方数比一个平方数，所以 A 上正方形与 FG 上正方形的比不同于一个平方数比一个平方数，于是 A 与 FG 是长度不可公度的。　　　　　　　　　　　　　　　　　　　　　　　［X.9］

再者由于，BC 比 CD 如同 FG 上正方形比 GH 上正方形，所以 FG 上正方形与 GH 上正方形是可公度的。　　　　　　　　　　　　　　　［X.6］

但是 FG 上正方形是有理的，

所以 GH 上正方形也是有理的，于是 GH 也是有理的。

又由于 BC 与 CD 的比不同于一个平方数比一个平方数，

所以 FG 上正方形与 GH 上正方形的比不同于一个平方数比一个平方数；

于是 FG 与 GH 是长度不可公度的。　　　　　　　　　　　　　［X.9］

又两者都是有理的，

所以 FG, GH 是仅平方可公度的有理线段；

因此 FH 是一个二项差线。　　　　　　　　　　　　　　　　　［X.73］

其次可证它也是一个第六二项差线。

因为 E 比 BC 如同 A 上正方形比 FG 上正方形，

又，BC 比 CD 如同 FG 上正方形比 GH 上正方形，

取首末比，E 比 CD 如同 A 上正方形比 GH 上正方形。   [Ⅴ.22]

但是，E 与 CD 的比不同于一个平方数比一个平方数，

所以 A 上正方形与 GH 上正方形的比也不同于一个平方数比一个平方数，

所以 A 与 GH 是长度不可公度的，   [Ⅹ.9]

因此线段 FG，GH 的每一个与有理线段 A 不是长度可公度的。

现在，设 K 上正方形是 FG 上正方形比 GH 上正方形所超过的量，

这时，由于 BC 比 CD 如同 FG 上正方形比 GH 上正方形，

由换比，CB 比 BD 如同 FG 上正方形比 K 上正方形。   [Ⅴ.19，推论]

但是 CB 与 BD 的比不同于一个平方数比一个平方数，

所以 FG 上正方形与 K 上正方形的比不同于一个平方数比一个平方数，

于是 FG 与 K 是长度不可公度的。   [Ⅹ.9]

又 FG 上正方形比 GH 上正方形大一个 K 上正方形；

所以 FG 上正方形比 GH 上正方形大一个与 FG 是长度不可公度的线段上的正方形。

又，线段 FG，GH 的每一个与所给出的有理线段 A 不是可公度的，

所以 FH 是一个第六二项差线。   [Ⅹ.定义Ⅲ.6]

于是第六二项差线 FH 已作出。

证完

设 ρ 是给定的有理直线。

取数 $p,(m+n),n$，它们不是平方数比平方数，$(m+n):m$ 也不是平方数比平方数。

取 x,y 使得

$$p:(m+n)=\rho^2:x^2 \quad\cdots\cdots\cdots\cdots\cdots\cdots (1),$$

$$(m+n):n=x^2:y^2 \quad\cdots\cdots\cdots\cdots\cdots\cdots (2)。$$

则 $(x-y)$ 是第六二项差线。

事实上，由 (1)，x 是有理的并且 $\smile\rho$ $\cdots\cdots\cdots\cdots\cdots\cdots\cdots\cdots$ (3)。

由 (2)，因为 x 是有理的，所以

$$y 是有理的并且 \smile x \cdots\cdots\cdots\cdots\cdots (4)。$$

于是 [(3)(4)] $(x-y)$ 是二项差线。

又由首末比 $p:n=\rho^2:y^2$，

因此 $y\smile\rho$。

于是 x,y 都 $\smile\rho$。

最后，由（2）

$$(m+n):m=x^2:(x^2-y^2),$$

因此

$$\sqrt{x^2-y^2}\smile x。$$

所以 $(x-y)$ 是第六二项差线。

由（1）和（2），我们有

$$x=\rho\sqrt{\frac{m+n}{p}},$$

$$y=\rho\sqrt{\frac{n}{p}},$$

故这个第六二项差线可以写成

$$\rho\sqrt{\frac{m+n}{p}}-\rho\sqrt{\frac{n}{p}},$$

或是简单地，

$$\sqrt{k}\cdot\rho-\sqrt{\lambda}\cdot\rho。$$

正如 $\mathrm{X}.53$ 的注所说，第六二项差线是下述方程的较小根

$$x^2-2\sqrt{k}\cdot\rho x+(k-\lambda)\rho^2=0。$$

命题 91

若一个面是由一个有理线段与一个第一二项差线所夹的矩形，则该面的"边"是一个二项差线。

为此，设面 AB 是由有理线段 AC 与第一二项差线 AD 所夹的矩形。

我断言面 AB 的"边"是一个二项差线。

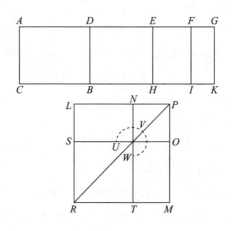

因为 AD 是一个第一二项差线, 设 DG 是它的附加线段,

所以 AG, GD 是仅平方可公度的两有理线段。 [X.73]

而且, 全线段 AG 与所给出的有理线段 AC 是可公度的,

并且 AG 上正方形比 GD 上正方形大一个与 AG 是长度可公度的线段上的正方形; [X.定义Ⅲ.1]

因此, 如果在 AG 上贴合一个等于 DG 上正方形的四分之一且缺少一正方形的矩形, 则它被分为可公度的两端。 [X.17]

设点 E 平分 DG, 在 AG 上贴合一个等于 EG 上正方形且缺少一个正方形的矩形 AF, FG, 所以 AF 与 FG 是可公度的。

又过点 E, F, G 引 EH, FI, GK 平行于 AC。

现在, 因为 AF 与 FG 是长度可公度的,

所以 AG 与线段 AF, FG 的每一个也是长度可公度的。 [X.15]

但是 AG 与 AC 是可公度的;

所以每一个线段 AF, FG 与 AC 是长度可公度的。 [X.12]

而 AC 是有理的,

所以 AF, FG 也是有理的,

因此每一个矩形 AI, FK 也是有理的。 [X.19]

现在, 由于 DE 与 EG 是长度可公度的,

所以 DG 与每一个线段 DE, EG 也是长度可公度的。 [X.15]

但是 DG 是有理的且与 AC 是长度不可公度的,

所以每一个线段 DE, EG 也是有理的且与 AC 长度不可公度; [X.13]

因此每一个矩形 DH, EK 是均值面。 [X.21]

现在作正方形 LM 等于 AI, 且从中减去与它有共同角 LPM,

且等于 FK 的正方形 NO,

所以两正方形 LM, NO 有共线的对角线。 [Ⅵ.26]

PR 是它们的对角线, 并作图。

因为由 AF, FG 所夹的矩形等于 EG 上的正方形,

所以 AF 比 EG 如同 EG 比 FG。 [Ⅵ.17]

但是 AF 比 EG 如同 AI 比 EK,

又 EG 比 FG 如同 EK 比 KF; [Ⅵ.1]

所以 EK 是 AI, KF 的比例中项。 [Ⅴ.11]

但是, 前面已经证明了 MN 也是 LM, NO 的比例中项, [X.53 之后的引理]

并且 AI 等于正方形 LM, KF 等于 NO; 所以 MN 也等于 EK。

但是 EK 等于 DH，且 MN 等于 LO；

所以 DK 等于拐尺形 UVW 与 NO 的和，

但是 AK 也等于正方形 LM，NO 的和，从而余量 AB 等于 ST。

但是 ST 是 LN 上正方形，所以 LN 上正方形等于 AB，

因此 LN 是 AB 的"边"。

其次可证 LN 是一个二项差线。

因为每一个矩形 AI，FK 是有理的，且它们分别等于 LM，NO，

所以每个正方形 LM，NO，即分别于 LP，PN 上的正方形，也是有理的；

因此每一个线段 LP，PN 也是有理的。

又由于，DH 是均值面，且等于 LO，所以 LO 也是均值面。

这时，由于 LO 是均值面，

而 NO 是有理的，所以 LO 与 NO 不可公度，

但是 LO 比 NO 如同 LP 比 PN，　　　　　　　　　　　　　　　　　[Ⅵ.1]

所以 LP 与 PN 是长度不可公度的。　　　　　　　　　　　　　　　[X.11]

并且两者都是有理的；

所以 LP，PN 是仅平方可公度的两有理线段；

于是 LN 是一个二项差线。　　　　　　　　　　　　　　　　　　　[X.73]

并且它是面 AB 的"边"，所以面 AB 的"边"是一个二项差线。

证完

这个命题对应于 X.54，并且是要求等于由第一二项差线与 ρ 包围的矩形的正方形的边并对其分类，代数地求

$$\sqrt{\rho(k\rho - k\rho - \sqrt{1-\lambda^2})}。$$

首先由下述方程组求 u, v，

$$\left.\begin{array}{l} u + v = k\rho \\ uv = \dfrac{1}{4}k^2\rho^2(1-\lambda^2) \end{array}\right\} \cdots\cdots\cdots\cdots\cdots\cdots (1)。$$

并且令

$$\left.\begin{array}{l} x^2 = \rho u \\ y^2 = \rho v \end{array}\right\} \cdots\cdots\cdots\cdots\cdots\cdots\cdots\cdots (2)，$$

则 $(x - y)$ 是所求的平方根。

欧几里得的推理如下。

由（1），$\qquad u : \dfrac{1}{2}k\rho\ \sqrt{1-\lambda^2} = \dfrac{1}{2}k\rho\ \sqrt{1-\lambda^2} : v$，

因此 $\qquad\qquad \rho u : \dfrac{1}{2}k\rho^2\ \sqrt{1-\lambda^2} = \dfrac{1}{2}k\rho^2\ \sqrt{1-\lambda^2} : \rho v$，

或者 $\qquad\qquad x^2 : \dfrac{1}{2}k\rho^2\ \sqrt{1-\lambda^2} = \dfrac{1}{2}k\rho^2\ \sqrt{1-\lambda^2} : y^2$。

但是[X.53 之后的引理]

$$x^2 : xy = xy : y^2,$$

故 $\qquad\qquad xy = \dfrac{1}{2}k\rho^2\ \sqrt{1-\lambda^2} \cdots\cdots\cdots\cdots\cdots\cdots$（3）。

所以 $\qquad\qquad (x-y)^2 = x^2 + y^2 - 2xy$

$$= \rho(u+v) - k\rho^2\ \sqrt{1-\lambda^2}$$

$$= k\rho^2 - k\rho^2\ \sqrt{1-\lambda^2}。$$

于是$(x-y)$等于$\sqrt{\rho(k\rho - k\rho\ \sqrt{1-\lambda^2})}$。

其次，要证明$(x-y)$是二项差线。

由（1）与 X.17 可推出 $u \frown v$；

于是u,v都与$(u+v)$可公度,因而与ρ可公度 $\cdots\cdots\cdots\cdots$（4）。

因此u,v都是有理的,故$\rho u,\rho v$是有理面；

由（2）,x^2,y^2是有理的并且可公度 $\cdots\cdots\cdots\cdots\cdots$（5），

因此x,y是有理直线 $\cdots\cdots\cdots\cdots\cdots\cdots\cdots\cdots\cdots$（6）。

再次,$k\rho\ \sqrt{1-\lambda^2}$是有理的并且$\smile\rho$；

所以$\dfrac{1}{2}k\rho^2\ \sqrt{1-\lambda^2}$是均值面。

由（3）,xy是均值面。

但是[（5）]y^2是有理面；

所以 $\qquad\qquad\qquad xy \smile y^2,$

或 $\qquad\qquad\qquad\qquad x \smile y。$

但是[（6）]x,y都是有理的。

所以x,y是有理的并且$\frown$；

故$(x-y)$是二项差线。

代数地解（1），

$$u = \dfrac{1}{2}k\rho(1+\lambda),$$

$$v = \frac{1}{2}k\rho(1-\lambda),$$

由(2),

$$x = \rho\sqrt{\frac{k}{2}(1+\lambda)},$$

$$y = \rho\sqrt{\frac{k}{2}(1-\lambda)},$$

$$x - y = \rho\sqrt{\frac{k}{2}(1+\lambda)} - \rho\sqrt{\frac{k}{2}(1-\lambda)}。$$

正如 X.54 的注所说,$(x-y)$ 是下述双二次方程的较小正根

$$x^4 - 2k\rho^2 \cdot x^2 + \lambda^2 k^2\rho^4 = 0。$$

命题 92

若一个面是由一个有理线段与一个第二二项差线所夹的矩形,则该面的"边"是一个第一均差线。

设面 AB 是由有理线段 AC 和第二二项差线 AD 所夹的矩形。

我断言面 AB 的"边"是一个第一均差线。

为此,设 DG 是加到 AD 上的附加线段,所以 AG,GD 是仅平方可公度的有理线段, [X.73]

并且附加线段 DG 与所给出的有理线段 AC 是可公度的,

而全线段 AG 上正方形比附加线段 GD 上正方形大一个与 AG 是长度可公度的线段上的正方形。 [X.定义Ⅲ.2]

于是,这时 AG 上正方形比 GD 上正方形大一个与 AG 可公度的线段上的正方形,

所以,如果在 AG 上贴合一个等于 GD 上正方形的四分之一且缺少一正方形的矩形,

则它分 AG 为可公度的两段。 [X.17]

设点 E 平分 DG,在 AG 上贴合一个等于 EG 上正方形

并且缺少一正方形的矩形 AF,FG,于是 AF 与 FG 是长度可公度的,

所以 AG 与每一个线段 AF,FG 也是长度可公度的。 [X.15]

但是 AG 是有理的且与 AC 是长度不可公度的,

所以每一个线段 AF,FG 也是有理的且与 AC 是长度不可公度的,

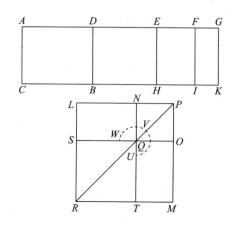

从而每一个矩形 *AI*, *FK* 是均值面。　　　　　　　　　　　[X.21]

再者,因为 *DE* 与 *EG* 是可公度的,

所以 *DG* 与每一个线段 *DE*, *EG* 也是可公度的。　　　　　[X.15]

但是 *DG* 与 *AC* 是长度可公度的。

所以每一个矩形 *DH*, *EK* 是有理的。　　　　　　　　　　[X.19]

现在作正方形 *LM* 等于 *AI*,再减去等于 *FK* 且与 *LM* 有

公共角 *LPM* 的正方形 *NO*,所以 *LM*, *NO* 的对角线相同。[Ⅵ.26]

设 *PR* 是它们的对角线,并作图。

这时,由于 *AI*, *FK* 都是均值面且分别等于 *LP*, *PN* 上正方形,

那么 *LP*, *PN* 上正方形也都是均值面,

所以 *LP*, *PN* 也是仅平方可公度的两均值线。

又因为矩形 *AF*, *FG* 等于 *EG* 上正方形,

所以 *AF* 比 *EG* 如同 *EG* 比 *FG*,　　　　　　　　　　　[Ⅵ.17]

而 *AF* 比 *EG* 如同 *AI* 比 *EK*。

且 *EG* 比 *FG* 如同 *EK* 比 *FK*,　　　　　　　　　　　　[Ⅵ.1]

所以 *EK* 是 *AI*, *FK* 的比例中项。　　　　　　　　　　　[Ⅴ.11]

但是,*MN* 也是两正方形 *LM*, *NO* 的比例中项,

而 *AI* 等于 *LM*,且 *FK* 等于 *NO*,

所以 *MN* 也等于 *EK*。

但是 *DH* 等于 *EK*,且 *LO* 等于 *MN*,

所以整体 *DK* 等于拐尺形 *UVW* 与 *NO* 的和。

因为整体 *AK* 等于 *LM*, *NO* 的和,

又 *DK* 等于拐尺形 *UVW* 与 *NO* 的和，

所以余量 *AB* 等于 *TS*。

但是 *TS* 是 *LN* 上正方形；

所以 *LN* 上正方形等于面 *AB*；因此 *LN* 等于面 *AB* 的"边"。

其次可证 *LN* 是一个第一均差线。

由于 *EK* 是有理的，且 *EK* 等于 *LO*，

所以 *LO*，即矩形 *LP*，*PN*，是有理的。

但已证 *NO* 是一个均值面，

所以 *LO* 与 *NO* 是不可公度的。

但是，*LO* 比 *NO* 如同 *LP* 比 *PN*， [Ⅵ.1]

所以 *LP*，*PN* 是长度不可公度的。 [X.11]

所以 *LP*，*PN* 是仅平方可公度的两均值线，

且由它们所夹的矩形 *LO* 是有理的，

所以 *LN* 是一个第一均差线。 [X.74]

又它等于面 *AB* 的"边"。

所以面 *AB* 的"边"是一个第一均差线。

证完

在正文中有一个明显的缺陷，"这时，由于 *AI*，*FK* 都是均值面且分别等于 *LP*，*PN* 上正方形，那么 *LP*，*PN* 上正方形也都是均值面，**所以 *LP*，*PN* 也是仅平方可公度的两均值线。**"直到这个命题的最后一行，没有证明 *LP*，*PN* 是长度不可公度的，只是在前面证明了 *LP*，*PN* 上的正方形是可公度的，故 *LP*，*PN* 是平方可公度的(不是仅平方可公度)。我在下述的注释中增加了步骤"又 $x^2 \frown y^2$，由于 $u \frown v$。"塞翁好像也注意到这个省略并且在上述引文"均值的"后面增加了"并且彼此可公度"，尽管这个没有说明为什么 *LP*，*PN* 上的正方形是可公度的，一个手稿(Ⅴ)也在"平方可公度"中去掉了"仅"。

这个命题就是求下述平方根并且分类

$$\sqrt{\rho\left(\frac{k\rho}{\sqrt{1-\lambda^2}}-k\rho\right)}\,.$$

其方法是上述命题的方法。首先，欧几里得解方程组

$$\left.\begin{array}{l} u+v=\dfrac{k\rho}{\sqrt{1-\lambda^2}} \\[2ex] uv=\dfrac{1}{4}k^2\rho^2 \end{array}\right\} \quad\cdots\cdots\cdots\cdots\cdots\cdots \text{(1)}\,.$$

而后令

$$\left.\begin{aligned} x^2 &= \rho u \\ y^2 &= \rho v \end{aligned}\right\} \quad \cdots\cdots\cdots\cdots\cdots\cdots\cdots\cdots\cdots \quad (2),$$

则 $(x-y)$ 就是要求的平方根。

用 X. 91 中的同样的方法证明了

$$(x - y) = \sqrt{\rho\left(\frac{k\rho}{\sqrt{1-\lambda^2}} - k\rho\right)}。$$

由 (1) $u : \dfrac{1}{2}k\rho = \dfrac{1}{2}k\rho : v,$

故 $\rho u : \dfrac{1}{2}k\rho^2 = \dfrac{1}{2}k\rho^2 : \rho v。$

但是 $x^2 : xy = xy : y^2,$

由 (2), $xy = \dfrac{1}{2}k\rho^2 \cdots\cdots\cdots\cdots\cdots\cdots\cdots\cdots \quad (3)。$

所以

$$\begin{aligned} (x-y)^2 &= x^2 + y^2 - 2xy \\ &= \rho(u+v) - k\rho^2 \\ &= \rho\left(\frac{k\rho}{\sqrt{1-\lambda^2}} - k\rho\right)。 \end{aligned}$$

我们要证明 $(x-y)$ 是第一均差线。

由 (1) 及 X. 17 可推出

$$u \frown v \quad \cdots\cdots\cdots\cdots\cdots\cdots\cdots\cdots\cdots\cdots\cdots \quad (4),$$

所以 u, v 都 $\frown (u+v)$。

但是 $[(1)](u+v)$ 是有理的并且 $\smile \rho$;

所以 u, v 都是有理的并且 $\smile \rho$ $\cdots\cdots\cdots\cdots\cdots\cdots\cdots\cdots$ (5)。

因此 $\rho u, \rho v$, 或者 x^2, y^2 都是均值面,

并且 x, y 是均值线 $\cdots\cdots\cdots\cdots\cdots\cdots\cdots\cdots\cdots\cdots$ (6)。

又 $x^2 \frown y^2$, 由于 $u \frown v [(4)]$ $\cdots\cdots\cdots\cdots\cdots\cdots$ (7)。

xy 或者 $\dfrac{1}{2}k\rho^2$ 是有理面;所以

$$xy \smile y^2,$$

并且 $x \smile y。$

因此 $[(6)(7)(3)]x, y$ 是仅平方可公度的均值线并且包围一个有理矩形;所以 $(x-y)$ 是第一均差线。

代数地解方程组

$$u = \frac{1}{2} \frac{1+\lambda}{\sqrt{1-\lambda^2}} k\rho ,$$

$$v = \frac{1}{2} \frac{1-\lambda}{\sqrt{1-\lambda^2}} k\rho ,$$

并且

$$x - y = \rho \sqrt{\frac{k}{2}\left(\frac{1+\lambda}{1-\lambda}\right)^{\frac{1}{2}}} - \rho \sqrt{\frac{k}{2}\left(\frac{1-\lambda}{1+\lambda}\right)^{\frac{1}{2}}} 。$$

正如 X.55 的注所说,这是下述方程的较小正根

$$x^4 - \frac{2k\rho^2}{\sqrt{1-\lambda^2}} x^2 + \frac{\lambda^2}{1-\lambda^2} k^2 \rho^4 = 0 。$$

命题 93

若一个面是由一个有理线段与一个第三二项差线所夹的矩形,则该面的 "边"是一个第二均差线。

为此,设面 AB 是由有理线段 AC 和第三二项差线 AD 所夹的矩形。

我断言面 AB 的"边"是一个第二均差线。

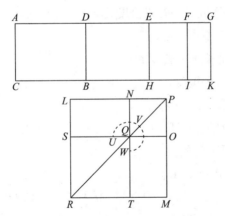

设 DG 是加到 AD 上的附加线段,那么 AG, GD 是仅平方可公度的两有理线段,又每一个线段 AG, GD 与所给出的有理线段 AC 不是长度可公度的,而全线段 AG 上正方形比附加线段 DG 上正方形大一个与 AG 是可公度的线段上的正方形。　　　　　　　　　　　　　　　　　　　　　　　　[X.定义Ⅲ.3]

由于这时 AG 上正方形比 GD 上正方形大一个与 AG 是可公度的线段上的正方形,

所以,如果在 AG 上贴合一个等于 DG 上正方形的四分之一且缺少一正方形的矩形,则它分 AG 为可公度的两段。　　　　　　　　　　　　　[X.17]

设点 E 平分 DG，在 AG 上贴合一个等于 EG 上正方形且缺少一正方形的矩形，设它是矩形 AF,FG。

设过点 E,F,G 作 EH,FI,GK 平行于 AC。

所以 AF,FG 是可公度的，

于是 AI 与 FK 也是可公度的。 [VI.1，X.11]

由于 AF,FG 是长度可公度的，

所以 AG 与每一个线段 AF,FG 也是长度可公度的。 [X.15]

但是 AG 是有理的且与 AC 是长度不可公度的；

于是 AF,FG 也都是有理的且与 AC 是长度不可公度的。 [X.13]

于是两矩形 AI,FK 都是均值面。 [X.21]

又由于 DE 与 EG 是长度可公度的，

所以 DG 与每一个线段 DE,EG 也是长度可公度的。 [X.15]

但是 GD 是有理的且与 AC 是长度不可公度的，

所以每一个线段 DE,EG 也是有理的，

且与 AC 是长度不可公度的。 [X.13]

因此两矩形 DH,EK 都是均值面。 [X.21]

又因为，AG 与 GD 是仅平方可公度的。

所以 AG 与 GD 是长度不可公度的。

由于 AG 与 AF 是长度可公度的，

又 DG 与 EG 是长度可公度的；

所以 AF 与 EG 是长度不可公度的。 [X.13]

但是，AF 比 EG 如同 AI 比 EK， [VI.1]

所以 AI 与 EK 是不可公度的。 [X.11]

现在作正方形 LM 等于 AI，

并从中减去正方形 NO 等于 FK，使它与 LM 有相同的角 LPM，

所以 LM,NO 有共线的对角线。 [VI.26]

设 PR 是它们的对角线，并作图。

现在因为矩形 AF,FG 等于 EG 上正方形，

所以，AF 比 EG 如同 EG 比 FG。 [VI.17]

但是 AF 比 EG 如同 AI 比 EK，

而且，EG 比 FG 如同 EK 比 FK， [VI.1]

这样就有，AI 比 EK 如同 EK 比 FK， [V.11]

所以 EK 是 AI,FK 的比例中项。

但是 *MN* 也是两正方形 *LM*,*NO* 的比例中项,

并且 *AI* 等于 *LM*,*FK* 等于 *NO*,所以 *EK* 也等于 *MN*。

但是 *MN* 等于 *LO*,并且 *EK* 等于 *DH*;

所以整体 *DK* 也等于拐尺形 *UVW* 与 *NO* 的和。

但是 *AK* 也等于 *LM*,*NO* 的和,

所以余量 *AB* 等于 *ST*,即 *LN* 上正方形。因此 *LN* 等于面 *AB* 的"边"。

其次可证 *LN* 是一个第二均差线。

因为已证 *AI*,*FK* 是均值面,并且分别等于 *LP*,*PN* 上正方形,

所以 *LP*,*PN* 上正方形也都是均值面;

从而每个线段 *LP*,*PN* 是均值线。

又因为 *AI* 与 *FK* 是可公度的,   [Ⅵ.1,Ⅹ.11]

所以 *LP* 上正方形与 *PN* 上正方形也是可公度的。

又因为已证 *AI* 与 *EK* 不可公度,

所以 *LM* 与 *MN* 也不可公度,

即 *LP* 上正方形与矩形 *LP*,*PN* 不可公度。

于是 *LP* 与 *PN* 也是长度不可公度的;   [Ⅵ.1,Ⅹ.11]

所以 *LP*,*PN* 是仅平方可公度的两均值线。

其次可证它们也夹一个均值面。

因为已证 *EK* 是一个均值面,且等于矩形 *LP*,*PN*,

所以矩形 *LP*,*PN* 也是均值面,

于是 *LP*,*PN* 是仅平方可公度的两均值线,且它们也夹一个均值面。

所以 *LN* 是一个第二均差线,   [Ⅹ.75]

且它是等于面 *AB* 的"边"。

所以面 *AB* 的"边"是一个第二均差线。

                                                              证完

此时我们要求下述无理直线并进行分类

$$\sqrt{\rho\left(\sqrt{k}\cdot\rho-\sqrt{k}\cdot\rho\ \sqrt{1-\lambda^2}\right)}。$$

同样地,我们令

$$\left.\begin{array}{l} u+v=\sqrt{k}\cdot\rho \\ uv=\dfrac{1}{4}k\rho^2\left(1-\lambda^2\right) \end{array}\right\}\cdots\cdots\cdots\cdots\cdots\cdots（1）。$$

其次,设

$$\left.\begin{array}{r} x^2 = \rho u \\ y^2 = \rho v \end{array}\right\} \quad \cdots\cdots\cdots\cdots\cdots\cdots\cdots\cdots\cdots \quad (2);$$

则 $(x - y)$ 是所要求的平方根并且是第二均差线。

$(x - y)$ 是要求的平方根且 x^2, y^2 是均值面,因而 x, y 是均值线,其证明完全与上述命题相同。

矩形 $xy = \dfrac{1}{2}\sqrt{k} \cdot \rho^2 \sqrt{1 - \lambda^2}$ 也是均值面。

由 (1) 和 X.17, $\qquad\qquad\qquad u \frown v,$

因此 $\qquad\qquad\qquad\qquad\qquad u + v \frown u。$

但是 $\qquad\qquad (u + v)$ 或 $\sqrt{k} \cdot \rho \smile \dfrac{1}{2}\sqrt{k} \cdot \rho \sqrt{1 - \lambda^2};$

所以 $\qquad\qquad\qquad\qquad u \smile \dfrac{1}{2}\sqrt{k} \cdot \rho \sqrt{1 - \lambda^2},$

因而 $\qquad\qquad\qquad\qquad \rho u \smile \dfrac{1}{2}\sqrt{k} \cdot \rho \sqrt{1 - \lambda^2},$

或者 $\qquad\qquad\qquad\qquad\qquad x^2 \smile xy,$

因此 $\qquad\qquad\qquad\qquad\qquad x \smile y。$

又因为 $u \frown v$,所以 $\qquad\qquad \rho u \frown \rho v,$

或者 $\qquad\qquad\qquad\qquad\qquad x^2 \frown y^2。$

于是 x, y 是仅平方可公度的均值线。

并且 xy 是均值面。

所以 $(x - y)$ 是第二均差线。

它的形式通过解方程组 $(1),(2)$ 获得

$$u = \dfrac{1}{2}(\sqrt{k} \cdot \rho + \lambda \sqrt{k} \cdot \rho)$$

$$v = \dfrac{1}{2}(\sqrt{k} \cdot \rho - \lambda \sqrt{k} \cdot \rho),$$

并且 $\qquad x - y = \rho \sqrt{\dfrac{\sqrt{k}}{2}(1 + \lambda)} - \rho \sqrt{\dfrac{\sqrt{k}}{2}(1 - \lambda)}。$

正如 X.56 的注所说,这个是下述方程的较小正根

$$x^4 - 2\sqrt{k} \cdot \rho^2 x^2 + \lambda^2 k \rho^4 = 0。$$

命题 94

若一个面是由一个有理线段与一个第四二项差线所夹的,则该面的"边"是小线。

为此,设面 AB 是由一个有理线段 AC 与一个第四二项差线 AD 所夹的矩形。

我断言面 AB 的"边"是小线。

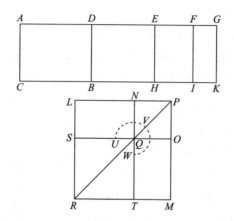

设 DG 是对 AD 的附加线段;

所以 AG,GD 是仅平方可公度的两有理线段,AG 与所给出的有理线段 AC 是长度可公度的,又全线段 AG 上正方形比附加线段 DG 上正方形大一个与 AG 是长度不可公度的线段上的正方形。   [X.定义Ⅲ.4]

由于这时 AG 上正方形比 GD 上正方形大一个与 AG 是长度不可公度的线段上的正方形,

所以如果在 AG 上贴合一个等于 DG 上正方形的四分之一且缺少一正方形的矩形,它把 AG 分为不可公度的两段。   [X.18]

设点 E 平分 DG,且在 AG 上贴合一个等于 EG 上正方形且缺少一正方形的矩形,

并且设它是矩形 AF,FG;所以 AF 与 FG 是长度不可公度的。

过点 E,F,G 引 EH,FI,GK 平行于 AC,BD。

于是,这时 AG 是有理的且与 AC 是长度可公度的,

所以整体 AK 是有理的。   [X.19]

又因为,DG 与 AC 是长度不可公度的,且两者都是有理的,

所以 *DK* 是均值面。 [X.21]

又因为, *AF* 与 *FG* 是长度不可公度的,

所以 *AI* 与 *FK* 也是不可公度的。 [VI.1, X.11]

现在作正方形 *LM* 等于 *AI*, 从中减去正方形 *NO* 等于 *FK*, 且它与 *LM* 有相同角 *LPM*, 所以, *LM*, *NO* 的对角线相同。 [VI.26]

设 *PR* 是它们的对角线,并作图。

于是,因为矩形 *AF*, *FG* 等于 *EG* 上正方形,

所以,按比例, *AF* 比 *EG* 如同 *EG* 比 *FG*。 [VI.17]

但是, *AF* 比 *EG* 如同 *AI* 比 *EK*,

而且 *EG* 比 *FG* 如同 *EK* 比 *FK*; [VI.1]

所以 *EK* 是 *AI*, *FK* 的比例中项。 [V.11]

但是 *MN* 也是两正方形 *LM*, *NO* 的比例中项,
并且 *AI* 等于 *LM*, *FK* 等于 *NO*;
所以 *EK* 也等于 *MN*。

但是 *DH* 等于 *EK*, *LO* 等于 *MN*,
所以整体 *DK* 等于拐尺形 *UVW* 与 *NO* 的和。

又因为整体 *AK* 等于正方形 *LM*, *NO* 的和,
而且 *DK* 等于拐尺形 *UVW* 与正方形 *NO* 的和;
于是余量 *AB* 等于 *ST*, 即 *LN* 上正方形;
所以 *LN* 等于面 *AB* 的"边"。

以下可证 *LN* 是所谓小线的无理线段。

因为 *AK* 是有理的且等于 *LP*, *PN* 上正方形的和,
所以 *LP*, *PN* 上正方形的和是有理的。

又因为 *DK* 是均值面,且 *DK* 等于二倍的矩形 *LP*, *PN*,
所以二倍的矩形 *LP*, *PN* 是均值面。

现在已证 *AI* 与 *FK* 是不可公度的,
所以 *LP* 上正方形与 *PN* 上正方形也是不可公度的。

所以 *LP*, *PN* 是平方不可公度的两线段,且它们上正方形的和是有理的,
但是由它们所夹的矩形的二倍是均值面。

所以 *LN* 是所谓小线的无理线段, [X.76]
并且它等于面 *AB* 的"边"。

于是面 *AB* 的"边"是小线。

证完

此时我们要求下述无理直线并进行分类

$$\sqrt{\rho\left(k\rho - \frac{k\rho}{\sqrt{1+\lambda}}\right)}\text{。}$$

如前，从下述方程组求 u,v

$$\left.\begin{array}{l} u+v = k\rho \\ uv = \dfrac{1}{4}\dfrac{k^2\rho^2}{1+\lambda} \end{array}\right\} \cdots\cdots\cdots\cdots\cdots\cdots(1)\text{。}$$

而后，令

$$\left.\begin{array}{l} x^2 = \rho u \\ y^2 = \rho v \end{array}\right\} \cdots\cdots\cdots\cdots\cdots\cdots(2)\text{。}$$

则 $(x-y)$ 是所求的平方根。

其证明与前面相同，证明了

$$xy = \frac{1}{2}\frac{k\rho^2}{\sqrt{1+\lambda}}\text{。}$$

由（1）及 X.18，　　　　　　　$u \smile v$；

所以　　　　　　　　　　　$\rho u \smile \rho v$，

或者　　　　　　　　　　　$x^2 \smile y^2$，

故 x,y 是平方不可公度的。

并且 $x^2 + y^2$，或者 $\rho(u+v)$ 是有理面（$k\rho^2$）。

但是 $2xy = \dfrac{k\rho^2}{\sqrt{1+\lambda}}$，是均值面。

因此[X.76]$(x-y)$ 是无理直线小线。

代数地解

$$u = \frac{1}{2}k\rho\left(1 + \sqrt{\frac{\lambda}{1+\lambda}}\right),$$

$$v = \frac{1}{2}k\rho\left(1 - \sqrt{\frac{\lambda}{1+\lambda}}\right),$$

因此　　　$x - y = \rho\sqrt{\frac{k}{2}\left(1+\sqrt{\frac{\lambda}{1+\lambda}}\right)} - \rho\sqrt{\frac{k}{2}\left(1-\sqrt{\frac{\lambda}{1+\lambda}}\right)}\text{。}$

正如 X.57 的注所说，它是下述方程的较小正根

$$x^4 - 2k\rho^2 \cdot x^2 + \frac{\lambda}{1+\lambda}k^2\rho^4 = 0\text{。}$$

命题 95

若一个面是由一个有理线段与一个第五二项差线所夹的,则该面的"边"是一个均值面有理面差的边。

为此,设面 AB 是由有理线段 AC 和第五二项差线 AD 所夹的矩形。

我断言面 AB 的"边"是一个均值面有理面差的边。

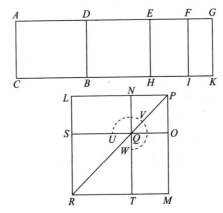

设 DG 是对 AD 上的附加线段,所以 AG,GD 是仅平方可公度的两有理线段,附加线段 GD 与所给定的有理线段 AC 是长度可公度的,而全线段 AG 上的正方形比附加线段 DG 上的正方形大一个与 AG 是不可公度的线段上的正方形。

[Ⅹ.定义Ⅲ.5]

所以,如果在 AG 上贴合一个等于 DG 上正方形的四分之一的且缺少一正方形的矩形,则它分 AG 为不可公度的两段。　　　　　　　　　　[Ⅹ.18]

设点 E 平分 DG,在 AG 上贴合一个等于 EG 上正方形且缺少一正方形的矩形,

设它是矩形 AF,FG,所以 AF 与 FG 是长度不可公度的。

因此 AG 与 CA 是长度不可公度的,且两者都是有理的,

所以 AK 是均值面。　　　　　　　　　　　　　　　　　　[Ⅹ.21]

又因为,DG 是有理的且与 AC 是长度可公度的,

从而 DK 是有理的。　　　　　　　　　　　　　　　　　　[Ⅹ.19]

现在作正方形 LM 等于 AI,作正方形 NO 等于 FK,且它与 LM 有相同角 LPM,

所以 LM,NO 的对角线相同。　　　　　　　　　　　　　　[Ⅵ.26]

设 PR 是它们的对角线,并作图。

类似地,我们能够证明 LN 与面 AB 的"边"相等。

其次可证 LN 是一个均值面有理面差的边。

因为已证 AK 是均值面且等于 LP,PN 上正方形的和,

于是 LP,PN 上正方形的和是均值面。

又因为,DK 是有理的且等于二倍的矩形 LP,PN,

于是后者也是有理的。

又由于 AI 与 FK 是不可公度的,

所以 LP 上正方形与 PN 上正方形也是不可公度的;

所以 LP,PN 是平方不可公度的两线段,

并且它们上正方形的和是均值面,但由它们所夹的矩形的二倍是有理的。

所以余量 LN 是称为均值面有理面差的边的无理线段。　　　　[X.77]

并且它等于面 AB 的"边"。

所以面 AB 的"边"是一个均值面有理面差的边。

证完

此时要求下式并分类

$$\sqrt{\rho(k\rho\sqrt{1+\lambda}-k\rho)}。$$

如前,令

$$\left.\begin{array}{l} u+v=k\rho\sqrt{1+\lambda} \\ uv=\dfrac{1}{4}k^2\rho^2 \end{array}\right\}\cdots\cdots\cdots\cdots\cdots\cdots\cdots(1),$$

并且取

$$\left.\begin{array}{l} x^2=\rho u \\ y^2=\rho v \end{array}\right\}\cdots\cdots\cdots\cdots\cdots\cdots\cdots\cdots(2)。$$

则 $(x-y)$ 是要求的平方根。

证明如前,有

$$xy=\frac{1}{2}k\rho^2。$$

由(1)及 X.18,　　　　　　　　　$u\smile v$,

因此　　　　　　　　　　　　　　$\rho u\smile\rho v$,

或者　　　　　　　　　　　　　　$x^2\smile y^2$,

并且 x,y 是平方不可公度的。

189

其次，$(x^2 + y^2) = \rho(u + v) = k\rho^2\sqrt{1 + \lambda}$是均值面。

并且 $2xy = k\rho^2$，是有理面。

因此，$(x - y)$是均值面减去有理面差的边。 $[\text{X}.77]$

代数地解

$$u = \frac{k\rho}{2}(\sqrt{1 + \lambda} + \sqrt{\lambda}),$$

$$v = \frac{k\rho}{2}(\sqrt{1 + \lambda} - \sqrt{\lambda}),$$

因而

$$x - y = \rho\sqrt{\frac{k}{2}(\sqrt{1 + \lambda} + \sqrt{\lambda})} - \rho\sqrt{\frac{k}{2}(\sqrt{1 + \lambda} - \sqrt{\lambda})},$$

按照 $\text{X}.58$ 的注所说，它是下述方程的较小正根

$$x^4 - 2k\rho^2\sqrt{1 + \lambda}\cdot x^2 + \lambda k^2\rho^4 = 0\,\text{。}$$

命题 96

若一个面是由一个有理线段与一个第六二项差线所夹的，则该面的"边"是一个两均值面差的边。

为此，设面 AB 是由有理线段 AC 和第六二项差线 AD 所夹的矩形。

我断言面 AB 的"边"是一个两均值面差的边。

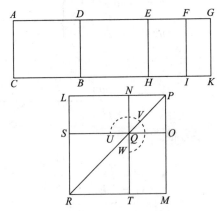

设 DG 是 AD 上的附加线段，所以 AG，GD 是仅平方可公度的两有理线段，它们的每一个与所给定的有理线段 AC 不是长度可公度的，且全线段 AG 上正方形比附加线段 DG 上正方形大一个与 AG 是长度不可公度的线段上的正方形。

$[\text{X}.\text{定义}\,\text{III}.6]$

因为 AG 上正方形比 GD 上正方形大一个与 AG 是长度不可公度的线段上的正方形，

所以，如果在 AG 上贴合一个等于 DG 上正方形的四分之一且缺少一正方形的矩形，则它分 AG 为不可公度的两段。 [X.18]

设点 E 平分 DG，

对 AG 贴合一个等于 EG 上正方形且缺少一正方形的矩形，设它是矩形 AF，FG，

所以 AF 与 FG 是长度不可公度的。

但是，AF 比 FG 如同 AI 比 FK， [Ⅵ.1]

所以 AI 与 FK 是不可公度的。 [X.11]

又因为 AG，AC 是仅平方可公度的两有理线段，

所以 AK 是均值面。 [X.21]

又因为，AC，DG 是长度不可公度的有理线段，

所以 DK 也是均值面。 [X.21]

现在，AG，GD 是仅平方可公度的。

所以 AG 与 GD 是长度不可公度的。

但是，AG 比 GD 如同 AK 比 KD； [Ⅵ.1]

所以 AK 与 KD 是不可公度的。 [X.11]

现在作正方形 LM 等于 AI，且在其内作正方形 NO 等于 FK，且它与 LM 有相同角 LPM，

所以 LM，NO 的对角线相同。 [Ⅵ.26]

设 PR 是它们的对角线，并作图。

其次，依上文类似的方法，我们能够证明 LN 与面 AB 的"边"相等。

还可证 LN 是一个两均值面差的边。

因为，已证得 AK 是一个均值面且等于 LP，PN 上正方形的和，

所以 LP，PN 上正方形的和是一个均值面。

又已证得 DK 是均值面且等于二倍的矩形 LP，PN，

所以二倍的矩形 LP，PN 也是均值面。

又因为已证得 AK 与 DK 是不可公度的，LP，PN 上正方形的和与二倍的矩形 LP，PN 也是不可公度的。

又因为，AI 与 FK 是不可公度的，

所以 LP 上正方形与 PN 上正方形也是不可公度的，

于是 LP，PN 是平方不可公度的线段，

并且使它们上正方形的和是均值面，

而由它们所夹的矩形的二倍是均值面，而且它们上正方形的和与由它们所夹的矩形的二倍是不可公度的。

所以 LN 是一个称之为两均值面差的边的无理线段；　　　　　　　　[X.78]

并且它等于面 AB 的"边"。

于是面 AB 的"边"是一个两均值面差的边。

证完

我们要求下式并分类

$$\sqrt{\rho(\sqrt{k}\cdot\rho - \sqrt{\lambda}\cdot\rho)}。$$

令

$$\left.\begin{array}{l} u+v=\sqrt{k}\cdot\rho \\[2mm] uv=\dfrac{1}{4}\lambda\rho^2 \end{array}\right\} \cdots\cdots\cdots\cdots\cdots\cdots\cdots\cdots (1)，$$

设

$$\left.\begin{array}{l} x^2=\rho u \\[2mm] y^2=\rho v \end{array}\right\} \cdots\cdots\cdots\cdots\cdots\cdots\cdots\cdots (2)。$$

则 $(x-y)$ 是所要求的平方根。

由 (1) 及 X.18，　　　　　　　$u \smallsmile v$，

因此　　　　　　　　　　　　　$\rho u \smallsmile \rho v$，

或者　　　　　　　　　　　　　$x^2 \smallsmile y^2$，

并且 x,y 是平方不可公度的。

其次，$x^2+y^2=\rho(u+v)=\sqrt{k}\cdot\rho^2$ 是均值面。

又 $2xy=\sqrt{\lambda}\cdot\rho^2$ 也是均值面。

最后，$\sqrt{k}\cdot\rho$，$\sqrt{\lambda}\cdot\rho$，由题设 $\smallsmile$，故

$$\sqrt{k}\cdot\rho \smallsmile \sqrt{\lambda}\cdot\rho，$$

因此　　　　　　　　　　　　　$\sqrt{k}\cdot\rho^2 \smallsmile \sqrt{\lambda}\cdot\rho^2$，

或者　　　　　　　　　　　　　$(x^2+y^2) \smallsmile 2xy。$

于是 $(x-y)$ 是均值面减去均值面的边 [X.78]。

代数地解答

$$u=\frac{\rho}{2}(\sqrt{k}+\sqrt{k-\lambda})，$$

$$v = \frac{\rho}{2}(\sqrt{k} - \sqrt{k-\lambda}),$$

因此 $$x - y = \rho\sqrt{\frac{1}{2}(\sqrt{k} + \sqrt{k-\lambda})} - \rho\sqrt{\frac{1}{2}(\sqrt{k} - \sqrt{k-\lambda})}。$$

正如 X.59 的注所说,这是下述方程的较小正根

$$x^4 - 2\sqrt{k} \cdot \rho^2 x^2 + (k-\lambda)\rho^4 = 0。$$

命题 97

对有理线段贴合一个矩形,使它等于一个二项差线上的正方形,所产生的宽是一个第一二项差线。

设 AB 是一个二项差线,CD 是一个有理线段,对 CD 贴合等于 AB 上正方形的矩形 CE,产生出作为宽的 CF。

我断言 CF 是一个第一二项差线。

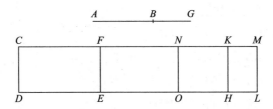

为此,设 BG 是 AB 上的附加线段,

所以 AG,GB 是仅平方可公度的两有理线段。   [X.73]

对 CD 贴合矩形 CH 使它等于 AG 上正方形,

又作 KL,使它等于 BG 上正方形。

于是 CL 等于 AG,GB 上正方形的和,且 CE 等于 AB 上正方形,

所以余下的 FL 等于二倍的矩形 AG,GB。   [II.7]

设点 N 平分 FM,

并且过 N 引 NO 平行于 CD,

所以每一个矩形 FO,LN 等于矩形 AG,GB。

现在,因为 AG,GB 上正方形都是有理的,

并且 DM 等于 AG,GB 上正方形的和,

所以 DM 是有理的。

又 DM 是贴合于有理线段 CD 上,产生出作为宽的 CM,

所以 CM 是有理的且与 CD 是长度可公度的。   [X.20]

因为二倍的矩形 AG, GB 是均值面,

并且 FL 等于二倍的矩形 AG, GB,

所以 FL 是均值面。

并且它贴合于有理线段 CD 上,产生出作为宽的 FM;

所以 FM 是有理的且与 CD 是长度不可公度的。 　　　　　　[Ⅹ.22]

因为 AG, GB 上正方形都是有理的,

而二倍的矩形 AG, GB 是均值面,

所以 AG, GB 上正方形的和与二倍矩形 AG, GB 不可公度。

又, CL 等于 AG, GB 上正方形的和,且 FL 等于二倍的矩形 AG, GB,

所以 DM 与 FL 是不可公度的。

但是, DM 比 FL 如同 CM 比 FM, 　　　　　　[Ⅵ.1]

因而 CM 与 FM 是长度不可公度的。 　　　　　　[Ⅹ.11]

又,两者都是有理的,

所以 CM, FM 是仅平方可公度的两有理线段;

所以 CF 是一个二项差线。 　　　　　　[Ⅹ.73]

其次可证 CF 也是一个第一二项差线。

因为矩形 AG, GB 是 AG, GB 上正方形的比例中项,且 CH 等于 AG 上正方形, KL 等于 BG 上正方形, NL 等于矩形 AG, GB,

所以 NL 也是 CH, KL 的比例中项;

从而 CH 比 NL 如同 NL 比 KL。

但是 CH 比 NL 如同 CK 比 NM,

并且 NL 比 KL 如同 NM 比 KM; 　　　　　　[Ⅵ.1]

所以矩形 CK, KM 等于 NM 上正方形, 　　　　　　[Ⅵ.17]

即 FM 上正方形的四分之一。

又因为, AG 上正方形与 GB 上正方形是可公度的,

于是, CH 与 KL 也是可公度的。

但是, CH 比 KL 如同 CK 比 KM, 　　　　　　[Ⅵ.1]

所以 CK 与 KM 是可公度的。 　　　　　　[Ⅹ.11]

因为 CM, MF 是两个不相等的线段,

并且对 CM 贴合等于 FM 上正方形的四分之一且缺少一正方形的矩形 CK, KM,

而 CK 与 KM 是可公度的,

所以 CM 上正方形比 MF 上正方形大一个与 CM 是长度可公度的线段上的

正方形。   [Ⅹ.17]

又 *CM* 与所给定的有理线段 *CD* 是长度可公度的,

所以 *CF* 是一个第一二项差线。   [Ⅹ.定义 Ⅲ.1]

证完

由此开始的六个命题是上述六个命题的逆,命题 97 到命题 102 对应于关于二项和线的命题 60 到命题 65。

Ⅹ.97 要证明有理线段 σ 的二项差线为 $(\rho - \sqrt{k}\cdot\rho)$,

$$\frac{(\rho - \sqrt{k}\cdot\rho)^2}{\sigma}$$

是第一二项差线。

欧几里得证明的步骤如下。

取 x,y,z,使得

$$\left.\begin{array}{l}\sigma x = \rho^2 \\ \sigma y = k\rho^2 \\ \sigma\cdot 2z = 2\sqrt{k}\cdot\rho^2\end{array}\right\}\quad\cdots\cdots\cdots\cdots\cdots\cdots\cdots\text{(1)}。$$

于是 $(x+y)-2z = \dfrac{(\rho - \sqrt{k}\cdot\rho)^2}{\sigma}$,

我们要证明 $(x+y)-2z$ 是第一二项差线。

$(\alpha)\rho^2 + k\rho^2$ 或者 $\sigma(x+y)$ 是有理的;

所以 $(x+y)$ 是有理的并且 $\frown\sigma$ $\cdots\cdots\cdots\cdots\cdots\cdots$ (2)。

又 $2\sqrt{k}\cdot\rho^2$ 或者 $\sigma\cdot 2z$ 是均值面;

所以 $2z$ 是有理的并且 $\smile\sigma$ $\cdots\cdots\cdots\cdots\cdots\cdots$ (3)。

但是,由于 $\sigma(x+y)$ 是有理面,而 $\sigma\cdot 2z$ 是均值面,故

$$\sigma(x+y)\smile\sigma\cdot 2z,$$

因此 $(x+y)\smile 2z$。

因为 $(x+y),2z$ 都是有理的[(2)(3)],所以

$(x+y)+2z$ 是有理的并且 $\sim$ $\cdots\cdots\cdots\cdots$ (4)。

因此 $(x+y)-2z$ 是二项差线。

(β) 因为 $\sqrt{k}\cdot\rho^2$ 是 $\rho^2,k\rho^2$ 的比例均值(中项),所以 σz 是 $\sigma x,\sigma y$ 的比例均值[由(1)]。

即 $\sigma x:\sigma z = \sigma z:\sigma y$,

或者 $\qquad x : z = z : y,$

并且 $\qquad xy = z^2$ 或 $\dfrac{1}{4}(2z)^2$ ⋯⋯⋯⋯⋯⋯⋯ (5)。

又因为 $\rho^2 \frown k\rho^2$，所以， $\qquad \sigma x \frown \sigma y,$

或者 $\qquad x \frown y$ ⋯⋯⋯⋯⋯⋯⋯⋯⋯ (6)。

因此 [(5),(6)]，由 X.17，

$$\sqrt{(x+y)^2 - (2z)^2} \frown (x+y)。$$

又 [(4)] $(x+y)$，$2z$ 是有理的并且 $\frown$，而 [(2)] $(x+y) \frown \sigma$；所以

$(x+y) - 2z$ 是第一二项差线。

$(x+y) - 2z$ 的真正的值是

$$\frac{\rho^2}{\sigma}\{(I+k) - 2\sqrt{k}\}。$$

命题 98

对一个有理线段贴合一个矩形，使其等于第一均差线上的正方形，则所产生的宽是一个第二二项差线。

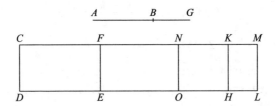

设 AB 是一个第一二项差线，CD 是一个有理线段，对 CD 贴合

一矩形 CE 使其等于 AB 上正方形，所产生出的宽是 CF。

我断言 CF 是一个第二二项差线。

设 BG 是 AB 上的附加线段，

所以 AG，GB 是仅平方可公度的两均值线，且由它们夹一个有理矩形。

$\qquad\qquad\qquad\qquad\qquad\qquad\qquad\qquad\qquad$ [X.74]

在 CD 上贴合矩形 CH 等于 AG 上正方形，所产生的宽是 CK，

并且 KL 等于 GB 上正方形，所产生的宽是 KM；

所以整体 CL 等于 AG，GB 上正方形的和，

所以 CL 也是均值面。 $\qquad\qquad\qquad\qquad$ [X.15 和 23，推论]

并且它是贴合于有理线段 CD 上，所产生的宽是 CM，

所以 CM 是有理的,并且与 CD 是长度不可公度的。 [X.22]

现在,因为 CL 等于 AG,GB 上正方形的和,其中,AB 上正方形等于 CE,

所以余下的二倍的矩形 AG,GB 等于 FL。 [Ⅱ.7]

但是二倍的矩形 AG,GB 是有理的,

所以 FL 是有理的。

又,它是贴合于有理线段 FE 上,所产生的宽是 FM,

所以 FM 也是有理的且与 CD 是长度可公度的。 [X.20]

现在,因为 AG,GB 上正方形的和,即 CL,是均值面,

而二倍的矩形 AG,GB,即 FL,是有理的,

所以 CL 与 FL 是不可公度的。

但是 CL 比 FL 如同 CM 比 FM, [Ⅵ.1]

所以 CM 与 MF 是长度不可公度的。 [X.11]

并且两者都是有理的,

所以 CM,MF 是仅平方可公度的两有理线段;

因此 CF 是一个二项差线。 [X.73]

其次可证 CF 也是一个第二二项差线。

设点 N 平分 FM,且过 N 引 NO 平行于 CD,

所以每一个矩形 FO,NL 等于矩形 AG,GB。

现在,因为矩形 AG,GB 是 AG,GB 上正方形的比例中项,

并且 AG 上正方形等于 CH,矩形 AG,GB 等于 NL,且 BG 上正方形等与 KL,
于是 NL 也是 CH,KL 的比例中项;

所以 CH 比 NL 如同 NL 比 KL。

但是 CH 比 NL 如同 CK 比 NM,

又,NL 比 KL 如同 NM 比 MK; [Ⅵ.1]

所以,CK 比 NM 如同 NM 比 KM; [Ⅴ.11]

因此矩形 CK,KM 等于 NM 上正方形, [Ⅵ.17]

即 FM 上正方形的四分之一。

因为 CM,FM 是两个不相等的线段,

并且矩形 CK,KM 是贴合于大线段 CM 上等于 MF 上正方形的四分之一且缺少一正方形,且分 CM 为可公度的两段,

所以 CM 上正方形比 MF 上正方形大一个与 CM 是长度可公度的线段上的正方形。 [X.17]

并且附加线段 FM 与所给定的有理线段 CD 是长度可公度的,

所以 CF 是一个第二二项差线。 ［X. 定义 Ⅲ. 2］

证完

此时我们要求下式并分类

$$\frac{(k^{\frac{1}{4}}\rho - k^{\frac{3}{4}}\rho)^2}{\sigma}。$$

取 x, y, z，使得

$$\left.\begin{array}{l} \sigma x = k^{\frac{1}{2}}\rho^2 \\[4pt] \sigma y = k^{\frac{3}{2}}\rho^2 \\[4pt] \sigma \cdot 2z = 2k\rho^2 \end{array}\right\} \quad\cdots\cdots\cdots\cdots\cdots\cdots\cdots (1)。$$

$(\alpha) \, k^{\frac{1}{2}}\rho^2, k^{\frac{3}{2}}\rho^2$ 是均值面;

所以 $\sigma(x+y)$ 是均值面,

因此 $(x+y)$ 是有理的并且 $\smile \sigma$ $\cdots\cdots\cdots\cdots\cdots\cdots$ (2)。

但是 $2\,k\rho^2$,因而 $\sigma \cdot 2z$ 是有理的,

因此 $2z$ 是有理的并且 $\frown \sigma$ $\cdots\cdots\cdots\cdots\cdots\cdots\cdots$ (3)。

又由于 $\sigma(x+y)$ 是均值面, $\sigma \cdot 2z$ 是有理的,故

$$\sigma(x+y) \smile \sigma \cdot 2z,$$

或者 $\qquad\qquad\qquad (x+y) \smile 2z。$

因此 $(x+y), 2z$ 是仅平方可公度的有理线,

因而 $(x+y) - 2z$ 是二项差线。

(β) 如前可证明

$$xy = \frac{1}{4}(2z)^2 \quad\cdots\cdots\cdots\cdots\cdots\cdots (4)。$$

又 $k^{\frac{1}{2}}\rho^2 \frown k^{\frac{3}{2}}\rho^2$,或者 $\sigma x \frown \sigma y$,

故 $\qquad\qquad\qquad x \frown y \quad\cdots\cdots\cdots\cdots\cdots\cdots (5)。$

[这一步在手稿 P 中省略,而海伯格用括号括了起来。]

所以 [(4)(5)],由 X. 17,

$$\sqrt{(x+y)^2 - (2z)^2} \frown (x+y)。$$

又 $2z \frown \sigma$。

因此 $(x+y) - 2z$ 是第二二项和线。

显然 $\qquad\qquad (x+y) - 2z = \frac{\rho^2}{\sigma}\{\sqrt{k}(I+k) - 2k\}。$

命题 99

对一个有理线段贴合一个矩形,使其等于第二均差线上的正方形,则所产生的宽是一个第三二项差线。

设 AB 是一个第二二项差线,CD 是有理线段,且在 CD 上贴合一矩形 CE 等于 AB 上正方形,所产生的宽是 CF。

我断言 CF 是一个第三二项差线。

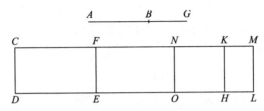

设 BG 是 AB 上的附加线段,

所以 AG,GB 是仅平方可公度的两均值线,且由它们夹一个矩形为均值面。
[X.75]

设 CH 是贴合于 CD 上且等于 AG 上正方形的矩形,所产生的宽是 CK;又设 KL 是贴合于 KH 上且等于 BG 上正方形的矩形,所产生的宽是 KM。于是 CL 等于 AG,GB 上正方形的和,

所以 CL 也是均值面。
[X.15 和 23,推论]

并且它是贴合于有理线段 CD 上,所产生的宽是 CM;

所以 CM 是有理的,且与 CD 是长度不可公度的。
[X.22]

现在,因为 CL 等于 AG,GB 上正方形的和,其中,CE 等于 AB 上正方形,

所以余下的 LF 等于二倍的矩形 AG,GB。
[II.7]

设点 N 平分 FM,且作 NO 平行于 CD,

所以每一个矩形 FO,NL 等于矩形 AG,GB。

但是矩形 AG,GB 是均值面,所以 FL 也是均值面。

又,它是贴合于有理线段 EF 上的,所产生的宽是 FM;

所以 FM 也是有理的且与 CD 是长度不可公度的。
[X.22]

又因为 AG,GB 是仅平方可公度的,

所以 AG 与 GB 是长度不可公度的;

因此 AG 上正方形与矩形 AG,GB 也是不可公度的。
[VI.1,X.11]

但是 AG,GB 上正方形的和与 AG 上正方形是可公度的,

并且二倍的矩形 AG,GB 与矩形 AG,GB 是可公度的,

所以 AG,GB 上正方形的和与二倍矩形 AG,GB 是不可公度的。

[X . 13]

但是 CL 等于 AG,GB 上正方形的和,

并且 FL 等于二倍的矩形 AG,GB,

所以 CL 与 FL 也是不可公度的。

但是 CL 比 FL 如同 CM 比 FM,   [Ⅵ . 1]

所以 CM 与 FM 是长度不可公度的。   [X . 11]

并且两者都是有理的;

所以 CM,MF 是仅平方可公度的两有理线段,因此 CF 是一个二项差线。

[X . 73]

其次可证它也是一个第三二项差线。

因为 AG 上正方形与 GB 上正方形是可公度的,

所以 CH 与 KL 也是可公度的,

从而 CK 与 KM 也是可公度的。   [Ⅵ . 1 , X . 11]

又因为矩形 AG,GB 是 AG,GB 上正方形的比例中项,且 CH 等于 AG 上正方形,

KL 等于 GB 上正方形,NL 等于矩形 AG,GB,

所以 NL 也是 CH,KL 的比例中项,

因此 CH 比 NL 如同 NL 比 KL。

但是 CH 比 NL 如同 CK 比 NM,

又 NL 比 KL 如同 NM 比 KM,   [Ⅵ . 1]

所以 CK 比 MN 如同 MN 比 KM,   [Ⅴ . 11]

因此矩形 CK,KM 等于 MN 上正方形,即等于 FM 上正方形的四分之一。

因为 CM,MF 是不相等的两线段,

并且在 CM 上贴合一等于 FM 上正方形的四分之一且缺少一正方形的矩形,且分 CM 为可公度的两段,

于是 CM 上正方形比 MF 上正方形大一个与 CM 是可公度的线段上的正方形。   [X . 17]

又,每一个线段 CM,MF 与所给定的有理线段 CD 是长度不可公度的。

于是 CF 是一个第三二项差线。   [X . 定义 Ⅲ . 3]

证完

我们要求下式并分类

$$\frac{I}{\sigma}\left(k^{\frac{1}{4}}\rho - \frac{\sqrt{\lambda}\cdot\rho}{k^{\frac{1}{4}}}\right)^2。$$

取 x, y, z, 使得

$$\left.\begin{array}{r}\sigma x = \sqrt{k}\cdot\rho^2\\[2mm]\sigma y = \dfrac{\lambda}{\sqrt{k}}\cdot\rho^2\\[2mm]\sigma\cdot 2z = 2\sqrt{\lambda}\cdot\rho^2\end{array}\right\}。$$

$(\alpha)\sigma(x+y)$ 是均值面,

因此 $(x+y)$ 是有理的并且 $\smile\sigma$ $\cdots\cdots\cdots\cdots\cdots\cdots\cdots\cdots\cdots$ (1)。

又, $\sigma\cdot 2z$ 是均值面, 因此

$2z$ 是有理的并且 $\smile\sigma$ $\cdots\cdots\cdots\cdots\cdots\cdots\cdots\cdots\cdots$ (2)。

又 $$k^{\frac{1}{4}}\rho \smile \frac{\sqrt{\lambda}\cdot\rho}{k^{\frac{1}{4}}},$$

因此 $$\sqrt{k}\cdot\rho^2 \smile \sqrt{\lambda}\cdot\rho^2。$$

而 $$\sqrt{k}\cdot\rho^2 \frown \left(\sqrt{k}\cdot\rho^2 + \frac{\lambda}{\sqrt{k}}\rho^2\right),$$

$$\sqrt{\lambda}\cdot\rho^2 \frown 2\sqrt{\lambda}\cdot\rho^2;$$

所以 $$\left(\sqrt{k}\cdot\rho^2 + \frac{\lambda}{\sqrt{k}}\rho^2\right) \smile 2\sqrt{\lambda}\cdot\rho^2,$$

或者 $$\sigma(x+y)\smile\sigma\cdot 2z,$$

并且 $$(x+y)\smile 2z \quad\cdots\cdots\cdots\cdots\cdots\cdots\cdots (3)。$$

于是 [(1)(2)(3)], $(x+y)$, $2z$ 是有理的并且 $\smile$, 故 $(x+y)-2z$ 是二项差线。

$(\beta)\sigma x \frown \sigma y$, 故 $x \frown y$。

如前 $$xy = \frac{1}{4}(2z)^2。$$

所以[X.17] $$\sqrt{(x+y)^2 - (2z)^2} \frown (x+y)。$$

又, $(x+y)$ 与 $2z$ 都不 $\frown\sigma$。

因此 $(x+y)-2z$ 是第三二项差线。

显然它等于

$$\frac{\rho^2}{\sigma}\left\{\frac{k+\lambda}{\sqrt{k}} - 2\sqrt{\lambda}\right\}。$$

命题 100

对一个有理线段贴合一矩形,使其等于小线上正方形,则所产生的宽是一个第四二项差线。

设 AB 是一个小线,CD 是一个有理线段,

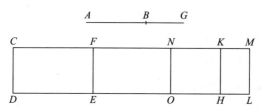

并且在有理线段 CD 上贴合一矩形 CE 等于 AB 上正方形,产生出作为宽的 CF。

我断言 CF 是一个第四二项差线。

设 BG 是 AB 上的附加线段,

所以 AG,GB 是正方不可公度的两线段,

并且 AG,GB 上正方形的和是有理的,但是二倍的矩形 AG,GB 是均值面。

$$[\text{X}.76]$$

在 CD 上贴合一矩形 CH 等于 AG 上正方形,产生出作为宽的 CK;作矩形 KL 等于 BG 上正方形,产生出作为宽的 KM。

所以整体 CL 等于 AG,GB 上正方形的和。

又 AG,GB 上正方形的和是有理的,所以 CL 也是有理的。

并且它是贴合一有理线段 CD 上的,产生出作为宽的 CM;

所以 CM 也是有理的,且与 CD 是长度可公度的。 $$[\text{X}.20]$$

又因为整体 CL 等于 AG,GB 上正方形的和,其中,CE 等于 AB 上的正方形,

所以余下的 FL 等于二倍的矩形 AG,GB。 $$[\text{II}.7]$$

然后,设点 N 平分 FM,且过点 N 引 NO 平行于直线 CD,ML;

所以每一个矩形 FO,NL 等于矩形 AG,GB。

又因为,二倍的矩形 AG,GB 是均值面且等于 FL,

所以 FL 也是均值面。

又,它是贴合于一有理线段 FE 上,产生出作为宽的 FM,

所以 FM 是有理的,且与 CD 是长度不可公度的。 $$[\text{X}.22]$$

又因为 AG,GB 上正方形的和是有理的,

而二倍的矩形 AG,GB 是均值面,

因而 AG,GB 上正方形的和与二倍矩形 AG,GB 是不可公度的。

但是 CL 等于 AG,GB 上正方形的和,

并且 FL 等于二倍的矩形 AG,BG,因此 CL 与 FL 是不可公度的。

但是,CL 比 FL 如同 CM 比 MF; [Ⅵ.1]

所以 CM 与 MF 是长度不可公度的。 [Ⅹ.11]

又,两者都是有理的,

所以 CM,MF 是仅平方可公度的有理线段,

因此 CF 是一个二项差线。 [Ⅹ.73]

其次可证 CF 也是一个第四二项差线。

因为 AG,GB 是正方不可公度的,

所以 AG 上正方形与 GB 上正方形也是不可公度的。

又,CH 等于 AG 上正方形,KL 等于 GB 上正方形,

所以 CH 与 KL 是不可公度的。

但是,CH 比 KL 如同 CK 比 KM, [Ⅵ.1]

所以 CK 与 KM 是长度不可公度的。 [Ⅹ.11]

因为,矩形 AG,GB 是 AG,GB 上正方形的比例中项,

又,AG 上正方形等于 CH,GB 上正方形等于 KL,且矩形 AG,GB 等于 NL,

所以 NL 是 CH,KL 的比例中项,

从而 CH 比 NL 如同 NL 比 KL。

但是,CH 比 NL 如同 CK 比 NM,

并且 NL 比 KL 如同 NM 比 KM; [Ⅵ.1]

所以,CK 比 MN 如同 MN 比 KM, [Ⅵ。11]

所以矩形 CK,KM 等于 MN 上正方形[Ⅵ。17],即等于 FM 上正方形的四分之一。

因为 CM,MF 是不相等的两个线段,且矩形 CK,KM 是贴合于 CM 上等于 MF 上正方形的四分之一且缺少一正方形,

它分 CM 为不可公度的两段,

所以 CM 上正方形比 MF 上正方形大一个与 CM 不可公度的线段上的正方形。 [Ⅹ.18]

并且全线段 CM 与所给定的有理线段 CD 是长度可公度的,

所以 CF 是一个第四二项差线。 [Ⅹ.定义 Ⅲ.4]

证完

此时我们要求下式并分类

$$\frac{I}{\sigma}\left\{\frac{\rho}{\sqrt{2}}\sqrt{I+\frac{k}{\sqrt{I+k^2}}}-\frac{\rho}{\sqrt{2}}\sqrt{I-\frac{k}{\sqrt{I+k^2}}}\right\}^2 。$$

为了简明起见,记为

$$\frac{I}{\sigma}(u-v)^2 。$$

取 x, y, z,使得

$$\left.\begin{array}{l}\sigma x=u^2\\[4pt]\sigma y=v^2\\[4pt]\sigma\cdot 2z=2uv\end{array}\right\},$$

注意 u^2, v^2 不可公度,(u^2+v^2) 是有理的,$2uv$ 是均值面。

由此推出 $\sigma(x+y)$ 是有理面,而 $\sigma\cdot 2z$ 是均值面,故

$$(x+y) \text{是有理的并且} \frown\sigma \quad\cdots\cdots\cdots\cdots\cdots\quad(1)。$$

而 $\qquad\qquad\quad\; 2z$ 是有理的并且 $\smile\sigma \quad\cdots\cdots\cdots\cdots\cdots\quad(2)。$

并且 $\qquad\qquad\quad\; \sigma(x+y)\smile\sigma\cdot 2z,$

故 $\qquad\qquad\qquad\; (x+y)\smile 2z \quad\cdots\cdots\cdots\cdots\cdots\quad(3)。$

于是 $[(1)(2)(3)]$,$(x+y)$,$2z$ 是有理的并且 $\frown$,故 $(x+y)-2z$ 是二项差线。

其次,因为 $\qquad\qquad\qquad u^2\smile v^2,$

所以 $\qquad\qquad\qquad\qquad \sigma x\smile\sigma y,$

或者 $\qquad\qquad\qquad\qquad\; x\smile y。$

如前证明

$$xy=z^2=\frac{1}{4}(2z)^2 。$$

所以 $[\,\text{X}.18\,]\qquad \sqrt{(x+y)^2-(2z)^2}\smile(x+y)。$

但是 $(x+y)\frown\sigma,$

所以 $(x+y)-2z$ 是第四二项差线。

它的值是 $\qquad\qquad\qquad \dfrac{\rho^2}{\sigma}\left(I-\dfrac{I}{\sqrt{I+k^2}}\right)。$

命题 101

在一个有理线段上贴合一矩形,使其等于均值面有理面差的边上的正方

204

形,则所产生的宽是一个第五二项差线。

设 *AB* 是一个均值面有理面差的边,*CD* 是一个有理线段,且在 *CD* 上贴合一个等于 *AB* 上正方形的矩形 *CE*,产生出作为宽的 *CF*。

我断言 *CF* 是一个第五二项差线。

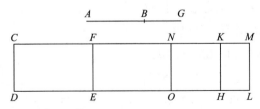

设 *BG* 是 *AB* 上的附加线段,

所以 *AG,GB* 是正方不可公度的两线段,且它们上正方形的和是均值面,

但是二倍矩形 *AG*、*GB* 是有理面。　　　　　　　　　　　　[X.77]

设 *CH* 是在 *CD* 上贴合一个等于 *AG* 上正方形的矩形,且 *KL* 等于 *GB* 上的正方形,

所以 *CL* 等于 *AG,GB* 上正方形的和。

但是 *AG,GB* 上正方形的和是均值面;所以 *CL* 是均值面。

并且它是贴合于有理线段 *CD* 上的,产生出作为宽的 *CM*,

所以 *CM* 是有理的且与 *CD* 是不可公度的。　　　　　　　　[X.22]

又因为,整体 *CL* 等于 *AG,GB* 上正方形的和,其中 *CE* 等于 *AB* 上正方形,

所以余下的 *FL* 等于二倍的矩形 *AG,GB*。　　　　　　　　　[II.7]

设点 *N* 平分 *FM*,又过点 *N* 引 *NO* 平行于每一个线段 *CD,ML*,

所以每一个矩形 *FO,NL* 等于矩形 *AG,GB*。

又因为,二倍的矩形 *AG,GB* 是有理的且等于 *FL*,

所以 *FL* 是有理的。

又,它是贴合于有理线段 *EF* 上,产生出作为宽的 *FM*;

所以 *FM* 是有理的,且与 *CD* 是长度可公度的。　　　　　　[X.20]

现在,因为 *CL* 是均值面,*FL* 是有理面,

所以 *CL* 与 *FL* 不可公度。

但是,*CL* 比 *FL* 如同 *CM* 比 *MF*,　　　　　　　　　　　[VI.1]

所以 *CM* 与 *MF* 是长度不可公度的。　　　　　　　　　　　[X.11]

并且两者都是有理的,

所以 *CM,MF* 是仅平方可公度的两有理线段,

因此 *CF* 是一个二项差线。　　　　　　　　　　　　　　　　[X.73]

其次可证 CF 也是一个第五二项差线。

为此,类似地,我们能够证明矩形 CK,KM 等于 NM 上正方形,

即等于 FM 上正方形的四分之一。

又因为,AG 上正方形与 GB 上正方形是不可公度的,而 AG 上正方形

等于 CH,且 GB 上正方形等于 KL,

所以 CH 与 KL 是不可公度的。

但是,CH 比 KL 如同 CK 比 KM,   [Ⅵ.1]

所以 CK 与 KM 是长度不可公度的。   [X.11]

因为 CM,MF 是两不相等的线段,且在 CM 上贴合一等于 FM 上

正方形的四分之一且缺少一正方形的矩形,

它分 CM 为不可公度的两段,

所以 CM 上正方形较 MF 上正方形大一个与 CM 是不可公度的线段上的正
方形。   [X.18]

而附加线段 FM 与所给定的有理线段 CD 是可公度的;

所以 CF 是一个第五二项差线。   [X.定义 Ⅲ.5]

证完

此时我们要求下式并分类

$$\frac{1}{\sigma}\left\{\frac{\rho}{\sqrt{2(I+k^2)}}\sqrt{\sqrt{I+k^2}+k}-\frac{\rho}{\sqrt{2(I+k^2)}}\sqrt{\sqrt{I+k^2}-k}\right\}^2 。$$

把这个记为 $\frac{I}{\sigma}(u-v)^2$,并取 x,y,z,使得

$$\left.\begin{array}{l}\sigma x=u^2\\ \sigma y=v^2\\ \sigma\cdot 2z=2uv\end{array}\right\} 。$$

此时 u^2,v^2 不可公度,(u^2+v^2) 是均值面,而 $2uv$ 是有理面。

因为 $\sigma(x+y)$ 是均值面并且 $\sigma\cdot 2z$ 是有理面,所以 $(x+y)$ 是有理的并
且⌣σ,

$2z$ 是有理的并且⌢σ,

而 $(x+y)⌣2z$。

由此推出 $(x+y),2z$ 是有理的并且~,故 $(x+y)-2z$ 是二项差线。

如前 $xy=z^2=\frac{1}{4}(2z)^2$,

206

又因为 $u^2 \smile v^2$，所以 $\qquad \sigma x \smile \sigma y,$

或者 $\qquad\qquad\qquad\qquad x \smile y。$

因此 [X.18] $\qquad\qquad \sqrt{(x+y)^2 - (2z)^2} \smile (x+y)。$

又 $\qquad\qquad\qquad\qquad\qquad 2z \frown \sigma。$

所以 $(x+y) - 2z$ 是第五二项差线。它等于

$$\frac{\rho^2}{\sigma}\left(\frac{1}{\sqrt{I+k^2}} - \frac{I}{I+k^2}\right)。$$

命题 102

在一个有理线段上贴合一矩形，使其等于两均值面差的边上的正方形，则所产生的宽是一个第六二项差线。

设 AB 是一个两均值面差的边，CD 是一个有理线段，对 CD 贴合一矩形 CE 等于 AB 上正方形，产生出作为宽的 CF。

我断言 CF 是一个第六二项差线。

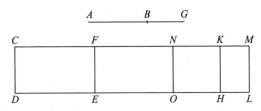

设 BG 是 AB 上的附加线段，

所以 AG,GB 是正方不可公度的，且它们上正方形的和是均值面，二倍矩形 AG,GB 是均值面，且 AG,GB 上正方形的和与二倍矩形 AG,GB 是不可公度的。

[X.78]

现在，在 CD 上贴合一矩形 CH 等于 AG 上正方形，产生出作为宽的 CK，且 KL 等于 BG 上正方形，

所以整体 CL 等于 AG,GB 上正方形的和；因此 CL 也是均值面。

又，它是贴合在有理线段 CD 上，产生出作为宽的 CM，

所以 CM 是有理的且与 CD 是长度不可公度的。 [X.22]

因为 CL 等于 AG,GB 上正方形的和，其中 CE 等于 AB 上正方形，

所以余下的 FL 等于二倍矩形 AG,GB。 [Ⅱ.7]

又二倍的矩形 AG,GB 是均值面，所以 FL 也是均值面。

且它是贴合于有理线段 FE 上，产生出作为宽的 FM，

所以 FM 是有理的,且与 CD 是长度不可公度的。 [X.22]

又因为 AG,GB 上正方形的和与二倍矩形 AG,GB 是不可公度的,

并且 CL 等于 AG,GB 上正方形的和,FL 等于二倍的矩形 AG,GB,

于是 CL 与 FL 是不可公度的。

但是,CL 比 FL 如同 CM 比 MF, [Ⅵ.1]

所以 CM 与 MF 是长度不可公度的。 [X.11]

并且两者都是有理的。

所以 CM,MF 是仅平方可公度的两有理线段,因此 CF 是一个二项差线。

[X.73]

其次,可证 CF 也是一个第六二项差线。

因为 FL 等于二倍的矩形 AG,GB,

设点 N 平分 FM,且过点 N 引 NO 平行于 CD,

所以每一个矩形 FO,NL 等于矩形 AG,GB。

又因为,AG,GB 是平方不可公度的,

所以 AG 上正方形与 GB 上正方形是不可公度的。

但是 CH 等于 AG 上正方形,KL 等于 GB 上正方形,

所以 CH 与 KL 也是不可公度的。

但是,CH 比 KL 如同 CK 比 KM, [Ⅵ.1]

所以 CK 与 KM 是不可公度的。 [X.11]

又因为,矩形 AG,GB 是 AG,GB 上正方形的比例中项,而 CH 等于

AG 上正方形,KL 等于 GB 上正方形,NL 等于矩形 AG,GB,

所以 NL 也是 CH,KL 的比例中项;

所以,CH 比 NL 如同 NL 比 KL。

而且与前同理,CM 上正方形比 MF 上正方形大一个与 CM 是

不可公度的线段上的正方形。 [X.18]

并且它们与所给定的有理线段 CD 是不可公度的,

所以 CF 是一个第六二项差线。 [X.定义 Ⅲ.6]

证完

我们求下式并分类

$$\frac{I}{\sigma}\left\{\frac{\rho\lambda^{\frac{1}{4}}}{\sqrt{2}}\sqrt{I+\frac{k}{\sqrt{I+k^2}}}-\frac{\rho\lambda^{\frac{1}{4}}}{\sqrt{2}}\sqrt{I-\frac{k}{\sqrt{I+k^2}}}\right\}^2 。$$

记这个为 $\dfrac{I}{\sigma}(u-v)^2$，并且令

$$\sigma x = u^2,$$
$$\sigma y = v^2,$$
$$\sigma \cdot 2z = 2uv.$$

此时 u^2, v^2 是不可公度的，

$(u^2 + v^2), 2uv$ 都是均值面。

并且 $\qquad\qquad\qquad\qquad (u^2 + v^2) \smile 2uv$。

因为 $\sigma(x+y), \sigma \cdot 2z$ 是均值面并且不可公度，所以 $(x+y)$ 是有理的

并且 $\smile \sigma$，

$2z$ 是有理的并且 $\smile \sigma$，

并且 $\qquad\qquad\qquad\qquad (x+y) \smile 2z$。

因此 $(x+y), 2z$ 是有理的并且 $\smile$，故 $(x+y) - 2z$ 是二项差线。

又因为 u^2, v^2 或者 $\sigma x, \sigma y$ 是不可公度的，

所以 $\qquad\qquad\qquad\qquad x \smile y$。

如前 $\qquad\qquad\qquad xy = z^2 = \dfrac{1}{4}(2z)^2$。

所以 [X.18] $\qquad \sqrt{(x+y)^2 - (2z)^2} \smile (x+y)$。

又 $(x+y)$ 与 $2z$ 都不 $\smile z$；所以

$(x+y) - 2z$ 是第六二项差线。

它等于 $\qquad\qquad \dfrac{\rho^2}{\sigma}\left(\sqrt{\lambda} - \dfrac{\sqrt{\lambda}}{\sqrt{I + k^2}}\right)$。

命题 103

与一个二项差线是长度可公度的线段仍是一个二项差线，并且有相同的顺序。

设 AB 是一个二项差线，又设 CD 与 AB 是长度可公度的。

我断言 CD 也是一个二项差线，且与 AB 是同顺序的。

因为 AB 是一个二项差线，设 BE 是它上的附加线段，

所以 AE, EB 是仅平方可公度的有理线段。 [X.73]

并且作 BE 与 DF 的比如同 AB 比 CD， [Ⅵ.12]

所以也有，一个比一个如同前项和比后项和， [V.12]

209

所以也有,整体 AE 比整体 CF 如同 AB 比 CD。

但是 AB 与 CD 是长度可公度的,

所以 AE 与 CF 也是可公度的,BE 与 DF 也是可公度的。　　　　　[X.11]

又,AE,EB 是仅平方可公度的有理线段,

所以 CF,FD 也是仅平方可公度的有理线段。　　　　　[X.13]

现在,因为 AE 比 CF 如同 BE 比 DF,

由更比 AE 比 EB 如同 CF 比 FD。　　　　　[V.16]

又,AE 上正方形比 EB 上正方形大一个与 AE 可公度线段上的正方形或大一个与它不可公度线段上的正方形。

如果 AE 上正方形比 EB 上正方形大一个与 AE 是可公度的线段上的正方形,

则 CF 上正方形比 FD 上正方形大一个与 CF 也是可公度线段上的正方形。

[X.14]

又,如果 AE 与所给定的有理线段是长度可公度的,

则 CF 与所给定的有理线段也是长度可公度的。　　　　　[X.12]

如果 BE 与给定的有理线段是长度可公度的,

则 DF 与所给定的有理线段也是长度可公度的。　　　　　[X.12]

又,如果每一个线段 AE,EB 与所给定的有理线段不可公度,则

每一个线段 CF,FD 与所给定的有理线段也不可公度。　　　　　[X.13]

但是,如果 AE 上正方形比 EB 上正方形大一个与 AE 是不可公度的线段上的正方形,

则 CF 上正方形比 FD 上正方形大一个与 CF 不可公度的线段上的正方形。

[X.14]

又,如果 AE 与所给定的有理线段是长度可公度的,则 CF 与所给定的有理线段也是长度可公度的。

如果 BE 与所给定的有理线段是长度可公度的,

则 DF 与所给定的有理线段也是长度可公度的。　　　　　[X.12]

又,如果每个线段 AE,EB 与所给定的有理线段是不可公度的,则

每个线段 CF,FD 与所给定的有理线段也是不可公度的。　　　　　[X.13]

所以 CD 是一个二项差线,而且与 AB 是同顺序。

证完

这个命题以及后面直到命题 107 的证明都是容易的,并且不需要再解释。

每一个都是用 $\frac{m}{n}\rho$ 代替 ρ，两者属于同一类型的无理线段。

命题 104

与一个均差线是长度可公度的线段仍是一个均差线，并且有相同的顺序。

设 AB 是一个均差线，又设 CD 与 AB 是长度可公度的。

我断言 CD 也是一个均差线，并且与 AB 是同顺序的。

因为 AB 是一个均差线，设 EB 是它上的附加线段。

所以 AE，EB 是仅平方可公度的两均值线。 [X.74,75]

作比例，AB 比 CD 如同 BE 比 DF， [VI.12]

所以 AE 与 CF 也是可公度的，BE 与 DF 也是可公度的。 [V.12,X.11]

但是，AE，EB 是仅平方可公度的两均值线；

所以 CF，FD 也是仅平方可公度的两均值线， [X.23,13]

因此 CD 是一个均差线。 [X.74,75]

进一步可证 CD 与 AB 也是同顺序的。

因为，AE 比 EB 如同 CF 比 FD，

所以也有，AE 上正方形比矩形 AE，EB 如同 CF 上正方形比矩形 CF，FD。

但是，AE 上正方形与 CF 上正方形是可公度的。

所以矩形 AE，EB 与矩形 CF，FD 也是可公度的。 [V.16,X.11]

于是，如果矩形 AE，EB 是有理的，

则矩形 CF，FD 也是有理的， [X.定义4]

又，如果矩形 AE，EB 是均值面，则矩形 CF，FD 也是均值面。

[X.23,推论]

所以 CD 是一个均差线，而且与 AB 是同顺序的。 [X.74,75]

证完

命题 105

与一个小线可公度的线段仍是一个小线。

设 AB 是一个小线，且 CD 与 AB 是可公度的。

我断言 CD 也是一个小线。

与以前作图相同。

因为 AE, EB 是平方不可公度的，　　　　　　　　　　　[X.76]

所以 CF, FD 也是平方不可公度的。　　　　　　　　　　[X.13]

现在，因为 AE 比 EB 如同 CF 比 FD，　　　　　[V.12, V.16]

所以也有，AE 上正方形比 EB 上正方形如同 CF 上正方形比 FD 上正方形。

　　　　　　　　　　　　　　　　　　　　　　　　　[VI.22]

所以，由合比，AE, EB 上正方形的和比 EB 上正方形如同 CF,

FD 上正方形的和比 FD 上正方形。　　　　　　　　　[V.18]

但是，BE 上正方形与 DF 上正方形是可公度的，

所以 AE, EB 上正方形的和与 CF, FD 上正方形的和也是可公度的。

　　　　　　　　　　　　　　　　　　　　　[V.16, X.11]

但是 AE, EB 上正方形的和是有理的，　　　　　　　　[X.76]

所以 CF, FD 上正方形的和也是有理的。　　　　　　[X.定义 4]

又因为 AE 上正方形比矩形 AE, EB 如同 CF 上正方形比矩形 CF, FD，而 AE 上正方形与 CF 上正方形是可公度的，

所以矩形 AE, EB 与矩形 CF, FD 也是可公度的。

但是矩形 AE, EB 是均值面，　　　　　　　　　　　　[X.76]

所以矩形 CF, FD 也是均值面，　　　　　　　　　　[X.23 推论]

因此 CF, FD 是平方不可公度的，且它们上正方形的和是有理的，由它们夹的矩形是均值面。

所以 CD 是小线。　　　　　　　　　　　　　　　　　[X.76]

　　　　　　　　　　　　　　　　　　　　　　　　　证完

命题 106

与一个均值面有理面差的边可公度的线段仍是一个均值面有理面差的边。

设 AB 是一个均值面有理面差的边，且 CD 与 AB 是可公度的。

我断言 CD 也是一个均值面有理面差的边。

设 BE 是 AB 上的附加线段，

所以 AE, EB 是平方不可公度的两线段，且 AE, EB

上正方形的和是均值面，

由它们所夹的矩形是有理的。　　　　　　　　　　　　[X.77]

与以前作图相同。

类似于前面的方法,我们能够证明,CF 与 FD 的比如同 AE 比 EB;

AE,EB 上正方形的和与 CF,FD 上正方形的和是可公度的,且矩形 AE,EB 与矩形 CF,FD 是可公度的。

于是 CF,FD 是平方不可公度的两线段,且 CF,FD 上正方形的和是均值面,但是由它们夹的矩形是有理的。

所以 CD 是均值面有理面差的边。 [X.77]

证完

命题 107

与一个两均值面差的边可公度的线段仍是一个两均值面差的边。

设 AB 是一个两均值面差的边,又设 CD 与 AB 是可公度的。

我断言 CD 也是一个两均值面差的边。

设 BE 是 AB 上的附加线段,与以前作图相同,

所以 AE,EB 是正方不可公度的,且它们上正方形的和是均值面,

且由它们所夹的矩形是均值面,且有它们上正方形的和与由它们夹的矩形是不可公度的。 [X.78]

现在如前所证,AE,EB 分别与 CF,FD 是可公度的,可知 AE,EB 上正方形的和与 CF,FD 上正方形的和是可公度的,且矩形 AE,EB 与矩形 CF,FD 是可公度的。

所以 CF,FD 也是平方不可公度的,

且它们上正方形的和是均值面,且由它们所夹的矩形是均值面,

且更有,它们上正方形的和与由它们所夹的矩形是不可公度的。

所以 CD 是一个两均值面差的边。 [X.78]

证完

命题 108

如果从一个有理面减去一个均值面,则余面的"边"是二无理线段之一,或者是一个二项差线,或者是一个小线。

设从有理面 BC 减去一个均值面 BD。

我断言余面 EC 的"边"是二无理线段之一,

或者是一个二项差线,或者是一个小线。

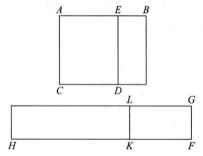

为此，设给定一个有理线段 *FG*，在 *FG* 上贴合一个矩形 *GH* 等于 *BC*，

又作 *GK* 等于减去的 *DB*，所以余量 *EC* 等于 *LH*。

因为 *BC* 是有理面，*BD* 是均值面，而 *BC* 等于 *GH*，*BD* 等于 *GK*，

所以 *GH* 是有理面，且 *GK* 是均值面。

又因为它们都是贴合于有理线段 *FG* 上，

所以 *FH* 是有理的且与 *FG* 是长度可公度的，　　　　　　　　　　　　［Ⅹ.20］

而 *FK* 是有理的且与 *FG* 是长度不可公度的；　　　　　　　　　　　　［Ⅹ.22］

所以 *FH* 与 *FK* 是长度不可公度的。　　　　　　　　　　　　　　　　［Ⅹ.13］

因此 *FH*，*FK* 是仅平方可公度的有理线段，

所以 *KH* 是一个二项差线［Ⅹ.73］，且 *KF* 是它上的附加线段。

现在考虑 *HF* 上正方形比 *FK* 上正方形大一个与 *HF* 可公度或不可公度线段上的正方形的情况。

首先，设 *HF* 上正方形比 *FK* 上正方形大一个与它是可公度线段上的正方形。

现在，全线段 *HF* 与所给定的有理线段 *FG* 是长度可公度的，所以 *KH* 是一个第一二项差线。　　　　　　　　　　　　　　　　　　　　　　　　　［Ⅹ.定义Ⅲ.1］

但是与一个由有理线段和一个第一二项差线所夹的矩形的"边"是一个二项差线。　　　　　　　　　　　　　　　　　　　　　　　　　　　　　　　　　［Ⅹ.91］

所以 *LH* 的"边"，即 *EC* 的"边"是一个二项差线。

但是，如果 *HF* 上正方形比 *FK* 上正方形大一个与 *HF* 是不可公度线段上的正方形，

而全线段 *FH* 与所给定的有理线段 *FG* 是长度可公度的，

则 *KH* 是一个第四二项差线。　　　　　　　　　　　　　　　　　　　［Ⅹ.定义Ⅲ.4］

但是与一个由有理线段和一个第四二项差线所夹的矩形的"边"是一个小线。　　　　　　　　　　　　　　　　　　　　　　　　　　　　　　　　　　　［Ⅹ.94］

证完

有理面有形式 $k\rho^2$,均值面有形式 $\sqrt{\lambda}\cdot\rho^2$,

这个问题是根据 k,λ 之间的不同关系对下式进行分类

$$\sqrt{k\rho^2 - \sqrt{\lambda}\cdot\rho^2}。$$

假定

$$\sigma u = k\rho^2,$$

$$\sigma v = \sqrt{\lambda}\cdot\rho^2。$$

因为 σu 是有理面,而 σv 是均值面,所以

u 是有理的并且 $\frown\sigma$,

v 是有理的并且 $\smile\sigma$。

因此 $\quad\quad\quad\quad\quad\quad\quad\quad\quad\quad\quad u\smile v。$

于是 u,v 是有理的并且 $\sim$,

所以 $(u-v)$ 是二项差线。

可能性如下。

$(1)\ \sqrt{u^2-v^2}\frown u,$

$(2)\ \sqrt{u^2-v^2}\smile u。$

在两种情形下,$u\frown\sigma$,

故 $(u-v)$ (1) 第一二项差线,

或 (2) 第四二项差线。

情形 (1),$\sqrt{\sigma(u-v)}$ 是二项差线 $[\text{X}.91]$,

情形 (2),$\sqrt{\sigma(u-v)}$ 是小线 $[\text{X}.94]$。

命题 109

如果从一个均值面减去一个有理面,则余面的"边"是二无理线段之一,或者是一个第一均差线或者是一个均值面有理面差的边。

设从均值面 BC 减去有理面 BD。

我断言余面 EC 的"边"是两个无理线段之一,或者是一个第一均差线或者是一个均值面有理面差的边。

设给定一个有理线段 FG,且设各面类似地贴合上去。

于是可推得 FH 是有理的且与 FG 是长度不可公度的,

而 KF 是有理的且与 FG 是长度可公度的,

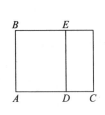

因此 FH,FK 是仅平方可公度的两有理线段; [X.13]

于是 KH 是一个均差线,且 FK 是它上的附加线段。 [X.73]

这时,如果 HF 上正方形比 FK 上正方形大一个或者与 HF 是可公度的线段上的正方形或者与 HF 是不可公度的线段上的正方形。

如果 HF 上正方形比 FK 上正方形大一个与 HF 是可公度的线段上的正方形,

而附加线段 FK 与所给定的有理线段 FG 是长度可公度的,则 KH 是一个第二均差线。 [X.定义 Ⅲ.2]

但是 FG 是有理的,

于是 LH 的"边",即 EC 的"边",是一个第一均差线。 [X.92]

但是,如果 HF 上正方形比 FK 上正方形大一个与 HF 不可公度的线段上的正方形,

而附加线段 FK 是一个与所给定的有理线段 FG 是长度可公度的,

则 HK 是一个第五二项差线; [X.定义 Ⅲ.5]

于是 EC 的"边"是一个均值面有理面差的边。 [X.95]

证完

此时我们要求下式并分类

$$\sqrt{\sqrt{k} \cdot \rho^2 - \lambda\rho^2}。$$

假定
$$\sigma u = \sqrt{k} \cdot \rho^2,$$
$$\sigma v = \lambda\rho^2。$$

于是 σu 是均值面,而 σv 是有理面,

u 是有理的并且 $\smile \sigma$,

v 是有理的并且 $\frown \sigma$。

因此,如前,u,v 是有理的并且 $\sim$,故 $(u-v)$ 是二项差线。

216

其可能性

(1) $\sqrt{u^2-v^2} \frown u$,

或(2) $\sqrt{u^2-v^2} \smile u$,

在两种情形下,v 与 σ 可公度。

所以 $(u-v)$ 是(1)第二二项差线,

或　　　　　　(2)第五二项差线,

因而,情形　　(1) $\sqrt{\sigma(u-v)}$ 是第一均差线,　　　　　　　　[X.92]

情形　　　　　(2) $\sqrt{\sigma(u-v)}$ 是均值面减去有理面的边。　　　[X.95]

命题 110

如果从一个均值面减去一个与此面不可公度的均值面,则与余面的"边"是二无理线段之一,或者是一个第二均差线或者是一个两均值面差的边。

如前图,设从均值面 BC 减去一个与 BC 不可公度的均值面 BD。

我断言 EC 的"边"是两无理线段之一,它或者是第二均差线或者是一个两均值面差的边。

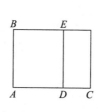
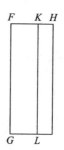

因为矩形 BC 和矩形 BD 都是均值面,且 BC 与 BD 是不可公度的,

这就可推得线段 FH,FK 每一个是有理的且与 FG 是长度不可公度的。

[X.22]

又因为 BC 与 BD 是不可公度的,即 GH 与 GK 是不可公度的,

从而 HF 与 FK 也是不可公度的;　　　　　　　　　　　　[VI.1, X.11]

因此 FH,FK 是仅平方可公度的两有理线段;

所以 KH 是一个二项差线。　　　　　　　　　　　　　　　　[X.73]

于是如果 FH 上正方形比 FK 上正方形大一个与 FH 可公度的线段上的正方形,

而线段 FH,FK 的每一个与所给定的有理线段 FG 不是长度可公度的,

则 KH 是一个第三二项差线。　　　　　　　　　　　　[Ⅹ.定义Ⅲ.3]

但 KL 是一个有理线段,

又,由一个有理线段和一个第三二项差线所夹的矩形是无理的,

则它的"边"是无理的,这就是一个所谓的均值线的第二二项差线;

[Ⅹ.93]

于是 LH 的"边",即 EC 的"边",是一个第二二项差线。

但是,如果 FH 上正方形比 FK 上正方形大一个与 FH 是不可公度的线段上的正方形,

而线段 HF,FK 的每一个与 FG 不是长度可公度的,

则 KH 是一个第六二项差线。　　　　　　　　　　　　[Ⅹ.定义Ⅲ.6]

但是与由一个有理线段和一个第六二项差线所夹的矩形的"边"是一个两均值面差的边。　　　　　　　　　　　　　　　　　　　　　　　[Ⅹ.96]

所以与 LH,即 EC 的"边"是一个两均值面差的边。

证完

我们要求下式并分类

$$\sqrt{\sqrt{k}\cdot\rho^2-\sqrt{\lambda}\cdot\rho^2},$$

其中 $\sqrt{k}\cdot\rho^2$ 与 $\sqrt{\lambda}\cdot\rho^2$ 不可公度。

令

$$\sigma u=\sqrt{k}\cdot\rho^2,$$

$$\sigma v=\sqrt{\lambda}\cdot\rho^2。$$

则 u 是有理的并且 $\smile\sigma$,

v 是有理的并且 $\smile\sigma$,

并且　　　　　　　　　　　　　　$u\smile v。$

所以 u,v 是有理的并且 $\frown$,故 $(u-v)$ 是二项差线。

现在

(1) $\sqrt{u^2-v^2}\frown u,$

或(2) $\sqrt{u^2-v^2}\frown u,$

在两种情形中,u 与 v 都 $\smile\sigma$。

情形(1)$(u-v)$ 是第三二项差线,

情形(2)(u−v)是第六二项差线,

故 $\sqrt{\sigma(u-v)}$ 是或者(1)第二均差线[X.93],或者(2)两均值面的差的边[X.96]。

命题 111

二项差线与二项和线是不同类的。

设 AB 是一个二项差线。

我断言 AB 与二项和线是不同类的。

因为,如果可能,设它是这样的。

给定一个有理线段 DC,对 DC 贴合一个矩形 CE 等于 AB 上正方形,产生出作为宽的 DE。

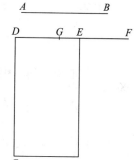

因为 AB 是一个二项差线,所以 DE 是一个第一二项差线。　　　　　　　　　　[X.97]

设 EF 是 DE 上的附加线段,所以 DF,FE 是仅平方可公度的有理线段,且 DF 上正方形比 FE 上正方形大一个与 DF 是可公度的线段上的正方形,且 DF 与给定的有理线段 DC 是长度可公度的。

[X.定义 Ⅲ.1]

又,因为假定 AB 是二项和线,

所以 DE 是一个第一二项和线。　　　　　　　　　　　[X.60]

设 DE 在点 G 被分为它的两段,且 DG 是大段,

所以 DG,GE 是仅平方可公度的两有理线段,

且 DG 上正方形比 GE 上正方形大一个与 DG 是可公度的线段上的正方形,

又,大段 DG 与所给定的有理线段 DC 是长度可公度的。　[X.定义 Ⅱ.1]

所以 DF 与 DG 是长度可公度的,　　　　　　　　　　[X.12]

因此余量 GF 与 DF 也是长度可公度的。　　　　　　　[X.15]

但是 DF 与 EF 是长度不可公度的,

所以 FG 与 EF 也是长度不可公度的。　　　　　　　　[X.13]

因此 GF,FE 是仅平方可公度的有理线段,

所以 EG 是一个二项差线。　　　　　　　　　　　　　[X.73]

但它也是有理的:这是不可能的。

于是二项差线与二项和线是不同类的。

证完

219

这个命题等价于

$\sqrt{x}+\sqrt{y}$ 不等于 $\sqrt{x'}-\sqrt{y'}$,

$x+\sqrt{y}$ 不等于 $x'-\sqrt{y'}$。

我们用两边平方来证明这些结果;并且欧几里得的程序完全与这个对应。

他要证明

$$\rho+\sqrt{k}\cdot\rho \text{ 不等于 } \rho'-\sqrt{\lambda}\cdot\rho'。$$

事实上,若可能,取直线

$$\frac{(\rho+\sqrt{k}\cdot\rho)^2}{\sigma},\ \frac{(\rho'-\sqrt{\lambda}\cdot\rho')^2}{\sigma};$$

它们必然相等,因而

$$\frac{\rho^2}{\sigma}(1+k+2\sqrt{k})=\frac{\rho'^2}{\sigma}(1+\lambda-2\sqrt{\lambda}) \quad\cdots\cdots\cdots\cdots\ (1)。$$

现在 $\dfrac{\rho^2}{\sigma}(1+k)$,$\dfrac{\rho'^2}{\sigma}(1+\lambda)$ 是有理的并且$\frown$;

所以

$$\left\{\frac{\rho'^2}{\sigma}(1+\lambda)-\frac{\rho^2}{\sigma}(1+k)\right\}\frown\frac{\rho'^2}{\sigma}(I+\lambda)$$

$$\smile\frac{\rho'^2}{\sigma}\cdot 2\sqrt{\lambda}。$$

因为两边都是有理的,所以可推出

$$\left\{\frac{\rho'^2}{\sigma}(1+\lambda)-\frac{\rho^2}{\sigma}(1+k)\right\}-\frac{\rho'^2}{\sigma}\cdot 2\sqrt{\lambda}\text{ 是二项差线}。$$

但是,由(1),这个表达式等于 $\dfrac{\rho^2}{\sigma}\cdot 2\sqrt{k}$,是有理的。

因此,二项差线既是无理的又是有理的:这是不可能的。

这个命题使得欧几里得证明了上述所有带加号的复合的无理线不同于所有带减号的复合的无理线,这两组线彼此不同,并且不同于均值线,下述办法明确了这个。

小结

二项差线及随后的无理线段既不同于均值线,也彼此不相同。

因为,如果在一个有理线段上贴合一个与均值线上正方形相等的矩形,则产生作为宽的线段是有理的,并且与原有理线段是长度不可公度的。 [X.22]

220

可是,如果在一个有理线段上贴合一个与一个二项差线上正方形相等的矩形,则产生的作为宽的线段为第一二项差线。 [X.97]

如果在一个有理线段上贴合一个与均值线的第一二项差线上的正方形相等的矩形,则产生的作为宽的线段为第二二项差线。 [X.98]

如果在一个有理线段上贴合一个与均值线的第二二项差线上的正方形相等的矩形,则产生的作为宽的线段为第三二项差线。 [X.99]

如果在一个有理线段上贴合一个与小线上的正方形相等的矩形,则产生的作为宽的线段为第四二项差线。 [X.100]

如果在一个有理线段上贴合一个与一个均值面有理面差的边上的正方形相等的矩形,则产生的作为宽的线段为第五二项差线。 [X.101]

如果在一个有理线段上贴合一个与一个两均值面差的边上的正方形相等的矩形,则产生的作为宽的线段为第六二项差线。 [X.102]

因为以上说到的宽与第一线段不同,且彼此不同,与第一个不同是因为它是有理的,彼此不同是因为它们不同顺序,显然这些无理线段本身是互不相同的。

又,已经证得二项差线与二项和线是不同类的, [X.111]

但是,如果在有理线段上贴合一个等于二项差线以下的线段上的正方形,产生的作为宽的线段依次为相应顺序的二项差线。

同样在有理线段上贴合一个等于二项和线以下的线段上的正方形,产生的作为宽的线段依次为相应顺序的二项和线,

这样二项差线以下的无理线段不同,二项和线以下无理线段也不同,于是共有 13 种无理线段:

均值线,

二项和线,

第一双均线,

第二双均线,

大线,

均值面有理面和的边,

两均值面和的边,

二项差线,

第一均差线,

第二均差线,

小线,

均值面有理面差的边,

两均值面差的边。

命题 112

在二项和线上贴合一矩形,使其等于一个有理线段上正方形,则产生作为宽的线段是一个二项差线,此二项差线的两段与二项和线的两段是可公度的,并且有同比;而且二项差线与二项和线有相同的顺序。

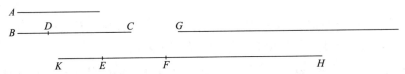

设 A 是一个有理线段,BC 是一个二项和线,且 DC 是它的大段,矩形 BC,EF 等于 A 上正方形。

我断言 EF 是一个二项差线,它的两段与 CD,DB 是可公度的,且有相同的比,

同时 EF 与 BC 有相同的顺序。

为此,设矩形 BD,G 等于 A 上正方形。

因为矩形 BC,EF 等于矩形 BD,G,所以,CB 比 BD 如同 G 比 EF。 [Ⅵ.16]

但是 CB 大于 BD,所以 G 也大于 EF。 [Ⅴ.16,Ⅴ.14]

设 EH 等于 G;所以,CB 比 BD 如同 HE 比 EF,

于是,由分比,CD 比 BD 如同 HF 比 FE。 [Ⅴ.17]

设作出比例,HF 比 FE 如同 FK 比 KE;

则整体 HK 比整体 KF 如同 FK 比 KE,

因为,前项之一比后项之一如同所有前项和比所有后项和。 [Ⅴ.12]

但是,因为 FK 比 KE 如同 CD 比 DB, [Ⅴ.11]

所以也有,HK 比 KF 如同 CD 比 DB。 [同上]

但是 CD 上正方形与 DB 上正方形也是可公度的, [Ⅹ.36]

所以 HK 上正方形与 KF 上正方形也是可公度的。 [Ⅵ.22,Ⅹ.11]

又,HK 上正方形比 KF 上正方形如同 HK 比 KE,

这是因为三个线段 HK,KF,KE 是成比例的。 [Ⅴ.定义 9]

所以,HK 与 KE 是长度可公度的,

于是 HE 与 EK 也是长度可公度的。 [Ⅹ.15]

现在,因为 A 上正方形等于矩形 EH,BD,而 A 上正方形是有理的,

所以矩形 EH,BD 也是有理的。

又,它是贴合在有理线段 BD 上的矩形,

所以 EH 是有理的且与 BD 是长度可公度的, 　　　　　　　　　　[Ⅹ.20]

于是与 EH 是可公度的 EK 也是有理的,且与 BD 是长度可公度的。

这时,由于 CD 比 DB 如同 FK 比 KE,

而 CD,DB 是仅平方可公度的两线段,

所以 FK,KE 也是仅平方可公度。 　　　　　　　　　　　　　　　　　[Ⅹ.11]

但是 KE 是有理的,所以 FK 也是有理的。

所以 FK,KE 是仅平方可公度的两有理线段,

因此 EF 是一个二项差线。 　　　　　　　　　　　　　　　　　　　　[Ⅹ.73]

现在 CD 上正方形比 DB 上正方形大一个或者与 CD 是可公度的线段上的正方形或者与 CD 是不可公度的线段上的正方形。

如果 CD 上正方形比 DB 上正方形大一个与 CD 是可公度的线段上的正方形,

而 FK 上正方形比 KE 上正方形大一个与 FK 是可公度的线段上的正方形。

　　　　　　　　　　　　　　　　　　　　　　　　　　　　　　　　　[Ⅹ.14]

又,如果 CD 与所给定的有理线段是长度可公度的,

则 FK 与所给定的有理线段也是长度可公度的。 　　　　　　　　　[Ⅹ.11,12]

如果 BD 与所给定的有理线段是可公度的,

则 KE 也是这样。 　　　　　　　　　　　　　　　　　　　　　　　　[Ⅹ.12]

但是,如果两线段 CD,DB 每一个与所给定的有理线段不是可公度的,

则两线段 FK,KE 每一个与所给定的有理线段也不是可公度的。

但是,如果 CD 上正方形比 DB 上正方形大一个与 CD 是不可公度的线段上的正方形,

则 FK 上正方形比 KE 上正方形大一个与 FK 不可公度的线段上的正方形。

　　　　　　　　　　　　　　　　　　　　　　　　　　　　　　　　　[Ⅹ.14]

又,如果 CD 与所给定的有理线段是可公度的,那么 FK 也是这样。

如果 BD 与所给定的有理线段是可公度的,那么 KE 也是这样。

但是,如果两线段 CD,DB 每一个与所给定的有理线段不是可公度的,

则两线段 FK,KE 与所给定的有理线段也不是可公度的。

于是,FE 是一个二项差线,且它的两段 FK,KE 与二项和线的两段 CD,DB 是可公度的,又它们的比相同,而且 EF 与 BC 有相同的顺序。

　　　　　　　　　　　　　　　　　　　　　　　　　　　　　　证完

海伯格认为这个命题及其后的命题是插入的,尽管这个插入早于塞翁时代。他的理由是X.112—115在任何地方没有用到,而X.111圆满结束了13种无理数的讨论(正如上述小结中所说的),并且给出了五个正多面体所要使用的内容。除了X.73(使用在XIII.6,11)、X.94与97分别用在XIII.11,6中;欧几里得没有停止在X.97,是因为X.98—102与X.97密切相关,增加了X.103—111,是对整个理论的总结。另一方面,X.112—115与13种无理数的讨论没有关系,并且没有用在后面的立体几何中。它们是新研究的萌芽并且是无理数本身更抽象的研究。特别是命题115扩展到不同类型的无理数。然而X.112—115是古老的并且有用的定理,海伯格认为尽管欧几里得没有给出它们,它们可能取自阿波罗尼奥斯。

我反对上述认为X.112—114(除了X.115)与13种无理数没有联系。我认为它们是有联系的。X.111说明二项和线不是二项差线。而X.112—114说明如何用一个来有理化另一个,给出了它们之间的一个重要关系。

X.112等价于有理化下述分数的分母

$$\frac{c^2}{\sqrt{A}+\sqrt{B}}, \quad \frac{c^2}{a+\sqrt{B}},$$

用$\sqrt{A}-\sqrt{B}$与$a-\sqrt{B}$分别乘分子和分母。

欧几里得证明了$\dfrac{\sigma^2}{\rho+\sqrt{k}\cdot\rho}=\lambda\rho-\sqrt{k}\cdot\lambda\rho(k<1)$,并且他的方法使我们可以看出$\lambda=\sigma^2/(\rho^2-k\rho^2)$。

这个证明显示了希腊人灵巧地使用几何解决代数问题。与阿基米德和阿波罗尼奥斯的许多证明类似,它留给我们它是如何演变过来的疑点。希腊人一定有某种解析的方法来提示这些证明的步骤;但是这仍然是一个不可解的秘密。

我用代数符号来重建欧几里得的证明过程。

他要证明$\dfrac{\sigma^2}{\rho+\sqrt{k}\cdot\rho}$是与二项和线$\rho+\sqrt{k}\cdot\rho$以某种方式有关的二项差线。若$u$是要求的直线,则$(u+w)-w$是这种二项差线,其中$w$以下述方式确定。

我们有 $\qquad (\rho+\sqrt{k}\cdot\rho)u=\sigma^2=\sqrt{k}\cdot\rho\cdot x,$

因此 $\qquad\qquad\qquad x>u。$ $\qquad\qquad$ ……………(1)。

设 $\qquad\qquad\qquad x=u+v$

则 $\qquad (\rho+\sqrt{k}\cdot\rho):\sqrt{k}\cdot\rho=(u+v):u,$

因而 $\qquad\qquad \rho:\sqrt{k}\cdot\rho=v:u$ ………………(2)。

取 w，使得 $\qquad v:u=(u+w):w$ ·················· (3)。

于是 $\qquad\qquad v:u=(u+v+w):(u+w)$ ·············· (4)，

因而 $\qquad\qquad \rho:\sqrt{k}\cdot\rho=(u+v+w):(u+w)$。

由最后这个比例，

$$(u+v+w)^2\frown(u+w)^2，$$

由前二个比例，$(u+w)$ 是 $(u+v+w)$，w 的比例均值，故

$$(u+v+w)^2:(u+w)^2=(u+v+w):w。$$

因此 $\qquad\qquad (u+v+w)\frown w，$

所以 $\qquad\qquad (u+v)\frown w。$

现在 $\sqrt{k}\cdot\rho(u+v)=\sigma^2$ 是有理的，

所以 $(u+v)$ 是有理的并且 $\frown\sqrt{k}\cdot\rho$；

因此 w 也是有理的并且 $\frown\sqrt{k}\cdot\rho$ ·················· (5)。

其次，由 (2)，(3)，因为 ρ，$\sqrt{k}\cdot\rho$ 是 $\frown$，所以

$$(u+w)\frown w，$$

并且 w 是有理的；

所以 $(u+w)$ 是有理的，

并且 $(u+w)$，w 是有理的并且 $\frown$。

因此 $(u+w)-w$ 是二项差线。

现在或者（Ⅰ）$\qquad\qquad \sqrt{\rho^2-k\rho^2}\frown\rho，$

或者　（Ⅱ）$\qquad\qquad \sqrt{\rho^2-k\rho^2}\smile\rho。$

情形（Ⅰ）$\qquad \sqrt{(u+w)^2-w^2}\frown(u+w)，\qquad$ ［(2)(3)和Ⅹ.14］

情形（Ⅱ）$\qquad \sqrt{(u+w)^2-w^2}\smile(u+w)。\qquad$ ［同上］

因为［(5)］ $\qquad\qquad w\frown\sqrt{k}\cdot\rho，$

所以，由Ⅹ.11，(2)，(3)，$\quad (u+w)\frown\rho$ ·················· (6)。

［这一步在欧几里得中省略了，但是承认其结论。］

若 $\rho\frown\sigma$，则 $(u+w)\frown\sigma$；

若 $\sqrt{k}\cdot\rho\frown\sigma$，则 $w\frown\sigma$；$\qquad\qquad\qquad$ ［(5)］

若 ρ，$\sqrt{k}\cdot\rho$ 都不是 $\frown\sigma$，则 $(u+w)$，w 都不是 $\frown\sigma$。

于是二项差线 $(u+w)-w$ 的顺序与二项和线 $\rho+\sqrt{k}\cdot\rho$ 的顺序相同；两项成比例［(2)(3)］，并且分别可公度［(5)(6)］。

代数地求解 $(u+w)$，w。

由（1）
$$u = \frac{\sigma^2}{\rho + \sqrt{k} \cdot \rho};$$

由（2），（3），
$$\frac{u+w}{w} = \frac{\rho}{\sqrt{k} \cdot \rho},$$

因此
$$w = \frac{u \cdot \sqrt{k} \cdot \rho}{\rho - \sqrt{k} \cdot \rho}$$

$$= \frac{\sigma^2 \cdot \sqrt{k} \cdot \rho}{\rho^2 - k\rho^2}。$$

于是
$$u + w = w \cdot \frac{1}{\sqrt{k}} = \frac{\sigma^2 \cdot \rho}{\rho^2 - k\rho^2}。$$

所以
$$(u+w) - w = \sigma^2 \cdot \frac{\rho - \sqrt{k} \cdot \rho}{\rho^2 - k\rho^2}。$$

命题 113

在二项差线上贴合一等于一个有理线段上正方形的矩形，则产生作为宽的是一个二项和线，并且二项和线的两段与二项差线的两段是可公度的，又它们的比相同，而且二项和线与二项差线有相同的顺序。

设 A 是一个有理线段，BD 是一个二项差线，在二项差线 BD 上贴合等于有理线段 A 上的正方形的矩形，产生出作为宽的 KH。

我断言 KH 是一个二项和线，它的两段与二项差线 BD 的两段是可公度的，

且有相同的比，同时 KH 与 BD 有相同的顺序。

为此，设 DC 是 BD 上的附加线段，

所以 BC，CD 是仅平方可公度的两有理线段。

[Ⅹ.73]

设矩形 BC，G 也等于 A 上正方形。

但是 A 上正方形是有理的，

所以矩形 BC，G 是有理的。

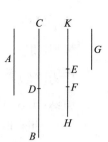

又，它是贴合于有理线段 BC 上的，

所以 G 是有理的且与 BC 是长度可公度的。　　　　　　　　　　[X.20]

现在，因为矩形 BC, G 等于矩形 BD, KH，

所以有比例，CB 比 BD 如同 KH 比 G。　　　　　　　　　　[VI.16]

但是 BC 大于 BD，所以 KH 也大于 G。　　　　　　　[V.16, V.14]

设 KE 等于 G，所以 KE 与 BC 是长度可公度的。

又因为，CB 比 BD 如同 KH 比 KE，

所以，由换比例，BC 比 CD 如同 KH 比 HE。　　　　[V.19, 推论]

设作出比例，KH 比 HE 如同 HF 比 FE，

于是也有，余量 KF 比 FH 如同 KH 比 HE，即如同 BC 比 CD。

　　　　　　　　　　　　　　　　　　　　　　　　　　　　[V.19]

但是 BC, CD 是仅平方可公度的，

所以 KF, FH 也是仅平方可公度的。　　　　　　　　　　　[X.11]

又因为，KH 比 HE 如同 KF 比 FH，

而 KH 比 HE 如同 HF 比 FE，

所以也有，KF 比 FH 如同 FH 比 FE，　　　　　　　　　[V.11]

于是，第一个比第三个如同第一个上的正方形比第二个上的正方形，

　　　　　　　　　　　　　　　　　　　　　　　　　　[V.定义9]

所以也有，KF 比 FE 如同 KF 上正方形比 FH 上正方形。

但是，KF 上正方形与 FH 上正方形是可公度的，

这是因为 KF, FH 也是平方可公度的，

所以 KF 与 FE 也是长度可公度的，　　　　　　　　　　　[X.11]

于是 KF 与 KE 也是长度可公度的。　　　　　　　　　　　[X.15]

但是，KE 是有理的且与 BC 是长度可公度的，所以 KF 也是有理的且与 BC 是长度可公度的。　　　　　　　　　　　　　　　　　　　　　[X.12]

又因为，BC 比 CD 如同 KF 比 FH，

由更比，BC 比 KF 如同 DC 比 FH。　　　　　　　　　　[V.16]

但是 BC 与 KF 是可公度的，

所以 FH 与 CD 也是长度可公度的。　　　　　　　　　　　[X.11]

但是 BC, CD 是仅平方可公度的两有理线段，

所以 KF, FH 也是仅平方可公度的两有理线段，所以 KH 是二项和线。

　　　　　　　　　　　　　　　　　　　　　　　　　　　[X.36]

现在，如果 BC 上正方形比 CD 上正方形大一个与 BC 是可公度的线段上的

正方形,

则 KF 上正方形比 FH 上正方形也大一个与 KF 是可公度的线段上的正方形。   [X.14]

又,如果 BC 与所给定的有理线段是长度可公度的,

则 KF 与所给定的有理线段也是长度可公度的;

如果 CD 与所给定的有理线段是长度可公度的,

则 FH 与所给定的有理线段也是长度可公度的。

但是,如果两线段 BC, CD 的每一个与给定的有理线段不是长度可公度的,

则两线段 KF, FH 的每一个与给定的有理线段也不是长度可公度的。

但是,如果 BC 上正方形比 CD 上正方形大一个与 BC 是不可公度的线段上的正方形,

则 KF 上正方形比 FH 上正方形也大一个与 KF 是不可公度的线段上的正方形。   [X.14]

又,如果 BC 与给定的有理线段是长度可公度的,则 KF 与给定的有理线段也是长度可公度的;

如果 CD 与给定的有理线段是长度可公度的,

则 FH 与给定的有理线段也是长度可公度的。

但是,如果两线段 BC, CD 的每一个与所给定的有理线段不是长度可公度的,则两线段 KF, FH 的每一个与所给定的有理线段也不是长度可公度的。

所以 KH 是一个二项和线,且它的两段 KF, FH 与二项差线的两段 BC, CD 是可公度的,且它们的比相同,

而且 KH 与 BD 有相同的顺序。

证完

这个命题对应于上述命题,给出了下式的分母有理化

$$\frac{c^2}{\sqrt{A} - \sqrt{B}} \quad 或 \quad \frac{c^2}{a \sim \sqrt{B}}。$$

欧几里得(或当其作者)证明了

$$\frac{\sigma^2}{\rho - \sqrt{k} \cdot \rho} = \lambda\rho + \lambda\sqrt{k} \cdot \rho, (k < 1)$$

并且他的方法使我们可看出 $\lambda = \sigma^2 / (\rho^2 - k\rho^2)$。

设

$$\frac{\sigma^2}{\rho - \sqrt{k} \cdot \rho} = u;$$

并且证明了 u 是二项和线 $(u-w)+w$，其中 w 如下确定。

$$u(\rho-\sqrt{k}\cdot\rho)=\sigma^2=\rho x,$$

因此 $\rho:(\rho-\sqrt{k}\cdot\rho)=u:x$ ···················· (1)，

故 $x<u_{\circ}$

设 $x=u-v_{\circ}$

因为 $(u-v)\rho=\sigma^2$ 是有理面，

所以 $(u-v)$ 是有理的并且 $\frown\rho$ ···················· (2)。

又 $[(1)]$ $\rho:(\rho-\sqrt{k}\cdot\rho)=u:(u-v)$，

故 $\rho:\sqrt{k}\cdot\rho=u:v$，

假定 $u:v=w:(v-w)$，

故 $[\text{V}.19]$ $(u-w):w=u:v=w:(v-w)_{\circ}$

于是，w 是 $(u-w)$，$(v-w)$ 的比例均值，

$$(u-w)^2:w^2=(u-w):(v-w)_{\circ}$$

但是 $(u-w)^2:w^2=u^2:v^2$

$$=\rho^2:k\rho^2 \quad\cdots\cdots\cdots\cdots\cdots (3)，$$

故 $(u-w)^2\frown w^2_{\circ}$

所以

$$(u-w)\frown(v-w)$$
$$\frown\{(u-w)-(v-w)\}$$
$$\frown\{u-v\}_{\circ}$$

因此

$[(2)](u-w)$ 是有理的并且 $\frown\rho$ ···················· (4)。

又因为 $\rho:\sqrt{k}\cdot\rho=(u-w):w$，

所以 w 是有理的并且 $\frown\sqrt{k}\cdot\rho$ ···················· (5)。

因此 $[(4)(5)](u-w)$，w 是有理的并且 $\backsim$，

故 $(u-w)+w$ 是二项和线。

现在或者（Ⅰ） $\sqrt{\rho^2-k\rho^2}\frown\rho$，

或者   （Ⅱ） $\sqrt{\rho^2-k\rho^2}\smile\rho_{\circ}$

情形（Ⅰ） $\sqrt{(u-w)^2-w^2}\frown(u-w)$，

情形（Ⅱ） $\sqrt{(u-w)^2-w^2}\smile(u-w)_{\circ}$ $[(3),\text{X}.14]$

并且若 $\rho\frown\sigma$，则 $(u-w)\frown\sigma$； $[(4)]$

若 $\sqrt{k}\cdot\rho\frown\sigma$，则 $w\frown\sigma$ ； $\qquad\qquad$ [（5）]

若 $\rho,\sqrt{k}\cdot\rho$ 都不是 $\frown\sigma$，则 $(u-w),w$ 都不是 $\frown\sigma$。

因此 $(u-w)+w$ 是二项和线，与二项差线 $\rho-\sqrt{k}\cdot\rho$ 有相同的顺序，它的两项与二项差线的两项成比例 [（3）]，并且它们分别可公度 [（4），（5）]。

代数地求 $(u-w),w$ 我们有

$$u=\frac{\sigma^2}{\rho-\sqrt{k}\cdot\rho},$$

$$\frac{u-w}{w}=\frac{\rho}{\sqrt{k}\cdot\rho}。$$

由后者

$$w=\frac{\sigma^2\cdot\sqrt{k}\cdot\rho}{\rho+\sqrt{k}\cdot\rho},$$

于是

$$u-w=w\cdot\frac{1}{\sqrt{k}}=\frac{\sigma^2\rho}{\rho^2-k\rho^2}。$$

所以

$$(u-w)+w=\sigma^2\cdot\frac{\rho+\sqrt{k}\cdot\rho}{\rho^2-k\rho^2}。$$

命题 114

若一个二项差线和一个二项和线夹一个矩形，并且此二项差线的两段与二项和线的两段是可公度的，并且有相同的比，则这个面的"边"是一个有理线段。

设矩形 AB,CD 由二项差线 AB 和二项和线 CD 所夹，CE 是 CD 的大段；设二项和线的两段 CE,ED 与二项差线的两段 AF,FB 是可公度的，且有相同的比；又设矩形 AB,CD 的"边"是 G。

我断言 G 是有理线段。

给定一个有理线段 H，又在 CD 上贴合一矩形等于 H 上正方形，产生出作为宽的 KL。

所以 KL 是一个二项差线。

设它的两段 KM,ML 与二项和线 CD 的两段 CE,ED 是可公度的，并且它们的比相同。 $\qquad$ [X.112]

但是 CE,ED 与 AF,FB 也是可公度的，且它们的比相同，

所以，AF 比 FB 如同 KM 比 ML。

由更比，AF 比 KM 如同 BF 比 LM，

所以也有,余量 AB 比余量 KL 如同 AF 比 KM。 [V.19]

但是 AF 与 KM 是可公度的, [X.12]

所以 AB 与 KL 也是可公度的。 [X.11]

又 AB 比 KL 如同矩形 CD,AB 比矩形 CD,KL, [VI.1]

所以矩形 CD,AB 与矩形 CD,KL 也是可公度的。 [X.11]

但是,矩形 CD,KL 等于 H 上正方形,

所以矩形 CD,AB 与 H 上正方形是可公度的。

但是,G 上正方形等于矩形 CD,AB,

所以 G 上正方形与 H 上正方形是可公度的。

但是 H 上正方形是有理的,

所以 G 上正方形也是有理的,因此 G 是有理线段。

又,它是矩形 CD,AB 的"边"。

于是命题得证。

推论 从此表明这样的事实是可能存在的,即由两无理线段所夹的矩形也可以是一个有理面。

证完

这个定理等价于证明

$$\sqrt{(\sqrt{A}-\sqrt{B})(\lambda\sqrt{A}+\lambda\sqrt{B})}=\sqrt{\lambda(A-B)},$$

$$\sqrt{(a\sim\sqrt{B})(\lambda a+\lambda\sqrt{B})}=\sqrt{\lambda(a^2\sim B)}。$$

定理 X.112 的结果应用如下。

我们要证明

$$\sqrt{(\rho-\sqrt{k}\cdot\rho)(\lambda\rho+\lambda\sqrt{k}\cdot\rho)}$$

是有理的。

由 X.112,若 σ 是有理直线,则

$$\frac{\sigma^2}{\lambda\rho+\lambda\sqrt{k}\cdot\rho}=\lambda'\rho-\lambda'\sqrt{k}\cdot\rho\cdots\cdots\cdots\cdots(1)。$$

现在 $\rho:\lambda'\rho=\sqrt{k}\cdot\rho:\lambda'\sqrt{k}\cdot\rho=(\rho-\sqrt{k}\cdot\rho):(\lambda'\rho-\lambda'\sqrt{k}\cdot\rho)$,

故 $\qquad (\rho-\sqrt{k}\cdot\rho)\frown(\lambda'\rho-\lambda'\sqrt{k}\cdot\rho)。$

乘以 $(\lambda\rho+\lambda\sqrt{k}\cdot\rho)$,有

$(\rho-\sqrt{k}\cdot\rho)(\lambda\rho+\lambda\sqrt{k}\cdot\rho)\frown(\lambda\rho+\lambda\sqrt{k}\cdot\rho)(\lambda'\rho-\lambda'\sqrt{k}\cdot\rho)$

$\frown \sigma^2$，由（1）。

即$(\rho - \sqrt{k} \cdot \rho)(\lambda\rho + \lambda\sqrt{k} \cdot \rho)$是有理面，

因而$\sqrt{(\rho - \sqrt{k} \cdot \rho)(\lambda\rho + \lambda\sqrt{k} \cdot \rho)}$是有理的。

命题 115

从一个均值线而产生的无穷多个无理线段，没有任何一个与以前的任一无理线段相同。

设 A 是一个均值线。

我断言由 A 而产生的无穷多个无理线段，它们中没有一个与以前的任一个是相同的。

给定一个有理线段 B，作一个线段 C，使其上正方形等于矩形 B,A，

则 C 是一个无理线段。　　　　　　　　　　　［Ⅹ.定义 4］

因为由无理线段和有理线段所夹的矩形是无理的。　［Ⅹ.20,推论］

又，它与以前任意一个不相同，因为以前没有任意一个无理线段上正方形贴合于一个有理线段上的矩形，而产生出作为宽的线段是均值线。

又设 D 上的正方形等于矩形 B,C，

所以 D 上正方形是无理的。　　　　　　　　　　［Ⅹ.20,推论］

所以 D 是无理的；　　　　　　　　　　　　　　［Ⅹ.定义 4］

并且它与以前任一无理线段不同，因为在有理线段上贴合一等于以前任一无理线段上的正方形的矩形，而产生出作为宽的不是 C。

类似地，如果将这种排列无限继续下去，

显然，从一个均值线能产生无穷多个无理线段，

而且没有一个与以前任一个无理线段相同。

　　　　　　　　　　　　　　　　　　　　　　　　　　证完

显然，海伯格认为这个命题的插入是正确的，从各方面看这个命题与卷Ⅹ.的内容无关，这个插入在塞翁时代之前。它与这一卷末的附注有同样的特点（用两种方法证明了正方形的边与对角线的不可公度性），奥古斯特与海伯格把它放在附录中。

这个命题说，若 $k^{\frac{1}{4}}\rho$ 是均值线，σ 是有理直线，则 $\sqrt{k^{\frac{1}{4}}\rho\sigma}$ 是新的无理线。同

样地,这个与另一个有理直线 σ' 的比例均值也是新的无理线,等等。

卷 X . 理论的古代扩展

从沃尹普科在阿拉伯发现的评论来看,阿波罗尼奥斯从两个方向扩展了无理数理论;(1)推广了欧几里得的均值线,(2)用加法和减法多于两项来复合无理线,等等。评论者写道(沃尹普科的文章 pp. 694 sqq.):

"我们应当知道,不只把两条有理的并且平方可公度的直线加起来得到二项和线,而且以类似的方式把三条或四条线加起来得到同样的东西。首先得到三项和线,其次得到四项和线等等一直到无限。三条有理的并且平方可公度的直线的复合的无理性的证明与二条线的复合的证明相同。

"但是我们必须重新开始并且注意,我们不止可以取两个平方可公度直线之间的一个均值线,而且我们可以取三条或四条等等一直到无限,由于我们可以在任意两条线之间取任意多项的连比。

"类似地,在用加法形成无理线时,我们不止可以构成二项和线,而且可以构成三项和线,以及第一与第二三项和线;并且进一步合成三条平方不可公度的直线,使得它们中的一条与另外两条中每一个上的正方形的和是有理的,而这两条线包围的矩形是均值面,其结果是三条线合成的大线。

"又以类似的方式,我们得到由三条线合成的有理面加均值面的边,以及类似的两个均值面和的边。"

均值线的推广显然是下述方式。设 x, y 是两条仅平方可公度的有理直线,并假定插入 m 个均值(中项),使得

$$x : x_1 = x_1 : x_2 = x_2 : x_3 = \cdots = x_{m-1} : x_m = x_m : y。$$

我们容易得出

$$\frac{x}{x_r} = \left(\frac{x}{x_1}\right)^r,$$

$$\frac{x}{y} = \left(\frac{x}{x_1}\right)^{m+1},$$

因而

$$x_1^r = x_r \cdot x^{r-1},$$

$$x_1^{m+1} = y \cdot x^m,$$

故

$$(x_r \cdot x^{r-1})^{m+1} = (y \cdot x^m)^r,$$

所以
$$x_r^{m+1} = x^{m-r+1} \cdot y^r,$$
或者
$$x_r = (x^{m-r+1} \cdot y^r)^{\frac{1}{m+1}},$$

这就是推广的均值线。

我们现在过渡到评论者所说的三项和线,等等。

(1)三项和线。"假定有三条仅平方可公度的有理直线,其中两条合成的二项和线是无理的,因而由这条线与剩余的线包围的面积是无理的,由这两条线包围的面积的二倍也是无理的。于是这三条线合成的整个线上的正方形是无理的,因而这条线是无理的,并称它为三项和线。"

容易看出其证明是不完整的,沃尹普科的证明也是不完整的。我认为可以如下证明。

假定 x,y,z 是有理的并且$\smile$。

则 x^2,y^2,z^2 是有理的,并且 $2yz,2zx,2xy$ 都是均值面。

首先,$(2yz+2zx+2xy)$ 不可能是有理的。

事实上,假定这个和等于有理面 σ^2。

因为
$$2yz+2zx+2xy = \sigma^2,$$
所以
$$2zx+2xy = \sigma^2 - 2yz,$$

两个不可公度的均值面的和等于有理面与均值面的差。

但是,两个均值面和的边[X.72]必然是带正号的两无理线之一;而有理面与均值面的差的边[X.108]必然是带负号的两无理线之一。

第一个边不同于第二个边[X.111]。

所以
$$2zx+2xy \neq \sigma^2 - 2yz,$$
因而
$$2yz+2zx+2xy \text{ 是无理的。}$$
所以
$$(x^2+y^2+z^2) \smile (2yz+2zx+2xy),$$
因此
$$(x+y+z)^2 \smile (x^2+y^2+z^2),$$

故 $(x+y+z)^2$,因而 $(x+y+z)$ 是无理的。

评论者继续写道:

"若我们有四条平方可公度的直线,这个程序完全相同;并且我们以类似的方式处理后继的线。"

不必关注如何扩展到四项和线,阿波罗尼奥斯可能研究了多项和线

$$\rho + \sqrt{k} \cdot \rho + \sqrt{\lambda} \cdot \rho + \sqrt{\mu} \cdot \rho + \cdots$$

(2)第一三项和线。

评论者说:"假定我们有三条仅平方可公度的均值线,其中一条与另外两条

的每一条包围有理矩形;则由两条线合成的是无理线并称为第一二项和线;剩余的线是均值线,并且由这两条线包围的面是无理面,因而整条线上的正方形是无理的。"

此处给出的条件是不完整的。若 x,y,z 是均值线,使得 xy,xz 都是有理面,

$$y : z = xy : xz = m : n,$$

并且 y,z 是长度可公度的,并不是仅平方可公度的。

因此我们必须理解"三条均值线是这样的,一条与另外两条的每一条仅平方可公度并且与它构成有理矩形"。

若 x,y,z 是三条均值线,则

$$(x^2 + y^2 + z^2) \frown x^2,$$

故 $(x^2 + y^2 + z^2)$ 是均值面。

又 $2xy, 2xz$ 都是有理面,而 $2yz$ 是均值面。

现在 $(x^2 + y^2 + z^2) + 2yz + 2xy + 2xz$ 不可能是有理的,事实上,若是,则两个均值面 $(x^2 + y^2 + z^2), 2yz$ 的和就是有理面:这是不可能的。   [参考 X.72]

因此 $(x + y + z)$ 是无理的。

(3)第二三项和线。

假定 x,y,z 是仅平方可公度的均值线,并且彼此包围均值矩形。

则 $(x^2 + y^2 + z^2) \frown x^2$,并且是均值面。

又 $2yz, 2zx, 2xy$ 都是均值面。

此时为了证明其无理性,其方法类似于 X.38 关于第二均值线的方法。

假定 σ 是有理直线,并且令

$$\left.\begin{array}{l}(x^2 + y^2 + z^2) = \sigma t \\ 2yz = \sigma u \\ 2zx = \sigma v \\ 2xy = \sigma w\end{array}\right\} 。$$

因为 $xz : xy = v : w,$

或者 $z : y = v : w,$

并且类似地 $x : z = w : u,$

所以 u, v, w 是仅平方可公度的。

又因为 $(x^2 + y^2 + z^2) \frown x^2,$

$$\smile xy,$$

所以 t 与 w 不可公度。

类似地,t 与 u, v 不可公度。

235

但是 t,u,v,w 都是有理的并且 $\sim \sigma$。

所以 $(t+u+v+w)$ 是四项和线,因而是无理的。

因而 $\sigma(t+u+v+w)$ 或 $(x+y+z)^2$ 是无理的,

因此 $(x+y+z)$ 是无理的。

(4)三条线构成的大线。

评论者这样描述:"三条平方不可公度的直线这样合成直线,其中一条与另外两条的每一条的平方和是有理的,而这两条线包围的矩形是均值面。"

若 x,y,z 是三条直线,则这意味着

$$(x^2+y^2) \text{ 是有理面,}$$
$$(x^2+z^2) \text{ 是有理面,}$$
$$2yz \text{ 是均值面。}$$

沃尹普科指出了这个假设的困难性,或者是假设

$$(x^2+y^2) \text{ 是有理的,}$$
$$(x^2+z^2) \text{ 是有理的,}$$
$$2xy(\text{或} 2xz) \text{ 是均值面,}$$

以及其结论意味的假设是

$$\left.\begin{array}{l} (x^2+y^2) \text{ 是有理的} \\ xy \text{ 是均值面} \\ xz \text{ 是均值面} \end{array}\right\}。$$

假设 (x^2+y^2) 以及 (x^2+z^2) 都是有理的当然从欧几里得中省略,事实上,X.33 只有找到一对线 x,y 具有这个性质。

但是我们不深入地研究这些。

关于用减法合成无理线,评论者写道:

"又,在用减法合成无理线时,不必局限于一个减号,来得到二项差线,或者第一均差线,或者第二均差线,或者小线,或者有理面与均值面产生的线,或者二均值面产生的线;而我们能用两个或三个或四个减号构成这些线。

"当我们做这些时,我们以类似于以前的方式说明它是无理的,并且它们的每一个是用减法形成的。这就是说,若从一条有理直线截去另一条与整条平方可公度的有理线时,我们得到二项差线;若我们从这条线截去另一条与它平方可公度的有理线时,我们又得到一条二项差线;类似地,若我们从有理线截去这条线(即后面得到的二项差线),它与它平方可公度,我们又得到一个二项差线。同样的东西出现在减去另一条线时。"

正如沃尹普科所说的,其思想是逐步地形成二项差线$\sqrt{a} - \sqrt{b}, \sqrt{b} - \sqrt{c}, \sqrt{c} - \sqrt{d}$,等等。我们自然地期望作者讨论下面的表达式

$$(\sqrt{a} - \sqrt{b}) - \sqrt{c},$$

$$\{(\sqrt{a} - \sqrt{b} - \sqrt{c})\} - \sqrt{d},$$

等等。

卷 XI

定义

1. **立体**有长、宽和高。

2. 立体的边界是面。

3. 一直线和一平面内所有与它相交的直线都成直角时,则称此**直线与平面成直角**。

4. 在两个相交平面之一内作直线与它们的交线成直角,并且这些直线也与另一平面成直角时,则称这**两平面相交成直角**。

5. 从一条和平面相交的直线上的在平面上方的端点向平面作垂线,则该直线与连接交点和垂足的连线所成的角称为该**直线与平面的倾角**。

6. 从两个相交平面的交线上同一点,分别在两平面内各作交线的垂线,这两条垂线所夹的锐角叫作该**两平面的倾角**。

7. 一对平面的倾角等于另外一对平面的倾角时,则称它们有**相似的倾斜**。

8. 两平面总不相交,则称它们是**平行平面**。

9. 凡由个数相等的相似面构成的所有立体图形称为**相似立体图形**。

10. 凡由个数相等的相似且相等的面构成的立体图形称为**相似且相等的立体图形**。

11. 由不在同一平面内多于两条且交于一点的直线全体构成的图形称为**立体角**。

换句话说:由不在同一个平面内且多于两个面又交于一点的平面角所构成的图形称为一个**立体角**。

12. 一个平面及从这个平面到一个点的一些平面构成的立体图形,称为**棱锥**。

13. 一个**棱柱**是一个立体图形,它是由一些平面构成的,其中有两个面是相对的、相等的,相似且平行的,其他各面都是平行四边形。

14. 固定一个半圆的直径,旋转半圆到开始位置,所形成的图形称为一个**球**。

15. **球的轴**是半圆绕成球时的不动直径。

16. **球心**是半圆的圆心。

17. 过球心的被球面从两方截出的任意直线称为球的直径。

18. 固定直角三角形的一条直角边,旋转直角三角形到开始位置,所形成的图形称为**圆锥**。如果固定的一直角边等于另一直角边时,所形成的圆锥称为**直角圆锥**;如果小于另一边,则称为**钝角圆锥**;如果大于另一边,则称为**锐角圆锥**。

19. 直角三角形绕成圆锥时,不动的那条直角边称为**圆锥的轴**。

20. 三角形的另一边经旋转后所成的圆面,称为**圆锥的底**。

21. 固定矩形的一边,绕此边旋转矩形到开始位置,所成的图形称为**圆柱**。

22. 矩形绕成圆柱时的不动边,称为**圆柱的轴**。

23. 矩形绕成圆柱时,相对的两边旋转成的两个圆面叫作**圆柱的底**。

24. 凡圆锥或圆柱的轴与底的直径成比例时,则称这些圆锥或圆柱为**相似圆锥**或**相似圆柱**。

25. 六个相等的正方形所围成的立体图形,称为**立方体**。

26. 八个全等的等边三角形所围成的立体图形,称为**正八面体**。

27. 二十个全等的等边三角形所围成的立体图形,称为**正二十面体**。

28. 十二个相等的等边且等角的五边形所围成的立体图形,称为**正十二面体**。

定义 1

A *solid* is that which has length, breadth and depth.

这个定义显然是传统的,来自柏拉图和亚里士多德,柏拉图说(*Sophist*, 235 D),仿制一个模型"在长度、高度和宽度"上。第三维的高度只用来描述"立体";这个术语隐含着其他两维;于是(*Metaph*. 1020 a 13,11)"长度是一条线,宽度是一个面,而高度是立体";"在一个方向延伸的是长度,在两个方向延伸的是宽度,而在三个方向延伸的是高度"。类似地,柏拉图(*Rep*. 528 B,D)说:"我在几何中放置有高度的立体的运动。"在亚里士多德中(*Topics* Ⅵ. 5,142 b 24),"立体有所有的维数"(*De caelo* 1.1,268 b 6),"它有各方面的维数",等等。在 *Physics*(Ⅳ.1,208 b 13 sqq.)中他说"维数"有六,把三个维数的每一个分为两个相反的,"上和下,前和后,左和右",他说这些术语是相对的。

海伦把这两个定义联系在一起,说:"立体是有长、宽和高;或者它具有三

维。"(定义 13)

定义 2

An extremity of a solid is a surface.

类似地,亚里士多德说(Metaph. 1066 b 23)立体是"由面围成的"并说(*Metaph.* 1060 b 15)面是"立体的边界"。

海伦说:"每个立体是以面为边界的,并且是由一个面从前面位置向后运动产生的。"

定义 3

A straight line is *at right angles to a plane*, **when it makes right angles with all the straight lines which meet it and are in the plane.**

这个定义以及下一个逐字逐句是由海伦给出的。

定义 3 中所说的一条直线与一个平面的关系在 XI.4 中建立。

这个事实被克里利(Crelle)到傅里叶(Fourier)作为定义面的基础。"一个平面是通过直线上同一个点并且垂直于它的直线形成的。"这个定义遭到反对,直角概念涉及角的度量,要事先假定一个平面,角的度量最终依赖于两个平面的重合,并且当一个平面上的两条线与另一个平面上的两条线分别重合时这两个平面重合。

定义 4

A plane is *at right angles to a plane* **when the straight lines drawn, in one of the planes ,at right angles to the common section of the planes are at right angles to the remaining plane.**

这个定义以及定义 6 都使用了两个平面的公共截线,尽管在 XI.3 之前没有证明这个公共截线是直线。然而,正如定义 3,这个定义是合理的,由于其目的是解释术语的含义,而不是证明任何东西。

勒让德(Legendre)把垂直平面的定义归结为定义 6 的特殊情形,即一个平面对一个平面的倾角是直角。

定义 5

The inclination of a straight line to a plane **is, assuming a perpendicular drawn from the extremity of the straight line which is elevated above the plane to the plane, and a straight line joined from the point thus arising to the extremity of the straight line which is in the plane, the angle contained by the straight line so drawn and the straight line standing up.**

换句话说,直线对平面的倾斜度是这条直线与它在这个平面上的投影之间的角。这个角当然小于这条直线与这个平面上通过直线与平面交点的任意其他直线之间的角;这个命题出现在现代的教科书中。它容易用命题XI.4 和 I.19,18 证明。

定义 6

The inclination of a plane to a plane **is the acute angle contained by the straight lines drawn at right angles to the common section at the same point, one in each of the planes.**

当两个平面相交于一条直线时,它们形成所谓的二面角,它定义为这两个平面之间的开度或开角。这个二面角是一个"角",不同于平面角,也不同于欧几里得定义的立体角(即三面角、四面角,等等),阿波罗尼奥斯的角的概念是"把一个面或立体朝向一个点在折线或折面下放在一起"(Proclus,p. 123,16),我们把二面角看成两个相交平面形成的折面并与一条直线放在一起。勒让德用墙角来描述两个面之间的二面角;我认为这个比开度更好。

我们所说的二面角是用平面角来度量的,即欧几里得所说的一个平面对一个平面的倾斜度,在现代的教科书中称为二面角的平面角。

必须证明这个平面角正确地度量了二面角,勒让德有一个相关的命题。为此必须证明对于给定的交于一条直线的两个平面,

(1)交线上所有点处的平面角是相同的;

(2)若两个平面之间的二面角以某个比增加或减小时,则这个平面角也以相同的比增加或减小。

(1)若 *MAN*,*MAP* 是两个相交在 *MA* 的平面,并且若 *AN*,*AP* 分别在两个平面内并且与 *MA* 成直角,角 *NAP* 是平面对平面的倾斜度或这个二面角的平面角。

设 *MC*,*MB* 也是分别在两个平面内并且与 *MA* 成直角。

因为在平面 *MAN* 内,*MC* 和 *AN* 与同一条直线 *MA* 成直角,所以

MC,*AN* 是平行线。

同样地,*MB*,*AP* 是平行线。

所以角 *BMC* 等于角 *PAN*。　　　　　　　[XI.10]

又 *M* 是 *MA* 上的任一点,因而定义中所说的平面角在 *AM* 的所有点是相同的。

(2)在平面 *NAP* 内作以 *A* 为圆心,*AD* 为半径的圆弧 *NDP*。

平面 *NAP*,*CMB* 都与直线 *MA* 成直角,故平行。　　　[XI.14]

所以这两个平面与平面 *MAD* 的交线 *AD*,*ME* 平行。　　[XI.16]

因而角 *BME*,*PAD* 相等。　　　　　　　　　　　[XI.10]

现在若平面角 *NAD* 等于平面角 *DAP*,则二面角 *NAMD* 等于二面角 *DAMP*。

事实上,若角 *PAD* 贴到角 *DAN*,*AM* 保持不变,则对应的二面角就重合。

逐步地应用这个结果可以证明,若角 *NAD*,*DAP* 每一个包含某一个角的某个倍数,则二面角 *NAMD*,*DAMP* 也分别包含对应二面角的相同倍数。

因此,若角 *NAD*,*DAP* 是可公度的,则对应于它们的二面角有相同的比。

而后勒让德扩展这个证明到这两个平面角是不可公度的情形,完全类似于对欧几里得VI.1 的扩展,见那个命题的注。

定义 7

A plane is said to be *similarly inclined* to a plane as another is to another when the said angles of the inclinations are equal to one another.

定义 8

***Parallel planes* are those which do not meet.**

海伦有平行平面的同样的定义(定义 115)。译为"不相交"的希腊词

ἀσύμπτωτα已经作为曲线的渐近线。

定义 9

Similar solid figures **are those contained by similar planes equal in multitude.**

定义 10

Equal and similar solid figures **are those contained by similar planes equal in multitude and in magnitude.**

定义 10 只是用"相等和相似"代替了定义 9 中的"相似"。这两个定义引起许多批评。

西姆森认为立体图形的相等应当证明,用重合的方法或其他方法,因而,定义 10 不是一个定义,而是一个定理,不应当放在定义之中。其次,他给出一个例子说明这个定义或定理不是普遍地真。他取一个棱锥,而后在底的两侧竖立两个相等的较小棱锥,从第一个棱锥加上或减去这个小棱锥,给出两个满足定义的立体图形,但显然不是相等的(较小者有重进的角);因而也出现了两个由同个数的相等平面角围成的不等的立体角。

因此,定义 10 可能是一个生手插入的,西姆森在定义 9 之前定义了立体角,而后定义相似立体图形如下:

相似的立体图形是这样的,它们所有的立体角一对一相等,并且由相同个数的相似平面围成。

勒让德有一个极为有用的关于这些定义的讨论(Note XII. , pp. 323—336, *Eléments de Géométrie*, 第 14 版)。他首先说,正如西姆森所说的,定义 10 不是一个真正的定义,而是一个需要证明的定理;因为这不是显然的,两个立体相等是一个原因,它们有相等个数的相等面,并且,若是真的,这个事实应当用重合或其他方法证明。定义 10 的缺点也是定义 9 共有的。事实上,若定义 10 没有证明,就可以假定存在两个不相等的并且不相似的立体具有相等的面。但是,此时根据定义 9,一个立体有相似于两个立体的面,第一个就相似于它们两个,即两个不同形状的立体;隐含着矛盾或者至少与词"相似"的自然含义不符合。

那么有什么理由说这两个定义是欧几里得给出的? 应当注意欧几里得参

考定义 9,10 证明的相等和相似是这样的立体,它们的立体角不是由多于三个平面角构成的;并且他证明了若构成一个立体角的三个平面角分别等于构成另一个立体角的三个平面角,则这两个立体角相等。若两个多面体的面分别相等,则对应的立体角由相同个数的平面角构成,并且在一个多面体中的每个立体角的平面角分别等于另一个多面体中对应的立体角的平面角。所以,若每个立体角的平面角不多于三个,则对应的立体角相等。但是,若对应的面相等,并且对应的立体角相等,则这两个立体必然相等;因为它们可以重合,或者至少相互对称。因此,定义 9,10 的叙述是真的并且允许带三面角的图形,这是欧几里得讨论的仅有的情形。

又,西姆森给出的例子证明了定义 10 具有重进角时是不正确的。但是,欧几里得有意排除了这种立体,并且只关注凸多面体;因此西姆森的例子不能完全驳倒这个定义。

勒让德注意到西姆森的定义尽管是真的,但有缺点,它包含过多的条件。为了克服这个困难,勒让德把相似立体的定义分为两步,首先定了三角棱锥的相似,而后基于第一个定义来定义一般多面体的相似。

两个三角棱锥是相似的,当它们有分别相似的面,相似放置并且彼此相等地倾斜。

而后,在多面体的底上取三个顶点形成一个三角形,我们可以想象这个多面体的不同的立体角,形成以这个三角形为公共底的许多三棱锥,并且每一个三棱锥决定了这个多面体的一个立体角的位置。这就是,

两个多面体是相似的,当它们有相似的底,并且底之外的顶点决定的三棱锥彼此相似。

事实上,柯西(Cauchy)证明了两个凸立体图形是相等的,若它们是由相似地放置的相等平面的图形包围的。勒让德给出了一个证明,这个证明依赖于两个引理,这两个引理导出下述定理,**若给定一个凸多面体,它的所有立体角由多于三个平面角构成,则不可能改变这个立体的平面的倾斜度,来产生第二个多面体,由同样方式放置的同样的平面构成。**立体角由多于三个平面角构成的凸多面体可以由任意给定的多面体切掉所有由三面角形成的三棱锥得到。这个是合理的,由于三面角是不变的。

因此,海伦的相等立体图形定义,在欧几里得的"相似"前增加了"相似放置"是正确的。相等的立体图形是由相似放置的相等的个数和大小的平面包围的。

海伦定义**相似立体图形为由相似放置的相似平面围成的。**若理解为凸多

面体,则不会遭到任何反对,由于关于相等立体图形的柯西命题是真的。

定义 11

A solid angle **is the inclination constituted by more than two lines which meet one another and are not in the same surface, towards all the lines.**

Otherwise:*A solid angle* **is that which is contained by more than two plane angles which are not in the same plane and are constructed to one point.**

Heiberg 猜测这两个定义的第一个不是欧几里得的风格,可能是他从早期的《原理》中取来的。

第二个定义的术语完全是柏拉图关于立体角的用语(*Timaeus*, p. 55),他说(1)四个等边三角形如此放置在一起,每三个平面角构成一个立体角,(2)八个等边三角形放置在一起,每四个平面角构成一个立体角,(3)六个正方形构成八个立体角,每一个立体角由三个平面直角构成。

正如我们知道的,阿波罗尼奥斯定义一个角为"把一个面或立体朝向一个点在折线或折面下放在一起"。海伦(定义 24)甚至省略了"折"并且说,**一个立体角是把一个面凹向同一个方向在一点放在一起**。从普罗克洛斯(p. 123,1—6)提及的半个圆锥(由过轴的三角形截出的)以及从这个定义的附注,明显地存在关于立体角的争论,由少于三个面(包括曲面)围成的角是否是立体角。评注者说,欧几里得把立体角定义为由三个或更多的平面角构成的是不够的,由于它不包括"球的四分之一"的角,它是由多于两个面围成的,尽管不都是平面的。但是,他允许半个圆锥在顶点形成一个立体角,因为此时圆锥的顶点本身就是一个角,并且立体角可由两个面或一个面形成。

另一方面,海伦明确地说到不是由平面直线角围成的立体角,"例如,圆锥的角。"后面这个角的概念是立体角的极限,据我所知,作为无限多个无限小平面角的极限没有出现在希腊几何中。

在现代教科书中,一个多面角是**由交于一点的三个或更多个平面形成(或界定)的**,或者它是这些平面在交点处的张角。

定义 12

A *pyramid* is a solid figure, contained by planes, which is constructed from one plane to one point.

这个定义不是很明显的,海伦对它的加强(定义 100)也不是很明显的。一个棱锥是从三角形、四边形或多边形,即任意直线形的底把三角形放在一个点形成的图形。

在现代教科书中有各种定义。勒让德说,一个棱锥是这样一个立体,若干个三角形平面从一点开始,终止在一个多边形平面的不同的边。

H. M. 泰勒、史密斯和布赖恩特(Bryant)称它是**一个多面体,除了一个面之外,所有面交于一点。**

梅拉(Mehler)说"一个 n 边的棱锥是由 n 边的多边形为底,n 个三角形相连到底外一点围成的。"

劳森波尔哥(Rausenberger)指出,一个棱锥是从一个立体角被一个平面截出的图形。

定义 13

A *prism* is a solid figure contained by planes two of which, namely those which are opposite, are equal, similar and parallel, while the rest are parallelograms.

H. M. 泰勒定义一个棱柱为**一个多面体,除了两个面之外,所有面都平行于一条直线。**

梅拉说,一个 n 边棱柱是一个立体,由两个平行平面以及另外 n 个具有平行交线的面围成。

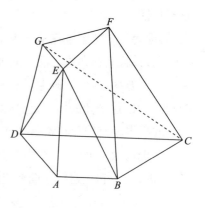

海伦的定义更为广泛(定义 105)。棱柱是这样的图形,用直线连接一个直线形的底到一个直线形的面。由海伦这个定义,意味着任意凸多面体,用直线连接不同平面上的两个多边形的边和顶点,形成三角形面(当然,两个相邻的三角形可以在一个平面内并且形成一个四边形的面），如附图，*ABCD*，*EFG* 表示底及其相对的面。

海伦继续解释道，若对着底的面缩减到一条直线，并且用直线连接底到它的端点，则得到的图形既不是棱锥也不是棱柱。

他进一步定义平行四边形的棱柱为这样的棱柱，它有六个面并且相对的面平行。

定义 14

When, the diameter of a semicircle remaining fixed, the semicircle is carried round and restored again to the same position from which it began to be moved, the figure so comprehended is *a sphere*.

评论者认为这个定义不是球的真正的定义，而是产生它的一个方法。但是，在卷 XIII. 最后一个命题中将会看到为什么欧几里得用这种形式定义。由于他要用它证明正多面体的顶点的确放在一个球面上。事实上他证明了正多面体的顶点放在这个球的某个直径描绘的半圆上。关于真正的定义，这个评论者推荐西奥多修斯（Theodosius）的 *Sphaerica*。但是，真正的定义很早以前已给出。在亚里士多德中，球的特征是**它的端点到它的中心是等距离的**。海伦（定义 77）使用了欧几里得定义圆的方式：**球是一个立体图形，由一个面界定，从它内面的一点到它的所有直线是彼此相等的**。教科书中的定义是同样的，球是一个闭曲面，它的所有点到它内的一个点是等距离的。

定义 15

The axis of the sphere is the straight line which remains fixed and about which the semicircle is turned.

海伦（定义 79）明确地说，球的任一直径是轴。**球的直径称为轴，并且球的直径是任一条过中心界于球之间的直线，绕它转动时球不变**。参考欧几里得的定义 17。

定义 16

The centre of the sphere is the same as that of the semicircle.

球的中心点（The middle point）称为它的中心；这一点也称为半球的中心。

定义 17

A diameter of the sphere is any straight line drawn through the centre and terminated in both directions by the surface of the sphere.

定义 18

When, one side of those about the right angle in a right-angled triangle remaining fixed, the triangle is carried round and restored again to the same position from which it began to be moved, the figure so comprehended is *a cone*.

And, if the straight line which remains fixed be equal to the remaining side about the right angle which is carride round, the cone will be *right-angled*; if less, *obtuse-angled*; and if greater, *acute-angled*.

这个定义,或者更确切说生成直圆锥的描述的第二句话是有意义的,区别直角的、钝角的和锐角的圆锥。对于欧几里得的目的来说这个区别是不必要的,并且在卷XII.中没有应用;无疑地,这是古代遗留的一个方法,一直适用到欧几里得时代,早期的希腊几何学家用它产生圆锥截线,即用垂直于边缘的截面截正圆锥。在这个系统中,抛物线是直角圆锥的截线,双曲线是钝角圆锥的截线,椭圆是锐角圆锥的截线。阿基米德这样称呼这些圆锥截线,一直到阿波罗尼奥斯,他是第一位给出生成它们的完整理论,不是用垂直于边缘的截面,而是从斜圆锥截出的。阿波罗尼奥斯用更科学的圆锥定义开始的圆锥曲线论。他说,若过一固定点的无限长的直线绕一个与固定点不在一个平面上的圆周运动,当通过这个圆周上的每一点时,运动直线的轨迹是双侧圆锥的表面,或者两个相似的在对侧的圆锥,相交于这个固定点,这个点也称为每一个圆锥的**顶点**。这个圆称为这个圆锥的**底**,**轴**定义为从顶点到作为底的圆心的直线。阿波罗尼奥斯继续说,这个圆锥是斜圆锥,除了轴垂直于底的特殊情形。在后面情况下它是正圆锥。

阿基米德称**正圆**锥为等腰圆锥。这个事实以及出现在他的专著 *On Conoids and Spheroids*(7,8,9)中,把锐角圆锥截线(椭圆)作为斜圆锥的截线,足以使人清楚,若他定义圆锥,则会与阿波罗尼奥斯的定义相同。

定义 19

The axis of the cone is the straight line which remains fixed and about which the triangle is turned.

定义 20

And the *base* is the circle described by the straight line which is carried round.

定义 21

When, one side of those about the right angle in a rectangular parallelogram remaining fixed, the parallelogram is carried round and restored again to the same position from which it began to be moved, the figure so comprehended is a *cylinder*.

定义 22

The axis of the cylinder is the straight line which remains fixed and about which the parallelogram is turned.

定义 23

And the *bases* are the circles described by the two sides opposite to one another which are carried round.

定义 24

Similar cones and cylinders are those in which the axes and the

diameters of the bases are proportional.

定义 25

A cube is a solid figure contained by six equal squares.

定义 26

An octahedron is a solid figure contained by eight equal and e-quilateral triangles.

定义 27

An icosahedron is a solid figure contained by twenty equal and equilateral triangles.

定义 28

A dodecahedron is a solid figure contained by twelve equal, e-quilateral, and equiangular pentagons.

命题

命题 1

一条直线不可能一部分在平面内,而另一部分在平面外。

因为,如果可能的话,设直线 *ABC* 的一部分 *AB* 在平面内,而另一部分 *BC* 又在此平面外。

那么,在这个平面上就有一条直线与 *AB* 连接成同一条直线,设它为 *BD*。

因此,*AB* 是两条直线 *ABC*,*ABD* 的共同部分:这是不可

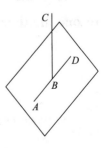

能的。

因为,如果以 B 为心,以 AB 为距离画圆,
则直径截出不相等的圆弧。

所以,一条直线不可能一部分在平面内,而另一部分在此平面外。

证完

无疑地,前三个命题的证明是令人不满意的,由于欧几里得没有使用他的平面定义,实际上依赖于某些公理,把平面定义为**直线平放着的曲面**,不管它的含义是什么,没有一个地方用它来判别一个特殊的曲面是不是一个平面。若它的含义是我在卷 I . 定义 7 的注中所猜测的,即只是试图表示不去求柏拉图的"覆盖中间端点"(即一个平面从边缘看是一直线),则可能是把这个定义与许多作者建议的产生平面的方法联系在一起。于是,若我们想象在空间内的一条直线以及它外面的一点,使用柏拉图的话说,这条线"覆盖"我们所看的点,则这条线也"覆盖"通过给定点以及给定直线上某一点的任何直线。因此,若通过一个固定点的一条直线这样运动,逐步地通过不包含这个固定点的直线上的每一点时,则运动的直线描绘了一个满足欧几里得定义的平面。但是若选择下述平面的定义,**通过一个给定点的直线绕着这个给定点,与不过给定点的一条给定直线相交所描绘的曲面**。则这个定义能帮助我们证明欧几里得 XI . 2,但是没有给出平面的基本性质;需要加入一些公设。同样地,即使我们采取西姆森的定义,它给出比决定平面更多的内容,**一个平面是这样一个曲面,若一条直线与它交于两个点,则这条直线完全在它内**。这个也称为**平面公理**。(某些人试图用平面的其他定义来证明这个,见我的关于 I,定义 7 的注)。若承认这个定义或公理,命题 1 就成为显然的,事实上,勒让德说:"根据平面的这个定义,当一条直线与一个平面有两个公共点时,它完全在这个平面内。"

欧几里得实际上假定了这个公理,当他在这个命题中说,"在这个平面内,有某条与 AB 连成一条的直线。"克拉维乌斯(Clavius)试图从欧几里得的平面定义导出这个,但没有成功;他似乎也承认他的失败,因为他继续寻找另外的方法。他说,在平面 DE 内作直线 CG 与 AC 成直角,又在平面 DE 内作 CF 与 CG 成直角[I . 11]。则 AC,CD 在同一个平面内与 CG 成直角;所以[I . 14]ACF 是一条直线。但是,这个没有真正的帮助,由于欧几里得在卷 I . 及卷 XI . 中隐含地假定了连接平面内两个点的直线完全在这个平面内。

在欧几里得的证明中,奇怪的是为什么两条直线不能有公共线段的理由。其论据正好是普罗克洛斯关于 I . 1 给出的同样东西的证明的论据(见卷 I . 命

题2的注），当然这是不彻底的，两条直线不能有公共线段的事实必须包括在直线的定义中。我认为这个证明可能是插入的，尽管这个插入可能是很早的。

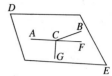

这个证明也假定了一个圆可以截 BA,BC 和 BD，换句话说，假定了 AD,BC 是在一个平面内；即命题 1 实际上假定了命题 2 的结果。这就是西姆森改变成下述证明的理由：

"设任一个平面通过直线 AD，并且转动它直到它通过点 C。"

由于点 B,C 在这个平面内，所以直线 BC 在它内。　　　［西姆森的定义］

因而有两条直线 ABC,ABD 在同一个平面内并且有公共线段 AB：这是不可能的。"

西姆森当然认为最后的推理参考了他的关于 Ⅰ.11 的推论，然而我们已经看到这个推论不是有效的，它实际上隐含在 Ⅰ.公设 2 之中。

另外一个解释，可能属于塞翁，在希腊正文"它是不可能的"之后说，"因为一条直线交另一条直线不能多于一个点；否则这两条直线就重合。"西姆森批评这个解释，我认为没有充分的理由。它包含合理的推理，假定了直线 ABC,ABD 交于多于两个点，即在 A 与 B 之间的所有点。而两条直线不能有两个公共点，除非全部重合；因此 ABC 与 ABD 必然重合。

命题 2

如果两条直线彼此相交，则它们在同一个平面内，并且每个三角形也在同一个平面内。

设两直线 AB,CD 交于点 E。

我断言 AB,CD 在同一个平面内，并且每个三角形也在这个平面内。

设在 EC,EB 上分别取点 F,G。连接 CB,FG；引 FH,GK。

首先证明三角形 ECB 在同一个平面内。

如果三角形 ECB 的一部分 FHC 或 GBK 在一个平面内，则余下的在另外一个平面内。

那么，直线 EC,EB 之一的一部分在一个平面内，而另一部分在另外一个平面内。

但是，如果三角形 ECB 的一部分 $FCBG$ 在原平面内，而其余部分在另一个平面内。

那么,两直线 EC, EB 的一部分也在原平面内,而另一部分在另一平面内:已经证明了这是不合理的。 [Ⅺ.1]

故,三角形 ECB 在一个平面内。

但是,三角形 ECB 所在的平面也是 EC, EB 所在的平面;

又,EC, EB 所在的平面也是 AB, CD 所在的平面。 [Ⅺ.1]

所以,直线 AB, CD 在一个平面内,且每个三角形也在这个平面内。

证完

必须承认这个命题的"证明"没有任何价值。欧几里得只是对某种三角形以及以原三角形为部分的四边形做了证明。但是,我们知道,有一部分三角形由某条曲线围成,这条曲线与三角形不在一个平面。

我们赞成西姆森如下阐述这个命题。

相交的两条直线在一个平面内,三条两两相交的直线在一个平面内。

选取史密斯和布赖恩特的图形,假定三条直线 PQ, RS, XY 两两相交于 A, B, C。

西姆森的证明如下。

设任一个通过 PQ 的平面以 PQ 为轴旋转到过点 C。

因为点 A, C 在这个平面内,所以直线 AC(因而直线 RS 无限延长)完全在这个平面内。

[西姆森的定义]

同样地,因为 B, C 在这个平面内,所以直线 XY 完全在这个平面内。

因此,所有三条直线 PQ, RS, XY 在一个平面内。

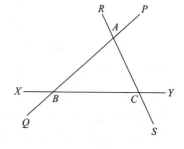

但是,仍然要证明只有一个平面通过这三条直线。

在泰勒的《欧几里得》中,其证明如下。

假定若有两个不同的平面通过 A, B, C,则直线 BC, CA, AB 完全在每一个平面中。

这两个平面中一个内的任一条直线必然至少与这三条直线中的两条相交(必要时延长)。设与其交于 K, L。

因为 K, L 也在第二个平面内,所以直线 KL 在这个平面内。

因此,在一个平面内的任一直线也在另一个内;因而这两个平面重合。

由上述可以推出,一个平面由下述任一条件唯一决定:

(1)三条两两相交的直线;

(2)不在一条直线上的三个点;

(3)交于一点的两条直线;

(4)一条直线及其外的一点。

命题 3

如果两个平面相交,则它们的共同截线是一条直线。

设两平面 *AB*, *BC* 相交, *DB* 是它们的共同截线。

我断言线 *DB* 是一条直线。

如果不是直线,设从 *D* 到 *B* 在平面 *AB* 上连接的直线为 *DEB*,在平面 *BC* 上连接的直线为 *DFB*。

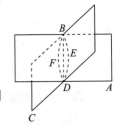

因此,两条直线 *DEB*, *DFB* 有相同的端点,明显地,它们围成一个面片:这是不可能的。

所以, *DEB*, *DFB* 都不是直线。

类似地,可以证明除平面 *AB*, *BC* 的交线之外再没有连接从 *D* 到 *B* 的任何其他直线。

证完

我认为西姆森反对"这是不可能的"的后面的话是正确的。其大意是 *DEB*, *DFB* 不是直线,并且除了 *DB* 不可能有其他直线连接 *D*, *B*,这是不必要的。正确的是在"这是不可能的"之后立即断定 *BD* 不可能不是直线。

勒让德给出了依赖于命题 2 的证明。"事实上,若在这两个平面的公共点之中,可以找到三个不在同一直线上,则这两个平面都通过这三个点,只能是同一个平面。"[当然,这个假定了三个点决定了唯一的平面,严格地说,这涉及比命题上更多的内容,正如上述注所说的。]

在现代教科书中较好的命题如下,其证明属于斯陶特(Von Staudt)(Killing, *Grundlagen der Geometrie*, Vol. Ⅱ. p. 43)。

若两个平面交于一点,则它们交于一条直线。

设 *ABC*, *ADE* 是两个平面,交于 *A*。

在平面 *ABC* 上取任意两点 *B*, *C*,不在平面 *ADE* 上,但在它的同一侧。

连接 *AB*, *AC*,并且延长 *BA* 到 *F*。

连接 *CF*。

因为 *B*,*F* 在平面 *ADE* 的两侧,所以 *CF* 也在它的两侧。

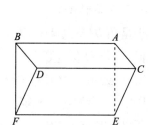

所以 *CF* 必然交平面 *ADE* 于某个点 *G*。

因为 *A*,*G* 在平面 *ABC*,*ADE* 每一个内,所以直线 *AG* 在这两个平面内。[西姆森的定义]

这里也应当插入命题,**若三个平面两两相交,则它们的交线或者交于一点或者两两平行。**

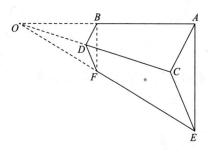

设三个平面交于直线 *AB*,*CD*,*EF*。

AB,EF 在一个平面内,或者交于一点,或者平行。

(1)设它们交于 *O*。

则在 *AB* 上的点 *O* 位于平面 *AD* 内,在 *EF* 上的点 *O* 也位于平面 *ED* 内。

所以 *O* 作为平面 *AD*,*DE* 的公共点必然在它们的交线 *CD* 上,即 *CD* 通过 *O*。

(2)设 *AB*,*EF* 不相交,而是平行的。

则 *CD* 不可能与 *AB* 相交;事实上,若相交,则由第一种情形必然与 *EF* 相交。

所以在一个平面上的 *CD*,*AB* 是平行的。

类似地,*CD*,*EF* 是平行的。

命题 4

如果一条直线在另两条直线交点处都和它们成直角,则此直线与两直线所在平面成直角。

设一直线 *EF* 在二直线 *AB*,*CD* 的交点 *E* 与它们成直角。

我断言 EF 也与 AB, CD 所在的平面成直角。

设取 AE, EB, CE, ED 彼此相等,且过

点 E 任意引一条直线 GEH。

连接 AD, CB,

并且在 EF 上任取一点 F,连接 FA, FG, FD, FC,

FH, FB。

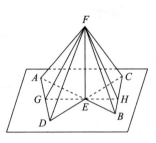

因为,两线段 AE, ED 分别等于线段 CE, EB,而且夹角也相等。 [Ⅰ.15]

所以,底 AD 等于底 CB,

并且三角形 AED 等于三角形 CEB。 [Ⅰ.4]

于是角 DAE 也等于 EBC。

但是,角 AEG 也等于角 BEH。 [Ⅰ.15]

所以,三角形 AGE 和 BEH 有两角及夹边分别相等,夹边即 AE, EB。

所以,其余的边也相等。 [Ⅰ.26]

所以,GE 等于 EH,且 AG 等于 BH。

因为,AE 等于 EB,而 FE 是两直角处的公共边,

所以,底 FA 等于底 FB。 [Ⅰ.4]

同理,FC 也等 FD。

又因为,AD 等于 CB,且 FA 等于 FB,

两边 FA, AD 分别等于两边 FB, BC。

又已经证得底 FD 等于底 FC,

所以,角 FAD 也等于角 FBC。 [Ⅰ.8]

又已经证得 AG 等于 BH,而且 FA 也等于 FB;两边 FA, AG 等于两边

FB, BH。

也已证得角 FAG 等于角 FBH,

所以,底 FG 等于底 FH。 [Ⅰ.4]

现在,因为已证得 GE 等于 EH,且 EF 是公共的;两边 GE, EF 等于两边 HE,

EF。

又,底 FG 等于底 FH,

所以,角 GEF 等于角 HEF。 [Ⅰ.8]

所以,角 GEF,角 HEF 都是直角。

于是,FE 过 E 和直线 GH 成直角。

类似地,能够证明 FE 和已知平面上与它相交的所有直线都成直角。

但是,当一直线和一平面上相交的所有直线都成直角时,则该直线与此平

面成直角。 [XI.定义 3]

所以,*FE* 与平面成直角。

但是,平面经过直线 *AB*,*CD*,

所以,*FE* 和经过 *AB*,*CD* 的平面成直角。

证完

欧几里得证明这个命题的步骤如下。

(1)三角形 *AED*,*BEC* 全等[由 I.4],

(2)三角形 *AEG*,*BEH* 全等[由 I.26],故 *AG* 等于 *BH*,*GE* 等于 *GH*,

(3)三角形 *AEF*,*BEF* 全等[由 I.4],故 *AF* 等于 *BF*,

(4)类似地,三角形 *CEF*,*DEF* 全等,故 *CF* 等于 *DF*,

(5)三角形 *FAD*,*FBC* 全等[I.8],故角 *FAG*,*FBH* 相等,

(6)三角形 *FAG*,*FBH* 全等[由(2),(3),(5) 和 I.4],故 *FG* 等于 *FH*,

(7)三角形 *FEG*,*FEH* 全等[由(2),(6)和 I.8],故角 *FEG*,*FEH* 相等,因而 *FE* 与 *GH* 成直角。

由于上述证明太长,故有其他的证明出现,一般接受的是柯西的下述证明。

设 *AB* 垂直于平面 *MN* 内的两条直线 *BC*,*BD*,交点是 *B*。

在平面 *MN* 内作任一过 *B* 的直线 *BE*,

连接 *CD*,并设 *CD* 交 *BE* 于 *E*。

延长 *AB* 到 *F*,使得 *BF* 等于 *AB*。

连接 *AC*,*AE*,*AD*,*CF*,*EF*,*DF*。

因为 *BC* 是 *AF* 的中垂线,所以 *AC* 等于 *CF*。

类似地,*AD* 等于 *DF*。

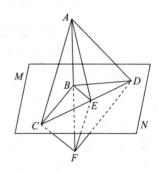

因为在三角形 *ACD*,*FCD* 内,两条边 *AC*,*CD* 分别等于两条边 *FC*,*CD*,并且第三条边 *AD*,*FD* 也相等,所以

三角形 *ACD*,*FCD* 全等。 [I.8]

三角形 *ACE*,*FCE* 有两边及其夹角相等,因此

EA 等于 EF。 [I.4]

三角形 *ABE*,*FBE* 的所有边对应相等,所以角 *ABE*,*FBE* 相等, [I.8]
因而 *AB* 垂直于 *BE*。

并且 *BE* 是平面 *MN* 内的过 *B* 的任意直线。

勒让德的证明不是如此容易,但是有意义。首先过角 *CBD* 内任一点 *E* 作

直线 CD,使 E 平分 CD。

为此,作 EK 平行于 DB,交 BC 于 K,而后取 KC 等于 BK。

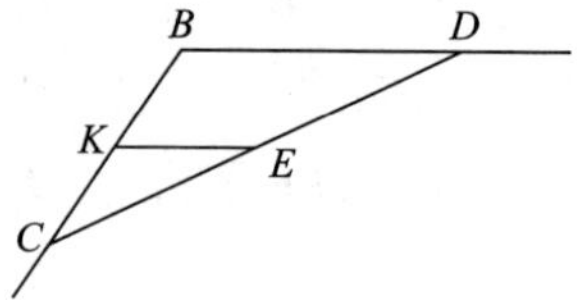

连接 CE 并延长到 D,则 CD 是所要的直线。

连接 AC,AE,AD,如上图,因为 E 平分 CD,所以

(1)在三角形 ACD 中,

$$AC^2 + AD^2 = 2AE^2 + 2ED^2,$$

(2)在三角形 BCD 中,

$$BC^2 + BD^2 = 2BE^2 + 2ED^2。$$

相减,并因为三角形 ABC,ABD 是直角三角形,有

$$AC^2 - BC^2 = AB^2,$$

$$AD^2 - BD^2 = AB^2,$$

我们有 $$2AB^2 = 2AE^2 - 2BE^2,$$

或者 $$AE^2 = AB^2 + BE^2,$$

因此[Ⅰ.48]角 ABE 是直角,因而 AB 垂直于 BE。

由这个命题可以推出,垂线 AB 是从 A 到平面 MN 的最短距离。

事实上,我们可以证明,

若从平面外一点作到这个平面的斜线,则

(1)从交点到垂线的足有相等距离的斜线是相等的,

(2)从交点到垂线的足的距离越大,斜线越长。

最后,容易看出,

从平面外一点只能作该平面的一条垂线。

事实上,若有两条垂线,则通过它们可以作一个平面,并且这个平面与原来的平面相截于一条直线。

这个直线与两条垂线形成一个平面三角形,这个三角形有两个直角:这是不可能的。

命题 5

如果一直线过三直线的交点且与三直线交成直角,则此三直线在同一平面内。

设直线 AB 过三直线 BC,BD,BE 的交点 B,并且与它们成直角。

我断言 BC,BD,BE 在同一个平面内。

假设它们不在同一个平面内,但如果这是可能的,设 BD,BE 在同一个平面内,BC 不在该平面内;过 AB 和 BC 作一平面,它与原平面有一条交线。〔Ⅺ.3〕

设它是 BF。

则三直线 AB,BC,BF 在同一平面内,即经过 AB,BC 的平面。

因为 AB 和直线 BD,BE 的每一条都成直角,所以 AB 也和 BD,BE 所在平面成直角。〔Ⅺ.4〕

但是,通过 BD,BE 的平面是原平面;

所以,AB 和原平面成直角。

于是 AB 也和原平面内过 B 点的所有直线成直角。〔Ⅺ.定义 3〕

但是,在原平面内的 BF 与 AB 相交,

所以角 ABF 是直角。

但是,已知角 ABC 也是直角;

所以,角 ABF 等于角 ABC,且它们在一个平面内:这是不可能的。

所以,直线 BC 不在平面外;

从而,三直线 BC,BD,BE 在同一平面内。

因此,如果一直线过三直线的交点且与三直线交成直角,

则此三直线在同一平面内。

证完

由此可以推出,**若一个直角绕它的一条边转动,则另一条边描绘一个平面。**

在一条直线上任一点,只能作一个平面与这条直线成直角。

这样一个平面可以这样找到:取过给定直线 AO 的任意两个平面 AOB,AOC,在这两个平面上分别作 BO,CO 垂直于 AO,而后作通过这两条垂线的平面 BOC。

若还有另一个过 O 且垂直于 AO 的平面,则它必然与过 AO 的平面相交于某条垂直于 AO 的直线 OC',OC' 不同于 OC。

则由Ⅺ.4,AOC' 是直角,并且与直角 AOC 在一个平面内:这是不可能的。

其次,**过一条直线外一点有一个且仅有一个平面与这条直线成直角。**

设 P 是给定点,AB 是给定直线。

在过 P 和 AB 的平面内作 PO 垂直于 AB,并且过 O 作另一条直线 OQ 垂直

于 AB，

则 OP,OQ 的平面垂直于 AB。

若有另一个过 P 的平面垂直于 AB，则

(1)它交 AB 于 O，但不过 OQ，或者

(2)它交 AB 于不同于 O 的点。

两种情形都不可能。

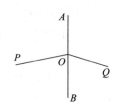

命题 6

如果两条直线和同一平面成直角，则这二直线平行。

设两条直线 AB,CD 都和已知平面成直角。

我断言 AB 平行于 CD。

设它们交已知平面与点 B,D。

连接 BD。

在已知平面内作 DE 和 BD 成直角，且取 DE 等于 AB，连接 BE,AE,AD。

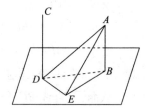

因为 AB 和已知平面成直角，它也和该平面内与此直线相交的一切直线成直角。　　　　　　　　　　　　　　[ⅩⅠ.定义3]

但是，在已知平面内两直线 BD,BE 都和 AB 相交，所以角 ABD 和 ABE 都是直角。

同理，角 CDB,CDE 也都是直角。

因为 AB 等于 DE，且 BD 是公共的，

由此，两边 AB,BD 等于两边 ED,DB，且它们各自交成直角。

所以，底 AD 等于底 BE。　　　　　　　　　　　　　[Ⅰ.4]

又因为，AB 等于 DE，同时 AD 也等于 BE，

两边 AB,BE 等于 ED,DA，并且 AE 为公共底，

所以，角 ABE 等于角 EDA。　　　　　　　　　　　[Ⅰ.8]

但是，角 ABE 是直角，

所以，角 EDA 也是直角；

所以，ED 和 DA 成直角。

但是，它也和直线 BD,DC 的每一条都成直角。

所以，ED 和三直线 BD,DA,DC 在它们的交点处成直角。

于是，三直线 BD,DA,DC 在同一个平面内。　　　　　[ⅩⅠ.5]

但是,不论 DB,DA 在哪个平面内,AB 也在这个平面内,又因为任何三角形在一个平面内; 　　　　　　　　　　　　　　　　　　　　　　　　　[XI.2]

所以,直线 AB,BD,DC 在一个平面内。

又,角 ABD,BDC 都是直角,

所以 AB 平行于 CD。 　　　　　　　　　　　　　　　　　　　[I.28]

　　　　　　　　　　　　　　　　　　　　　　　　　　　　　证完

若任何人相信初等几何中那些命题的顺序,请他注意这个命题及其逆 XI.8。

勒让德采用了一个不同的美妙的证明方法;但是他首先用于 XI.8,而后用反证法导出 XI.6。梅拉使用勒让德的证明方法于 XI.6,而后从它导出 XI.8。拉得纳(Lardner)遵循勒让德、霍尔格特(Holgate),给出 XI.6 的欧几里得证明,并且用反证法导出 XI.8。舒尔茨(Schultze)和塞维诺克(Sevenoak)首先给出 XI.8,但是从欧几里得的 XI.10 导出它,而后再给出 XI.6,用反证法从 XI.8 导出,在对应于欧几里得的 XI.11 和 12 以及其推论之后,这个推论的大意是过一个给定点有一个且仅一个垂线到给定平面。

现在我们用勒让德方法证明 XI.6(由史密斯和布赖恩特以及梅拉采用)。

设 AB,CD 都垂直于平面 MN。

连接 BD。

因为 BD 与 AB,CD 相交,AB,CD 都与平面 MN 垂直,而 BD 在平面 MN 内,所以

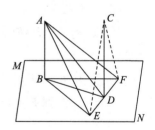

角 ABD,CDB 都是直角。

因而只要它们在一个平面上,AB,CD 就平行。

在平面 MN 内过 D 作 EDF 与 BD 成直角,并且使 ED 等于 DF。

连接 BE,BF,AE,AD,AF。

则三角形 BDE,BDF 全等(由 I.4),故

$$BE \text{ 等于 } BF。$$

因为角 ABE,ABF 是直角,所以三角形 ABE,ABF 全等,并且

$$AE \text{ 等于 } AF。$$

[梅拉论证如下。若连接 CE,CF,则显然

$$CE \text{ 等于 } CF。$$

因此,这四个点 A,B,C,D 中的每一个到两个点 E,F 的距离相等。

所以点 A,B,C,D 在一个平面上,故 AB,CD 平行。

若不使用到两个固定点的等距离点的轨迹,可以如下进行。]

三角形 AED,AFD 的边分别相等,因而[Ⅰ.8]角 ADE,ADF 相等,故 ED 与 AD 成直角。

于是 ED 与 BD,AD,CD 都成直角;因而 CD 在过 AD,BD 的平面上。　　[Ⅺ.5]

而 AB 也在这个平面上,　　　　　　　　　　　　　　　　　　　　[Ⅺ.2]

所以 AB,CD 在同一个平面上。

又,角 ABD,CDB 是直角,所以 AB,CD 平行。

命题 7

如果两条直线平行,在这两直线上各任意取一点,则连接两点的直线和两条平行线在同一平面内。

设 AB,CD 是两条平行直线,分别在每条上各取一点 E,F。

我断言连接点 E,F 的直线与两条平行直线在同一平面内。

假设不是这样,但如果可能,设两点 E,F 的连线 EGF 在平面外。

过 EGF 作一平面。它与二平行直线所在的平面相交于一条直线。[Ⅺ.3]
设它是 EF。

所以,两条直线 EGF,EF 围成一个面片:这是不可能的。

所以,从 E 到 F 连接的直线不在平面外。

从而,从 E 到 F 连接的直线在两平行线 AB,CD 所在的平面内。

证完

这个命题确实是欧几里得的阐述形式,若把平面定义为这样一个曲面,若在它内任取两个点,则连接它们的直线完全在这个曲面内,那么它是不必要的。但是欧几里得没有给出这个定义;并且命题 2 应当用一个命题补充,应当证明**两条平行线决定了一个平面(即一个且仅一个),它包含所有连接平行线上一个点到另一个点的直线。**应当证明通过一对平行线不可能有两个平面,这与证明两条或三条相交直线不能在两个不同平面上相同,每一条在这两个平面的一个上的横截线必然也在另一个上,故两个平面完全重合(参考上述命题的注)。

但是,不管这个命题的价值是什么,西姆森完全破坏了它。他删去了通过 EGF 的平面,欧几里得说这个平面必然截包含平行线的平面于一条直线;代替以"在平面 ABCD 内作从 E 到 F 的直线 EHF"。尽管我们可以容易地作从 E 到 F 的直线,断言我们可以**在平行线所在的平面内**作它,实际上是假定了要证明的结果。我们只能说连接 E, F 的直线是在包含平行线的某个平面内;我们不知道是否有多于一个的这样的平面,或者说平行线决定了唯一的平面。

现在我来描述西姆森关于这个命题的注。他说(1)"这个命题是某个生手放进这一卷的,因为由此显然假定了从一个点到另一个点的直线是在那个平面内;并且若不是这样,证明中假定一条直线交另一条就是不彻底的。例如,在卷 I. 的命题 30 中,直线 GK 就不会与 EF 相交,若 GK 不在平行线 AB, CD 所在的平面内,而由假设直线 EF 是在这个平面内。"而卷 I. 的主题与卷 XI. 是不同的;在卷 I. 中,任何东西在一个平面上,并且当欧几里得定义平行线时说,它们是同一个平面内的直线等等,由于他要排除不平行的不相交直线,于是,在 I.30 中假定存在三条平行直线在一个平面内没有什么错误,并且直线 GHK 截所有三条直线,而在卷 XI. 中是否存在多于一个平面通过平行直线成为一个问题。

西姆森继续说,(2)"这第 7 个命题的证明用到前面的第 3 个命题;在第 3 个命题中假定的东西在第 7 个命题中出现了两次,即通过一个点到另一个点的直线是在那个平面内。"但是在命题 3 中没有假定两条平行线在一个平面内;因而没有假定命题 7 的结果。所假定的是给定在一个平面的两个点,它们可以用该平面内的一条直线连接:这是一个合理的假定。

最后,西姆森说,"同样的东西假定在命题 6 中,在其中假定了连接 B, D 的直线在 AB 与 CD 成直角的平面内。"此处的关于**一个平面,其中有两条平行线**也没有问题,故此处的批评依赖于错误的理解。

命题 8

如果两条直线平行,其中一条和一个平面成直角,则另一条也与这个平面成直角。

设 AB, CD 是两条平行线,并且它们之一 AB 和已知平面成直角。

我断言另一条直线 CD 也和同一平面成直角。

设 AB, CD 与已知平面相交于点 B, D。

连接 BD。

由此,AB, CD, BD 在一个平面内。   [XI.7]

在已知平面上作 DE 和 BD 成直角,且取 DE 等于 AB。

连接 BE, AE, AD。

现在,因为 AB 和已知平面成直角,

所以,AB 和平面上与它相交的一切直线成直角。

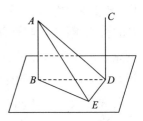

[ⅩⅠ. 定义 3]

所以,角 ABD, ABE 都是直角。

因为,直线 BD 和平行线 AB, CD 相交,

所以,角 ABD, CDB 的和等于两直角。 [Ⅰ. 29]

但是,角 ABD 是直角;

所以,角 CDB 也是直角;

从而,CD 和 BD 成直角。

又因为,AB 等于 DE,且 BD 是公共的,

于是,两边 AB, BD 等于两边 ED, DB;

又角 ABD 等于角 EDB,因为它们都是直角;

所以,底 AD 等于底 BE。

又因为,AB 等于 DE,及 BE 等于 AD。

于是,两边 AB, BE 分别等于两边 ED, DA。又,AE 是公共的底。所以,角 ABE 等于角 EDA。

但是,角 ABE 是直角,所以,角 EDA 也是直角。

所以,ED 和 AD 成直角。

但是,它也与 DB 成直角。

所以,ED 也和经过 BD, DA 的平面成直角。 [ⅩⅠ. 4]

所以,ED 也和经过 BD, DA 的平面内与它相交的直线都成直角。

但是,DC 在 BD, DA 经过的平面内,因为 AB, BD 在 BD, DA 经过的平面内,

[ⅩⅠ. 2]

并且 DC 也在 AB, BD 经过的平面内。

所以,ED 和 DC 成直角,即 CD 也和 DE 成直角。

但是,CD 也和 BD 成直角。

所以,CD 在两条直线 DE, DB 交点 D 处和二直线成直角,即 CD 也与过 DE, DB 的平面成直角。 [ⅩⅠ. 4]

但是,通过的 DE, DB 的平面就是讨论的平面,

所以 CD 和已知平面成直角。

证完

西姆森反对解释为什么 DC 在过 BD, DA 的平面内,即"因为 AB, BD 是在过 BD, DA 的平面内,并且 DC 也在 AB, BD 所在的平面内",认为太绕圈了。他断言它们是插入的,并且应当只说"由于所有三条线在平行线 AB, CD 所在的平面内"(由命题7)。但是,我认为欧几里得的话是有道理的。命题7没有说到由两条横截线,如 BD, DA 决定的平面。因此,自然地要说 DC 是在 AB, BD 所在的平面内,并且 AB, BD 是在 BD, DA 的平面内[命题2],故 DC 是在过 BD, DA 的平面内。

勒让德的另外证明分为两个命题。

(1)设 AB 是平面 MN 的垂线,EF 是这个平面内的一条线。若从垂足 B 作 BD 垂直于 EF,并且连接 AD,则 AD 垂直于 EF。

(2)若 AB 是平面 MN 的垂线,则平行于 AB 的任何直线都垂直于同一平面。

为了证明这两个命题,假定 CD 给定,连接 BD,并且在平面 MN 内作 EF 垂直于 BD。

(1)如前,令 DE 等于 DF,并且连接 BD, BF, AE, AF。

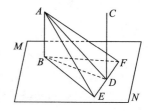

因为角 BDE, BDF 是直角,并且 DE, DF 相等,所以 BE 等于 BF。　　　　　　　　　　　　　　[I .4]

又因为 AB 垂直于这个平面,所以

角 ABE, ABF 都是直角。

因而,在三角形 ABE, ABF 内,

AE 等于 AF。　　　　　　　　　　　　　[I .4]

最后,在三角形 ADE, ADF 内,因为 AE 等于 AF,并且 DE 等于 DF, AD 公用,所以　　　　　三角形 ADE, ADF 全等,　　　　　[I .8]

故　　　　　　　　　　AD 垂直 EF。

(2)由于 ED 垂直于 DA,并且也垂直于 DB(由作图),所以

ED 垂直于平面 ADB。　　　　　　　[XI .4]

但是 CD 与 AB 平行,在平面 ABD 内,所以 ED 垂直于 CD。　　[XI .定义3]

又因为 AB, CD 是平行的,并且 ABD 是直角,所以 CDB 也是直角。

于是 CD 垂直于 DE 与 DB,因而垂直于过 DE, DB 的平面 MN。

命题 9

两条直线平行于和它们不共面的同一直线时,这两条直线平行。

设两条直线 AB, CD 都平行于和它们不共面的直线 EF。

我断言 AB 平行于 CD。

在 EF 上任取一点 G，由它在 EF，AB 所在的平面内作 GH 与 EF 成直角；在 EF，CD 所在的平面内作 GK 与 EF 成直角。

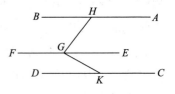

现在，因为 EF 和直线 GH，GK 的每一条都成直角，

所以，EF 也和经过 GH，GK 的平面成直角。　　　　　[XI.4]

又，EF 平行于 AB，所以 AB 也和经过 HG，GK 的平面成直角。　　[XI.8]

同理，CD 也和经过 HG，GK 的平面成直角。

所以，直线 AB，CD 都和经过 HG，GK 的平面成直角。

但是，如果两条直线都和同一平面垂直，则它们平行。　　　　[XI.6]

所以 AB 平行 CD。

　　　　　　　　　　　　　　　　　　　　　　　　　　　　证完

命题 10

如果相交的两条直线平行于不在同一平面内两条相交的直线，则它们的夹角相等。

设两条直线 AB，BC 相交，且平行于不在同一平面内相交的两直线 DE，EF。

我断言角 ABC 等于角 DEF。

设截取 BA，BC，ED，EF 彼此相等，

并且连接 AD，CF，BE，AC，DF。

现在，因为 BA 等于且平行于 ED，

所以，AD 也等于且平行于 BE。　[I.33]

同理，CF 也等于且平行于 BE。

所以，两直线 AD，CF 都等于且平行于 BE。

但是，两直线平行于和它们不共面的一直线，则两直线平行。　　　[XI.9]

所以，AD 平行且等于 CF。

而 AC，DF 连接着它们，

所以，AC 也等于且平行于 DF。　　　　　　　　　　　　　[I.33]

现在，因为两边 AB，BC 等于两边 DE，EF，又底 AC 等于底 DF，

所以，角 ABC 等于角 DEF。　　　　　　　　　　　　　　[I.8]

　　　　　　　　　　　　　　　　　　　　　　　　　　　　证完

这个命题的结果在 XII.3 之前未被引用,但是欧几里得在此插入,是要特意说明在 XI.定义 6 中定义的"两个平面的倾斜度"在它们交线的任何地方是相同的。

命题 11

从平面外一个给定的点作一直线垂直于已知平面。

设 A 是平面外一给定的点,并且给定已知平面。

要求从点 A 作一直线垂直于已知平面。

设 BC 是在已知平面内任意作的一条直线,且从 A 作直线 AD 垂直于 BC。　　　　　　　　　　　　　[I .12]

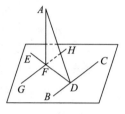

如果 AD 也垂直于已知平面,则所求的直线已作出。

但是,如果不是这样,从点 D 在已知平面内作 DE 和 BC 成直角,　　　　　　　　　　　　　　　　　　　　[I .11]

从 A 作 AF 垂直于 DE。　　　　　　　　　　　　[I .12]

并且过点 F 作 GH 平行于 BC。　　　　　　　　　[I .31]

现在,因为 BC 和直线 DA,DE 都成直角,所以 BC 也和经过 ED,DA 的平面成直角。　　　　　　　　　　　　　　　　[XI.4]

又,GH 平行于它。

但是,如果两平行线之一和某一平面成直角,

则另一直线也和同一平面成直角。　　　　　　　　　　[XI.8]

所以,GH 也和经过 ED,DA 的平面成直角。

于是,GH 也和经过 ED,DA 的平面内和 GH 相交的一切直线成直角。

　　　　　　　　　　　　　　　　　　　　　　[XI. 定义 3]

但是 AF 在 ED,DA 所在的平面内且和 GH 相交,所以 GH 和 FA 成直角,即 FA 也和 GH 成直角。

但是 AF 也和 DE 成直角,所以 AF 和直线 GH,DE 都成直角。

但是,如果一条直线在两条直线交点处和这两条直线成直角,那么它也和经过两条直线的平面成直角。　　　　　　　　　　　　[XI.4]

所以,FA 和经过 ED,GH 的平面成直角。

但是,经过 ED,GH 的平面就是已知平面,所以,AF 和已知平面成直角。

从而,由平面外已知点作出了直线 AF 垂直于已知平面。

证完

这个命题在不同的教科书中有不同的形式,但不是本质的。通常假定作过点 A 的一个平面与给定平面内的任意直线 BC 成直角(其作用与上述 XI.5 的注的末尾所说的相同)。这个方法的优点是能够从平面内的一点作垂线(此时两个图形的字母是不同的,第二个图形的字母放在括号内)。

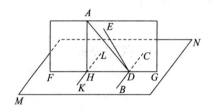 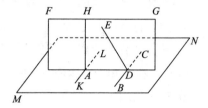

我们可以把它们合成一个命题。

设 BC 是给定平面内的任一直线,作 AD 垂直于 BC。

在过 BC 但不过 A 的平面内作 DE 与 BC 成直角。

过 DA,DE 作一个平面;这个平面与给定平面 MN 交于直线 FD(AD)。

在平面 AG 内作 AH 垂直于 FG(AD)。

则 AH 就是所求的垂线。

在平面 MN 内,在第一个图形中过 H,在第二个图形中过 A,作 KL 平行于 BC。

因为 BC 垂直于 DA 和 DE,所以 BC 垂直于平面 AG。　　　　　[XI.4]

因而平行于 BC 的 KL 也垂直于平面 AG[XI.8],故也垂直于在这个平面内的 AH。

因此 AH 在它们的交点垂直于 FD(AD) 和 KL。

所以 AH 垂直于平面 MN。

于是我们已经解答了在 XI.12 和 XI.11 中的问题,并且这个直接从平面内一点作垂直于该平面的方法明显地优于欧几里得的方法,欧几里得的方法是从平面外一点作到该平面的垂线,而后过平面内的这一点作平行于由 XI.11 得到的垂线。

命题 12

在所给定的平面内的已知点作一直线和该平面成直角。

设所给定的平面及它上面一点 A，

要求由点 A 作一直线和它成直角。

在平面外任取一点 B，从点 B 作 BC 垂直于已知平面，

[XI.11]

又，过 A 作 AD 平行于 BC。　　　　　　　[I.31]

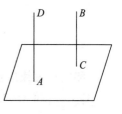

因为 AD,CB 是两条平行线，且它们中的一条 BC 和该平面成直角，所以其余的一条 AD 也与已知平面成直角。　　　　　　　[XI.8]

所以，在所给定平面内一点 A 作出了直线 AD 与该平面成直角。

作完

命题 13

从平面内同一点在平面同侧，不可能作两条直线都和这个平面垂直。

如果可能的话，设从平面内一点 A，在平面同侧作出两条直线 AB,AC 和这个平面垂直。

又过 BA,AC 作一平面。

它经过点 A 与已知平面交于一直线。　　　[XI.3]

设此直线为 DAE。

所以，直线 AB,AC,DAE 在同一平面上。

因为 CA 和已知平面成直角，则和已知平面内和它相交的所有直线成直角。　　　　　　　[XI.定义3]

但是，DAE 和 CA 相交且角 DAE 在已知平面内；

所以角 CAE 是直角。

同理，角 BAE 也是直角。

所以，角 CAE 等于角 BAE。

又，它们在一个平面内：这是不可能的。

证完

西姆森给这个命题增加了下述话：

"又，从平面外一点可以作并且只能作它的一条垂线；事实上，若可以作两条，则它们平行[XI.6]，这是不合理的。"

欧几里得没有给出这个结果，但是我们已经在 XI.4 的注中有了它。

命题 14

和同一直线成直角的两个平面是平行的。

设一直线 *AB* 和两个平面 *CD*,EF 都成直角。

我断言这两个平面是平行的。

如果不是这样,延长后它们就要相交。

设它们相交,

于是它们交于一条直线。   [Ⅺ.3]

设这条交线是 *GH*。

在 *GH* 上任取一点 *K*,连接 *AK*,BK。

因为 *AB* 和平面 *EF* 成直角,所以 *AB* 也和 *BK* 成直角,它是平面

EF 延展后上面的一条直线;   [Ⅺ.定义 3]

所以角 *ABK* 是直角。

同理,角 *BAK* 也是直角。

于是,在三角形 *ABK* 中,两个角 *ABK*,BAK 都是直角:这是不可能的。

                [Ⅰ.17]

所以,两平面 *CD*,EF 延展后不相交;

所以,平面 *CD*,EF 是平行的。   [Ⅺ.定义 8]

从而,和同一直线成直角的两个平面是平行的。

                证完

命题 15

　　如果两条相交直线平行于不在同一平面上的另外两条相交直线,则两对相交直线所在的平面平行。

　　设两条相交直线 *AB*,*BC* 平行于不在同一平面上的另两条相交直线 *DE*,*EF*。

　　我断言经过 *AB*,*BC* 的平面和经过 *DE*,*EF* 的平面不相交。

　　从点 *B* 作直线 *BG* 垂直于经过 *DE*,*EF* 的平面。   [Ⅺ.11]

　　设它交平面于点 *G*。

　　过 *G* 作 *GH* 平行于 *ED*,作 *GK* 平行于 *EF*。   [Ⅰ.31]

　　因为,*BG* 和经过 *DE*,*EF* 的平面成直角,

所以,它也和经过 *DE*,*EF* 平面内且和它相交的所有直线成直角。

[XI.定义 3]

但是,在经过 *DE*,*EF* 的平面内两条直线 *GH*,*GK* 都和 *BG* 相交,

所以,角 *BGH* 和角 *BGK* 都是直角。

又,因为 *BA* 平行于 *GH*,　　　　　　　[XI.9]

所以,角 *GBA*,*BGH* 的和是两直角。　　[Ⅰ.29]

但是,角 *BGH* 是直角,所以角 *GBA* 也是直角,

所以,*GB* 和 *BA* 成直角。

同理,*GB* 也和 *BC* 成直角。

因为,直线 *GB* 和两相交的直线 *BA*,*BC* 成直角,

所以,*GB* 也和经过 *BA*,*BC* 的平面成直角。　　　　　　　[XI.4]

但是,和同一直线成直角的两平面是平行的,　　　　　　　[XI.14]

所以,经过 *AB*,*BC* 的平面平行于经过 *DE*,*EF* 的平面。

从而,如果两条相交直线平行于不在同一平面上的另两条相交直线,则两对相交直线所在的平面平行。

证完

这个结果在美国的教科书中出现在一个平面与平行于它的直线的关系之中。这一系列命题值得给出。一条直线与一个平面平行,若无论怎么延长它们都不相交,我们有下述一些命题。

1.任一个只包含两条平行线中一条的平面平行于另一条。

事实上,假定 *AB*,*CD* 平行,*CD* 在平面 *MN* 内。

则 *AB*,*CD* 决定了一个平面,交 *MN* 于直线 *CD*。

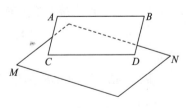

于是若 *AB* 与 *MN* 相交,则它必然交于 *CD* 的某个点。

但是这是不可能的,因为 *AB* 平行于 *CD*。

所以,*AB* 不能与平面 *MN* 相交,因而平行于它。

[这个命题及其证明在勒让德中。]

下述定理是它的推论。

2.通过一给定直线,可以作一个平面平行于任一另外给定的直线;并且若这两条线不平行,则只能作一个这样的平面。

我们只要过第一条直线上的任一点作直线平行于第二条直线,而后过这两条相交直线作一个平面。由上述命题,这个平面平行于第二条给定的直线。

3. 过一个给定点,可以作一个平面平行于空间的任意两条直线;并且若这两条直线不平行,则只能作一个这样的平面。

此时,我们过给定点作两条直线分别平行于给定的两条直线,而后作一个平面过所作的两条直线。

下面是第一个命题的部分逆。

4. 若一条直线平行于一个平面,则它也平行于任一个过它的平面与给定平面的交线。

设 *AB* 平行于平面 *MN*,并设过 *AB* 的平面交 *MN* 于 *CD*。

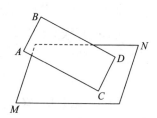

AB 与 *CD* 不能相交,因为若相交,则 *AB* 与平面 *MN* 相交。

又,*AB*,*CD* 在一个平面内,

所以 *AB*,*CD* 平行。

由此可以推出:

5. 若两条相交直线的每一条平行于给定平面,则包含它们的平面平行于给定平面。

设 *AB*,*AC* 平行于平面 *MN*。

若平面 *ABC* 与 *MN* 相交,则交线既平行于 *AB*,又平行于 *AC*:这是不可能的。

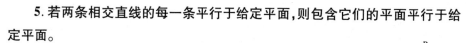

最后,我们有欧几里得的命题。

6. 若构成一个角的两条直线分别平行于构成另一个角的两条直线,则第一个角的平面平行于第二个角的平面。

设 *ABC*,*DEF* 是分别彼此平行的直线形成的两个角。

因为 *AB* 平行于 *DE*,所以平面 *DEF* 平行于 *AB*[上述(1)]。

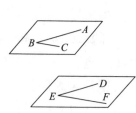

类似地,平面 *DEF* 平行于 *BC*。

因此平面 *DEF* 平行于平面 *ABC*[(5)]。

勒让德用另外的方法得到这个结果。他首先证明了欧几里得的Ⅺ.16,若两个平行平面被第三个平面所截,则其交线平行,而后由此导出,若两条平行直线终止在两个平行平面之间,则这两条直线的长度相等。

（后者是显然的,因为过平行线的平面截平行平面于两条平行直线,这两条线与给定的平行线形成一个平行四边形。）

勒让德如下证明欧几里得的命题XI.15。

若 ABC,DEF 是这两个角,令 AB 等于 DE,BC 等于 EF,并且连接 CA,FD,BE,CF,AD。

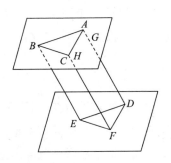

则三角形 ABC,DEF 全等(XI.10);并且

$$AD,BE,CF\ 都相等。$$

现在由上述结果,用反证法证明这两个平面平行。

若平面 ABC 不平行于平面 DEF,设过 B 平行于平面 DEF 的平面交 CF,AD 分别于 H,G。

则由上述结果,BE,HF,GD 相等。但 BE,CF,AD 相等:这是不可能的。

命题 16

如果两平行平面被另一个平面所截,则截得的交线是平行的。

设两个平行平面 AB,CD 被平面 $EFHG$ 所截,且设 EF,GH 是它们的交线。

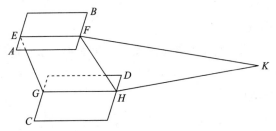

我断言 EF 平行于 GH。

如果两条直线不平行,那么,延长两条直线 EF,GH 之后在 F,H 一方或 E,G 一方必相交。

设两条直线延长后在 F,H 一侧首先相交于 K。

因为 EFK 在平面 AB 内,

所以 EFK 上所有点也都在平面 AB 内。　　　　　　　　[XI.1]

但是,K 是直线 EFK 上的一个点,

所以 K 在平面 AB 内。

同理,K 也在平面 CD 内;

所以两平面 AB,CD 延长后相交。

但是它们不相交,因为由假设它们是平行的;

所以,直线 EF,GH 延长后在 F,H 一方不相交。

类似地,能证明直线 EF,GH 在 E,G 一方延长后也不相交。

但是,在两方都不相交的直线是平行的。　　　　　　　　　　[Ⅰ.定义 23]

所以 EF 平行于 GH。

证完

西姆森指出,在引用Ⅰ.定义 23 时,欧几里得应当说,"**在一个平面内**在两个方向都不相交的直线是平行的。"

由这个命题可以导出XI.14 的逆。

若一条直线垂直于两个平行平面中的一个,则它也垂直于另一个。

事实上,假设 MN,PQ 是两个平行平面,并且 AB 垂直于 MN。

过 AB 作任一平面,设它交平面 MN,PQ 分别于 AC,BD。

因而 AC,BD 平行。　　　　　　[XI.16]

而 AC 垂直于 AB,所以 AB 也垂直于 BD。

即 AB 垂直于 PQ 内过 B 的任一直线;

所以 AB 垂直于 PQ。

由此可以推出,

过一个给定点,可以作一个并且只有一个平面平行于给定平面。

在上述图形中,设 A 是给定点,PQ 是给定平面。

作 AB 垂直于 PQ。

过 A 作平面 MN 与 AB 成直角(见XI.5 的注)。

则 MN 平行于 PQ。　　　　　　　　　　　[XI.14]

若有过 A 的第二个平面平行于 PQ,则 AB 也垂直于它。

即 AB 垂直于过 A 的两个不同的平面:这是不可能的(见同一个注)。

事实上,也证明了,

若两个平面平行于第三个平面,则它们也彼此平行。

命题 17

如果两直线被平行平面所截,则截得的线段有相同的比。

设两条直线 AB,CD 被平行平面 GH,KL,MN 所截,其交点为 A,E,B 和 C,

F, D。

我断言 AE 比 EB 如同 CF 比 FD。

连接 AC, BD, AD。

设 AD 和平面 KL 相交于点 O。

连接 EO, OF。

现在,因为两个平行平面 KL, MN 被平面 $EBDO$ 所截,

它们的交线 EO, BD 是平行的。　　　　　[ⅩⅠ.16]

同理,两平行平面 GH, KL 被平面 $AOFC$ 所截,它们的交线 AC, OF 是平行的。　　　　　　　　　　　　　　　　[ⅩⅠ.16]

因为线段 EO 平行于三角形 ABD 的一边 BD,所以有比例,AE 比 EB 如同 AO 比 OD。　　　　　　　　　　　　　[Ⅵ.2]

又,直线 OF 平行于三角形 ADC 的一边 AC,则有比例,AO 比 OD 如同 CF 比 FD。　　　　　　　　　　　　　　　　[Ⅵ.2]

但是,已经证明了 AO 比 OD 如同 AE 比 EB。所以 AE 比 EB 如同 CF 比 FD。　　　　　　　　　　　　　　　　[Ⅴ.11]

证完

命题 18

如果一条直线和某一平面成直角,则经过此直线的所有平面都和这个平面成直角。

设一条直线 AB 和已知平面成直角。

我断言所有经过 AB 的平面也和此平面成直角。

作经过 AB 的平面 DE。

设 CE 是平面 DE 与已知平面的交线,在 CE 上任取一点 F。

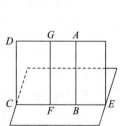

在平面 DE 内由 F 作 FG 与 CE 成直角。　　　[Ⅰ.11]

现在,因为 AB 和已知平面成直角,AB 也和已知平面内和它相交的所有直线成直角。　　　　　　　　　　　　　　[ⅩⅠ.定义3]

于是,AB 也和 CE 成直角。所以角 ABF 是直角。

但是,角 GFB 也是直角,所以 AB 平行于 FG。　[Ⅰ.28]

但是,AB 和已知平面成直角,

所以 *FG* 也和已知平面成直角。　　　　　　　　　　　　　　　[XI.8]

现在,当从两平面之一上引直线和它们的交线成直角时,则两平面成直角。

[XI.定义 4]

又,在平面 *DE* 内的直线 *FG* 和交线 *CE* 成直角,已经证明了也和已知平面成直角;因此平面 *DE* 和已知平面成直角。

类似地,也能证明经过 *AB* 的所有平面和已知平面成直角。

证完

垂直平面定义为这样两个平面:在一个平面内作的与公共截线成直角的所有直线与另一个平面成直角,只要证明若 *F* 是 *CE* 内的任一点,并且 *FG* 在平面 *DE* 内与 *CE* 成直角,则 *FG* 垂直于 *AB* 是垂线的平面。

更科学的定义是勒让德做的,把它定义为平面倾斜度的特殊情形。垂直平面是一个平面对另一个,平面的倾斜度是直角。又 XI.10 证明了"一个平面对另一个平面的倾斜度"在公共截线的任何点是相同的,此时只要证明若在一个平面内作的到公共截线的垂线也是另一个平面的垂线。

若按照这个观点,命题 18,19 可以大大简化(参考 Legendre, H. M. Taylor, Smith and Bryant, Rausenberger, Schultze and Sevenoak, Holgate)。另外的证明如下。

设 *AB* 垂直于平面 *MN*,并且 *CE* 是过 *AB* 的任一平面,交平面 *MN* 于直线 *CD*。

在平面 *MN* 内,作 *BF* 与 *CD* 成直角。

则角 *ABF* 是"一个平面对另一个平面的倾斜度"。

因为 *AB* 是平面 *MN* 的垂线,所以它垂直于 *BF*。

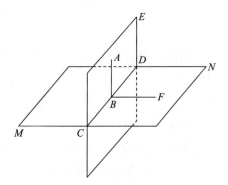

所以角 *ABF* 是直角;

因此平面 *CE* 垂直于平面 *MN*。

命题 19

如果两个相交的平面同时和一个平面成直角,则它们的交线也和这个平面垂直。

设两平面 *AB*,*BC* 与已知平面成直角,且设 *BD* 是它们的交线。

我断言 BD 和已知平面成直角。

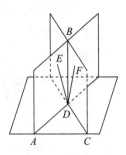

假设不是这样，那么由 D 在平面 AB 内作 DE 和直线 AD 成直角，又在平面 BC 内作 DF 和 CD 成直角。

因为平面 AB 和已知平面成直角，且在平面 AB 内所作的 DE 和它们的交线 AD 成直角，所以 DE 和已知平面垂直。　　　　　　　　　　　　　　　　　　　　　[XI. 定义 4]

类似地，能证明 DF 也和已知平面成直角。

所以从同一点 D 在平面一侧有两条直线和已知平面成直角：这是不可能的。　　　　　　　　　　　　　　　　　　　　　　　　　　　　　[XI. 13]

所以除了平面 AB, BC 的交线 DB 以外，从点 D 再作不出直线和已知平面成直角。

证完

勒让德使用了一个预备命题，等价于欧几里得的两个平面彼此成直角的定义。

若两个平面彼此垂直，则一个平面内的垂直于共截线的直线垂直于另一个平面。

设垂直平面 CE, MN（上个注中的图形）相交于 CD，并且 CE 内的直线 AB 垂直于 CD。

在平面 MN 内作 BF 与 CD 成直角。

因为这两个平面垂直，所以角 ABF（它们的倾斜度）是直角。

所以 AB 垂直于 CD 和 BF，因而垂直于平面 MN。

现在我们能够证明 XI. 19，**若两个平面垂直于第三个平面，则它们的交线也垂直于第三个平面。**

设交于 AB 的两平面 AC, AD 都垂直于平面 MN。

设 AC, AD 分别交 MN 于 BC, BD。

在平面 MN 内作 BE 与 BC 成直角，BF 与 BD 成直角。

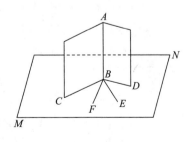

因为平面 AC, MN 成直角，并且 BE 垂直于 BC，所以 BE 是平面 AC 的垂线。

因此 AB 垂直于 BE。　　　　　　　[XI. 4]

类似地，AB 垂直于 BF。

所以 AB 垂直于过 BE, BF 的平面，即平面 MN。

一个有用的问题是,作一个不在一个平面内的两个直线的公垂线,与此有关的是下述命题。

若给定一个平面和一条不在它内的直线,则可以作一个而且只有一个过这条直线的平面垂直于给定平面。

设 AB 是给定的直线,MN 是给定的平面。

从 AB 上任一点 C 作 CD 垂直于平面 MN。

过 AB,CD 作平面 AE。

则平面垂直于平面 MN。   [XI.18]

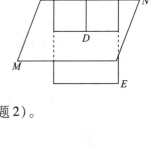

若过 AB 可以作另一个平面垂直于 MN,则这两个平面的交线 AB 垂直于 MN:这与题设矛盾。

作不在同一平面内的两条直线的公垂线。

设 AB,CD 是给定的两条直线。

过 CD 作平面 MN 平行于 AB(XI.15 的注中的命题 2)。

过 AB 作平面 AF 垂直于平面 MN(见上述命题)。

设 AF,MN 交于 EF,并设 EF 交CD 于 G。

在平面 AF 内从 G 作 GH 与 EF 成直角,交 AB 于 H。

则 GH 是要求的垂线。

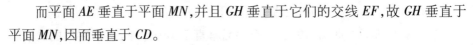

事实上,AB 平行于 EF(XI.15 的注中的命题 4);因而作为 EF 的垂线,GH 也垂直于 AB。

而平面 AE 垂直于平面 MN,并且 GH 垂直于它们的交线 EF,故 GH 垂直于平面 MN,因而垂直于 CD。

所以 GH 是 AB 与 CD 的公垂线。

只有一条公垂线在两条不在一个平面内的直线之间。

事实上,如果可能,设 KL 也是 AB 与 CD 的公垂线。

设过 KL,AB 的平面交平面 MN 于 LQ。

则 AB 平行于 LQ(XI.15 的注中的命题 4),故作为 AB 垂线的 KL 也垂直于 LQ。

所以 KL 垂直于 CL 与 LQ,因而垂直于平面 MN。

但是,若在平面 AF 内作 KP 垂直于 EF,则 KP 也垂直于平面 MN。

于是从 K 到平面 MN 有两条垂线:这是不可能的。

劳森波尔哥关于这个问题有一个更美妙的作图。过每一条直线作一个平面平行于另一条直线,而后过每一条直线作一个平面垂直于另一个平面,后两个平面的交线就是要求的公垂线。

最好的作图是由史密斯和布赖恩特给出的。

设 AB,CD 是两条给定的直线。

过 CD 上任一点 E 作 EF 平行于 AB。

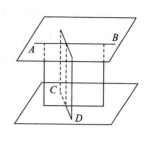

从 AB 上任一点 G 作 GH 垂直于平面 CDF,交这个平面于 H。

在平面 CDF 内过 H 作 HK 平行于 FE 或 AB,截 CD 于 K。

因为 AB,HK 平行,所以 $AGHK$ 是一个平面。

完成平行四边形 $GHKL$。

因为 LK,GH 平行,并且 GH 垂直于平面 CDF,所以 LK 垂直于平面 CDF。

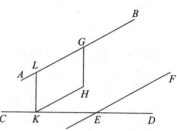

因此 LK 垂直于 CD 与 KH,因而垂直于平行于 KH 的 AB。

命题 20

如果由三个平面角构成一个立体角,则任何两个平面角的和大于第三个平面角。

设由三个平面角 BAC,CAD,DAB 在点 A 围成立体角。

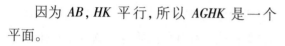

我断言角 BAC,CAD,DAB 中的任何两个的和大于第三个。

如果角 BAC,CAD,DAB 彼此相等,显然任何两角之和大于第三个。

否则,设角 BAC 是较大的,又在经过 BA,AC 的平面内直线 AB 上点 A 处作角 BAE 等于角 DAB;令 AE 等于 AD,且过点 E 引一直线 BEC 和直线 AB,AC 相交于 B,C;连接 DB,DC。

现在,因为 AD 等于 AE,AB 是公共的,两边等于两边;角 DAB 等于角 BAE;所以底 DB 等于底 BE。   [Ⅰ.4]

因为两边 BD,DC 的和大于 BC,   [Ⅰ.20]

又已经证明了其中 DB 等于 BE。

所以,余下的 DC 大于余下的 EC。

又因为 *DA* 等于 *AE*，*AC* 是公共的，且底 *DC* 大于底 *EC*，

所以角 *DAC* 大于角 *EAC*。　　　　　　　　　　　　　　[I.25]

但是，已经证明了角 *DAB* 等于角 *BAE*，

所以角 *DAB*，*DAC* 的和大于角 *BAC*。

类似地，我们可以证明其余的角也是这样，任取两个面角的和也大于其他的一个面角。

证完

欧几里得在排除了所有三个角都相等的情形后说，"若不是这样，设角 *BAC* 较大"，但没有说大于哪一个，海伯格清楚地说，他的意思是大于 *BAD*，即大于相邻角中的一个。这个证明在末尾说"类似地，我们可证"等等。欧几里得排除了明显的情形，这三个角中的一个不大于其他两个角中的每一个，而证明了剩余的情形。这是科学的，但是他应当进一步排除明显的情形，一个角大于其他的一个而等于或小于剩余的一个。

西姆森注解到角 *BAC* 可能等于其他两个中的一个，并且写道："若它的（所有三个角）不相等，设 *BAC* 不小于其他两个中的一个，而大于它们中的一个 *DAB*。"而后用与欧几里得相同的方法证明了角 *DAB*，*DAC* 之和大于角 *BAC*，最后加入："但是 *BAC* 不小于角 *DAB*，*DAC* 中一个，所以 *BAC* 与它们中的任一个的和大于另一个。"

正如勒让德和劳森波尔哥指出的，最好是开始说："若这三个角中的一个等于或小于其他两个角中的一个，则显然这两个角的和大于第一个。因而只要证明**一个角大于其他两个角中的每一个的情形**，后两个角的和大于前一个。相应地，设 *BAC* 大于其他两个角中的每一个。""而后像欧几里得一样进行。"

命题 21

构成一个立体角的所有平面角的和小于四直角。

设由平面角 *BAC*，*CAD*，*DAB* 在点 *A* 构成一个立体角。

我断言角 *BAC*，*CAD*，*DAB* 的和小于四直角。

设在直线 *AB*，*AC*，*AD* 上分别取点 *B*，*C*，*D*，连接 *BC*，*CD*，*DB*。

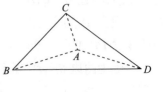

因为在点 *B* 处的三个平面角 *CBA*，*ABD*，*CBD* 构成一个立体角，

而且其中任何两个的和大于其余一个；   [XI.20]

所以角 *CBA*,*ABD* 的和大于角 *CBD*。

同理,角 *BCA*,*ACD* 的和大于角 *BCD*;且角 *CDA*,*ADB* 的和大于角 *CDB*;所以六个角 *CBA*,*ABD*,*BCA*,*ACD*,*CDA*,*ADB* 的和大于三个角 *CBD*,*BCD*,*CDB*。

但是,三个角 *CBD*,*BDC*,*BCD* 的和等于两直角,   [I.32]

所以六个角 *CBA*,*ABD*,*BCA*,*ACD*,*CDA*,*ADB* 的和大于两直角。

又,因为三角形 *ABC*,*ACD*,*ADB* 的每一个的三个角的和等于两直角,

所以这三个三角形的九个角 *CBA*,*ACB*,*BAC*,*ACD*,*CDA*,*CAD*,*ADB*,*DBA*,*BAD* 的和等于六个直角；

又,它们中六个角 *ABC*,*BCA*,*ACD*,*CDA*,*ADB*,*DBA* 的和大于两直角。

所以其余的三个角 *BAC*,*CAD*,*DAB* 构成的立体角其面角的和小于四直角。

证完

应当注意,尽管欧几里得阐述这个命题是对任意立体角,但是他只证明了三面角的特殊情形。这是他的风格,证明一种情形而把其他情形留给读者。此处省略凸多面角对应于关于凸多边形的内角和的命题中的省略。这个关于任意凸多面角的命题的证明当然不能像证明凸多边形内角和的命题的证明,当时证明一个凸多边形的内角与四个直角的和等于这个图形边数个直角的二倍。

设有一个凸多面角,顶点是 *V*,并且设被任一平面所截,交它的面于多边形 *ABCDE*。

在这个多边形内任取一点 *O*,并且连接 *OA*,*OB*,*OC*,*OD*,*OE*。

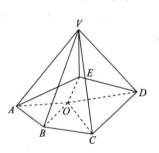

则以 *O* 为顶点的这些三角形的所有角的和等于这个多边形边数个直角的二倍；   [I.32]

因此这个多边形的内角和与绕 *O* 的所有角的和等于这个多边形边数个直角的二倍。

以 *V* 为顶点的三角形 *VAB*,*VBC* 等的角的和也等于这个多边形边数个直角的二倍。

所有这些角等于两部分的和:(1)构成多面角的在顶点 *V* 处的平面角;(2)以 *V* 为顶点的三角形的底角。

后面这些角的和等于两部分的和:(3)所有绕着 *O* 的角;(4)所有这个多边形的内角。

现在由欧几里得的关于在 A 形成立体角的三个角的命题,角 *VAE*,*VAB* 的

和大于角 EAB。

类似地，在 B，角 VBA，VBC 的和大于角 ABC，等等。

由加法，以 V 为顶点的这些三角形的底角的和[上述(2)]大于这个多边形的角的和[上述(4)]。

因此，在 V 的这些平面角的和[上述(1)]小于绕 O 的角的和[上述(3)]。

但是后面这个和等于四直角；所以构成多面角的平面角的和小于四直角。

这个命题只是对凸多面角是真的，即这样的多面角任一个面所在的平面延伸时不能截这个立体角。

有一些与三面角相等（和对称）的命题，它们与欧几里得讨论的多面体有关，所有这些都只是关于三面角的。

1. 两个三面角相等，若一个的两个面角和所夹的二面角与另一个的两个面角和所夹的二面角分别相等，相等部分有相同的顺序。

2. 两个三面角相等，若一个的两个二面角和所夹的面角与另一个的两个二面角和所夹的面角分别相等，相等部分有相同的顺序。

这些命题可以用重合方法证明。

3. 两个三面角相等，若一个的三个面角分别等于另一个的三个面角，并且有相同的顺序。

设 $V—ABC$，$V'—A'B'C'$ 是两个三面角，角 AVB 等于角 $A'V'B'$，角 BVC 等于角 $B'V'C'$，角 CVA 等于角 $C'V'A'$。

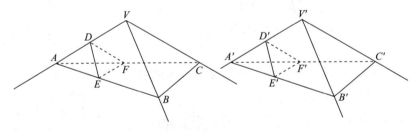

我们首先证明对应面角所夹的二面角相等。

例如，由面角 CVA，AVB 构成的二面角等于由面角 $C'V'A'$，$A'V'B'$ 构成的二面角。

在 VA，VB，VC 上取点 A，B，C，在 $V'A'$，$V'B'$，$V'C'$ 上取点 A'，B'，C'，使得 VA，VB，VC，$V'A'$，$V'B'$，$V'C'$ 都相等。

连接 BC，CA，AB，$B'C'$，$C'A'$，$A'B'$。

在 AV 上任取一点 D，并且在 $A'V'$ 上量取 $A'D'$ 等于 AD。

在平面 AVB 内作 DE，在平面 CVA 内作 DF 垂直于 AV，则 DE，DF 分别与

AB, AC 相交,角 VAB, VAC 是等腰三角形的底角,所以小于直角。

连接 EF。

同样地,作三角形 $D'E'F'$。

由题设和作图,显然三角形 $VAB, V'A'B'$ 全等。

同样地,三角形 $VAC, V'A'C'$ 全等,三角形 $VBC, V'B'C'$ 全等。

于是 BC, CA, AB 分别等于 $B'C', C'A', A'B'$,并且三角形 $ABC, A'B'C'$ 全等。

在三角形 $ADE, A'D'E'$ 内,角 ADE, DAE 分别等于角 $A'D'E', D'A'\ E'$,并且 AD 等于 $A'D'$。

所以三角形 $ADE, A'D'E'$ 全等。

类似地,三角形 $ADF, A'D'F'$ 全等。

于是在三角形 $AEF, A'E'F'$ 内,EA, AF 分别等于 $E'A', A'F'$,并且角 EAF 等于角 $E'A'F'$。

所以三角形 $AEF, A'E'F'$ 全等。

最后,在三角形 $DEF, D'E'F'$ 内,三个边分别等于三个边,所以这两个三角形全等。

所以角 $EDF, E'D'F'$ 相等。

而这两个角分别是平面 CVA, AVB 与平面 $C'V'A', A'V'B'$ 构成的二面角的度量。

因而这两个二面角相等。

类似地,其他两个二面角相等。

因此这两个三面角可重合,即它们相等。

为了理解"有相同的顺序"的含义,假定我们站在顶点,看两个角的面是顺时针方向或逆时针方向。

若这些面角及二面角取在相反方向,即在一个中是顺时针方向,在另一个中是逆时针方向,这三个命题中的其他条件满足,则这两个三面角不相等,而是**对称的**。

若一个三面角的面延伸超过顶点,则它们形成另一个三面角,容易看出这两个**对顶的**三面角是对称的。

命题 22

如果有三个平面角,不论怎样选取,其中任意两个角的和大于第三个角,而且夹这些角的两边都相等,则连接相等线段的端点的三条线段构成一个三角形。

设有三个平角角 ABC, DEF, GHK,不论怎样选取,其中任意两角的和大于第三个角。

即角 ABC, DEF 的和大于角 GHK;角 DEF, GHK 的和大于角 ABC。

而且,角 GHK, ABC 的和大于角 DEF。

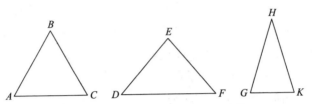

又设线段 AB, BC, DE, EF, GH, HK 是相等的,又连接 AC, DF, GK。

我断言能作一个三边等于 AC, DF, GK 的三角形,即线段 AC, DF, GK 中任意两条的和大于第三条。

现在,如果角 ABC, DEF, GHK 彼此相等,容易得到 AC, DF, GK 也相等。

于是,可以作出三边等于 AC, DF, GK 的三角形。

否则,设它们不相等,在线段 HK 上的点 H 处作角 KHL 等于角 ABC,使 HL 等于线段 AB, BC, DE, EF, GH, HK 中的一条,连接 KL, GL。

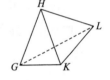

现在,因为两边 AB, BC 等于两边 HK, HL,且在 B 的角等于角 KHL,所以底 AC 等于底 KL。

[I.4]

又因为角 ABC, GHK 的和大于角 DEF,这时,角 ABC 等于角 KHL,所以角 GHL 大于角 DEF。

因为两边 GH, HL 等于两边 DE, EF,且角 GHL 大于角 DEF,所以底 GL 大于底 DF。

[I.24]

但是,GK, KL 的和大于 GL,

所以 GK, KL 的和大于 DF。

但是,KL 等于 AC,所以 AC, GK 的和大于其余的 DF。

类似地,可以证明 AC, DF 的和大于 GK,以及 DF, GK 的和大于 AC。

所以,可以作出三边等于 AC, DF, GK 的三角形。

证完

希腊正文给出了另一个证明,海伯格把它放在附录中。西姆森选择了这另一个证明,然而他反对开头处的话,"若不是这样,设在点 B, E, H 的角不相等,

并且在 B 的角大于在 E,H 的两个角中的一个",而改为涉及在 B 的角可能等于其他两个中的一个。

可以看出,欧几里得没有涉及这些角的相对大小,在证明了一个底小于其他两个底的和之后,他说"类似地可证明"对于其他两个底的同样的结论。

若要区别这三个角的相对大小,可以像**XI.21** 中对应的地方,说成若这三个角中的一个等于或小于另两个角中的一个,则张在这两个角上的底的和显然大于张在第一个角上的底。于是只要证明**一个角大于其他两个中的一个**的情形,即证明张在其他两个角上的底的和大于张在第一个角上的底。这实际上就是插入的另一个证明。

命题 23

给定三个平面角,无论怎样选取,任意两角的和都大于第三个角;并且三个角的和必小于四直角。求作由此三个平面角构成的立体角。

设角 ABC,DEF,GHK 是三个给定的平面角,不论怎样选取,其中任意两个角的和大于余下的一个角,而且三个角的和小于四直角。

要求作出面角等于角 ABC,DEF,GHK 的立体角。

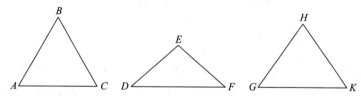

截取彼此相等的线段 AB,BC,DE,EF,GH,HK,连接 AC,DF,GK。

可以作出一个三条边等于 AC,DF,GK 的三角形。　　　　　　　　[XI. 22]

因此,设作出三角形 LMN,使 AC 等于 LM,DF 等于 MN,且 GK 等于 NL,作三角形 LMN 的外接圆 LMN。

设它的圆心为 O;并连接 LO,MO,NO;

我断言 AB 大于 LO。

否则,设 AB 或等于或小于 LO。

首先,设它们是相等的。

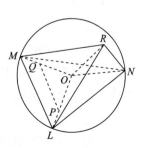

因为 AB 等于 LO,而 AB 等于 BC,又 OL 等于 OM。

两边 AB,BC 分别等于两边 LO,OM;

又由假设,底 AC 等于底 LM;

所以角 *ABC* 等于角 *LOM*。 [Ⅰ.8]

同理，角 *DEF* 也等于角 *MON*，

而且角 *GHK* 等于角 *NOL*。

所以三个角 *ABC*，*DEF*，*GHK* 的和等于三个角 *LOM*，*MON*，*NOL* 的和。

但是，三个角 *LOM*，*MON*，*NOL* 的和等于四直角，

所以角 *ABC*，*DEF*，*GHK* 的和也等于四直角。

但是，由假设，它们小于四直角：这是不合理的。

所以，*AB* 不等于 *LO*。

其次可证，*AB* 小于 *LO* 也不成立。

因为，如果可以成立，那么作 *OP* 等于 *AB*，*OQ* 等于 *BC*，连接 *PQ*。

因为，*AB* 等于 *BC*，*OP* 也等于 *OQ*，

因此余量 *LP* 等于 *QM*，

所以 *LM* 平行于 *PQ*。 [Ⅵ.2]

并且 *LMO* 与 *PQO* 是等角的； [Ⅰ.29]

所以 *OL* 比 *LM* 如同 *OP* 比 *PQ*。 [Ⅵ.4]

由更比，*LO* 比 *OP* 如同 *LM* 比 *PQ*。 [Ⅴ.16]

但是，*LO* 大于 *OP*，所以 *LM* 也大于 *PQ*。

但是，已知 *LM* 等于 *AC*，所以 *AC* 也大于 *PQ*。

因为，两边 *AB*，*BC* 等于两边 *OP*，*OQ*，

且底 *AC* 大于底 *PQ*，所以角 *ABC* 大于角 *POQ*。 [Ⅰ.25]

类似地，可以证明角 *DEF* 大于角 *MON*，以及角 *GHK* 大于角 *NOL*。

所以，三个角 *ABC*，*DEF*，*GHK* 的和大于三个角 *LOM*，*MON*，*NOL* 的和。

但是，由假设，角 *ABC*，*DEF*，*GHK* 的和小于四直角，所以角 *LOM*，*MON*，*NOL* 的和更小于四直角。

但是，它们的和等于四直角：这是不合理的。

所以，*AB* 不小于 *LO*。

又证明了是不相等的，所以 *AB* 大于 *LO*。

从点 *O* 作 *OR* 使它同圆 *LMN* 所在的平面成直角， [Ⅺ.12]

并且使得 *OR* 上的正方形等于一个面积，而这个面积是 *AB* 上正方形比 *LO* 上正方形所大的那部分。 [引理]

连接 *RL*，*RM*，*RN*。

因为，*RO* 同圆 *LMN* 所在的平面成直角，所以 *RO* 也和线段 *LO*，*MO*，*NO* 的每一个成直角。

又因为，LO 等于 OM，

而且，OR 是公共的，且和 LO, ON 都成直角，

所以底 RL 等于底 RM。   [Ⅰ.4]

同理，RN 也等于线段 RL, RM 的每一个，所以三线段 RL, RM, RN 彼此相等。

其次，由假设，OR 上正方形等于 AB 上正方形较 LO 上正方形大的那部分，

所以 AB 上正方形等于 LO, OR 上正方形的和。

但是，LR 上正方形等于 LO, OR 上的正方形的和，

这是因为角 LOR 是直角。   [Ⅰ.47]

所以 AB 上正方形等于 RL 上正方形；

所以 AB 等于 RL。

但是，线段 BC, DE, EF, GH, HK 都等于 AB，这时线段 RM, RN 都等于 RL，所以线段 AB, BC, DE, EF, GH, HK 中每一条都等于线段 RL, RM, RN 中每一条。

又因为，两边 LR, RM 等于两边 AB, BC，又由假设，底 LM 等于底 AC，所以角 LRM 等于角 ABC。   [Ⅰ.8]

同理，角 MRN 也等于角 DEF，且角 LRN 等于角 GHK。

所以作出了由三个平面角 LRM, MRN, LRN 在点 R 构成的立体角，且角 LRM, MRN, LRN 等于给定角 ABC, DEF, GHK。

作完

引　理

但是，怎样作出 OR 上的正方形等于 AB 上正方形与 LO 上正方形差的面积。

我们能给出做法如下：

取两线段 AB, LO。又设 AB 是较大的。在 AB 上作半圆 ABC，在半圆 ABC 内作合线段 AC 等于线段 LO，它不大于直径 AB。   [Ⅳ.1]

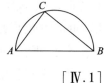

连接 CB。

因为，角 ACB 是半圆 ABC 上的弓形角，

所以角 ACB 是直角。   [Ⅲ.31]

所以 AB 上正方形等于 AC 上正方形与 CB 上正方形的和。

因此，在 AB 上的正方形大于 AC 上正方形，所大的部分是 CB 上的正方形。

但是，AC 等于 LO。

所以 *AB* 上正方形大于 *LO* 上正方形,所大的部分是 *CB* 上的正方形。

如果截取 *OR* 等于 *BC*,则 *AB* 上的正方形大于 *LO* 上正方形,所大的部分是 *OR* 上的正方形。

作完

这个命题的困难是要证明使这个作图可能的一个事实,即若 *LMN* 是一个三角形,其边分别等于三个等腰三角形的底,这三个等腰三角形以给定的角为顶角,并且所有这些等边具有相同的长度,则这些等边中的一个,譬如 *AB*,大于这个三角形的外接圆的半径 *LO*。

假定 *AB* 大于 *LO*,我们只要从 *O* 作三角形 *LMN* 所在平面的垂线 *OR*,使得 *OR* 有这样一个长度,*LO*,*OR* 上两个正方形的和等于 *AB* 上的正方形,并且连接 *RL*,*RM*,*RN*。(求 *OR* 的方法是这样的:使得它上的正方形等于 *AB* 与 *LO* 上两个正方形的差,这个已在命题末尾的引理中证明。我们在 **X**.13 之后的引理中有同样的作图。)

显然,*RL*,*RM*,*RN* 等于 *AB*。　　　　　　　　　　　　[**I**.4 和 **I**.47]。

因而三角形 *LRM*,*MRN*,*NRL* 的三个边分别等于三角形 *ABC*,*DEF*,*GHK* 的三个边。

因此它们的顶角分别等于三个给定的角,并且作出了要求的立体角。

现在我们转向要证明的预备命题,即在图形中,*AB* 大于 *LO*。

应当注意,欧几里得的风格是只证明一种情形,即三角形 *LMN* 的外接圆的圆心落在这个三角形内,其他情形留给读者去证明。像通常一样,这两种其他情形出现在希腊正文中。这些证明的本身揭示它们不是欧几里得的,而是插入的,区别三种情形的话"它(圆心)或者在三角形 *LMN* 内,或者在一条边上,或者在外面,首先设定在内面"只是出现在手稿 B 和 V 中,并且明显是插入的。然而增加的两种情形必然是很早插入的,它们出现在所有好的手稿中。

为了使这三种证明明显起见,我们以简化的形式给出它们。

所有三种情形的证明都是用反证法,并且先是证明 *AB* 不等于 *LO*,其次再证 *AB* 不小于 *LO*。

情形 I。

(1)假定 *AB* = *LO*。

则 *AB*,*BC* 分别等于 *LO*,*OM*;并且 *AC* = *LM*(由作图)。

所以　　　　　　　　　　　∠*ABC* = ∠*LOM*。

类似地,　　　　　　　　　∠*DEF* = ∠*MON*,

288

$$\angle GHK = \angle NOL。$$

相加,有

$$\angle ABC + \angle DEF + \angle GHK = \angle LOM + \angle MON + \angle NOL$$
$$= 四个直角:$$

这与题设矛盾。

所以 $AB \neq LO$。

(2)假定 $AB < LO$。

沿着 OL, OM 取 OP, OQ 都等于 AB。

于是由于 OL, OM 相等,故

$$PQ /\!/ LM,$$

因此 $LM : PQ = LO : OP$;

又因为 $LO > OP$,所以 LM,即 AC, $> PQ$。

于是在三角形 POQ, ABC 中,两边对应相等,并且底 $AC >$ 底 PQ,所以

$$\angle ABC > \angle POQ,即 \angle LOM。$$

类似地, $$\angle DEF > \angle MON,$$
             $$\angle GHK > \angle NOL。$$

相加,有

$$\angle ABC + \angle DEF + \angle GHK > 四直角:$$

这也与题设矛盾。

情形 Ⅱ。

(1)假定 $AB = LO$。

则 $(AB + BC)$ 或 $(DE + EF) = MO + OL$
$$= MN$$
$$= DF:$$

这与题设矛盾。

(2)假定 $AB < LO$,更不可能,因为此时

$$DE + EF < DF。$$

情形 Ⅲ。

(1)假定 $AB = LO$。

则在三角形 ABC, LOM 内,两条边 AB, BC 分别等于
两条边 LO, OM,并且底 AC, LM 相等,所以

$$\angle ABC = \angle LOM。$$

类似地, $$\angle GHK = \angle NOL。$$

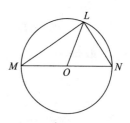

相加,有

$$\angle MON = \angle ABC + \angle GHK >$$
$$\angle DEF(由题设)。$$

但是三角形 DEF,MON 全等,故

$$\angle MON = \angle DEF。$$

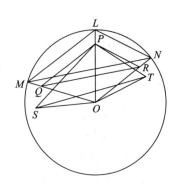

但是已证 $\angle MON > \angle DEF$:矛盾。

(2)假定 $AB < LO$。

沿 OL,OM 量取 OP,OQ 都等于 AB。

则 LM,PQ 平行,并且

$$LM : PQ = LO : OP,$$

因为 $LO > OP$,所以

$$LM \text{ 或 } AC > PQ。$$

于是在三角形 ABC,POQ 内,

$$\angle ABC > \angle POQ,即\angle LOM。$$

类似地,沿 ON 取 OR 等于 AB,可证

$$\angle GHK > \angle LON。$$

现在在 O 作 $\angle POS$ 等于 $\angle ABC$,$\angle POT$ 等于 $\angle GHK$。

取 OS,OT 都等于 OP,并连接 ST,SP,TP。

则在相等三角形 ABC,POS 中,

$$AC = PS,$$

故 $$LM = PS。$$

类似地, $$LN = PT。$$

所以在三角形 MLN,SPT 中,因为 $\angle MLN > SPT$(这是假定的,但是应当解释),所以

$MN > ST,$

或者 $DF > ST$。

最后,在三角形 DEF,SOT 中,两条边对应相等,因为 $DF > ST$,所以

$$\angle DEF > \angle SOT$$
$$> \angle ABC + \angle GHK(题设):$$

这与假设矛盾。

西姆森给出了不同的证明。

情形 I。(O 在 $\triangle LMN$ 内。)

(1)设 AB 等于 LO。

则三角形 ABC, DEF, GHK 分别等于三角形 LOM, MON, NOL。

所以后面这些三角形在 O 的顶角分别等于在 B, E, H 的角。

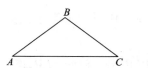 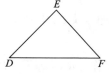 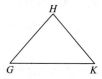

因而后面这些角的和等于四直角:这是不可能的。

(2)若 AB 小于 LO,在底 LM, MN, NL 上作三角形,以 P, Q, R 为顶点,并且分别全等于三角形 ABC, DEF, GHK。

则 P, Q, R 落在相应的在 O 的角内,由于 $PL = PM$,并且 $< LO$,并且其他情形类似。

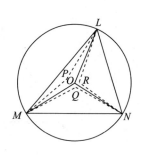

于是[Ⅰ.21]在 P, Q, R 的角分别大于它们所在的在 O 的角。

所以在 P, Q, R 的角的和,即在 B, E, H 的角的和,大于四直角:与题设矛盾。

情形Ⅱ。(O 在 MN 上。)

此时,不论(1)$AB = LO$ 或(2)$AB < LO$,不能以 MN 为底,其他两边等于 AB 作一个三角形。换句话说,三角形 DEF 再缩成一条线或不可能。

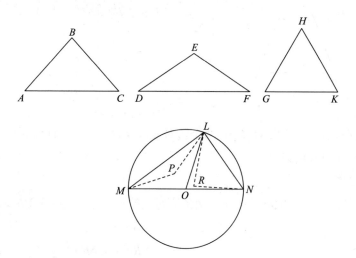

情形Ⅲ。(O 在 $\triangle LMN$ 之外。)

(1)假定 $AB = LO$。

则三角形 LOM, MON, NOL 全等于三角形 ABC, DEF, GHK。

因为 $\angle LOM + \angle LON = \angle MON$,

所以∠ABC + ∠GHK = ∠DEF：

这与题设矛盾。

(2)假定 AB < LO。

如上，以 LM, MN, NL 为底，以 P, Q, R 为顶点作三角形等于三角形 ABC，DEF, GHK。

接着，在直线 NR 的点 N 作∠RNS 等于∠PLM，截 NS 等于 LM，连接 RS, LS。

则△NRS 全等于△LPM 或△ABC。

现在(∠LNR + ∠RNS) < (∠NLO + ∠OLM)，

即   ∠LNS < ∠NLM。

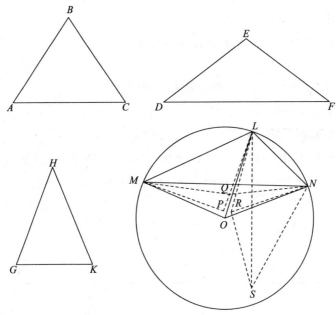

于是在三角形 LNS, NLM 中，两个边对应等于两个边，并且前者所夹的角小于后者所夹的角，所以

LS < MN。

因此，在三角形 MQN, LRS 中，两条边对应等于两条边，并且 MN > LS。

所以   ∠MQN > ∠LRS

                                > (∠LRN + ∠SRN)

                                > (∠LRN + ∠LPM)。

即   ∠DEF > (∠GHK + ∠ABC)：

这是不可能的。

命题 24

如果由一些平行平面围成一个立体,则其相对面相等且为平行四边形。

设平行平面 AC, GF, AH, DF, BF, AE 围成一个立体 $CDHG$。

我断言其对面相等且为平行四边形。

因为,两平行平面 BG, CE 被平面 AC 所截,

为此,它们的交线是平行的。　　　　　[XI.16]

所以 AB 平行于 DC。

又因为,两平行平面 BF, AE 被平面 AC 所截,它们的交线平行。　　[XI.16]

所以 BC 平行于 AD。

但是,已经证明了 AB 平行于 DC,所以 AC 是平行四边形。

类似地,可以证明平面 DF, FG, GB, BF, AE 的每一个都是平行四边形。

连接 AH, DF。

因为 AB 平行于 DC,BH 平行于 CF,

相交两直线 AB, BH 平行于和它们不在同一平面上的两条直线 DC, CF,所以它们的夹角相等。　　　　　　　　　　　　　　[XI.10]

于是,角 ABH 等于角 DCF。

又因为,两边 AB, BH 等于两边 DC, CF,　　　　　[I.34]

且角 ABH 等于角 DCF,

所以,底 AH 等于底 DF,且三角形 ABH 等于三角形 DCF。　　[I.4]

又,平行四边形 BG 是三角形 ABH 的二倍,而且平行四边形 CE 是三角形 DCF 的二倍。　　　　　　　　　　　　　　　　　　　[I.34]

所以,平行四边形 BG 全等于平行四边形 CE。

类似地,可以证明 AC 等于 GF,AE 等于 BF。

证完

正如海伯格所说,这个命题的阐述是粗心的。欧几里得的意思是由各个面包围的立体,而不是更多的面包围的立体,这些平面两两平行,并且相对面的相等是指全等,或者正如西姆森所说,相等并且**相似**。**相似性**是为了在下一个命题中能够从卷XI.的定义 10 推出两个平行六面体的相等。因此,一个较好的阐述是:

若一个立体由六个两两平行的面包围,则相对面是相等并且相似的平行四边形。

其证明是简单的,不必再加解释。

命题 25

如果一个平行六面体被一个平行于一对相对面的平面所截,则底比底如同立体比立体。

设平等六面体 ABCD 被平行于两相对的面 RA,DH 的平面 FG 所截。

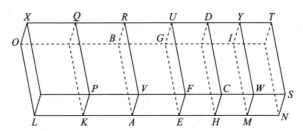

我断言底 AEFV 比底 EHCF 如同立体 ABFU 比立体 EGCD。

设向两端延长 AH,并且任取若干线段 AK,KL 等于 AE,又取若干线段 HM,MN 等于 EH。并完成平行四边形 LP,KV,HW,MS 和立体 LQ,KR,DM,MT。

因为线段 LK,KA,AE 彼此相等,并且平行四边形 LP,KV,AF 也彼此相等。

平行四边形 KO,KB,AG 彼此相等,并且 LX,KQ,AR 彼此相等,因为它们是相对的面。 [XI. 24]

同理,平行四边形 EC,HW,MS 也彼此相等,HG,HI,IN 彼此相等;DH,MY,NT 彼此相等。

所以在立体 LQ,KR,AU 中彼此有三个平面相等。

但是,三个面等于三个相对的面;所以三个立体 LQ,KR,AU 彼此相等。

同理,三个立体 ED,DM,MT 也彼此相等。

所以无论底 LF 是底 AF 的多少倍,立体 LU 也是立体 AU 的多少倍。

同理,底 NF 是底 FH 的多少倍,立体 NU 也是立体 HU 的同样多少倍。

如果底 LF 等于底 NF,立体 LU 也等于立体 NU;如果底 LF 大于底 NF,立体 LU 也大于立体 NU;且如果底 LF 小于底 NF,立体 LU 也小于立体 NU。

因此,有四个量,两个底 AF,FH 和两个立体 AU,UH。已给定底 AF 和立体 AU 的同倍量,即底 LF 和立体 LU;又给定底 HF 和立体 HU 的同倍量,即底 NF 和立体 NU。而且已证明了如果底 LF 大于底 FN,立体 LU 也大于立体 NU;如果底相等,立体也相等;如果底 *LF* 小于底 *FN*,立体 *LU* 也小于立体 *NU*。

所以,底 *AF* 比底 *FH* 如同立体 *AU* 比立体 *UH*。

[V . 定义 5]

证完

应当注意,在卷 I . 中用的词 Parallelogrammic 没有其含义的任何意义,同样地,Parallelepipedal 在此处也没有解释。而它的含义只是"具有平行面的",即"面",这个术语理解为具有六个两两平行面的特殊立体。

在这个命题中,每一组平行六面体的相对面不只是相等,而是相等且相似。欧几里得从定义 10 推出每一组中的这些立体是相等的;但是,正如我们在定义 9,10 的注中看到的,尽管它是真的,在图中的立体角没有被多于三个平面角包围,这两个立体图形相等且相似,它们是由相同个数的相等且相似的面,相似排列围成的,这个事实应当被证明。为此,我们只要证明在上述 XI. 21 的注中给出的命题,**两个三面角是相等的,若一个的三个面角分别等于另一个的三个面角,并且都有相同的顺序**。而后像西姆森在他的命题 C 中所作的,用相贴一个图形到另一个图形来证明相等。

命题 26

在已知直线上一已知点,作一个立体角等于已知的立体角。

设 *A* 是已知直线 *AB* 上一点,并且在 *D* 点处由角 *EDC*,*EDF*,*FDC* 构成一个已知的立体角。

要求在 *AB* 上一点 *A* 作立体角等于在 *D* 点的立体角。

设在 *DF* 上任取一点 *F*,从 *F* 作 *FG* 垂直于经过 *ED*,*DC* 的平面,且和此面相交于 *G*。　　　　　　[XI. 11]

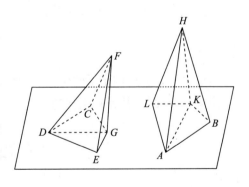

连接 *DG*,在直线 *AB* 上的点 *A* 处作角 *BAL* 等于角 *EDC*,再作角 *BAK* 等于角 *EDG*,

[I . 23]

并且使 *AK* 等于 *DG*,

从点 *K* 作 *KH*,使它和经过 *BA*,*AL* 的平面成直角。　　[XI. 12]

并且设 *KH* 等于 *GF*,连接 *HA*。

我断言在 A 处由角 BAL,BAH,HAL 所围成的立体角等于在 D 处的角 EDC,EDF,FDC 所围成的立体角。

设截 DE 等于 AB,连接 HB,KB,FE,GE。

因为 FG 与已知平面成直角,那么它与平面上和它相交的一切直线成直角。

[XI.定义 3]

所以角 FGD,FGE 都是直角。

同理,角 HKA,HKB 每一个也都是直角。

又,由于两边 KA,AB 分别等于两边 GD,DE,且它们夹着相等的角,所以底 KB 等于底 GE。

[I.4]

但是,KH 也等于 GF,

又,它们成直角;

所以 HB 也等于 FE。

[I.4]

又因为两边 AK,KH 分别等于 DG,GF,并且它们成直角。

所以底 AH 等于底 FD。

[I.4]

但是,AB 也等于 DE,

所以两边 HA,AB 等于两边 DF,DE。

又,底 HB 等于底 FE,

所以角 BAH 等于角 EDF。

[I.8]

同理,角 HAL 也等于角 FDC。

又,角 BAL 也等于角 EDC。

所以在直线 AB 的点 A 处作出的立体角等于已知点 D 处的立体角。

作完

这个命题仍然假定了两个三面角相等,它们的一个的三个面角分别等于另一个的三个面角,并且有相同的顺序。

命题 27

在已知线段上作已知平行六面体的相似且有相似位置的平行六面体。

设 AB 是已知线段,CD 是已知平行六面体。于是,要求在已知线段 AB 上作已知平行六面体 CD 的相似且有相似位置的平行六面体。

在线段 AB 上的点 A 作一个由角 BAH,HAK,KAB 构成的立体角等于在点 C 的立体角,即角 BAH 等于角 ECF,角 BAK 等于角 ECG,角 KAH 等于角 GCF;并

已经取定了 *EC* 比 *CG* 如同 *BA* 比 *AK*，*GC* 比 *CF* 如同 *KA* 比 *AH*。　　　[Ⅵ.12]

所以，也有首末比，*EC* 比 *CF* 如同 *BA* 比 *AH*。　　　[Ⅴ.22]

设已经作成了平行四边形 *HB* 和补形立体 *AL*。

现在因为，*EC* 比 *CG* 如同 *BA* 比 *AK*，且夹相等角 *ECG*，*BAK* 的边成比例，所以平行四边形 *GE* 相似于平行四边形 *KB*。

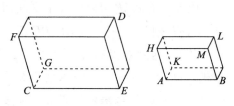

同理，平行四边形 *KH* 也相似于平行四边形 *GF*，*FE* 相似于 *HB*。

所以，立体 *CD* 的三个平行四边形相似于立体 *AL* 的三个平行四边形。

但是，前面三个与它们对面的平行四边形是相等且相似的，并且后面三个和它们对面的平行四边形是相等且相似的；

所以整体立体 *CD* 相似于整体立体 *AL*。　　　[Ⅺ.定义 9]

从而，在已知线段 *AB* 上作出了已知平行六面体 *CD* 的相似且有相似位置的立体 *AL*。

证完

命题 28

如果一个平行六面体被相对面上的对角线所在的平面所截，则此立体被平面二等分。

设平行六面体 *AB* 被相对面上对角线 *CF*，*DE* 所在的平面 *CDEF* 所截。

我断言立体 *AB* 被平面 *CDEF* 平分。

因为，三角形 *CGF* 等于三角形 *CFB*，　　　[Ⅰ.34]

又，*ADE* 全等于 *DEH*，这时平行四边形 *CA* 也等于平行四边形 *EB*，由于它们是相对的面，且 *GE* 等于 *CH*。

所以两个三角形 *CGF*，*ADE* 和三个平行四边形 *GE*，*AC*，*CE* 所围成的棱柱也等于由两个三角形 *CFB*，*DEH* 和三个平行四边形 *CH*，*BE*，*CE* 围成的棱柱；

因为两棱柱是由同样多个两两相等的面所组成。　　　[Ⅺ.定义 10]

所以，整体立体 *AB* 被平面 *CDEF* 平分。

证完

西姆森注意到,在说作过两个相对面的对角线作平面之前,应当证明这两条对角线在一个平面内。克拉维乌斯补充了这个证明,当然是很简单的。

因为 *EF*,*CD* 都平行于 *AG* 或 *BH*,所以它们相互平行。

因而过 *CD*,*EF* 可以作一个平面,并且其对角线在这个平面内［Ⅺ.7］。并且 *CD*,*EF* 相等且平行,故 *CF*,*DE* 相等且平行。

然而,西姆森没有注意到更严重的困难。欧几里得证明了这两个棱柱由相等面包围——实际上这些面是相等且相似的——并且而后欧几里得推出这两个棱柱是**相等**的。但是它们在现在的意义上不是相等的。正确地说两个立体相等,是指它们可以彼此**相贴**。由于尽管这些面分别相等,但不是**相似地排列着**,它们就不能相贴;因而这两个棱柱是对称的,并且应当证明它们的容量(content)相等,尽管不是相等且相似,或者如勒让德所说,是**等积的**(equivalent)。

勒让德证明了这两个棱柱是等积的,并且他的方法被舒尔茨和塞维诺克以及霍尔格特采用,尽管未提及他的名字,一些预备命题是必需的。

1. 一个棱柱被截所有棱的平行平面所截的截面是相等的多边形。

设棱柱 *MN* 被平行平面所截,截面是 *ABCDE*,*A'B'C'D'E'*。

现在 *AB*,*BC*,*CD*,… 分别平行于 *A'B'*,*B'C'*,*C'D'*,… ［Ⅺ.16］

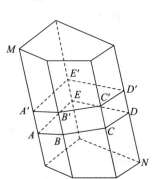

所以角 *ABC*,*BCD*,… 分别等于角 *A'B'C'*,*B'C'D'*,… ［Ⅺ.10］

又 *AB*,*BC*,*CD*,…分别等于 *A'B'*,*B'C'*,*C'D'*,…

于是多边形 *ABCDE*,*A'B'C'D'E'*彼此等边且等角。

2. 两个棱柱相等,当它们每一个中有一个立体角的三个面一对一相等并且相似地排列着。

设面 *ABCDE*,*AG*,*AL* 相等于面 *A'B'C'D'E'*,*A'G'*,*A'L'*,并且相似排列着。

因为在 *A*,*A'* 的三个平面角分别相等并且相似排列,所以在 *A* 的三面角等于在 *A'* 的三面角。 ［Ⅺ.21 注的(3)］

放置三面角 *A* 到 *A'*。

则面 *ABCDE* 重合于面 *A'B'C'D'E'*,面 *AG* 重合于面 *A'G'*,面 *AL* 重合于面 *A'L'*。

点 *C* 落在 *C'*,*D* 落在 *D'*。

因为棱柱的棱是平行的,所以 *CH* 落在 *C'H'*,*DK* 落在 *D'K'*。

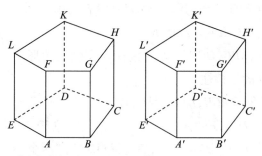

并且点 F,G,L 分别重合于 F',G',L'，故

$$平面\ GK,G'K'\ 重合。$$

因此 H,K 重合于 H',K'。

于是这两个棱柱完全重合，因而相等。

用同样的方法，我们可以证明两个**截头**棱柱(truncated prisms)，其三个面如同上述命题所说，是相等的。

特别地，

推论 两个等底和等高的正棱柱相等。

3. **一个斜棱柱等积于这样一个正棱柱，它的底是斜棱柱的直截面**(right section)**，它的高等于斜棱柱的棱。**

假定 GL 是斜棱柱 AD' 的直截面，设 GL' 是正棱柱，以 GL 为底，高等于 AD' 的棱。

现在 GL' 的棱等于 AD' 的棱。

因而 $AG=A'G'$，$BH=B'H'$，$CK=C'K'$，等等。

所以面 AH,BK,CL 分别等于面 $A'H'$，$B'K',C'L'$。

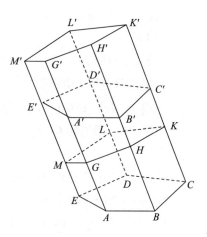

于是(由上述命题)

(截头棱柱 AL) = (截头棱柱 $A'L'$)。

从整个立体 AL' 减去每一个，有

$$棱柱\ AD',GL'\ 是等积的。$$

现在设欧几里得命题中的平行六面体被过 AG,DF 的平面所截。

设 $KLMN$ 是截平行六面体的棱 AD,BC，GF,HE 的直截面。

则 *KLMN* 是平行四边形,并且若作对角线 *KM*,则

$$\triangle KLM = \triangle MNK。$$

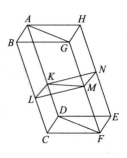

现在以三角形 *ABG*,*DCF* 为底的棱柱等于以三角形 *KLM* 为底高为 *AD* 的正棱柱。

类似地,以三角形 *AGH*,*DFE* 为底的棱柱等于以三角形 *MNK* 为底高为 *AD* 的正棱柱。　　　　　　　[上述(3)]

并且以三角形 *KLM*,*MNK* 为底,有等高 *AD* 的这两个正棱柱相等。　　　　　　　　　　　　[上述(2)的推论]

因此,平行六面体被分的两个棱柱是**等积的**。

命题 29

具有同底同高的两个平行六面体,并且它们立于底上的侧棱的端点在相同直线上,则它们是彼此相等的。

设 *CM*,*CN* 是有同底 *AB* 和同高的两个平行六面体,又设它们立于底上的侧棱 *AG*,*AF*,*LM*,*LN*,*CD*,*CE*,*BH*,*BK* 的端点分别在两条直线 *FN*,*DK* 上。

我断言立体 *CM* 等于立体 *CN*。

因为,图形 *CH*,*CK* 的每一个都是平行四边形,*CB* 等于线段 *DH*,*EK* 的每一个,　　　[Ⅰ.34]

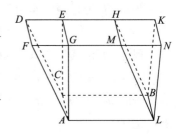

因此,*DH* 也等于 *EK*。

设从以上各边减去 *EH*,于是余下的 *DE* 等于余下的 *HK*。

因此,三角形 *DCE* 也等于三角形 *HBK*,　　　[Ⅰ.8,4]

且平行四边形 *DG* 等于平行四边形 *HN*。　　　[Ⅰ.36]

同理,三角形 *AFG* 也等于三角形 *MLN*。

但是,平行四边形 *CF* 等于平行四边形 *BM*,又 *CG* 等于 *BN*,因为它们是相对的面。

所以,由两个三角形 *AFG*,*DCE* 和三个平行四边形 *AD*,*DG*,*CG* 围成的棱柱等于由两个三角形 *MLN*,*HBK* 和三个平行四边形 *BM*,*HN*,*BN* 组成的棱柱。

把以平行四边形 *AB* 为底,对面是 *GEHM* 的立体加到每一个棱柱上;

于是,整体平行六面体 *CM* 等于整体平行六面体 *CN*。

　　　　　　　　　　　　　　　　　　　　证完

像通常一样,欧几里得只证明了一种情形,而把另外两种情形留给了读者去证明。在每一种情形欧几里得的证明有微小变化。在第一个图中,仅有的差别是以三角形 GAL,ECB 为底的棱柱占据了以"AB 为底,以 $GEHM$ 为相对面的立体"的地方。在第二个图中,我们要减去的相等棱柱是以平行四边形 AB 为底,$FDKN$ 为相对面的立体。

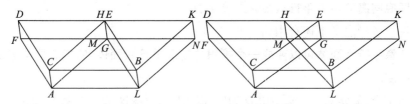

西姆森猜测,这个命题被"某个生手编者"所破坏,但是给出了一个奇怪的理由,为什么 AB 相对的两个平行四边形有公共边的情形没有省略,这个情形"直接由命题 28 导出"。但是欧几里得的命题 28 不只是为了证明命题 29。

命题 30

具有同底同高的二平行六面体,并且它们立于底上的侧棱的端点不在相同的直线上,则它们是彼此相等的。

设 CM,CN 是具有同底 AB 和同高的二平行六面体,并且它们立于底上的侧棱,即 AF,AG,LM,LN,CD,CE,BH,BK 的端点不在相同直线上。

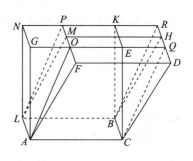

我断言立体 CM 等于立体 CN。

延长 NK,DH 相交于 R,又延长 FM,GE 到 P,Q;连接 AO,LP,CQ,BR。于是,以平行四边形 $ACBL$ 为底且对面为 $FDHM$ 的立体 CM 等于以平行四边形 $ACBL$ 为底且对面为 $OQRP$ 的立体 CP;

因为它们同底 $ACBL$ 且同高,且它们立于底上的侧棱 AF,AO,LM,LP,CD,CQ,BH,BR 的端点分别在一对直线 FP,DR 上。　　　　　　　　　[XI.29]

但是,以平行四边形 $ACBL$ 为底且对面为 $OQRP$ 的立体 CP 等于以平行四边形 $ACBL$ 为底且对面为 $GEKN$ 的立体 CN;

因为它们同底 $ACBL$ 且同高,

并且它们立于底上的侧棱 AG,AO,CE,CQ,LN,LP,BK,BR 的端点分别在两

条直线 GQ,NR 上。

因此，立体 CM 也等于立体 CN。

证完

这个命题完成了下述命题的证明：

同底同高的两个平行六面体是等积的。

勒让德导出了下述有用的定理。

任意平行六面体可以变成一个等积的矩形平行六面体，它们有同样的高和相等的底。

事实上，假定有一个以 $ABCD$ 为底，以 $EFGH$ 为相对面的平行六面体。

作 AI,BK,CL,DM 垂直于过 $EFGH$ 的平面，并且都等于平行六面体 AG 的高，连接 IK,KL,LM,MI，则我们有一个等积于原来平行六面体的平行六面体，并且其面 AK,BL,CM,DI 都是矩形。

若 $ABCD$ 不是矩形，在平面 AC 内作 AO,DN 垂直于 BC，在平面 IL 内作 IP,MQ 垂直于 KL。

连接 OP,NQ，我们有一个矩形平行六面体，以 $AOND$ 为底，它等积于以 $ABCD$ 为底，以 $IKLM$ 为相对面的平行六面体，因为可以把这两个平行六面体看成同底 $ADMI$ 以及同高 AO。

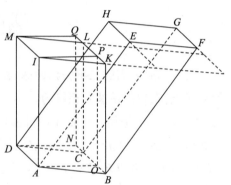

即一个等积于给定平行六面体的矩形平行六面体已作成，并且有（1）相同的高度，（2）等面积的底。

在美国的教科书中，有一个不同的作图。

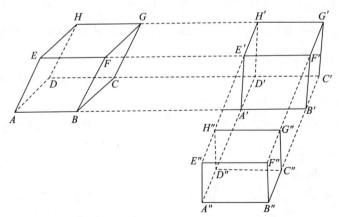

原平行六面体的棱 AB,DC,EF,HG 延长并且被两个平行平面成直角相截，这两个平行平面之间的距离 $A'B'$ 等于 AB。

于是形成了一个平行六面体，除了 $A'H',B'G'$ 之外的所有面是矩形。

其次，延长 $D'A',C'B',G'F',H'E'$ 并且用两个平行的平面垂直地截它们，这两个平行平面之间的距离 $B''C''$ 等于 $B'C'$。

这些截点决定了一个矩形平行六面体。

这三个平行六面体的等积性的证明，不是用欧几里得的 XI.29,30，而是用 XI.28 的注中给出的关于一个棱柱的直截面的命题(注中的3)。

命题 31

等底同高的平行六面体彼此相等。

设二平行六面体 AE,CF 有相同的高和相等的底 AB,CD。

我断言立体 AE 等于立体 CF。

首先设两个平行六面体的侧棱 HK,BE,AG,LM,PQ,DF,CO,RS 与底 AB，CD 成直角。

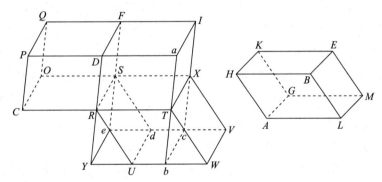

延长线段 CR 得线段 RT，

在线段 RT 上的点 R 作一个角 TRU 等于角 ALB，　　　　　　　［Ⅰ.23］

使 RT 等于 AL，且 RU 等于 LB，又设在底 RW 上作立体 XU。

因为，两边 TR,RU 等于两边 AL,LB，且夹角相等，

所以平行四边形 RW 与平行四边形 HL 相等且相似。

又因为 AL 等于 RT，LM 等于 RS，且它们交成直角，所以平行四边形 RX 等于且相似于平行四边形 AM。

同理，LE 也等于且相伴于 SU。

所以立体 AE 的三个平行四边形相等且相似于立体 XU 的三个平行四

303

边形。

但是,前面的三个相等且相似于三个对面的平行四边形,后面的三个相等且相似于它们对面的平行四边形。 ［XI.24］

所以,整体平行六面体 AE 等于整体平行六面体 XU。 ［XI.定义 10］

延长 DR,WU 交于点 Y,过 T 作 aTb 平行于 DY,并且将 PD 延长至 a,作出补形立体 YX,RI。

于是,以平行四边形 RX 为底和以 Yc 为对面的立体 XY 等于以平行四边形 RX 为底和以 UV 为对面的立体 XU。

因为它们在同一底 RX 上且有相同的高,

又它们侧棱 RY,RU,Tb,TW,Se,Sd,Xc,XV 的端点在一对直线 YW,eV 上。

［XI.29］

但是,立体 XU 等于立体 AE;所以立体 XY 也等于立体 AE。

并且平行四边形 $RUWT$ 等于平行四边形 YT,

因为它们在同一个底 RT 上且在相同的平行线 RT,YW 之间。 ［I.35］

这时,平行四边形 $RUWT$ 等于平行四边形 CD,因为它也等于 AB,所以平行四边形 YT 也等于 CD。

但是,DT 是另一个平行四边形;所以 CD 比 DT 如同 YT 比 DT。 ［V.7］

又因为,平行六面体 CI 被平行于二对面的面 RF 所截,于是,底 CD 比 DT 如同立体 CF 比立体 RI。 ［XI.25］

同理,因为平行六面体 YI 被平行于二对面的平面 RX 所截,因此底 YT 比底 TD 如同立体 YX 比立体 RI。 ［XI.25］

但是,底 CD 比 DT 也如同 YT 比 DT;

所以立体 CF 比立体 RI 如同立体 YX 比立体 RI。 ［V.11］

所以立体 CF,YX 中每一个与 RI 有相同的比,所以立体 CF 等于立体 YX。

［V.9］

但是,已经证明了立体 YX 等于立体 AE,

所以立体 AE 也等于立体 CF。

其次,设两立体的侧棱 AG,HK,BE,LM,CN,PQ,DF,RS 与底面 AB,CD 不成直角。

我断言又可证立体 AE 等于立体 CF。

从点 K,E,G,M,Q,F,N,S 作 KO,ET,GU,MV,QW,FX,NY,SI 垂直于原来的平面,并且它们交此平面于点 O,T,U,V,W,X,Y,I。连接 OT,OU,UV,TV,WX,WY,YI,IX。

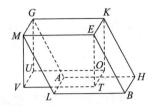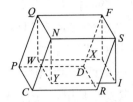

那么,立体 KV 等于立体 QI。这是因为它们有同底 KM, QS 和相同的高,并且它们的侧棱和它们的底成直角。　　　　　　　　　　[本命题第一部分]

但是,立体 KV 等于立体 AE,QI 等于 CF,因为它们同底等高,并且侧棱的端点不在同一直线上。　　　　　　　　　　　　　　　　　　　　　[XI.30]

所以立体 AE 等于立体 CF。

证完

值得注意的是在这个命题的图中,说底是设在"纸的平面",第三维"立"在这个平面上,手稿 P 把它改正为立体 AE。

这个命题的证明是很精巧的,它依赖于命题 I.44 以及 VI.14 和 23。

由于这个证明很长,我们给出一个概述。

I.首先,假定终止于角点的棱垂直于底。

以 AB, CD 为底,欧几里得作了一个立体全等于 AE(他只要移动 AE),使得 RS 是对应 HK 的棱($RS = HK$,由于等高),并且对应于 HE 的面 RX 在平面 CS 内。

面 CD, RW 在一个平面内,由于两者都垂直于 RS,于是 DR, WU 交于 Y。

完成平行四边形 YT, DT,以及立体 YX, FT。

则　　　　　　　　(立体 YX) = (立体 UX),

由于同底 ST 并且同高。　　　　　　　　　　　　　　　　[XI.29]

又由于平行六面体 CI, YI 分别被平行于相对面的平面 RF, RX 所截,所以

　　　　　　　(立体 CF):(立体 RI) = $\square CD : \square DT$,　　　[XI.25]

并且　　　　　(立体 YX):(立体 RI) = $\square YT : \square DT$。

但是[I.35]　　　　　　　　　　$\square YT = \square UT$

　　　　　　　　　　　　　　　　　　= $\square AB$

　　　　　　　　　　　　　　　　　　= $\square CD$,由题设。

所以　　　　　　　　(立体 CF) = (立体 YX)

　　　　　　　　　　　　　　　　= (立体 UX)

　　　　　　　　　　　　　　　　= (立体 AE)。

Ⅱ. 若终止于底的棱不垂直于它,则转动每一个立体为一个等积的立体,具有相同的底,以及棱垂直于底(以底的角点作四条到相对面的垂线)。(Ⅺ.29, 30 证明了其等积性。)

则由Ⅰ,等积的两个立体相等;于是原来的立体也相等。

西姆森注意到欧几里得没有提及下述情形,两个立体的底是**等角的**,而他把这个放在情形Ⅰ之前。这是不必要的,因为情形Ⅰ包含了它;在图中的仅有区别是 *UW* 与 *Yb* 重合,*dV* 与 *ec* 重合。

西姆森进一步说明,在情形Ⅱ的证明中,不能证明新作的立体是平行六面体,然而其证明简单到不必在正文中提及,他说"立起来的这些边的终点不在同一条直线上"这句话是正确的,但是最好不要这句话,由于它们可能"在同一条直线上"。

命题 32

等高的两个平行六面体的比如同两底的比。

设 *AB*,*CD* 是等高的两个平行六面体。

我断言平行六面体 *AB*,*CD* 的比如同两底的比,即底 *AE* 比底 *CF* 如同立体 *AB* 比立体 *CD*。

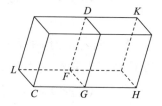

在 *FG* 处作 *FH* 等于 *AE*。   [Ⅰ.45]

且以 *FH* 为底,以 *CD* 的高为高,完成一个平行六面体 *GK*。

那么,立体 *AB* 等于立体 *GK*;

因为它们有等底 *AE*,*FH*,且与 *CD* 有相等的高,   [Ⅺ.31]

又因为,平行六面体 *CK* 被平行于二对面的平面 *DG* 所截,所以底 *CF* 比底 *FH* 如同立体 *CD* 比立体 *DH*。   [Ⅺ.25]

但是,底 *FH* 等于底 *AE*,并且立体 *GK* 等于立体 *AB*,

所以也有,底 *AE* 比底 *CF* 如同立体 *AB* 比立体 *CD*。

证完

正如克拉维乌斯所说，欧几里得在贴平行四边形 *FH* 到 *FG* 时，应当贴"角 *FGH* 于等角 *LCG* 内"。然而，西姆森过于苛刻地说，当完成立体 *GK* 时，应当说"完成这个立体以 *FH* 为底，并且一条所靠的直线是 *FD*"。的确有两个面 *DG*，*FH* 交于一个棱，说"完成这个立体"就足够了，"以 *FH* 为底"的话可以省略，同样的"完成"平行的六面体的话出现在 Ⅺ.31 和 33。

命题 33

两相似平行六面体的比如同对应边的三次比。

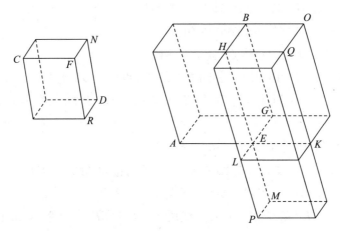

设 *AB*，*CD* 是两个相似平行六面体，并且边 *AE* 对应于边 *CF*。

我断言立体 *AB* 比立体 *CD* 如同 *AE* 与 *CF* 的三次比。

在 *AE*，*GE*，*HE* 延长线上作 *EK*，*EL*，*EM*，并且使 *EK* 等于 *CF*，*EL* 等于 *FN*，*EM* 等于 *FR*。

又作平行四边形 *KL* 和补形平行六面体 *KP*。

现在，因为两边 *KE*，*EL* 等于两边 *CF*，*FN*；这时，角 *KEL* 也等于角 *CFN*。因此，角 *AEG* 也等于角 *CFN*，这是由于 *AB*，*CD* 两立体相似之故。所以平行四边形 *KL* 相等（且相似）于平行四边形 *CN*。

同理，平行四边形 *KM* 也等于且相似于 *CR*，*EP* 相等且相似于 *DF*。

所以，立体 *KP* 的三个平行四边形相等且相似于立体 *CD* 的三个平行四边形。

但是，前面的三个平行四边形与它们的对面相等且相似，而后面的三个平行四边形与它们的对面相等且相似。　　　　　　　　　　　　　　[Ⅺ.24]

所以，整体立体 *KP* 相等且相似于整体立体 *CD*。　　　　[Ⅺ.定义 10]

307

作平行四边形 GK，并且以平行四边形 GK,KL 为底，以 AB 的高为高，作立体 EO,LQ。

由于立体 AB,CD 相似，

于是，AE 比 CF 如同 EG 比 FN，且如同 EH 比 FR。

这时，CF 等于 EK,FN 等于 EL，以及 FR 等于 EM，

所以，AE 比 EK 如同 GE 比 EL，也如同 HE 比 EM。

但是，AE 比 EK 如同 AG 比平行四边形 GK,GE 比 EL 如同 GK 比 KL，

又，HE 比 EM 如同 QE 比 KM；　　　　　　　　　　　　［Ⅵ.1］

所以也有，平行四边形 AG 比 GK 如同 GK 比 KL，也如同 QE 比 KM。

但是，AG 比 GK 如同立体 AB 比立体 EO。

GK 比 KL 如同立体 OE 比立体 QL。

又，QE 比 KM 如同立体 QL 比立体 KP；　　　　　　　　［Ⅺ.32］

所以也有，立体 AB 比 EO 如同 EO 比 QL，也如同 QL 比 KP。

但是，如果四个量成连比例，则第一与第四量的比如同第一与第二量比的三次比。　　　　　　　　　　　　　　　　　　　　　　　［Ⅴ.定义10］

所以，立体 AB 比 KP 如同 AB 比 EO 的三次比。

但是，AB 比 EO 如同平行四边形 AG 比 GK，也如同线段 AE 比 EK。［Ⅵ.1］

因为，立体 AB 与 KP 的比如同 AE 与 EK 的三次比。

但是，立体 KP 等于立体 CD，又线段 EK 等于 CF，所以立体 AB 比立体 CD 也如同对应边 AE 与 CF 的三次比。

证完

推论　由此容易得出，如果四条线段成（连）比例，那么，第一与第四线段的比如同第一线段上的平行六面体比第二线段上与之相似且有相似位置的平行六面体，因为第一与第四项的比如同第一与第二项比的三次比。

证明可以概述如下：

设平行六面体 AB 的顶点 E 对应于 CD 的 R，延长 AE,GE,HE，并且量取 EK,EL,EM 分别等于 CF,FN,FR。

这些平行六面体和立体完全显示在图上。

欧几里得首先证明立体 CD 与新的立体 PK 相等并且相似，根据 Ⅺ.定义 10，即它们由相同个数相等和相似的平面包围。（它们以相同的顺序排列，并且容易证明一对立体角相等，而后贴一个立体到另一个立体。）

现在由题设，

$$AE : CF = EG : FN = EH : FR,$$

即
$$AE : EK = EG : EL = EH : EM。$$

但是
$$AE : EK = \square AG : \square GK, \qquad\qquad [\text{VI}.1]$$

$$EG : EL = \square GK : \square KL,$$

$$EH : EM = \square HK : \square KM。$$

又由 XI.25 或 32，

$$\square AG : \square GK = (\text{立体 } AB) : (\text{立体 } EO),$$

$$\square GK : \square KL = (\text{立体 } EO) : (\text{立体 } QL),$$

$$\square HK : \square KM = (\text{立体 } QL) : (\text{立体 } KP)。$$

所以

$$(\text{立体 } AB) : (\text{立体 } EO) = (\text{立体 } EO) : (\text{立体 } QL) = (\text{立体 } QL) : (\text{立体 } KP),$$

或者立体 AB 比立体 KP(即 CD)等于立体 AB 与立体 EO 的三次比。即 AE 与 EK(或 CF)的三次比。

海伯格怀疑这个命题的推论是否是原有的。

西姆森增加了一个有用的定理(作为命题 D)，**由彼此等角的平行四边形包围的两个平行六面体的比等于它们的边的比的复合。**

其证明遵循 XI.33 的方法，并且可以使用相同的图形。

为了得到这些比的复合，我们取任一线段 a，并且令

$$AE : CF = a : b,$$

$$EG : FN = b : c,$$

$$EH : FR = c : d,$$

因此 $a : d$ 表示这些边的比的复合。

我们以上述同样的方法得到，

$$(\text{立体 } AB) : (\text{立体 } EO) = \square AG : \square GK = AE : EK = AE : CF = a : b,$$

$$(\text{立体 } EO) : (\text{立体 } QL) = \square GK : \square KL = GE : EL = GE : FN = b : c,$$

$$(\text{立体 } QL) : (\text{立体 } KP) = \square HK : \square KM = EH : EM = EH : FR = c : d。$$

因此，由复合(V.22)，

$$(\text{立体 } AB) : (\text{立体 } KP) = a : d,$$

或者
$$(\text{立体 } AB) : (\text{立体 } CD) = a : d。$$

命题 34

相等的平行六面体，其底和高成互反比例；而且，底和高成互反比例的平行六面体相等。

设 *AB*，*CD* 是相等的平行六面体。

我断言在平行六面体 *AB*，*CD* 中底与高成互反比例，即底 *EH* 比底 *NQ* 如同立体 *CD* 的高比立体 *AB* 的高。

首先，设侧棱 *AG*，*EF*，*LB*，*HK*，*CM*，*NO*，*PD*，*QR* 和它们的底成直角。

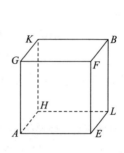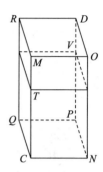

我断言底 *EH* 比底 *NQ* 如同 *CM* 比 *AG*。

如果底 *EH* 等于底 *NQ*，

这时，立体 *AB* 也等于立体 *CD*。于是，*CM* 也等于 *AG*。

因为等高的两个平行六面体相比如同两底的比；   [XI.32]

那么，底 *EH* 比 *NQ* 如同 *CM* 比 *AG*，

显然，在平行六面体 *AB*，*CD* 中，它们的底与高成互反比例。

其次，设底 *EH* 不等于底 *NQ*，并且设 *EH* 较大。

由于立体 *AB* 等于立体 *CD*，所以，*CM* 也大于 *AG*。

作 *CT* 等于 *AG*，并且以 *NQ* 为底，在其上作补形平行六面体 *VC*，其高为 *CT*。

现在，因为立体 *AB* 等于立体 *CD*，并且 *CV* 是和它们不同的立体，而等量与同一量的比也相同。   [V.7]

所以，立体 *AB* 比立体 *CV* 如同立体 *CD* 比立体 *CV*。

但是，立体 *AB* 比立体 *CV* 如同底 *EH* 比底 *NQ*，

因为立体 *AB*，*CV* 等高。   [XI.32]

又，立体 *CD* 比立体 *CV* 如同底 *MQ* 比底 *TQ*，   [XI.25]

也等于 *CM* 比 *CT*。   [VI.1]

所以也有，底 *EH* 比底 *NQ* 如同 *MC* 比 *CT*。

但是，*CT* 等于 *AG*，所以也有，底 *EH* 比底 *NQ* 如同 *MC* 比 *AG*。

所以，在平行六面体 *AB*，*CD* 中，它们的底与高成互反比例。

再者，在平行六面体 *AB*，*CD* 中，设它们的底与高成互反比例，即底 *EH* 比底 *NQ* 如同立体 *CD* 的高比立体 *AB* 的高。

我断言立体 *AB* 等于立体 *CD*。

又设侧棱与底面成直角。

首先,如果底 *EH* 等于底 *NQ*,并且底 *EH* 比底 *NQ* 如同立体 *CD* 的高比立体 *AB* 的高,所以立体 *CD* 的高等于立体 *AB* 的高。

但是,等底等高的平行六面体相等;   [XI.31]

所以,立体 *AB* 等于立体 *CD*。

其次,设底 *EH* 不等于底 *NQ*,而设 *EH* 是较大的。所以,立体 *CD* 的高也大于立体 *AB* 的高,即 *CM* 大于 *AG*。

再取 *CT* 等于 *AG*,并且类似地完成平行六面体 *CV*。

因为,底 *EH* 比底 *NQ* 如同 *MC* 比 *AG*,这时 *AG* 等于 *CT*。

所以,底 *EH* 比底 *NQ* 如同 *CM* 比 *CT*。

但是,底 *EH* 比底 *NQ* 如同立体 *AB* 比立体 *CV*,

因为立体 *AB*,*CV* 等高。   [XI.32]

并且 *CM* 比 *CT* 如同底 *MQ* 比底 *QT*,   [VI.1]

也如同立体 *CD* 比立体 *CV*。   [XI.25]

所以也有,立体 *AB* 比立体 *CV* 如同立体 *CD* 比立体 *CV*。

所以,立体 *AB*,*CD* 与 *CV* 有相同的比。

从而,立体 *AB* 等于立体 *CD*。   [V.9]

现在,设侧棱 *FE*,*BL*,*GA*,*HK*,*ON*,*DP*,*MC*,*RQ* 和它们的底不垂直。

从点 *F*,*G*,*B*,*K*,*O*,*M*,*D*,*R* 向经过 *EH*,*NQ* 的平面作垂线交平面于 *S*,*T*,*U*,*V*,*W*,*X*,*Y*,*a*。

再完成立体 *FV* 与 *Oa*。

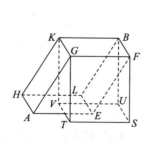
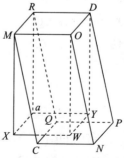

我断言,在这种情况下,如果立体 *AB*,*CD* 相等,则它们的底和高成互反比例,即底 *EH* 比 *NQ* 如同立体 *CD* 的高比立体 *AB* 的高。

因为立体 *AB* 等于立体 *CD*,这时 *AB* 等于 *BT*,

因为它们有相同的底 FK 和相等的高。 ［XI.29,30］

又,立体 CD 等于 DX,这是因为它们有相同的底 RO 和相等的高;

［同上］

所以立体 BT 也等于立体 DX。

所以,底 FK 比底 OR 如同立体 DX 的高比立体 BT 的高。

［部分 I ］

但是,底 FK 等于底 EH,并且底 OR 等于底 NQ。

所以,底 EH 比底 NQ 如同立体 DX 的高比立体 BT 的高。

但是,立体 DX,BT 分别和立体 DC,BA 同高。

所以,底 EH 比 NQ 如同立体 DC 的高比立体 AB 的高。

所以,在平行六面体 AB,CD 中,底与它们的高成互反比例。

再者,设在平行六面体 AB,CD 中底与高成互反比例,即底 EH 比底 NQ 如同立体 CD 的高比立体 AB 的高。

我断言立体 AB 等于立体 CD。

利用同一个图形,

因为,底 EH 比底 NQ 如同立体 CD 的高比立体 AB 的高。这时,底 EH 等于底 EK,且 NQ 等于 OR。

所以,底 FK 比底 OR 如同立体 CD 的高比立体 AB 的高。

但是,立体 AB,CD 和立体 BT,DX 分别有相同的高;所以底 FK 比底 OR 如同立体 DX 的高比立体 BT 的高。

于是,在平行六面体 BT,DX 中,底与高成互反比例。

所以,立体 BT 等于立体 DX。 ［部分 I ］

但是,BT 等于 BA,这是因为它们同底 FK 且等高; ［XI.29,30］

又,立体 DX 等于立体 DC。 ［同上］

所以立体 AB 等于立体 CD。

证完

在这个命题中,欧几里得做了两个假设,需要注释:(1)若两个平行六面体相等,并且等底,则它们的高相等;(2)若两个相等的平行六面体的底不相等,则有较小底者有较大的高。为了说明前一个,欧几里得说"同高的两个平行六面体的比等于它们的底的比"［XI.32］。早期的编辑者又增加了出现在西姆森正文中的解释,"事实上,若底 EH,NQ 相等,而高 AG,CM 不相等,则立体 AB 决不会等于 CD,但是由假设它们相等,所以高 CM 不会不等于高 AG,因而它们相等。"不应当有两个解释，原有的解释在一些争论中被抨击，而插入的解释也没有使我们走得很远，这个假设的真实性很容易从 XI.31 得到。事实上，假定一个的高大于另一个，而底是相等的，我们只要从较高的立体上截出一些，使它的高等于另一个的高，则较高立体的这一部分等于另一个立体，而假设另一个立体等于这个较高的立体，即整体等于部分：这是不可能的。

原有的正文没有包含第二个假设的解释，若底 EH 大于底 NQ，而这两个立体相等，则高 CM 大于高 AG；"事实上，若不是，则立体 AB，CD 决不会相等，而由题设它们相等。"这句话显然是插入的。此时，这个假设容易从 XI.32 用反证法得出，若其高 CM 等于高 AG，则立体 AB 比立体 CD 就等于底 EH 比底 NQ，即较大者比较小者，故这两个立体就不相等，正如所假设的。又，若 CM 小于高 AG，我们可以增加 CD 的高直到它等于 AB 的高，则显然 AB 大于被加高的立体，即大于 CD，这与假设矛盾。

克拉维乌斯用另一个办法做了第一个假设，他说，若在相等平行六面体中的高相等，则底必然相等。这个从 XI.32 直接推出，XI.32 证明了这两个平行六面体的比等于它们底的比；尽管克拉维乌斯是从 XI.31 间接推出它的方法的优点是它使得第二个假设没必要。他只是说，若这两个高不相等，则设 CM 是较大者，然后依照欧几里得的作图进行。

还应当注意，当欧几里得来到对应的圆锥和圆柱的命题 [XII.15] 时，他开始于假设高相等，由 XII.11（对应于 XI.32）推出这两个相等立体的底也相等，而后进行到高不相等的情形，而没有做关于底的推理。类比 XII.15 以及在此引用的 XI.32 的事实（它直接证明了若立体相等，高也相等，则它们的底也相等），使得克拉维乌斯的形式比所选用的更方便。

若上述两个假设被证明，则这个命题可缩短如下。

Ⅰ.假定终止于底的角点的棱垂直于它，则

（a）若底 EH 等于底 NQ，这两个平行面体也相等，则高必然相等（XI.31 的逆），故底与高成互反比例，底的比以及高的比都是相等比。

（b）若底 EH 大于底 NQ，因而（由 XI.32 推出）高 CM 大于高 AG，从 CM 截出 CT 等于 AG，并且过 T 作平面 TV 平行于面 NQ，作平行六面体 CV，以 CT（$= AG$）为它的高。

因为立体 AB，CD 相等，所以

$$（立体 AB）:（立体 CV）=（立体 CD）:（立体 CV）。 \qquad [V.7]$$

但是， $\qquad$ （立体 AB）:（立体 CV）$= \square HE : \square NQ$, $\qquad$ [XI.32]

并且 $\qquad$ （立体 CD）:（立体 CV）$= \square MQ : \square TQ$ $\qquad$ [XI.25]

$$= CM : CT \qquad\qquad [\text{Ⅵ}.1]$$

所以 $\square HE : \square NO = CM : CT$

$$= CM : AG_\circ$$

因而(a)若底 EH, NQ 相等,并且与高成互反比例,则高必然相等,因此

$$(\text{立体 } AB) = (\text{立体 } CD)_\circ \qquad\qquad [\text{Ⅺ}.31]$$

(b)若底 EH, NQ 不相等,若 $\square EH > \square NQ$,则

因为 $\qquad\qquad \square EH : \square NQ = CM : AG,$

所以 $\qquad\qquad\qquad CM > AG_\circ$

如前同样的作图。则

$$\square EH : \square NQ = (\text{立体 } AB) : (\text{立体 } CV)_\circ \qquad [\text{Ⅺ}.32]$$

并且 $\qquad\qquad CM : AG = CM : CT$

$$= \square MQ : \square TQ \qquad\qquad [\text{Ⅵ}.1]$$

$$= (\text{立体 } CD) : (\text{立体 } CV)_\circ \qquad [\text{Ⅺ}.25]$$

所以 $\quad (\text{立体 } AB) : (\text{立体 } CV) = (\text{立体 } CD) : (\text{立体 } CV),$

因此 $\qquad\qquad (\text{立体 } AB) = (\text{立体 } CD)_\circ \qquad\qquad [\text{Ⅴ}.9]$

Ⅱ.假定终止于底的角点的棱不垂直于它,从底的相对面的角点作底的垂线,于是我们有两个平行六面体,分别等于 AB, CD,由于它们在相同的底 FR, RO 上,并且有相同的高。 $\qquad\qquad [\text{Ⅺ}.29,30]$

(1)若立体 AB 等于立体 CD,则

$$(\text{立体 } BT) = (\text{立体 } DX),$$

并且由第一个假设,

$$\square KF : \square OR = MX : GT,$$

或者 $\qquad\qquad \square HE : \square NQ = MX : GT_\circ$

(2)若 $\qquad\qquad \square HE : \square NQ = MX : GT,$

则 $\qquad\qquad \square KF : \square OR = MX : GT,$

故由这个命题的前半部分,立体 BT, DX 相等,因而

$$(\text{立体 } AB) = (\text{立体 } CD)_\circ$$

这个命题的第二部分,在"具有相同高度"之后,四次包含"立起来的边不在同一条直线上",正如西姆森指出的,它们是不恰当的,因为这些棱的终点可能也不可能"在相同的直线上",参考在 Ⅺ.31 末尾不恰当插入的类似的话。

声称引用这个命题的第一部分的话也插入了两次,它们是不必的并且被抛弃。

命题 35

如果有两个相等的平面角,过它们的顶点分别向平面外作直线,与原直线分别成等角,如果在所作面外二直线上各任取一点,由此点向原来角所在的平面作垂线,则垂线与平面的交点和角顶点的连线与面外直线交成等角。

设 BAC, EDF 是两个相等的直线角,由点 A, D 各作面外直线 AG, DM,它们分别和原直线所成的角两两相等,即角 MDE 等于角 GAB,角 MDF 等于角 GAC,在 AG, DM 上各取一点 G, M。由点 G, M 分别作经过 BA, AC 的平面和经过 ED, DF 的平面的垂线 GL, MN,并且和两平面各交于 L, N。

连接 LA, ND。

我断言角 GAL 等于角 MDN。

截取 AH 等于 DM。

过点 H 作平行于 GL 的平行线 HK。

但是,GL 垂直经过 BA, AC 的平面,

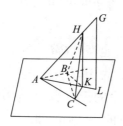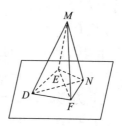

所以,HK 也垂直于经过 BA, AC 的平面。　　　　　　　　　[XI.8]

由点 K, N 作直线 KC, NF, KB, NE 分别垂直于直线 AC, DF, AB, DE,并且连接 HC, CB, MF, FE。

因为 HA 上的正方形等于 HK 与 KA 上的正方形的和,并且 KC, CA 上正方形的和等于 KA 上正方形,　　　　　　　　　　　　　　[I.47]

所以,HA 上的正方形也等于 HK, KC, CA 上的正方形的和。

但是 HC 上的正方形等于 HK, KC 上的正方形的和,　　　　[I.47]

所以,HA 上的正方形等于 HC, CA 上的正方形的和。

所以,角 HCA 是直角。　　　　　　　　　　　　　　　　[I.48]

同理,角 DFM 也是直角。

所以,角 ACH 等于角 DFM。

但是,角 HAC 等于角 MDF,

所以,两三角形 *MDF*,*HAC* 有两个角分别等于两个角,一条边等于一条边,即等角所对的边 *HA* 等于 *MD*;

所以其余的边也分别等于其余的边。 [Ⅰ.26]

所以,*AC* 等于 *DF*。

类似地,能证明 *AB* 也等于 *DE*。

因为,*AC* 等于 *DF*,且 *AB* 等于 *DE*,即两边 *CA*,*AB* 分别等于两边 *FD*,*DE*。

但是,角 *CAB* 也等于角 *FDE*;

所以,底 *BC* 等于底 *EF*,三角形全等于三角形,其余的角等于其余的角;

[Ⅰ.4]

所以,角 *ACB* 等于角 *DFE*。

但是,直角 *ACK* 也等于直角 *DFN*,所以其余的角 *BCK* 等于其余的角 *EFN*。

同理,角 *CBK* 也等于角 *FEN*。

所以,两三角形 *BCK*,*EFN* 有两角及其夹边分别相等,即 *BC* 等于 *EF*;所以其余的边也分别等于其余的边。 [Ⅰ.26]

所以,*CK* 等于 *FN*。

但是,*AC* 也等于 *DF*;所以两边 *AC*,*CK* 等于两边 *DF*,*FN*;且夹角都是直角。

所以底 *AK* 等于底 *DN*。 [Ⅰ.4]

又因为,*AH* 等于 *DM*,且 *AH* 上的正方形也等于 *DM* 上的正方形。但是,*AK*,*KH* 上的正方形的和等于 *AH* 上的正方形,因为 *AKH* 是直角。 [Ⅰ.47]

又 *DN*,*NM* 上的正方形的和等于 *DM* 上的正方形,因为 *DNM* 是直角。所以,*AK*,*KH* 上的正方形的和等于 *DN*,*NM* 上的正方形的和;

其中 *AK* 上的正方形等于 *DN* 上的正方形;

所以,其余的在 *KH* 上的正方形等于 *NM* 上的正方形;从而 *HK* 等于 *MN*。

又,因为两边 *HA*,*AK* 分别等于 *MD*,*DN*,而且已经证明了底 *HK* 等于底 *MN*,所以角 *HAK* 等于角 *MDN*。 [Ⅰ.8]

证完

推论 由此容易得到,如果有两个相等的平面角,从角顶分别作面外的相等线段,并且此线段和原角两边夹角分别相等,那么,从面外线段端点向角所在的平面所作的垂线相等。

这个命题是下一个命题所要求的,在那里要求知道,若在两个等角的平行六面体中,包围等角的一个平面角是平行六面体的底,并且构成这个角的另外两个平面角的交线所在的棱相等,则这两个平行六面体有相同的高。

使用**直线对平面的倾斜度**的定义,我们可以简短地阐述这个命题。

若有两个全等的三面角,则对应棱对过其他两个棱的平面的倾斜度相等。

这个有点长的证明可以概述如下。

要求证明图中的角 GAL,MDN 相等,G,M 分别是 AG,DM 上的任意点,并且 GL,MN 分别垂直于平面 BAC,EDF。

取 AH 等于 DM,在平面 GAL 内作 HK 平行于 GL,则

$$HK \text{ 也垂直于平面 } BAC。 \qquad [\text{XI.8}]$$

作 KB,KC 分别垂直于 AB,AC,作 NE,NF 分别垂直于 DE,DF,并且完成图形。

(1)
$$\begin{aligned}
AH^2 &= HK^2 + KA^2 \\
&= HK^2 + KC^2 + CA^2 \\
&= HK^2 + CA^2
\end{aligned} \Bigg\}。 \qquad [\text{I}.47]$$

所以 $\qquad\qquad \angle HCA = $ 直角。

类似地 $\qquad\qquad \angle MFD = $ 直角。

(2)三角形 HAC,MDF 有两个角和一条边相等,

所以 $\qquad\qquad \triangle HAC \equiv \triangle MDF, AC = DF。 \qquad [\text{I}.26]$

(3)类似地 $\qquad \triangle HAB \equiv \triangle MDE, AB = DE。$

(4)因此三角形 ABC,DEF 全等,故 $BC = EF$,

并且 $\qquad\qquad \angle ABC = \angle DEF,$

$$\angle ACB = \angle DFE。$$

(5)因而它们的余角相等,即

$$\angle KBC = \angle NEF,$$

并且 $\qquad\qquad \angle KCB = \angle NFE。$

(6)三角形 KBC,NEF 有两个角和一条边相等,因而全等,故

$$KB = NE,$$

$$KC = NF。$$

(7)直角三角形 KAC,NDF 全等,由于 $AC = DF$[上述(2)],$KC = NF$。

因此 $\qquad\qquad AK = DN。$

(8)在三角形 HAK,MDN 中,

$$\begin{aligned}
HK^2 + KA^2 &= HA^2 \\
&= MD^2, \text{由题设}, \\
&= MN^2 + ND^2。
\end{aligned}$$

减去相等的 KA^2, ND^2，有
$$HK^2 = MN^2,$$
或者
$$HK = MN。$$
(9)三角形 HAK, MDN 全等，由 $I.8, I.4$，因而
$$\angle HAK = \angle MDN。$$

其推论只是在(8)中得到的结果。

勒让德使用这个命题的作图和推理来证明 $\text{XI}.21$ 的注中给出的定理(3)，**在两个相等的三面角中，对应的平面角所夹的二面角相等**。这个可由上述命题推出。

因为[(1)]HC, KC 都垂直于 AC，并且 MF, NF 都垂直于 DF，所以角 HCK，MFN 分别度量了平面 HAC, BAC 和 MDF, EDF 之间的二面角。　　[$\text{XI}.$ 定义 6]

由(6)　　　　　　　　　$KC = NF,$

由(8)　　　　　　　　　$HK = MN,$

而角 HKC, MNF 都是直角。

因此三角形 HCK, MFN 全等，　　　　　　　[$I.4$]

故 $\angle HCK = \angle MFN。$

西姆森给出了上述(1)的不同的证明。

因为 HK 垂直于平面 BAC，所以过 HK 的平面 HBK 也垂直于平面 BAC。

　　　　　　　　　　　　　　　　　　　　　[$\text{XI}.18$]

又，在平面 BAC 内作的 AB 垂直于 BK，平面 HBK, BAC 的公共截线垂直于平面 HBK[$\text{XI}.$ 定义 4]，因而垂直于在这个平面内的任意直线[$\text{XI}.$ 定义 3]。

因此角 ABH 是直角。

命题 36

如果有三条线段成比例，那么，以这三条线段作成的平行六面体等于中项上所作的等边且与前面作成的立体等角的平行六面体。

设 A, B, C 是三条成比例的线段，即 A 比 B 如同 B 比 C。

我断言由 A, B, C 所作成的立体等于在 B 上作出的等边且与前面的立体等角的立体。

在点 E 的立体角由三个角 DEG, GEF, FED 围成，并且取三线段 DE, GE, EF 等于 B，作出补形平行六面体 EK，令 LM 等于 A，在直线 ML 的点 L 作一个立体角等于在点 E 的立体角，即由 NLO, OLM, MLN 构成的角；令 LO 等于 B，且 LN 等

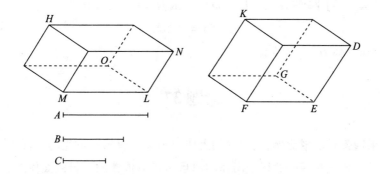

于 C。

现在,因为 *A* 比 *B* 如同 *B* 比 *C*,这时 *A* 等于 *LM*,*B* 等于线段 *LO*,*ED* 的每一个,*C* 等于 *LN*,所以,*LM* 比 *EF* 如同 *DE* 比 *LN*。

于是,夹两等角 *NLM*,*DEF* 的边成互反比例;所以平行四边形 *MN* 等于平行四边形 *DF*。　　　　　　　　　　　　　　　　　　　　　　　［Ⅵ.14］

又因为,角 *DEF*,*NLM* 是两个平面直线角且两个平面外的线段 *LO*,*EG* 彼此相等,它们和原平面角两边的夹角分别相等,

所以,从点 *G*,*O* 向经过 *NL*,*LM* 和 *DE*,*EF* 的平面所作的垂线相等。

　　　　　　　　　　　　　　　　　　　　　　　　　　　［Ⅺ.35,推论］

因而,两个立体 *LH*,*EK* 有相同的高。

但是,等底等高的平行六面体是相等的,　　　　　　　　　［Ⅺ.31］

所以,立体 *HL* 等于立体 *EK*。

又 *LH* 是由 *A*,*B*,*C* 构成的立体,*EK* 是由 *B* 构成的立体;

所以,由 *A*,*B*,*C* 构成的平行六面体等于在 *B* 上作的等边且与前面的立体等角的立体。

　　　　　　　　　　　　　　　　　　　　　　　　　　　　　　证完

平行六面体 *HL* 的棱分别等于 *A*,*B*,*C*,而等角的平行六面体 *KE* 的棱都等于 *B*,把 *MN*(不包含等于 *B* 的 *OL*)看作第一个平行六面体的底,而等角于 *MN* 的 *FD* 看作 *KE* 的底。

则这两个立体有相同的高。　　　　　　　　　　　　　　［Ⅺ.35,推论］

因此　　(立体 *HL*):(立体 *KE*) = □*MN* : □*FD*。　　　　［Ⅺ.32］

因为 *A*,*B*,*C* 成连比例,所以

$$A : B = B : C,$$

或者　　　　　　　　　　　　$$LM : EF = DE : LN。$$

于是等角的平行四边形 *MN*,*FD* 的边成互反比例,因此

$$\square MN = \square FD,\qquad\qquad[\text{VI}.14]$$

因而(立体 *HL*) = (立体 *KE*)。

命题 37

如果四条线段成比例,则在它们上作的相似且有相似位置的平行六面体也成比例;又,如果在每一线段上所作相似且有相似位置的平行六面体成比例,则此四线段也成比例。

设 *AB*,*CD*,*EF*,*GH* 四线段成比例,即 *AB* 比 *CD* 如同 *EF* 比 *GH*;又设在 *AB*,*CD*,*EF*,*GH* 上作相似且有相似位置的平行六面体 *KA*,*LC*,*ME*,*NG*。

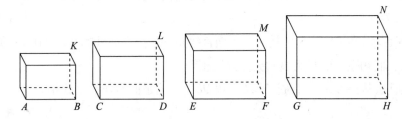

我断言 *KA* 比 *LC* 如同 *ME* 比 *NG*。

因为,平行六面体 *KA* 与 *LC* 相似,所以 *KA* 与 *LC* 的比如同 *AB* 与 *CD* 的三次比。 [XI.33]

同理,*ME* 比 *NG* 如同 *EF* 与 *GH* 的三次比。 [同上]

又,*AB* 比 *CD* 如同 *EF* 比 *GH*。

所以也有,*AK* 比 *LC* 如同 *ME* 比 *NG*。

其次,设立体 *AK* 比立体 *LC* 如同立体 *ME* 比立体 *NG*。

我断言线段 *AB* 比 *CD*,同 *EF* 比 *GH*。

又因为,*KA* 与 *LC* 的比如同 *AB* 与 *CD* 的三次比, [XI.33]

且 *ME* 与 *NG* 的比如同 *EF* 与 *GH* 的三次比。 [同上]

又,*KA* 比 *LC* 如同 *ME* 比 *NG*,

所以也有,*AB* 比 *CD* 如同 *EF* 比 *GH*。

证完

在这个命题中,假定了若两个比相等,则其三次比相等;反之,若两个比的三次比相等,则它们本身相等。

为了避免这个假定,西姆森选择了另一个出现在手稿 b 中的证明,克拉维乌斯也选择了这个证明,他把这个证明归功于塞翁。这另一个证明如下。

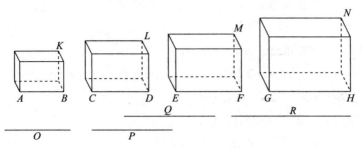

作 AB,CD,O,P 可连比例,EF,GH,Q,R 也可连比例。

I.因为

$$AB : CD = EF : GH,$$

由首末比,　　　　　$AB : P = EF : R$。　　　　　　　　　　[V.22]

但是　　　　　（立体 AK）：（立体 CD）$= AB : P$,　　　[XI.33 和推论]

并且（立体 EM）：（立体 GN）$= EF : R$。

所以（立体 AK）：（立体 CL）=（立体 EM）：（立体 GN）。

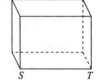

II.若这些立体成比例,取 ST,使得

$$AB : CD = EF : ST,$$

并且在 ST 上作平行六面体 SV,相似并且相似放置于平行六面体 EM,GN 中的一个。

则由第一部分,

　　　　　（立体 AK）：（立体 CL）=（立体 EM）：（立体 SV）,

因此　　　　　　　　（立体 GN）=（立体 SV）。

但是这些立体相似并且相似放置,因而,它们的面相似且相等。

　　　　　　　　　　　　　　　　　　　　　　　　　　[XI.定义 10]

所以对应边 GH,ST 相等。

[这个推理参考 VI.22 的注,GH,ST 的相等可以用相似两个平行六面体来证明,由于它们等角。]

因此　　　　　　　　$AB : CD = EF : GH$。

在一些手稿的正文中有一个不必要的命题:**若一个平面与另一个平面成直角,从一个平面的任一点作到另一平面的垂线,则这条垂线落在两个平面的公共截线上。**海伯格注意到它在手稿 b 等中被省略。由此断定这个命题是插入的。它的真实性用反证法可明显地看出。

设平面 *CAD* 垂直于平面 *AB*,并设从 *E* 作垂线到 *AB*。

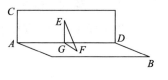

若它不落在公共截线 *AD* 上,设它交平面 *AB* 于 *F*。

在 *AB* 内作 *FG* 垂直于 *AD*,连接 *EG*。

则 *FG* 垂直于平面 *CAD* [XI. 定义 4],因而垂直于 *GE* [XI. 定义 3],所以 ∠*EGF* 是直角。

又因为 *EF* 垂直于 *AB*,所以角 *EFG* 是直角。

即三角形 *EGF* 有两个直角:这是不可能的。

命题 38

如果一个立方体相对面的边被平分,又经过分点作平面,则这些平面的交线和立方体的对角线互相平分。

设立体 *AF* 的两个对面 *CF*,*AH* 的各边被点 *K*,*L*,*M*,*N*,*O*,*Q*,*P*,*R* 所平分,通过分点作平面 *KN*,*OR*;且设 *US* 是两面的交线,又 *DG* 是立方体 *AF* 的对角线。

我断言 *UT* 等于 *TS*,*DT* 等于 *TG*。

设连接 *DU*,*UE*,*BS*,*SG*。

则 *DO* 平行于 *PE*,

于是,内错角 *DOU*,*UPE* 彼此相等。　　　　　　　　　[I . 29]

又因为,*DO* 等于 *PE*,*OU* 等于 *UP*,且两边所夹的角相等,所以底 *DU* 等于底 *UE*,三角形 *DOU* 全等于三角形 *PUE*,且其余的角等于其余的角;　　　　　　　　　　　　　　　　[I . 4]

所以,角 *OUD* 等于角 *PUE*。

由此,*DUE* 是一条直线。　　　　　　　　　　　　　　[I . 14]

同理,*BSG* 也是一条直线,且 *BS* 等于 *SG*。

现在,因为 *CA* 等于且平行于 *DB*,而 *CA* 也等于且平行于 *EG*,

所以,*DB* 也等于且平行于 *EG*。　　　　　　　　　　　[XI. 9]

又连接它们端点得直线 *DE*,*BG*,所以 *DE* 平行于 *BG*。　[I . 33]

所以,角 *EDT* 等于角 *BGT*,因为它们是内错角。　　　[I . 29]

又,角 *DTU* 等于角 *GTS*。　　　　　　　　　　　　　[I . 15]

所以,两三角形 DTU, GTS 有两角分别等于两角,且有一边等于一边,

即等角所对的一边,也就是 DU 等于 GS,

这是因为它们分别是 DE, BG 的一半;

所以,其余的边也等于其余的边。   [Ⅰ.26]

从而,DT 等于 TG,而且 UT 等于 TS。

证完

　　欧几里得只是对**立方体**阐述了这个命题,尽管它对任意平行六面体是真的,无疑地,由于需要它的命题Ⅻ.17 只要求立方体。

　　西姆森注释道,应当证明平分相对平面的边在一个平面上。然而这是显然的。因为 DK, CL 相等且平行,所以 KL 相等且平行于 CD。又因为 KL, AB 都平行于 DC,所以 KL 平行于 AB。最后因为 KL, MN 都平行于 AB,所以 KL 平行于 MN,因而与它在一个平面。

　　最重要的是证明过相对棱 DB, EG 的平面过直线 US,因为只有这样 US, DG 才彼此相交。

　　为了证明这个,我们只要证明,若连接 DU, UE,以及 BS, SG,则 DUE 与 BSG 都是直线。

　　因为 DO 平行于 PE,所以

$$\angle DOU = \angle EPU。$$

　　于是在三角形 DUO, EUP 中,两条边 DO, OU 等于两条边 EP, PU,并且其夹角相等。

所以
$$\triangle DUO \equiv \triangle EUP,$$

$$DU = UE,$$

并且
$$\angle DUO = \angle EUP,$$

　　故 DUE 是一条直线,在 U 被平分。类似地,BSG 是直线,在 S 被平分。

　　于是过 DB, EG 的平面(DB, EG 相等且平行)包含直线 DUE, BSG(因而它们也相等且平行),也包含[Ⅺ.7]直线 US, DG(它们相交)。

　　在三角形 DTU, GTS 内,角 UDT, SGT 相等(内错角),并且角 UTD, STG 也相等(对顶角),DU(DE 的一半)等于 GS(BG 的一半)。

　　所以[Ⅰ.26]三角形 DTU, GTS 全等,故

$$DT = TG,$$

$$UT = TS。$$

命题 39

如果有两个等高的棱柱,分别以平行四边形和三角形为底,而且如果平行四边形是三角形的二倍,则二棱柱相等。

设 *ABCDEF*,*GHKLMN* 是两个等高的棱柱,一个底是平行四边形 *AF*,而另一底为三角形 *GHK*,并且平行四边形 *AF* 等于三角形 *GHK* 的二倍。

我断言棱柱 *ABCDEF* 等于棱柱 *GHKLMN*。

完成立体 *AO*,*GP*。

因为,平行四边形 *AF* 等于三角形 *GHK* 的二倍,而平行四边形 *HK* 也等于三角形 *GHK* 的二倍;　　　　　　　　　　［Ⅰ.34］

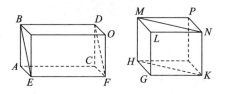

所以平行四边形 *AF* 等于平行四边形 *HK*。

但是,等底等高的两个平行六面体彼此相等。　　　　　　［Ⅺ.31］

所以立体 *AO* 等于立体 *GP*。

又,棱柱 *ABCDEF* 是立体 *AO* 的一半,而且棱柱 *GHKLMN* 是立体 *GP* 的一半,　　　　　　　　　　　　　　　　　　　　　　　　［Ⅺ.28］

所以,棱柱 *ABCDEF* 等于棱柱 *GHKLMN*。

证完

这个命题用于Ⅻ.3,4。所用术语有意思,把一个三棱柱的一个平行四边形面称为它的**底**,并且把从不在这个平面内的三角形面的顶点到这个面的垂线称为它的**高**。

其证明是简单的,因为只要完成棱柱二倍的平行六面体并应用Ⅺ.31。然而应当注意,若这两个平行六面体不是矩形的,则Ⅺ.28 中的证明不足以证明平行六面体是棱柱的二倍,而必须由那个命题的注中所证的命题补充。然而,Ⅻ.4 要求这个定理的一般形式。

卷 XII

历史注释

卷 XII. 的主要特点是使用穷竭法（method of exhaustion），用在命题 2，3—5，10，11，12 以及（稍微不同的形式）命题 16—18。因而我们断言关于这一卷的内容，欧几里得受益于欧多克索斯，穷竭法的发现归功于欧多克索斯。这个归功的证据主要来自阿基米德。(1) 在 *On the Sphere and Cylinder* I. 的前言中，在叙述了他自己得到的主要结果，关于球和它的部分的表面，以及比较了高与直径相等的直圆柱的体积和表面积与有同样直径的球的体积和表面积之后说："由于现在发现这些图形的这些性质是真的，我毫不迟疑地把它们与我以前的研究成果以及 **Eudoxus 的关于立体的这些定理**列在一起，欧多克索斯的这些定理是无可争辩的，即**任意棱锥等于同底同高的棱柱的三分之一**[即欧几里得的 XII. 7]，以及**任意圆锥等于同底同高的圆柱的三分之一**[即欧几里得的 XII. 10]。事实上，尽管这些性质单独地存在，然而事实上在欧多克索斯之前的许多能干的几何学家是不知道的，并且没有任何人注意它。"(2) 在专著 *Quadrature of the Parabola* 的前言中，阿基米德叙述了众所周知的"阿基米德公理"（见 X. 1 的注），并且继续说："早期的几何学家也使用了这个引理；事实上，用这个引理他们证明了**两个圆的比等于它们的直径的平方比**[欧几里得的 XII. 2]，以及**每个棱锥是同底同高的棱柱的三分之一**[欧几里得的 XII. 7]，以及**每个圆锥是同底同高的圆柱的三分之一**[欧几里得的 XII. 10]，他们的证明**使用了类似的引理**。"于是在第一段话中，欧几里得卷 XII. 的两个定理确实地归功于欧多克索斯；而在第二段话中，当阿基米德说到"早期的几何学家"用这个引理或类似的引理证明了这两个定理时，我们很难假定他指不同于欧多克索斯的证明。事实上，欧几里得用来证明命题 XII. 3—5，7 以及 XII. 10 的引理就是欧几里得的定理 X. 1。

然而，我们不能假定用穷竭法得到的这些结果没有在欧多克索斯时代（约公元前 368）之前被发现，至少有欧几里得的 XII. 2 和 XII. 7。

（a）辛普利休斯（Simplicius）(*Comment in Aristot. Phys.* p. 61, ed. Diels) 引用

了欧德莫斯在他的 *History of Geometry* 中的话, 希俄斯的希波克拉底(约公元前430)首先说, 相似弓形的比等于它们底上的正方形的比, 并且用证明直径上的正方形与整个圆的比相同证明了这个。我们不知道希波克拉底证明这个命题的方法, 但是, 由上述引用的阿基米德的证据, 不能假定其方法是我们知道的穷竭法。

(b)关于棱锥及圆锥体积的这两个定理是欧多克索斯首先证明的有一个新的证据, 这就是在君士坦丁堡(今伊斯坦布尔)发现的阿基米德的碎片, 并且由海伯格出版(关于希腊正文, 见 *Hermes* XLII, 1907, pp. 235—303; 关于海伯格的翻译及塞乌腾的注释, 见 *Bibliotheca Mathematica* VII$_3$, 1907, pp. 321—363.)。根据苏达斯(Suidas)、西奥多修斯关于此写了一个评论, 海伦几次引用在他的 *Metrica* 中; 并且增加了一章新的重要的关于积分学的历史。在这个著作的前言中(*Hermes l. c.* p. 245, *Bibliotheca Mathematica l. c.* p. 323), 阿基米德提到这两个定理, 他首先用力学方法发现了它, 而后用几何方法证明了它, 由于力学方法没有给出严格的证明; 然而他注意到力学方法在发现定理方面有巨大的作用, 并且这个事实的发现比一开始什么都不知道更容易提供一个严格的证明。他继续说:"因此, 这两个定理的证明首先由欧多克索斯发现, 即关于圆锥和棱锥的, 圆锥是同底同高的圆柱的三分之一, 棱锥是同底同高的棱柱的三分之一, 不能归功于德谟克里特, 这个人首先提出这个事实, 但没有证明。"因此, 这个定理的**发现**必须归功于德谟克里特。"没有证明"并不意味着德谟克里特没有给出任何证明, 只是他没有给出严格的证明; 事实上, 同样的话也适用于阿基米德的力学研究, 然而这是一个有理的推理, 阿基米德的力学推理的特点以及普鲁塔克(Plutarch)的一段关于无限小的特殊问题, 由德谟克里特提出, 可能给出德谟克里特关于棱柱推理的一个线索。阿基米德力学推理的本质是这样的, 他把面积看成无数多个相互平行的终止于闭图形边界的**直线**的和, 而把体积看成无数个相互平行的**平面截面**的和; 这当然与我们在积分学中取无数多个宽为 dx 的小条的和相同, 当 dx 无限变小, 或者无限多宽为 dx 的平行薄片的和, 当 dz 无限变小, 为了给出一个例子, 取被一个该弦截出的抛物线弓形的面积。

设 CBA 是抛物线弓形, CE 是 C 处的切线, 交过弦 CA 的中点的直径 EBD 于 E, 故

$$EB = BD。$$

作 AF 平行于 ED, 交 CE 的延长线于 F。延长 CB 到 H, 使得 $CK = KH$, 其中 K 是 CH, AF 的交点, 并且假定 CH 是一个杠杆。

设任一直径 $MNPO$ 交曲线于 P, 交 CF, CK, CA 分别于 M, N, O。

阿基米德注意到

$$CA : AO = MO : OP$$

（这个在引理中证明），

因此 $HK : KN = MO : OP$，

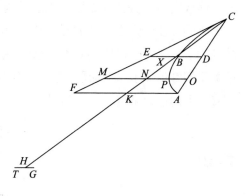

故若把等于 PO 的直线 TG 以 H 为中点放置，则放在垂心的 N 的直线 MO 与放在垂心 H 的直线 TG 关于 K 是平衡的。

取所有像 PO 一样的在曲线上 CA 之间的部分，并且在 H 放置相等的线段，这些聚积在 H 的直线与所有像 MO 一样，平行于 FA，在三角形 CFA 内截出的部分关于 K 平衡。

因此，阿基米德推出，这个抛物弓形的面积挂在 H 与三角形挂在它的垂心关于 K 平衡，点 X（CK 上的一个点，$CK = 3XK$）是三角形的重心，因而（三角形 CFA 的面积）：（弓形的面积）$= HK : KX = 3 : 1$，由此可以推出

$$抛物弓形的面积 = \frac{4}{3}\triangle ABC。$$

同样类型的推理用于立体，**平面截片代替了直线**。

阿基米德再次认真地说这个推理不构成**证明**。在上述关于抛物弓形的命题的末尾，他说："这个性质当然没有由刚才说的话证明，但是它提供了其理论为真的一种征兆（indication）"。

现在让我们转向普鲁塔克关于德谟克里特的话（*De Comm. Not. adv. Stoicos*，**XXXIX**.3）。普鲁塔克说德谟克里特提出了一个自然哲学问题："若一个圆锥被一个平行于底的平面所截（这个平面无限接近于底），我们怎么想象，它们是相等还是不等？事实上，若它们不相等，则会使这个圆锥不规则，有许多像台阶的缺口，并且不平整；若它们是相等的，则截面是相等的，并且这个圆锥就有圆柱的性质，并且由相等的圆，而不是不相等的圆构成，这是多么的荒谬。""由相等的圆"这句话说明德谟克里特已经有了立体是无限多个平面薄片构成的思想，一个重要的预感是同样的思想导致阿基米德的丰硕的成果。由德谟克里特关于棱锥的推理，人们猜测他已经注意到，若两个同高的并且具有相等的三角形底的棱锥，分别被平行于底的平面所截，并且把两个高分为相同的比，则这两个棱锥的对应的截面相等，因此，他可能推出这两个棱锥相等是由于它们是无限多个相等的平面截面或薄片的和。［这个可能是卡瓦莱里（Cavalieri）命题的预感，两个圆形的面积或容积相等，若它们在同一个高度上被截，总是给出相等

的直线或面。)并且德谟克里特当然看到三个棱锥是由一个有同样的底以及相等的高的棱柱所分成的(如欧几里得的Ⅻ.7)满足这个相等的判别法,故棱锥是棱柱的三分之一。推广到其有多边形底的棱锥是容易的。并且德谟克里特可能关于圆锥也说了这个命题(当然没有绝对的证明),因为可以无限增加棱锥的正多边形的边数来得到这个结果。

命题

命题1

圆内接相似多边形之比如同圆直径上正方形之比。

设 ABC,FGH 是两个圆,$ABCDE$ 和 $FGHKL$ 是内接于圆的相似多边形,且 BM,GN 为圆的直径。

我断言 BM 上的正方形比 GN 上的正方形如同多边形 $ABCDE$ 比多边形 $FGHKL$。

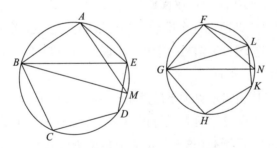

连接 BE,AM,GL,FN。

现在,因为多边形 $ABCDE$ 相似于多边形 $FGHKL$,于是角 BAE 等于角 GFL,且 BA 比 AE 如同 GF 比 FL。　　　　　　　　　　　　　　　　　　　　[Ⅵ.定义1]

由此,两个三角形 BAE,GFL 有一个角等于一个角,即角 BAE 等于角 GFL;且夹等角的边成比例;所以三角形 ABE 与三角形 FGL 是等角的。　　　[Ⅵ.6]

所以,角 AEB 等于角 FLG。

但是,角 AEB 等于角 AMB,这是因为它们在同一圆弧上;　　　　　[Ⅲ.27]

又,角 FLG 等于角 FNG;所以角 AMB 也等于角 FNG。

但是,直角 BAM 也等于直角 GFN,　　　　　　　　　　　　　　　[Ⅲ.31]

所以,其余的角也等于其余的角,　　　　　　　　　　　　　　　　　[Ⅰ.32]

所以,三角形 *ABM* 与三角形 *FGN* 是等角的。

所以,按比例,*BM* 比 *GN* 如同 *BA* 比 *GF*。 　　　　　　[Ⅵ.4]

但是,*BM* 上的正方形与 *GN* 上的正方形的比如同 *BM* 与 *GN* 的二次比,且多边形 *ABCDE* 比多边形 *FGHKL* 如同 *BA* 与 *GF* 的二次比。 　　[Ⅵ.20]

所以也有,*BM* 上的正方形比 *GN* 上的正方形如同多边形 *ABCDE* 比多边形 *FGHKL*。

证完

由此开始的每一个命题的正文很长,所以我将给出推理的概述,以便更容易地理解它。

此时我们要证明一对对应边的比等于对应直径的比。

因为角 *BAE*,*GFL* 相等,并且它们的边成比例,所以

$$\triangle ABE, FGL \text{ 是等角的,}$$

故 　　　　　　　　　　$$\angle AEB = \angle FLG。$$

因此与它们在相同弧上的角 *AMB*,*FNG* 相等。

并且直角 *BAM*,*GFN* 相等。

所以三角形 *ABM*,*FGN* 是等角的,故

$$BM : GN = BA : GF。$$

因而这些比的二次方相等,因此

$$(\text{多边形 } ABCDE) : (\text{多边形 } FGHKL)$$
$$= BA \text{ 比 } GF \text{ 的二次比}$$
$$= RM \text{ 比 } GN \text{ 的二次比}$$
$$= BM^2 : GN^2。$$

命题 2

圆与圆之比如同直径上正方形之比。

设 *ABCD*,*EFGH* 是两圆,且 *BD*,*FH* 是它们的直径。

我断言圆 *ABCD* 比圆 *EFGH* 如同 *BD* 上正方形比 *FH* 上的正方形。

因为,如果 *BD* 上的正方形比 *FH* 上的正方形不同于圆 *ABCD* 比圆 *EFGH*,那么,*BD* 上的正方形比 *FH* 上的正方形等于圆 *ABCD* 比小于圆 *EFGH* 的面积或者大于圆 *EFGH* 的面积。

首先,设成比例的面积 *S* 小于圆 *EFGH*。

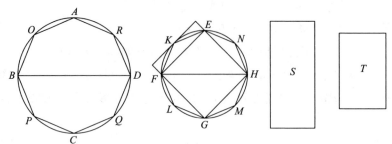

设正方形 EFGH 内接于圆 EFGH；那么，内接正方形大于圆 EFGH 面积的一半。因此，如果过点 E，F，G，H 作圆的切线，则正方形 EFGH 等于圆外切正方形的一半，而圆小于外切正方形；因此，内接正方形 EFGH 大于圆 EFGH 的一半。

设二等分圆弧 EF，FG，GH，HE，其分点为 K，L，M，N，且连接 EK，KF，FL，LG，GM，MH，HN，NE；所以三角形 EKF，FLG，GMN，HNE 的每一个也大于三角形所在的弓形的一半。因此过点 K，L，M，N 作圆的切线且在线段 EF，FG，GH，HE 上作平行四边形，三角形 EKF，FLG，GMH，HNE 的每一个是所在平行四边形的一半；这时，包含它的弓形小于它所在的平行四边形；于是三角形 EKF，FLG，GMH，HNE 大于它们所在弓形的一半。

于是，平分其余的圆弧，从分点作弦，这样继续下去，可使得到的弓形的和小于圆 EFGH 超过面积 S 的部分。

这一点已经被第十卷中第一定理所证明了，即如果有两个量不相等，则从大量中每次减去大于一半的量，若干次后，所余的量必小于较小的量。

设圆 EFGH 的 EK，KF，FL，LG，GM，MH，HN，NE 上的弓形的和小于圆与面积 S 的差。

所以，余下的多边形 EKFLGMHN 大于面积 S。

设有内接于圆 ABCD 的多边形 AOBPCQDR 相似于多边形 EKFLGMHN；所以 BD 上的正方形比 FH 上的正方形如同多边形 AOBPCQDR 比多边形 EKFLG-MHN。　　　　　　　　　　　　　　　　　　　　　　　　　　[XII . 1]

但是，BD 上的正方形比 EH 上的正方形也如同圆 ABCD 比面积 S；所以也有，圆 ABCD 比面积 S 如同多边形 AOBPCQDR 比多边形 EKFLGMHN。[V . 11]

所以，由更比，圆 ABCD 比内接多边形如同面积 S 比多边形 EKFLGMHN。

　　　　　　　　　　　　　　　　　　　　　　　　　　　　[V . 16]

但是，圆 ABCD 大于内接于它的多边形；所以面积 S 大于多边形 EKFLGM-HN。

但是，它也小于多边形 EKFLGMHN：这是不可能的。

所以，BD 上的正方形比 FH 上的正方形不同于圆 ABCD 比圆 EFGH 较小的面积。

类似地，我们也可以证明圆 EFGH 与一个小于圆 ABCD 的面积之比也不同于 FH 上正方形与 BD 上正方形之比。

其次，可证得圆 ABCD 与一个大于圆 EFGH 的面积之比也不同于 BD 上的正方形与 FH 上的正方形之比。

假设可能，设成比例的较大的面积是 S。

所以，由互反比例，FH 上的正方形比 DB 上的正方形如同面积 S 比圆 AB-CD。

但是，面积 S 比圆 ABCD 如同圆 EFGH 比小于圆 ABCD 的一个面积。所以也有，FH 上的正方形比 BD 上的正方形如同圆 EFGH 比小于圆 ABCD 的某个面积： [V. 11]

已经证明了这是不可能的。

所以，BD 上的正方形比 FH 上的正方形不同于圆 ABCD 比大于圆 EFGH 的某个面积。

又已经证明了成比例的小于圆 EFGH 的面积是不存在的；

所以，BD 上的正方形比 FH 上的正方形如同圆 ABCD 比圆 EFGH。

证完

引　理

若面积 S 大于圆 EFGH，我断言面积 S 比圆 ABCD 如同圆 EFGH 比小于圆 ABCD 的某个面积。

设已经给出了：面积 S 比圆 ABCD 如同圆 EFGH 比面积 T。

我断言面积 T 小于圆 ABCD。

因为，面积 S 比圆 ABCD 如同圆 EFGH 比面积 T，所以，由更比，面积 S 比 EFGH 如同圆 ABCD 比面积 T。 [V. 16]

但是，面积 S 大于圆 EFGH；所以圆 ABCD 大于面积 T。

因此，面积 S 比圆 ABCD 如同圆 EFGH 比小于圆 ABCD 的某个面积。

证完

尽管这个定理是希波克拉底证明的，但是阿基米德特别地把欧几里得的证明归功于欧多克索斯，XII. 7 推论以及 XII. 10（与欧几里得的证明完全相同）也归功于他。关于这个引理以及某个不同的引理,阿基米德说定理Ⅻ.2、Ⅻ.7 推论和Ⅻ.18 的证明使用了它们,见 **X**.1 我的注。

这个命题中最重要的是要证明用内接于圆的正多边形,每一个的边数是前一个的二倍,来逐步地穷尽这个圆。我们首先取一个内接的正方形,而后平分这些边所张的弧,并且形成一个八边的等边多边形,而后再作 16 边的多边形,等等,并且我们要证明当一个这样的多边形从圆内取掉后剩下的部分的大半被一下一个多边形从圆中取掉后穷尽。

欧几里得证明了内接正方形大于圆的一半,并且当截去正八边形时,原来正方形剩下的一大半被减去,而后他推出当边数二倍时同样的事情也发生。

这个可以从一个弧 AB 截取的圆弧看出。平分圆弧于 C,在 C 作圆的切线,令 AD, BE 垂直于切线。连接 AC, CB。

则 DE 平行于 AB,由于 $\angle ECB = \angle CAB$, $\qquad$ [Ⅲ.32]

$\qquad\qquad\qquad\qquad = \angle CBA$。 $\qquad$ [Ⅲ.29,Ⅰ.5]

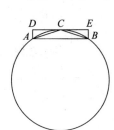

所以 $ABED$ 是平行四边形,并且大于弓形 ACB。

所以它的一半 $\triangle ACB$ 大于弓形的一半。

于是,欧几里得在圆内逐步作正多边形,若进行到足够远,则留下的弓形的和就会小于任意给定的面积。

设 X, X' 分别是直径为 d, d' 的圆的面积。

若 $\qquad\qquad X : X' \neq d^2 : d'^2$,

则 $\qquad\qquad d^2 : d'^2 = X : S$,

其中 S 是某个小于或大于 X' 的面积。

Ⅰ.假定 $S < X'$。

继续在 X' 中作多边形,直到留下的弓形的和小于 X' 与 S 的差,即

$$X' > X' \text{中的多边形} > S。$$

在圆 X 中内接一个多边形,相似于 X' 中的多边形,则

$(X \text{中的多边形}) : (X' \text{中的多边形}) = d^2 : d'^2$ $\qquad$ [Ⅻ.1]

$\qquad\qquad\qquad\qquad\qquad\qquad = X : S$,由假设;

因而 $\qquad (X \text{中的多边形}) : X = (X' \text{中的多边形}) : S$。

但是 $\qquad (X \text{中的多边形}) < X$,

所以 $\qquad (X' \text{中的多边形}) < S$。

但是由作图,$(X' \text{中的多边形}) > S$:

这是不可能的。

因此 S 不能小于 X'。

Ⅱ. 假设 $S > X$。

因为
$$d^2 : d'^2 = X : S,$$

所以我们有
$$d'^2 : d^2 = S : X。$$

假定
$$S : X = X' : T,$$

因为 $S > X'$，所以
$$X > T。 \qquad [X.14]$$

因此
$$d'^2 : d^2 = X' : T,$$

其中 $T < X$。

用情形 Ⅰ 相同的方式可以证明这是不可能的，因此 S 不能大于 X'。

因为 S 既不小于又不大于 X'，所以
$$S = X',$$

因而
$$d^2 : d'^2 = X : X'。$$

有理由怀疑这个命题末尾的引理的真实性，尽管若取掉它，则必能删去 Ⅻ.5,18 中的"如上述证明的"。

注意，欧几里得把证明第二种情形的不可能归结为第一种情形。如果希望独立地证明第二种情形，我们必须逐步地外接多边形于圆，而不是在圆中内接多边形，用阿基米德的有关于 *Measurement of a circle* 中的第一个命题中的方法。当然我们要求对应于 Ⅻ.1 的命题作为预备定理，**外接于两个圆的相似多边形的比等于直径上的正方形的比**。

设 $AB, A'B'$ 是两个相似多边形的对应边，则角 $OAB, O'A'B'$ 相等，由于 AO, $A'O'$ 平分等角。

类似地，$\angle ABO = \angle A'B'O'$。

因而三角形 $AOB, A'O'B'$ 相似，故它们的面积的比等于 AB 比 $A'B'$ 的二次比。

切点的半径 $OC, O'C'$ 分别垂直于 AB, $A'B'$，可以推出

$$AB : A'B' = CO : C'O'。$$

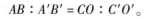

于是这两个多边形的比等于半径的二次比，因而等于直径的二次比。

现在假设正方形 $ABCD$ 外接于圆。

作过 OA 与圆的交点 E 的切线，得到这个圆的外切八边形。

则在 E 的切线截出 AK, AH 和弧 HEK 之间的面积的一大半。

事实上，角 AEG 是直角，因而 $> \angle EAG$。

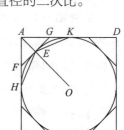

所以 $AG > EG$

                                      $> GK。$

所以 $\triangle AGE > \triangle EGK。$

类似地 $\triangle AFE > \triangle EFH。$

因此 $\triangle AFG > \dfrac{1}{2}(四边形\,AHEK)$,

并且 $\triangle AFG > \dfrac{1}{2}(AH, AK\,与弧之间的面积)。$

于是这八边形从正方形内取走大半个正方形与圆之间的空间。

类似地,等边的十六边形取走大半个八边形与圆之间的空间。

现在假定

$$d^2 : d'^2 = X : S,$$

其中 S 大于 X'。

继续作 X' 的外切多边形,直到多边形与圆之间的面积小于 S 与 X' 的差,即直到

                     $S > (X' 的外切多边形) > X'。$

外接一个相似多边形于 X。则

           $(X$ 的外切多边形$) : (X' 的外切多边形) = d^2 : d'^2$

                                              $= X : S,$ 由假设,

因而 $(X$ 的外切多边形$) : X = (X' 的外切多边形) : S。$

但是 $(X$ 的外切多边形$) > X。$

所以 $(X'$ 的外切多边形$) > S。$

但是由作图 $S > (X' 的外切多边形)$:

这是不可能的。

因此 S 不能大于 X'。

勒让德也用同样严格的方法证明了这个命题,但是不比欧几里得的优越,它依赖于对应于欧几里得XII.16的一个引理,而且附加了另外的部分。

给定两个同心圆,我们总可以给较大圆内接一个正多边形,使得它的边不与较小圆的圆周相交,并且也可以经较小圆外切一个正多边形,使得它的边不与较大圆的圆周相交。

设 CA, CB 是这两个圆的半径。

I . 在 A 作内圆的切线,交外圆于 D, E。

在外圆中内接任一个正多边形,譬如正方形。

平分每边所张的弧,再平分它的一半,并且继续,
直到我们得到一个弧小于弧 *DBE*。

设这个弧是 *MN*,并假定它的中点是 *B*。

则显然弧 *MN* 比 *DE* 离中心 *C* 更远,并且以 *MN* 为
边的正多边形与内圆的圆周不相交。

Ⅱ.连接 *CM*,*CN*,交 *DE* 于 *P*,*Q*。

则 *PQ* 是外切于内圆的正多边形的边,并且这个正
多边形相似于内接于外圆的正多边形;并且这个以 *PQ* 为
边的正多边形不与外
圆相交。

现在勒让德如下证明Ⅻ.2。

为了简明起见,证明 *CA* 为半径的圆的面积为(圆 *CA*)。

则要求证明,若 *OB* 是第二个圆的半径,则

$$(圆\ CA):(圆\ OB) = CA^2 : OB^2。$$

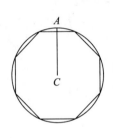
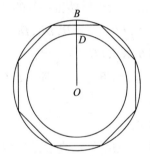

假定这个关系不是真的,则 CA^2 比 OB^2 等于(圆 *CA*)比一个小于或大于
(圆 *OB*)的面积。

Ⅰ.假定

$$CA^2 : OB^2 = (圆\ CA):(圆\ OD),$$

其中 *OD* 小于 *OB*。

在以 *OB* 为半径的圆中内接一个正多边形,它的边不与以 *OD* 为半径的圆
周相交;   [引理]

并且内接一个相似多边形于另一个圆内。

这两个多边形面积的比等于 *CA* 与 *OB* 的平方比,   [Ⅻ.1]

或者(圆 *CA* 中的多边形):(圆 *OB* 中的多边形) = $CA^2 : OB^2$

$$= (圆\ CA):(圆\ OD),由题设。$$

但是,这是不可能的,因为(圆 *CA* 中的多边形)小于(圆 *CA*),而(圆 *OB* 中

的多边形)大于(圆 OB)。

所以 CA^2 比 OB^2 不能等于(圆 CA)比小于(圆 OB)的圆。

Ⅱ.假定

$$CA^2 : OB^2 = (圆\ CA) : (某个圆 > 圆\ OB)。$$

则　　　　　　$$OB^2 : CA^2 = (圆\ OB) : (某个圆 < 圆\ CA)。$$

这是不可能的,其证明完全与 Ⅰ 相同。

所以 $CA^2 : OB^2 = (圆\ CA) : (圆\ OB)$。

命题 3

　　任何一个以三角形为底的棱锥可以被分为两个相等且与原棱锥相似又以三角形为底的三棱锥,以及其和大于原棱锥一半的两个相等的棱柱。

　　设有一个以三角形 ABC 为底且以点 D 为顶点的棱锥。

　　我断言棱锥 ABCD 可被分为相等且相似的以三角形为底的棱锥,且与原棱锥相似,以及其和大于原棱锥一半的两个相等的棱柱。

　　设平分 AB,BC,CA,AD,DB,DC,其分点为 E,F,G,H,K,L;连接 HE,EG, GH,HK,KL,LH,KF,FG。

　　因为 AE 等于 EB,且 AH 等于 DH,所以 EH 平行于 DB。　　　　　　　　　　　　　　　　　　　　[Ⅵ.2]

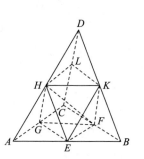

　　同理 HK 也平行于 AB。

　　所以,HEBK 为平行四边形,因为 HK 等于 EB。　　　　　　　　　　　　　　　　　　　　　　　[Ⅰ.34]

　　但是,EB 等于 EA,所以 AE 也等于 HK。

　　但是,AH 也等于 HB,所以两边 EA,AH 分别等于两边 KH,HD;又角 EAH 等于角 KHD,所以底 EH 等于底 KD。　　[Ⅰ.4]

　　所以,三角形 AEH 等于且相似于三角形 HKD。

　　同理,三角形 AHG 也等于且相似于三角形 HLD。

　　又因为彼此相交的两直线 EH,HG 平行于彼此相交的两直线 KD,DL,并且不在同一平面上,则它们所夹的角相等。　　　　　　　　[Ⅺ.10]

　　所以角 EHG 等于角 KDL。

　　又因为,两线段 EH,HG 分别等于 KD,DL,并且角 EHG 等于角 KDL,所以底 EG 等于底 KL;　　　　　　　　　　　　　　　　　[Ⅰ.4]

　　所以三角形 EHG 相等且相似于三角形 KDL。

同理,三角形 *AEG* 也等于且相似于三角形 *HKL*。

所以,以三角形 *AEG* 为底且以点 *H* 为顶点的棱锥等于且相似于以三角形 *HKL* 为底且以 *D* 为顶点的棱锥。 [XI.定义10]

又因为,*HK* 平行于三角形 *ADB* 的一边 *AB*,于是三角形 *ADB* 与三角形 *DHK* 是等角的, [I.29]

并且它们的边成比例;所以三角形 *ADB* 相似于三角形 *DHK*。 [VI.定义1]

同理,三角形 *DBC* 也相似于三角形 *DKL*,以及三角形 *ADC* 相似于三角形 *DLH*。

现在,因为彼此相交的两直线 *BA*,*AC* 分别平行于彼此相交的两直线 *KH*,*HL*,且它们不在同一平面上,于是它们所夹的角相等。 [XI.10]

所以角 *BAC* 等于角 *KHL*。

又,*BA* 比 *AC* 如同 *KH* 比 *HL*,所以三角形 *ABC* 相似于三角形 *HKL*。

所以也有,以三角形 *ABC* 为底且以点 *D* 为顶点的棱锥相似于以三角形 *HKL* 为底且以点 *D* 为顶点的棱锥。

但是,已经证明了以三角形 *HKL* 为底且以点 *D* 为顶点的棱锥相似于以三角形 *AEG* 为底且以点 *H* 为顶点的棱锥。

所以,棱锥 *AEGH*,*HKLD* 的每一个都相似于棱锥 *ABCD*。

其次,因为 *BF* 等于 *FC*,平行四边形 *EBFG* 等于二倍的三角形 *GFC*。

又因为,如果分别有平行四边形和三角形为底的两个等高的棱柱,且平行四边形是三角形的二倍,则二棱柱相等。 [XI.39]

所以,由两个三角形 *BKF*,*EHG* 及三个平行四边形 *EBFG*,*EBKH*,*HKFG* 所围成的棱柱等于由两三角形 *GFC*,*HKL* 和三个平行四边形 *KFCL*,*LCGH*,*HKFG* 所围成的棱柱。

明显地,棱柱的每一个,即以平行四边形 *EBFG* 为底且以线段 *HK* 为对棱的棱柱与以三角形 *GFC* 为底且以三角形 *HKL* 为对面的棱柱都大于以三角形 *AEG*,*HKL* 为底且以 *H*,*D* 为顶点的棱锥。

因为,如果连接线段 *EF*,*EK*,那么以平行四边形 *EBFG* 为底且以 *HK* 为对棱的棱柱大于以三角形 *EBF* 为底且以 *K* 为顶点的棱锥。

但是,以三角形 *EBF* 为底且以点 *K* 为顶点的棱锥等于以三角形 *AEG* 为底且以 *H* 为顶点的棱锥;因为它们是由相等且相似的面组成。

因此也有,以平行四边形 *EBFG* 为底且以线段 *HK* 为对棱的棱柱大于以三角形 *AEG* 为底且以点 *H* 为顶点的棱锥。

但是,以平行四边形 *EBFG* 为底,以线段 *HK* 为对棱的棱柱等于以三角形

GFC 为底且以三角形 *HKL* 为对面的棱柱;又以三角形 *AEG* 为底且以点 *H* 为顶点的棱锥等于以三角形 *HKL* 为底且以点 *D* 为顶点的棱锥。

所以,两个棱柱的和大于分别以三角形 *AEG*,*HKL* 为底且以 *H*,*D* 为顶点的棱锥的和。

所以,以三角形 *ABC* 为底且以点 *D* 为顶点的整体棱锥已被分为两个彼此相等的棱锥和两个相等的棱柱,且两个棱柱的和大于整个棱锥的一半。

证完

我们把以 *D* 为顶点,*ABC* 为底的棱锥记为 *D*(*ABC*) 或 *D-ABC*,而把以三角形 *GCF*,*HLK* 为底的棱柱记为 (*GCF*,*HLK*)。

其证明的步骤如下。

Ⅰ. 证明棱锥 *H*(*AEG*) 等于且相似于棱锥 *D*(*HKL*)。

因为 △*DAB* 的边平分于 *H*,*E*,*K*,所以

$$HE /\!/ DB \text{ 并且 } HK /\!/ AB。$$

因此
$$HK = EB = EA,$$
$$HE = KB = DK。$$

所以　　　　　(1)三角形 *HAE*,*DHK* 相等且相似。

类似地　　　　(2)三角形 *HAG*,*DHL* 相等且相似。

又 *LH*,*HK* 分别平行于 *GA*,*AE*,所以

$$\angle GAE = \angle LHK。$$

并且 *LH*,*HK* 分别平行于 *GA*,*AE*。

所以(3) △*GAE*,*LHK* 相等且相似。

类似地,(4) △*HGE*,*DLK* 相等且相似。

所以(Ⅺ. 定义 10)棱锥 *H*(*AEG*),*D*(*HKL*) 相等且相似。

Ⅱ. 证明棱锥 *D*(*HKL*) 相似于棱锥 *D*(*ABC*)。

(1)三角形 *DHK*,*DAB* 等角,因而相似。

类似地

(2)三角形 *DLH*,*DCA* 相似,

(3)三角形 *DLK*,*DCB* 相似。

又 *BA*,*AC* 分别平行于 *KH*,*HL*,所以

$$\angle BAC = \angle KHL。$$

并且　　　　　　$$BA : AC = KH : HL。$$

所以(4)三角形 *BAC*,*KHL* 相似。

338

因此棱锥 $D(ABC)$ 相似于棱锥 $D(HKL)$，因而相似于棱锥 $H(AEG)$。

Ⅲ. 证明棱柱 (GCF, HLK) 等于棱柱 (HGE, KFB)。

这两个棱柱可以看作同高（平面 HKL, ABC 之间的距离），并且具有底（1）$\triangle CGF$ 与（2）$\square EBFG$，并且 $\square EBFG$ 是 $\triangle CGF$ 的二倍。

所以，由 Ⅺ.39，这两个棱柱相等。

Ⅳ. 证明这两棱柱大于这两个小棱锥。

棱柱 (HGE, KFB) 显然大于棱锥 $K(EFB)$，因而大于棱锥 $H(AFG)$。

所以，每一个棱柱大于每一个小棱锥，并且这两个棱柱的和大于这两个小棱锥的和，它们构成整个棱锥。

命题 4

如果有以三角形为底且有等高的两个棱锥，又各分为相似于原棱锥的两个相等棱锥和两个相等的棱柱，则一个棱锥的底比另一个棱锥的底如同一个棱锥内所有棱柱的和比另一个棱锥内同样个数的所有棱柱的和。

设有等高且以三角形 ABC, DEF 为底，以 G, H 为顶点的两棱锥；并且它们都被分为两个相似于原棱锥的两个相等的棱锥和两个相等的棱柱。　　　[Ⅻ.3]

我断言底 ABC 比底 DEF 如同棱锥 $ABCG$ 内所有棱柱的和比棱锥 $DEFH$ 内同样个数的棱柱的和。

因为，BO 等于 OC，又 AL 等于 LC，所以 LO 平行于 AB，并且三角形 ABC 相似于三角形 LOC。

同理，三角形 DEF 也相似于三角形 RVF。

又因为，BC 等于 CO 的两倍，EF 等于 FV 的两倍；所以，BC 比 CO 如同 EF 比 FV。

并且在 BC, CO 上作两个相似且有相似位置的直线形 ABC, LOC；又在 $EF,$ FV 上作两个相似位置的直线形 DEF, RVF；所以，三角形 ABC 比三角形 LOC 如同三角形 DEF 比三角形 RVF；　　　　　　　　　[Ⅵ.22]

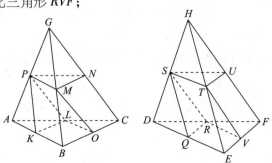

所以，由更比，三角形 ABC 比三角形 DEF 如同三角形 LOC 比三角形 RVF。

[V.16]

但是，三角形 LOC 比三角形 RVF 如同以三角形 LOC 为底且以三角形 PMN 为对面的棱柱比以三角形 RVF 为底且以 STU 为对面的棱柱。　[后面的引理]

所以也有，三角形 ABC 比三角形 DEF 如同以三角形 LOC 为底且以 PMN 为对面的棱柱比以三角形 RVF 为底且以 STU 为对面的棱柱。

但是，上述棱柱之比如同以平行四边形 $KBOL$ 为底且以线段 PM 为对棱的棱柱比以平行四边形 $QEVR$ 为底且以线段 ST 为对棱的棱柱。

[XI.39，参考XII.3]

所以也有以平行四边形 $KBOL$ 为底且以 PM 为对棱的棱柱及以三角形 LOC 为底且以 PMN 为对面的棱柱的和与以 $QEVR$ 为底且以线段 ST 为对棱的棱柱及以三角形 RVF 为底且以 STU 为对面的棱柱的和的比相同。　　　[V.12]

所以也有，底 ABC 比底 DEF 如同上述两个棱柱的和比两个棱柱的和。

类似地，如果两棱锥 $PMNG$，$STUH$ 被分成两个棱柱和两个棱锥，则底 PMN 比底 STU 如同棱锥 $PMNG$ 内两棱柱的和比棱锥 $STUH$ 内两棱柱的和。

但是，底 PMN 比底 STU 如同底 ABC 比底 DEF；因为两个三角形 PMN，STU 分别等于三角形 LOC，RVF。

所以，底 ABC 比底 DEF 如同四个棱柱比四个棱柱。

类似地，如再分余下的棱锥为两个棱锥和两个棱柱，那么，底 ABC 比底 DEF 如同棱锥 $ABCG$ 内所有棱柱的和比棱锥 $DEFH$ 内所有个数相同的棱柱的和。

证完

引　理

三角形 LOC 比三角形 RVF 如同以三角形 LOC 为底且以 PMN 为对面的棱柱比以三角形 RVF 为底且以 STU 为对面的棱柱。

证明如下：

在上图中，从点 G，H 向平面 ABC，DEF 作垂线，且两垂线相等。因为由假设，两棱锥有相等的高。

现在，因为两线段 GC 和从 G 点所作垂线被两平行平面 ABC，PMN 所截；它们被截成有相同比的线段。

[XI.17]

而且平面 PMN 平分 GC 于点 N；所以，从 G 到平面 ABC 的垂线也被平面 PMN 所平分。

同理，从点 H 到平面 DEF 的垂线也被平面 STU 所平分。

又由于从点 G,H 到平面 ABC,DEF 的垂线相等；所以从三角形 PMN,STU 到平面 ABC,DEF 的垂线也相等。

于是，以三角形 LOC,RVF 为底且以 PMN,STU 为对面的两棱柱等高。

因此也有，由上述两棱柱构成的等高的两平行六面体的比如同它们的底的比；　　　　　　　　　　　　　　　　　　　　　　　　　　[XI. 32]

所以它们的一半，即上述两棱柱的比如同底 LOC 比底 RVF。

证完

我们可以把这个命题末的引理合并在一起的证明概述如下。

因为 LO 平行于 AB，所以

$$三角形\ ABC,LOC\ 相似。$$

类似地，　　　　　　　　$三角形\ DEF,RVF\ 相似。$

并且因为 $BC:CD=EF:FV$，所以

$$\triangle ABC:\triangle LOC=\triangle DEF:\triangle RVF,\qquad[\,Ⅳ.22\,]$$

因而　　　　　　　　$\triangle ABC:\triangle DEF=\triangle LOC:\triangle RVF。$

现在棱柱（LOC,PMN）与（RVF,STU）的高相等。事实上，从 G,H 到平面 ABC,DEF 的垂线被平面 PMN,STU（平行于底）所分的比与 GC,HF 被这两个平面所分的比相同[XI.17]，即它们被平分，因此这两个棱柱的高作为等高的一半是相等的。

并且这两个棱柱分别是两个平行六面体的一半，这两个平行六面体同高并分别以三角形 LOC,RVF 二倍的平行四边形为底。　　　　[XI.28 及注]

因此它们的比等于这两个平行六面体的比，因而等于它们的底的比[XI.32]，所以

（棱柱 LOC,PMN）：（棱柱 RVF,STU）$=\triangle LOC:\triangle RVF$

$$=\triangle ABC:\triangle DEF。$$

又因为棱锥内的另外两个棱柱分别等于这两个棱柱，所以

（$GABC$ 内的棱柱的和）：（$HDEF$ 内的棱柱的和）$=\triangle ABC:\triangle DEF。$

类似地，若棱锥 $GPMN,HSTU$ 以同样的方式分割，并且棱锥 $PAKL,SDQR$ 也以同样的方式分割，我们有

（$GPMN$ 内的棱柱的和）：（$HSTU$ 内的棱柱的和）$=\triangle PMN:\triangle STU$

$$=\triangle ABC:\triangle DEF,$$

并且对第二对棱锥也类似。

这个过程可以无限地进行下去,并且我们有

(GABC 内的棱柱的和)∶(HDEF 内的棱柱的和) = △ABC∶△DEF。

命题 5

以三角形为底且有等高的两个棱锥的比如同两底的比。

设有以三角形 ABC, DEF 为底,以点 G, H 为顶点的等高的棱锥。

我断言底 ABC 比底 DEF 如同棱锥 ABCG 比棱锥 DEFH。

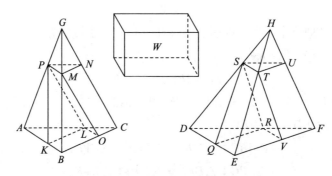

因为,如果棱锥 ABCG 比棱锥 DEFH 不同于底 ABC 比底 DEF,则底 ABC 比底 DEF 如同棱锥 ABCG 比某个小于或大于棱锥 DEFH 的立体。

首先,设属于第一种情况,其中成比例的是一个较小的立体 W,将棱锥 DEFH 分为两个相似于原棱锥的相等棱锥和两个相等的棱柱;而两棱柱的和大于原棱锥的一半。   [Ⅻ.3]

类似地,再分所得的棱锥,这样继续下去,直至由棱锥 DEFH 得到某些小于棱锥 DEFH 与立体 W 的差的棱锥。   [Ⅹ.1]

设所要得到的棱锥是 DQRS, STUH;所以在棱锥 DEFH 内剩下的棱柱的和大于立体 W。

类似地,也和分棱锥 DEFH 的次数相仿去分棱锥 ABCG;

所以,底 ABC 比底 DEF 也如同棱锥 ABCG 内棱柱的和比棱锥 DEFH 中棱柱的和。   [Ⅻ.4]

但是,底 ABC 比底 DEF 也如同棱锥 ABCG 比立体 W;

所以也有,棱锥 ABCG 比立体 W 如同棱锥 ABCG 中棱柱的和比棱锥 DEFH 中棱柱的和。   [Ⅴ.11]

所以,由更比,棱锥 ABCG 比它中棱柱的和如同立体 W 比棱锥 DEFH 中棱柱的和。   [Ⅴ.16]

但是，棱锥 $ABCG$ 大于它中所有棱柱的和；所以立体 W 也大于棱锥 $DEFH$ 中所有棱柱的和。

但是，它也小于：这是不可能的。

所以，棱锥 $ABCG$ 比小于棱锥 $DEFH$ 的立体不同于底 ABC 比底 DEF。

类似地，可以证明棱锥 $DEFH$ 比小于棱锥 $ABCG$ 的任何立体不同于底 DEF 比底 ABC。

其次可证，也不可能有，棱锥 $ABCG$ 比一个大于棱锥 $DEFH$ 的立体如同底 ABC 比底 DEF。

因为，如果可能的话，设它与较大的立体 W 有此比，所以由反比，底 DEF 比底 ABC 如同立体 W 比棱锥 $ABCG$。

但是，立体 W 比立体 $ABCG$ 如同棱锥 $DEFH$ 比小于棱锥 $ABCG$ 的某个立体，这一点在前面已经证明了；　　　　　　　　　　　　　　　　　　　[Ⅻ.2，引理]

所以，底 DEF 比底 ABC 也如同棱锥 $DEFH$ 比小于棱锥 $ABCG$ 的某个立体：

[V.11]

已经证明了这是不合理的。

所以，棱锥 $ABCG$ 比大于棱锥 $DEFH$ 的某一个立体不同于底 ABC 比底 DEF。

但是，已经证明了比小于的某个立体也是不行的。

所以，底 ABC 比底 DEF 如同棱锥 $ABCG$ 比棱锥 $DEFH$。

证完

在前面两个命题中，如何分割一个三棱锥为(1)两个相等的棱柱，它们的和大于半个棱锥，(2)两个相等的棱锥，它们相似于原来的棱锥，并且若继续这个过程，则得到四个棱锥，等等。并且若另一个棱锥也类似地分割，则在一个棱锥内的所有棱柱的和比另一个棱锥内的所有棱柱的和等于第一个的底比第二个的底。

我们现在可以用与Ⅻ.2同样的方式证明棱锥本身的比等于它们底的比。

设这两个棱锥记为 P, P'，它们的底为 B, B'。

若　　　　　　　　　　　　$P : P' \neq B : B'$,

则假定　　　　　　　　　　$B : B' = P : W$.

Ⅰ. 设 $W < P'$。

分割 P' 为两个棱柱和两个棱锥，再类似地分割后者，等等，直到剩余的棱锥的和小于 P' 与 W 的差(Ⅹ.1)，故

$$P' > (P' \text{内的棱柱}) > W。$$

而后类似地分割 P，现在

$$(P \text{内的棱柱}) : (P' \text{内的棱柱}) = B : B' \qquad [\text{XII}.4]$$
$$= P : W，\text{由题设，}$$

因而 $(P \text{内的棱柱}) : P = (P' \text{内的棱柱}) : W。$

但是 $\qquad\qquad (P \text{内的棱柱}) < P，$

所以 $\qquad\qquad (P' \text{内的棱柱}) < W。$

但由作图 $\qquad\qquad (P' \text{内的棱柱}) > W。$

因此 $\qquad\qquad\qquad W \text{不能小于} P'。$

II. 假定 $W > P'$。

则 $\qquad\qquad\qquad B' : B = W : P$
$$= P' : V，$$

其中 V 是**某个小于 P 的立体**。 $\qquad [\text{参考 XII}.2 \text{引理及注}]$

但是这是不可能的，其证明完全如同 I 。

所以 W 既不小于也不大于 P'，故

$B : B' = P : P'。$

勒让德用不同的方法得到这个结果，证明了如下命题。

1. 若一个棱锥被平行于底的平面所截，则（a）棱与高以相同比例所截，（b）截面是相似于底的多边形。

（a）因为棱锥 $V(ABCDE)$ 的一个侧面 VAB 被两个平行平面截于 AB, ab，所以

$$AB /\!\!/ ab；$$

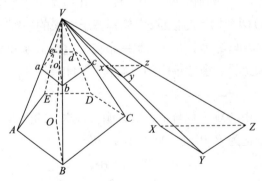

类似地，$BC /\!\!/ bc$，等等。

所以 $VA : Va = VB : Vb = VC : Vc = \cdots$

并且，若高 VO 被截于 O, o，则

$$BO /\!\!/ bo；\text{并且上述比等于} VO : Vo。$$

（b）因为 $BA /\!/ ba$，$BC /\!/ bc$，所以

$$\angle ABC = \angle abc。\qquad\qquad [\text{XI}.10]$$

类似地，对这两个多边形的所有其他角也如此，因而这两个多边形是等角的。

又由相似三角形，

$$VA : Va = AB : ab，等等。$$

所以，由上述比，

$$AB : ab = BC : bc = \cdots$$

因此这两个多边形相似。

2. 若同高的两个棱锥被到顶点有相同垂线距离的两个平面所截，则截面的比等于底的比。

事实上，若我们这样放置这两个棱锥，使两个顶点重合，并且底在同一个平面内，则截面的平面重合。

若第二个棱锥的底是 XYZ，截面是 xyz，则由上述命题的推理，有

$$VX : Vx = VY : Vy = VZ : Vz = VO : Vo = VA : Va = \cdots，$$

因而 XYZ，xyz 相似。

现在（多边形 $ABCDE$）：（多边形 $abcde$）$= AB^2 : ab^2$
$$= VA^2 : Va^2，$$

并且 $\qquad\qquad \triangle XYZ : \triangle xyz = XY^2 : xy^2$
$$= VX^2 : Vx^2$$
$$= VA^2 : Va^2。$$

所以，（多边形 $ABCDE$）：（多边形 $abcde$）$= \triangle XYZ : \triangle xyz$。

作为特殊情形，**若这两个棱锥的底是等积的，则这两个截面也是等积的。**

3. 等底等高的两个三棱锥等积。

设 $VABC$，$vabc$ 是两个具有等底 ABC，abc 的棱锥，为了方便起见，假定它们放在一个平面上，并且设 TA 是它们的公共高。

若这两个棱锥不是等积的，则一个大于另一个。

设 $VABC$ 是较大者，并且设 AX 是以 ABC 为底等积于这两个棱锥的差的棱柱的高。

等分高 AT，每一小部分等于 z，并且使 $z < AX$。

过分点作平行于底的平面，截这两个棱锥于截面 DEF，GHI，$\cdots$ 与 def，ghi，$\cdots$

则截面 DEF，def 相等。同样地，截面 GHI，ghi 相等，等等。

以三角形 ABC，DEF，GHI，$\cdots$ 为底，以棱 AV 的部分 AD，DG，$GK$$\cdots$ 为棱作外

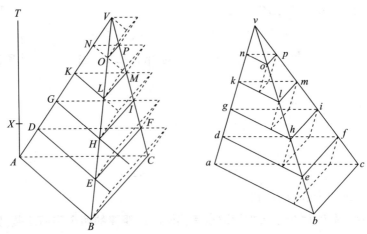

棱柱;而以三角形 $def, ghi, \cdots$ 为底,以棱 av 的部分 $ad, dg, \cdots$ 为棱作内棱柱。

所有这些小棱柱有同样的高 z。

现在棱锥 $VABC$ 的外棱柱的和大于这个棱锥,而棱锥 $vabc$ 的内棱柱的和小于这个棱锥。

因此第一组棱柱的和与第二组棱柱的和的差大于这两个棱锥的差。

若我们从底 ABC, abc 算起,则第二个外棱柱 $DEFG$ 等积于第一个内棱柱 $defg$,因为它们的底等积并且有相同的高 z。　　　　　　　[XI.28 及注, XI.32]

类似地,第三个外棱柱等积于第二个内棱柱,等等。

所以第一个外棱柱 $ABCD$ 是外棱柱的和与内棱柱的和的差。

因此这两个棱锥的差小于棱柱 $ABCD$,故棱柱 $ABCD$ 应当大于以 ABC 为底以 AX 为高的棱柱。

但是由题设,棱柱 $ABCD$ 小于后面这个棱柱:这是不可能的。

因此棱锥 $VABC$ 不能大于棱锥 $vabc$。

类似地,可以证明 $vabc$ 不能大于 $VABC$。

所以这两个棱锥相等。

勒让德又建立了一个对应于欧几里得XII.7 的命题,即

4. 任一三棱锥是同底同高的三棱柱的三分之一。

他由此推出

推论　三棱锥的体积等于底与高的乘积的三分之一。

他预先证明了三棱柱的体积等于底乘高,因为(1)这个棱柱是有同高并以二倍于棱柱底的平行四边形为底的平行六面体的一半,(2)这个平行六面体可以转变为同高并且等底的矩形平行六面体。

定理 4 可以扩展到任一个棱锥。

5.任一棱锥等于底乘高的三分之一。

推论Ⅰ.任一棱锥是同底同高的棱柱的三分之一。

推论Ⅱ.同高的两个棱锥的比等于它们底的比,并且同底的两个棱锥的比等于它们高的比。

第二个推论的第一部分对应于现在这个命题并扩展到下一个命题Ⅻ.6。

命题 6

以多边形为底且有等高的两个棱锥的比如同两底的比。

设等高的两棱锥以多边形 $ABCDE, FGHKL$ 为底且以点 M, N 为顶点。

我断言底 $ABCDE$ 比底 $FGHKL$ 如同棱锥 $ABCDEM$ 比棱锥 $FGHKLN$。

连接 AC, AD, FH, FK。

因为 $ABCM, ACDM$ 是以三角形为底且有等高的两个棱锥,它们的比如同两底之比;　　　[Ⅻ.5]

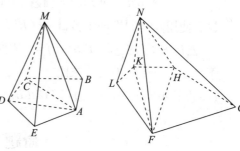

所以,底 ABC 比底 ACD 如同棱锥 $ABCM$ 比棱锥 $ACDM$。

又由合比,底 $ABCD$ 比底 ACD 如同棱锥 $ABCDM$ 比棱锥 $ACDM$。　　　　　　　　[Ⅴ.18]

但是也有,底 ACD 比底 ADE 如同棱锥 $ACDM$ 比棱锥 $ADEM$。　　　[Ⅻ.5]

所以,由首末比,底 $ABCD$ 比底 ADE 如同棱锥 $ABCDM$ 比棱锥 $ADEM$。

[Ⅴ.22]

又由合比,底 $ABCDE$ 比底 ADE 如同棱锥 $ABCDEM$ 比棱锥 $ADEM$。　[Ⅴ.18]

类似地,也能证明底 $FGHKL$ 比底 FGH 如同棱锥 $FGHKLN$ 比棱锥 $FGHN$。

又因为,$ADEM, FGHN$ 是以三角形为底且有等高的两个棱锥,所以底 ADE 比底 FGH 如同棱锥 $ADEM$ 比棱锥 $FGHN$。　　　　[Ⅻ.5]

但是,底 ADE 比底 $ABCDE$ 如同棱锥 $ADEM$ 比棱锥 $ABCDEM$。

所以也有首末比,底 $ABCDE$ 比底 FGH 如同棱锥 $ABCDEM$ 比棱锥 $FGHN$。

[Ⅴ.22]

但是也有,底 FGH 比底 $FGHKL$ 也如同棱锥 $FGHN$ 比棱锥 $FGHKLN$。

所以又由首末比,底 $ABCDE$ 比底 $FGHKL$ 如同棱锥 $ABCDEM$ 比棱锥 FGH-KLN。

[Ⅴ.22]

证完

可以看出

(底 $ABCDE$):△ADE=(棱锥 $MABCDE$):(棱锥 $MADE$)。

欧几里得使用了 V.18 两次以及首末比[V.22]。

我们用 V.24 更简洁地得到它。

$$△ABC:△ADE=(棱锥\ MABC):(棱锥\ MADE),$$

$$△ACD:△ADE=(棱锥\ MACD):(棱锥\ MADE),$$

$$△ADE:△ADE=(棱锥\ MADE):(棱锥\ MADE)。$$

把所有的前项加起来[V.24],有

(多边形 $ABCDE$):△ADE=(棱锥 $MABCDE$):(棱锥 $MADE$)。

又因为棱锥 $MADE,NFGH$ 有相同的高,所以

$$△ADE:△FGH=(棱锥\ MADE):(棱锥\ NFGH)。$$

最后使用同样的推理于棱锥 $NFGHKL$,有

$$△FGH:(多边形\ FGHKL)=(棱锥\ NFGH):(棱锥\ NFGHKL)。$$

于是由这三个比例及首末比,

(多边形 $ABCDE$):(多边形 $FGHKL$)=(棱锥 $MABCDE$):(棱锥 $NFGHKL$)。

命题 7

任何一个以三角形为底的棱柱可以被分成以三角形为底的三个彼此相等的棱锥。

设有一个以三角形 ABC 为底且其对面为三角形 DEF 的棱柱。

我断言棱柱 $ABCDEF$ 可被分为三个彼此相等的以三角形为底的棱锥。

连接 BD,EC,CD。

因为 $ABED$ 是平行四边形,BD 是它的对角线,所以三角形 ABD 全等于三角形 EBD;   [I.34]

所以,以三角形 ABD 为底且以 C 为顶点的棱锥等于以三角形 DEB 为底且以 C 为顶点的棱锥。   [XII.5]

但是,以三角形 DEB 为底且以 C 为顶点的棱锥与以三角形 EBC 为底且以 D 为顶点的棱锥是一样的;因为它们由相同的面围成。

所以,以三角形 ABD 为底且以 C 为顶点的棱锥也等于以三角形 EBC 为底且以 D 为顶点的棱锥。

又因为,$FCBE$ 是平行四边形,CE 是它的对角线,三角形 CEF 全等于三角

形 *CBE*。 [Ⅰ.34]

所以也有,以三角形 *BCE* 为底且以 *D* 为顶点的棱锥
等于以 *ECF* 为底且以 *D* 为顶点的棱锥。 [Ⅻ.5]

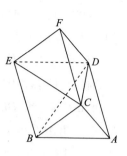

但是,已经证明了以三角形 *BCE* 为底且以 *D* 为顶点
的棱锥等于以三角形 *ABD* 为底且以 *C* 为顶点的棱锥;所
以也有,以三角形 *CEF* 为底且以 *D* 为顶点的棱锥等于以
三角形 *ABD* 为底且以 *C* 为顶点的棱锥;所以棱柱 *ABC-
DEF* 已被分成三个相等的以三角形为底的棱锥。

又因为以三角形 *ABD* 为底且以 *C* 为顶点的棱锥与以三角形 *CAB* 为底且以
D 为顶点的棱锥是相同的,因为它们由相同的平面围成;这时,已经证明了以三
角形 *ABD* 为底且以 *C* 为顶点的棱锥等于以三角形 *ABC* 为底且以 *DEF* 为对面
的棱柱的三分之一;所以也有,以 *ABC* 为底且以 *D* 为顶点的棱锥等于以相同的
三角形 *ABC* 为底且以 *DEF* 为对面的棱柱的三分之一。

推论 由以上容易得到,任何棱锥等于和它同底等高的棱柱的三分之一。

证完

欧几里得的推理如下:

▱*ABED* 被 *BD* 平分,

$$(棱锥\ G\text{-}ABD)=(棱锥\ G\text{-}DEB)$$ [Ⅻ.5]

$$\equiv(棱锥\ D\text{-}EBC)。$$

又▱*EBCF* 被 *EC* 平分,

$$(棱锥\ D\text{-}EBC)=(棱锥\ D\text{-}ECF)。$$

于是(棱锥 *C-ABD*)=(棱锥 *D-EBC*)=(棱锥 *D-ECF*),

并且这三个棱锥构成整个棱锥,故每一个等于这个棱锥的三分之一。

又因为 $$(棱锥\ C\text{-}ABD)\equiv(棱锥\ D\text{-}ABC),$$

所以 $$(棱锥\ D\text{-}ABC)=\frac{1}{3}(棱锥\ ABC,DEF)$$

命题 8

以三角形为底的相似棱锥的比如同它们对应边的三次比。

设有分别以 *ABC*,*DEF* 为底,并且以点 *G*,*H* 为顶点的两个相似且有相似位
置的棱锥。

我断言棱锥 *ABCG* 与 *DEFH* 的比如同 *BC* 与 *EF* 的三次比。

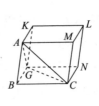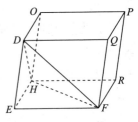

作平行六面体 *BGML* 与 *EHQP*。因为棱锥 *ABCG* 相似于棱锥 *DEFH*,所以角 *ABC* 等于角 *DEF*,角 *GBC* 等于角 *HEF*,且角 *ABG* 等于角 *DEH*;

又,*AB* 比 *DE* 如同 *BC* 比 *EF*,也如同 *BG* 比 *EH*。

又因为,*AB* 比 *DE* 如同 *BC* 比 *EF*,且夹等角的边成比例,所以平行四边形 *BM* 相似于平行四边形 *EQ*。

同理,*BN* 相似于 *ER*,*BK* 相似于 *EO*;所以三个平行四边形 *MB*,*BK*,*BN* 相似于三个平行四边形 *EQ*,*EO*,*ER*。

但是,三个平行四边形 *MB*,*BK*,*BN* 等于且相似于它们的三个对面,且三个面 *EQ*,*EO*,*ER* 相等且相似于它们的对面。 [XI. 24]

所以,立体 *BGML*,*EHQP* 由同样多的相似面围成。

所以,立体 *BGML* 相似于立体 *EHQP*。

但是,相似平行六面体的比如同对应边的三次比。 [XI. 33]

所以,立体 *BGML* 与立体 *EHQP* 的比如同对应边 *BC* 与边 *EF* 的三次比。

但是,立体 *BGML* 比立体 *EHQP* 如同棱锥 *ABCG* 比棱锥 *DEFH*,因为棱锥是平行六面体的六分之一,又因棱柱是平行六面体的一半[XI. 28]。

它又是棱锥的三倍。 [XII. 7]

所以棱锥 *ABCG* 与棱锥 *DEFH* 的比如同它们对应边 *BC* 与 *EF* 的三次比。

证完

推论 由以上表明,以多边形为底的棱锥与以相似多边形为底的棱锥的比如同它们对应边的三次比。

因为,如果把它们分为以三角形为底的棱锥,事实上,把以相似多边形为底的也分为同样个数的彼此相似的三角形,各对应三角形之比如同整体之比。 [VI. 20]

于是,两棱锥内各对应的以三角形为底的棱锥的比如同二棱锥内以三角形为底的所有棱锥和的比。 [V. 12]

即,如同以原多边形为底的棱锥之比。

但是,以三角形为底的棱锥比以三角形为底的棱锥如同它们对应边的三次比;所以也有,以多边形为底的棱锥与以相似多边形为底的棱锥的比如同它们对应边的三次比。

证完

由于两个棱锥相似,可以证明如图所作的两个平行六面体相似。

因为平行六面体的比等于它们的对应边的三次比,所以作为它们六分之一的棱锥也是同样的。

由于没有用到这个引理(见XII.12 的注),所以有理由怀疑它的真实性。手稿 P 把它放在边页。

命题 9

以三角形为底且相等的棱锥,其底和高成反比例;又,底和高成反比例的棱锥相等。

设有以三角形 ABC,DEF 为底,且以 G,H 为顶点的两个相等的棱锥。

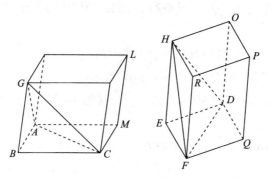

我断言在棱锥 $ABCG,DEFH$ 中两底与高成反比例,即底 ABC 比底 DEF 如同棱锥 $DEFH$ 的高比棱锥 $ABCG$ 的高。

作出平行六面体 $BGML,EHQP$。

现在,因为棱锥 $ABCG$ 等于棱锥 $DEFH$,

并且立体 $BGML$ 等于六倍的棱锥 $ABCG$,

并且立体 $EHQP$ 等于六倍的棱锥 $DEFH$,

故立体 $BGML$ 等于立体 $EHQP$。

但是,在相等的平行六面体中,它们的底和高成反比例; 　　　　[XI.34]

所以,底 BM 比底 EQ 如同立体 $EHQP$ 的高比立体 $BGML$ 的高。

但是,底 BM 比 EQ 如同三角形 ABC 比三角形 DEF。 　　　　[I.34]

所以也有,三角形 ABC 比三角形 DEF 如同立体 $EHQP$ 的高比立体 $BGML$

351

但是,立体 $EHQP$ 的高与棱锥 $DEFH$ 的高相等,并且立体 $BGML$ 的高与棱锥 $ABCG$ 的高相等。

所以,底 ABC 比底 DEF 如同棱锥 $DEFH$ 的高比棱锥 $ABCG$ 的高。

所以在棱锥 $ABCG$ 与 $DEFH$ 中,它们的底与高成反比例。

其次,在棱锥 $ABCG$ 与 $DEFH$ 中,设它们的底和高成反比例;即底 ABC 比底 DEF 如同棱锥 $DEFH$ 的高比棱锥 $ABCG$ 的高。

我断言棱锥 $ABCG$ 等于 $DEFH$。

用相同的构图。

因为,底 ABC 比底 DEF 如同棱锥 $DEFH$ 的高比棱锥 $ABCG$ 的高,这时,底 ABC 比底 DEF 如同平行四边形 BM 比平行四边形 EQ,所以也有,平行四边形 BM 比平行四边形 EQ 如同棱锥 $DEFH$ 的高比棱锥 $ABCG$ 的高。   [Ⅴ.11]

但是,棱锥 $DEFH$ 的高与平行六面体 $EHQP$ 的高相等;又棱锥 $ABCG$ 的高与平行六面体 $BGML$ 的高相等。

所以,底 BM 比底 EQ 如同平行六面体 $EHQP$ 的高比平行六面体 $BGML$ 的高。

但是,在底和高成反比例时,平行六面体相等;   [Ⅺ.34]

所以平行六面体 $BGML$ 等于平行六面体 $EHQP$。

又棱锥 $ABCG$ 等于 $BGML$ 的六分之一,棱锥 $DEFH$ 等于平行六面体 $EHQP$ 的六分之一;

所以,棱锥 $ABCG$ 等于棱锥 $DEFH$。

证完

这两个棱锥的体积分别是如图画出的两个平行六面体的六分之一,这两个平行六面体与其棱锥同高并且具有其二倍的底。

Ⅰ.于是若这两个棱锥相等,则这两个平等六面体相等。

并且相等的两个平等六面体的底与高成互反比例。   [Ⅺ.34]

因此相等棱锥的底(它们是其平行六面体的底的一半)与它们的高成互反比例。

Ⅱ.若两个棱锥的底与它们的高成互反比例,则其两个平行六面体的底与高成互反比例。

因此这两个平行六面体相等。   [Ⅺ.34]

所以作为它们的六分之一的两个棱锥也相等。

命题 10

任一圆锥是与它同底等高的圆柱的三分之一。

设一个圆锥和圆柱同底,即圆 ABCD;它们有相等的高。

我断言圆锥为圆柱的三分之一,即圆柱为圆锥的三倍。

如果圆柱不是圆锥的三倍,则圆柱大于圆锥的三倍,或小于圆锥的三倍。

首先设它大于圆锥的三倍,又设正方形 ABCD 内接于圆 ABCD;   [Ⅳ.6]

那么,正方形 ABCD 大于圆 ABCD 的一半。

在正方形 ABCD 上作一个和圆柱等高的棱柱,

则此棱柱大于圆柱的一半;因为如果作圆 ABCD 的外切正方形[Ⅳ.7],那么圆 ABCD 的内接正方形是圆外切正方形的一半,且在它们上作的平行六面体的棱柱等高,

这时,等高的平行六面体之比如同它们的底之比;   [Ⅺ.32]

所以也有,正方形 ABCD 上的棱柱是圆 ABCD 外切正方形上棱柱的一半;

        [参阅Ⅺ.28,或Ⅻ.6 和7,推论]

又,圆柱小于圆 ABCD 外切正方形上的棱柱;

所以,同圆柱等高的正方形 ABCD 上的棱柱大于圆柱的一半。

二等分弧 AB,BC,CD,DA 于点 E,F,G,H,且连接 AE,EB,BF,FC,CG,GD,DH,HA;

那么,已经证明了三角形 AEB,BFC,CGD,DHA 的每一个都大于圆 ABCD 的弓形的一半。   [Ⅻ.2]

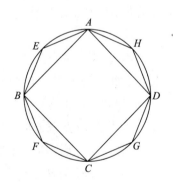

在三角形 AEB,BFC,CGD,DHA 每一个上作与圆柱等高的棱柱;则棱柱的每一个大于包含它的弓形柱的一半,因为,如果过点 E,F,G,H 作 AB,BC,CD,DA 的平行线;又由它们作平行四边形;且在其上作与圆柱等高的平行六面体;又,在三角形 AEB,BFC,CGD,DHA 上的棱柱是各个立体的一半;又,弓形圆柱的和小于平行六面体的和;

因此也有,在三角形 AEB,BFC,CGD,DHA 上棱柱的和大于包含它们的弓形柱的和的一半。

于是,二等分余下的弧,连接其分点,在每个三角形上作与圆柱等高的棱柱,并且继续下去,

就得到一些弓形圆柱的和小于圆柱超过三倍圆锥的部分。   [Ⅹ.1]

设得到一些弓形柱,这些弓形柱是 AE,EB,BF,FC,CG,GD,HA;

所以还有,以多边形 $AEBFCGDH$ 为底且其高与圆柱的高相等的棱柱大于圆锥的三倍。

但是,与圆柱高相同且以多边形 $AEBFCGDH$ 为底的棱柱三倍于以多边形 $AEBFCGDH$ 为底且和圆锥有同一顶点的棱锥。　　　　　　　　　　　　[ⅩⅡ.7,推论]

所以,以多边形 $AEBFCGDH$ 为底且和圆锥有同一顶点的棱锥大于以圆 $ABCD$ 为底的圆锥。

但是,它也小于此圆锥,因为圆锥包含棱锥:这是不可能的。

所以,圆柱不大于圆锥的三倍。

其次可证明圆柱也不小于圆锥的三倍,

因为,如果可能的话,设圆柱小于圆锥的三倍;

因此,反之,圆锥大于圆柱的三分之一。

设正方形 $ABCD$ 内接于圆 $ABCD$;那么,正方形 $ABCD$ 大于圆 $ABCD$ 的一半。

现在,设正方形 $ABCD$ 上作一个顶点和圆锥顶点相同的棱锥;

所以,此棱锥大于圆锥的一半,

由此,在以前我们已经证明了,如果作圆的外切正方形,那么正方形 $ABCD$ 是圆外切正方形的一半,

而且,如果从两个正方形上作与圆锥等高的平行六面体,也叫作棱柱,于是正方形 $ABCD$ 上的棱柱是圆外切正方形上棱柱的一半,因为它们的比如同它们底的比。　　　　　　　　　　　　　　　　　　　　　　　　[ⅩⅠ.32]

因此,它们的三分之一相比也如同这个比。所以,以正方形 $ABCD$ 为底的棱锥是圆外切正方形上棱锥的一半。

又,圆外切正方形上的棱锥大于圆锥,

因为,圆外切正方形上的棱锥包含圆锥。

所以,正方形 $ABCD$ 上的棱锥大于具有同一个顶点的圆锥的一半。

用点 E,F,G,H 平分弧 AB,BC,CD,DA,且连接 AE,EB,BF,FC,CG,GD,DH,HA;

于是,也有三角形 AEB,BFC,CGD,DHA 的每一个大于圆 $ABCD$ 上包含它的弓形的一半。

现在,在三角形 AEB,BFC,CGD,DHA 每一个上作与圆锥有相同顶点的棱锥。

于是,也在同样情况下,每一个棱锥大于包含它的弓形圆锥的一半。

由此,再平分圆弧,连接分点,在每一个三角形上作与圆锥有相同顶点的

棱锥。

这样继续作下去,

则得到一些弓形圆锥之和小于圆锥超过圆柱的三分之一的部分。

[X.1]

设已经给出了这些弓形柱,且设它们是 $AE, EB, BF, FC, CG, GD, DH, HA$ 上的弓形柱。

所以,以多边形 $AEBFCGDH$ 为底且与圆锥的顶点相同的棱锥大于圆柱的三分之一。

但是,以多边形 $AEBFCGDH$ 为底且与圆锥顶点相同的棱锥是以多边形 $AEBFCGDH$ 为底且与圆柱同高的棱柱的三分之一。

所以,以多边形 $AEBFCGDH$ 为底且与圆柱等高的棱柱大于以圆 $ABCD$ 为底的圆柱。

但是,棱柱小于圆柱,因为圆柱包含棱柱:这是不可能的。

所以,圆柱不小于圆锥的三倍。

但是,已经证明了圆柱不大于圆锥的三倍;所以圆柱是圆锥的三倍;因此,圆锥是圆柱的三分之一。

证完

注意这个命题中的术语"平行的棱柱",海伦称为"平行边的棱柱"。

其证明过程完全与Ⅻ.2相同,除了用算术分数代替比例,不可公度的只能用比例表示,因此我们在这个命题以及Ⅻ.11中不必用比例。

欧几里得穷竭圆柱和圆锥分别用棱柱和棱锥,它们有同样的高并以内接于圆的正多边形,如正方形、正八边形、正十六边形等为公共底。

若 AB 是一个多边形的边,我们将弧 ACB 平分得到下一个多边形的边,并连接 AC, CB。作 C 处的切线 DE 并完成□$ABED$。

现在假定一个棱柱立在以 AB 为边的多边形上,并且与圆柱有相同的高度。

为了得到下一个具有同样高度的棱柱,我们添加所有具有同样高度以 ACB 等为底的三棱柱。

现在 ACB 上的棱柱是□$ABED$ 上的棱柱的一半。

[参考Ⅺ.28]

□$ABED$ 上的棱柱包括并且大于立在多边形 ACB 上的圆柱的部分。

同样的情况对以 AB 为一边的多边形的其他边也成立。

这个过程从内接于圆的正方形上的棱柱开始。这个棱柱大于圆柱的一半，下一个棱柱(有八个侧面)取走大半个剩余部分，等等。

因此[X.1]，若过程进行到充分远，我们得到一个棱柱，使得圆柱剩下的部分的和小于任意指定的体积。

以完全相同的方式在这些多边形上作棱锥穷竭这个圆锥。

若圆锥不等于三分之一的圆柱，则必然大于或小于。

Ⅰ.假定 V、O 是它们的体积，$O > 3V$。

继续作内接于底的多边形和它们上的棱柱，直到得到一个棱柱 P，使得圆柱剩下的部分的和小于 $(O - 3V)$，即

$$O > P > 3V。$$

但是 P 是同底同高的棱锥的三倍，而这个棱锥是内接的，因而小于 V，所以

$$P < 3V。$$

但是由作图，$P > 3V$：这是不可能的。

所以 $\qquad\qquad\qquad\qquad O \ngtr 3V。$

Ⅱ.假定 $O < 3V$。

因而 $\qquad\qquad\qquad\qquad V > \dfrac{1}{3}O。$

在圆锥内继续作棱锥，直到得到一个棱锥 π，使得圆锥内剩余部分的和小于 $(V - \dfrac{1}{3}O)$，即

$$V > \pi > \dfrac{1}{3}O。$$

现在 π 是同底同高的棱柱的三分之一，而这个棱柱包括在圆柱之内，因而小于它，所以

$$\pi < \dfrac{1}{3}O。$$

但是由作图，$\pi > \dfrac{1}{3}O$：

这是不可能的。

因此 O 不大于也不小于 $3V$，故

$$O = 3V。$$

应当注意，此处及Ⅻ.2，欧几里得总是从内面穷竭这个立体，因此总是假定要穷竭的立体大于要证明与它相等的立体，而这就是为什么在第二种情形的假设要绕一个圈。

在这种情形也可以用外接的棱锥及棱柱来逼近圆锥及圆柱,如同Ⅻ.2的注所说。

命题 11

等高的圆锥或等高的圆柱之比如同它们底的比。

设有等高的圆锥和圆柱,以圆 $ABCD$, $EFGH$ 为它们的底,KL, MN 是它们的轴,且 AC, EG 是它们底的直径。

我断言圆 $ABCD$ 比圆 $EFGH$ 如同圆锥 AL 比圆锥 EN。

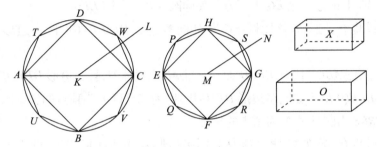

因为,如果不是这样,则圆 $ABCD$ 比圆 $EFGH$ 如同圆锥 AL 与小于圆锥 EN 的某一立体之比或是大于圆锥 EN 的某一立体之比。

首先,设符合此比的是一个较小的立体 O,又设立体 X 等于圆锥 EN 与较小的立体 O 的差;

所以,圆锥 EN 等于立体 O 与 X 的和。

设正方形 $EFGH$ 内接于圆 $EFGH$;

所以,正方形大于圆的一半。

设在正方形 $EFGH$ 上作与圆锥等高的棱锥;所以这棱锥大于圆锥的一半,

因为,如果作圆的外切正方形,且在它上作与圆锥等高的棱锥,则内接棱锥是外切棱锥的一半,因为它们的比如同它们底的比,

[Ⅻ.6]

这时,此圆锥小于外切棱锥。

用点 P, Q, R, S 等分圆弧 EF, FG, GH, HE,连接 HP, PE, EQ, QF, FR, RG, GS, SH。

所以,三角形 HPE, EQF, FRG, GSH 的每一个都大于包含它的弓形的一半。

在三角形 HPE, EQF, FRG, GSH 的每一个上作与圆锥等高的棱锥,

所以又有,所作棱锥的每一个都大于包含它的相应的弓形上圆锥的一半。

那么,二等分得到的弧,用线段连接,在每个三角形上作与圆锥等高的棱锥,

这样继续作下去,将得到一些弓形圆锥,其和小于立体 X。　　　　[X . 1]

设得到的是 HP,PE,EQ,QF,FR,RG,GS,SH 上的弓形圆锥。

所以剩下的,以多边形 $HPEQFRGS$ 为底且和圆锥同高的棱锥大于立体 O。

设内接于圆 $ABCD$ 的多边形 $DTAUBVCW$ 与多边形 $HPEQFRGS$ 相似且有相似位置,又在它上面作与圆锥 AL 等高的棱锥。

因此,AC 上的正方形比 EG 上的正方形如同多边形 $DTAUBVCW$ 比多边形 $HPEQFRGS$,　　　　　　　　　　　　　　　　　　　　　[XII . 1]

而 AC 上正方形比 EG 上正方形如同圆 $ABCD$ 比圆 $EFGH$。　　[XII . 2]

所以也有,圆 $ABCD$ 比圆 $EFGH$ 如同多边形 $DTAUBVCW$ 比多边形 $HPEQFRGS$。

但是,圆 $ABCD$ 比圆 $EFGH$ 如同圆锥 AL 比立体 O,且多边形 $DTAUBVCW$ 比多边形 $HPEQFRGS$ 如同多边形 $DTAUBVCW$ 为底且以 L 为顶点的棱锥比多边形 $HPEQFRGS$ 为底且以 N 为顶点的棱锥。　　　　　　　　[XII . 6]

所以也有,圆锥 AL 比立体 O 如同多边形 $DTAUBVCW$ 为底,以 L 为顶点的棱锥比多边形 $HPEQFRGS$ 为底,以 N 为顶点的棱锥。　　　　[V . 11]

于是由更比,圆锥 AL 比它内的棱锥如同立体 O 比圆锥 EN 内的棱锥。
　　　　　　　　　　　　　　　　　　　　　　　　　　　　　[V . 16]

但是,圆锥 AL 大于它的内接棱锥;

所以立体 O 也大于圆锥 EN 内的棱锥。

但是,它也小于圆锥 EN 内的棱锥:这是不合理的。

所以圆锥 AL 比小于圆锥 EN 的任何立体都不同于圆 $ABCD$ 比圆 $EFGH$。

类似地,可以证明圆锥 EN 比任何小于圆锥 AL 的立体都不同于圆 $EFGH$ 比圆 $ABCD$。

其次,可证圆锥 AL 比大于圆锥 EN 的某一立体不同于圆 $ABCD$ 比圆 $EFGH$。

因为,如果相等,设符合这个比的是较大的立体 O;

于是由反比,圆 $EFGH$ 比圆 $ABCD$ 如同立体 O 比圆锥 AL。

但是,立体 O 比圆锥 AL 如同圆锥 EN 比某一个小于圆锥 AL 的立体;

所以也有,圆 $EFGH$ 比圆 $ABCD$ 如同圆锥 EN 比小于圆锥 AL 的某一个立体:已经证明了这是不可能的。

所以,圆锥 AL 比大于圆锥 EN 的某一立体不同于圆 $ABCD$ 比圆 $EFGH$。

但是,已经证明了,符合这个比而小于立体 EN 的立体是没有的;

所以，圆 *ABCD* 比圆 *EFGH* 如同圆锥 *AL* 比圆锥 *EN*。

但是，圆锥比圆锥等于圆柱比圆柱。

因为圆柱三倍于圆锥，所以也有，圆 *ABCD* 比圆 *EFGH* 如同在它们上等高的圆柱的比。 [ⅩⅡ.10]

证完

我们不必重复用棱锥和棱柱穷竭圆锥和圆柱的作图。

设 Z、Z' 是两个圆锥的体积，β、β' 分别是它们的底，

若 $\qquad\qquad\qquad\qquad \beta : \beta' \neq Z : Z'$，

则 $\qquad\qquad\qquad\qquad \beta : \beta' = Z : O$，

其中 O 小于或大于 Z'。

Ⅰ. 假定 $O < Z'$。

在 Z' 中内接一个棱锥 π'，使得剩下部分的和小于 $(Z' - O)$，即

$$Z > \pi' > O。$$

在 Z 中内接一个棱锥 π，其底的多边形与 π' 的底的多边形相似。

若 d、d' 是这两个底的直径，则

$$\beta : \beta' = d^2 : d'^2 \qquad\qquad\qquad [ⅩⅡ.2]$$

$$= (\beta\ \text{内的多边形}) : (\beta'\text{内的多边形}) \qquad [ⅩⅡ.1]$$

$$= \pi : \pi'。 \qquad\qquad\qquad\qquad [ⅩⅡ.6]$$

所以 $\qquad\qquad\qquad\qquad Z : O = \pi : \pi'$，

因而 $\qquad\qquad\qquad\qquad Z : \pi = O : \pi'$。

但是 $Z > \pi$，由于 π 内接于 Z，

所以 $\qquad\qquad\qquad\qquad O > \pi'$。

但是由作图 $\qquad\qquad\qquad O < \pi'$：

这是不可能的。

所以 $O \not< Z$。

Ⅱ. 假定 $\qquad\qquad\qquad \beta : \beta' = Z : O$，

其中 $O > Z'$，

所以 $\qquad\qquad\qquad\qquad \beta : \beta' = O' : Z'$，

其中 O' 是某个小于 Z 的立体，

即 $\qquad\qquad\qquad\qquad \beta : \beta' = O' : Z'$，

其中 $O' < Z$。

这是不可能的，其证明完全与 Ⅰ 相同，

359

所以 $\beta : \beta' = Z : Z'$。

对圆柱同样是真的,它们分别等于 $3Z$、$3Z'$。

命题 12

相似圆锥或相似圆柱之比如同它们底的直径的三次比。

设有相似圆锥和相似圆柱,

设圆 $ABCD$,$EFGH$ 是它们的底,BD 与 FH 是底的直径,并且 KL,MN 是圆锥及圆柱的轴。

我断言以圆 $ABCD$ 为底且以 L 为顶点的圆锥与以圆 $EFGH$ 为底且以 N 为顶点的圆锥的比如同 BD 与 FH 的三次比。

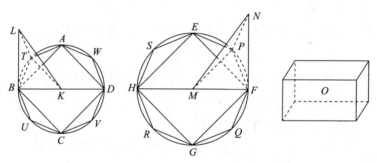

如果圆锥 $ABCDL$ 与圆锥 $EFGHN$ 的比不同于 BD 与 FH 的三次比,则圆锥 $ABCDL$ 与某一小于或大于圆锥 $EFGHN$ 的立体的比如同 BD 与 FH 的三次比。

首先,设它与较小的立体 O 有这三次比。

设正方形 $EFGH$ 内接于圆 $EFGH$,   [IV.6]

所以,正方形 $EFGH$ 大于圆 $EFGH$ 的一半。

现在,设在正方形 $EFGH$ 上有一个和圆锥同顶点的棱锥;所以此棱锥大于圆锥的一半。

设点 P,Q,R,S 二等分圆弧 EF,FG,GH,HE;连接 EP,PF,FQ,QG,GR,RH,HS,SE。

于是每个三角形 EPF,FQG,GRH,HSE 也大于圆 $EFGH$ 中包含它的弓形的一半。

现在,设在每个三角形 EPF,FQG,GRH,HSE 上作一个和圆锥同顶点的棱锥;所以这样的每个棱锥也大于包含它们的弓形圆锥上锥体的一半。

那么,二等分得到的圆弧,作弦,在每个三角形上作与圆锥有相同顶点的棱锥,这样继续作下去。

我们将得到某些弓形圆锥,其和小于圆锥 *EFGHN* 超过立体 *O* 的部分。

[Ⅹ.1]

设这样得到 *EP*,*PF*,*FQ*,*QG*,*GR*,*RH*,*HS*,*SE* 上的弓形圆锥。

所以剩下的,以多边形 *EPFQGRHS* 为底且以点 *N* 为顶点的棱锥大于立体 *O*。

圆 *ABCD* 的内接多边形 *ATBUCVDW* 与多边形 *EPFQGRHS* 相似且有相似位置,且在多边形 *ATBUCVDW* 上作与圆锥同顶点的棱锥;以多边形 *ATBUCVDW* 为底且以 *L* 为顶点,由许多三角形围成一个棱锥,*LBT* 为其三角形之一,又以多边形 *EPFQGRHS* 为底且以点 *N* 为顶点,由许多三角形围成一个棱锥,*NFP* 为其三角形之一;

又接连 *KT*,*MP*。

现在,因为圆锥 *ABCDL* 相似于圆锥 *EFGHN*,所以,*BD* 比 *FH* 如同轴 *KL* 比轴 *MN*。

[Ⅺ.定义24]

但是,*BD* 比 *FH* 如同 *BK* 比 *FM*,

所以也有,*BK* 比 *FM* 如同 *FL* 比 *MN*。

又,由更比,*BK* 比 *KL* 如同 *FM* 比 *MN*。

[Ⅴ.16]

于是夹等角的边成比例,即夹角 *BKL*,*FMN*;所以三角形 *BKL* 与三角形 *FMN* 相似。

[Ⅵ.6]

又,因为,*BK* 比 *KT* 如同 *FM* 比 *MP*,

并且它们是夹等角的,即角 *BKT*,*FMP*,

因为,无论角 *BKT* 在圆心 *K* 的四个直角占多少部分,角 *FMP* 也是在圆心 *M* 的四个直角占同样多少部分;

因为,夹等角的边成比例,

所以,三角形 *BKT* 与三角形 *FMP* 相似。

[Ⅵ.6]

又,已经证明了 *BK* 比 *KL* 如同 *FM* 比 *MN*,

这时,*BK* 等于 *KT*,且 *FM* 等于 *PM*,

所以,*TK* 比 *KL* 如同 *PM* 比 *MN*;

又,夹等角的边成比例,即等角 *TKL*,*PMN*,因为它们是直角;

所以,三角形 *LKT* 与三角形 *NMP* 相似。

[Ⅵ.6]

又因为,由于三角形 *LKB* 与 *NMF* 相似,

LB 比 *BK* 如同 *NF* 比 *FM*;

又,由于三角形 *BKT* 与 *FMP* 相似,

KB 比 *BT* 如同 *MF* 比 *FP*;

所以，由首末比，*LB* 比 *BT* 如同 *NF* 比 *FP*。　　　　　　　　　　[Ⅴ.22]

又因为，由于三角形 *LTK* 与 *NPM* 相似，

LT 比 *TK* 如同 *NP* 比 *PM*，

又，由于三角形 *TKB* 与 *PMF* 相似，

KT 比 *TB* 如同 *MP* 比 *PF*；

所以，由首末比，*LT* 比 *TB* 如同 *NP* 比 *PF*。　　　　　　　　　[Ⅴ.22]

但是，已经证明了，*TB* 比 *BL* 如同 *PF* 比 *FN*。

所以，由首末比，*TL* 比 *LB* 如同 *PN* 比 *NF*。　　　　　　　　　[Ⅴ.22]

所以，在三角形 *LTB* 与 *NPF* 中它们的边成比例；

于是，三角形 *LTB* 与 *NPF* 是等角的；　　　　　　　　　　　　　[Ⅵ.5]

因此，它们也相似。　　　　　　　　　　　　　　　　　　　　[Ⅵ.定义1]

所以，以三角形 *BKT* 为底且以点 *L* 为顶点的棱锥也相似于以三角形 *FMP* 为底且以点 *N* 为顶点的棱锥，

因为，围成它们的面数相等且各面相似。　　　　　　　　　　[Ⅺ.定义9]

但是，两个以三角形为底的相似棱锥之比如同对应边的三次比。

　　　　　　　　　　　　　　　　　　　　　　　　　　　　　　[Ⅻ.8]

所以，棱锥 *BKTL* 比棱锥 *FMPN* 如同 *BK* 与 *FM* 的三次比。

类似地，由 *A*,*W*,*D*,*V*,*C*,*U* 到 *K* 连线段，又从 *E*,*S*,*H*,*R*,*G*,*Q* 到 *M* 连线段，在每个三角形上作与圆锥有相同顶点的棱锥，

我们可以证明每对相似棱锥的比如同对应边 *BK* 与对应边 *FM* 的三次比，即 *BD* 与 *FH* 的三次比。

又，前项之一比后项之一如同所有前项之和比所有后项之和；　　[Ⅴ.12]

所以也有，棱锥 *BKTL* 比棱锥 *FMPN* 如同以多边形 *ATBUCVDW* 为底且以点 *L* 为顶点的整体棱锥比以多边形 *EPFQGRHS* 为底且以点 *N* 为顶点的整体棱锥；

因此，也得到以 *ATBUCVDW* 为底且以点 *L* 为顶点的棱锥比以多边形 *EPFQGRHS* 为底且以点 *N* 为顶点的棱锥如同 *BD* 与 *FH* 的三次比。

但是，由假设，以圆 *ABCD* 为底且以点 *L* 为顶点的圆锥比立体 *O* 如同 *BD* 与 *FH* 的三次比；

所以，以圆 *ABCD* 为底且以点 *L* 为顶点的圆锥比立体 *O* 如同以多边形 *ATBUCVDW* 为底且以 *L* 为顶点的棱锥比以多边形 *EPFQGRHS* 为底且以点 *N* 为顶点的棱锥；

所以，由更比，以圆 *ABCD* 为底且以 *L* 为顶点的圆锥比包含在它内的以多边形 *ATBUCVDW* 为底且以 *L* 为顶点的棱锥如同立体 *O* 比以多边形 *EPFQGRHS*

为底且以 N 为顶点的棱锥。   [V.16]

但是,此处圆锥大于它内的棱锥;因为圆锥包含着棱锥。

所以,立体 O 也大于以多边形 $EPFQGRHS$ 为底且以 N 为顶点的棱锥。

但是,它也小于它:这是不可能的。

所以,以圆 $ABCD$ 为底且以 L 为顶点的圆锥比任何小于以圆 $EFGH$ 为底且以点 N 为顶点的圆锥的立体都不同于 BD 与 FH 的三次比。

类似地,我们能够证明圆锥 $EFGHN$ 与任何小于圆锥 $ABCDL$ 的立体的比不同于 FH 与 BD 的三次比。

其次,可证圆锥 $ABCDL$ 比任何大于圆锥 $EFGHN$ 的立体不同于 BD 与 FH 的三次比。

因为,如果可能的话,设和一个较大的立体 O 有这样的比。

于是,由反比,立体 O 与圆锥 $ABCDL$ 的比如同 FH 与 BD 的三次比。

但是,立体 O 比圆锥 $ABCDL$ 如同圆锥 $EFGHN$ 比某一个小于圆锥 $ABCDL$ 的立体。

所以,圆锥 $EFGHN$ 与某一小于圆锥 $ABCDL$ 的立体的比如同 FH 与 BD 的三次比:已经证明了这是不可能的。

所以,圆锥 $ABCDL$ 与任何大于圆锥 $EFGHN$ 的立体的比不同于 BD 与 FH 的三次比。

但是,也已经证明了与一个小于圆锥 $EFGHN$ 的立体的比不同于这个比。

所以圆锥 $ABCDL$ 与圆锥 $EFGHN$ 的比如同 BD 与 FH 的三次比。

但是,圆锥比圆锥如同圆柱比圆柱,

因为,同底等高的圆柱是圆锥的三倍。   [XII.10]

所以,圆柱与圆柱之比也如同 BD 与 FH 的三次比。

                                                          证完

证明方法完全与前一个命题相同。只要增加其相似的等边多边形内接于这两个相似圆锥的底内,则立在它们上面的棱锥是相似的并且其比等于它们的对应棱的三次比。

设 KL,MN 是这两个圆锥的轴,L,N 是顶点,并且 BT,FP 是内接于底的相似多边形的边。连接 BK,TK,BL,TL,PM,FM,PN,FN。

现在 BKL,FMN 是直角三角形,并且因为这两个圆锥相似,所以

$$BK:KL = FM:MN。$$ [XI.定义 24]

所以(1)三角形 BKL,FMN 相似。   [VI.6]

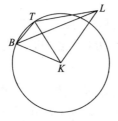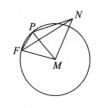

类似地(2)三角形 *TKL*,*PMN* 相似。

其次,在三角形 *BKT*,*FMP* 中,角 *BKT*,*FMP* 相等,并且等角的两边成比例,所以(3)三角形 *BKT*,*FMP* 相似。

因此,
$$LB : BK = NF : FM,$$
$$BK : BT = MF : FP,$$

由首末比,
$$LB : BT = NF : FP。$$

类似地,
$$LT : TB = NP : PF。$$

后者的逆比例与前者复合,有
$$LB : LT = NF : NP。$$

因而,(4)三角形 *LTB*,*NPF* 相似。

于是部分棱锥 *L-BKT*,*N-FMP* 相似。

用完全相同的方法可证其他部分棱锥也相似。

(棱锥 *L-BKT*):(棱锥 *N-FMP*)=(*BK* : *FM*)的三次比。

其他部分棱锥的比也有同样的三次比。

前项和比后项和等于同样的三次比,即

(棱锥 *L-ATBU*⋯):(棱锥 *N-EPFQ*⋯)=(*BK* : *FM*)的三次比
$$= (BD : FH)的三次比。$$

[欧几里得在这个命题中从部分棱锥过渡到整个棱锥的事实提醒我对 XII.8 的推论的真实性的怀疑,这个推论包含了类似的而且更一般的从三角棱锥到多边棱锥的扩展。若这个推论是真的,欧几里得就应当引用它,而不必在此重复这个推理。]

现在我们应用穷竭法。

若 X, X' 是这两个圆锥的体积,d, d' 是它们底的直径,若
$$(d : d'的三次比) \neq X : X',$$

则
$$(d : d'的三次比) = X : O,$$

其中 *O* 小于或大于 X'。

Ⅰ.假设 $O < X'$。

在 X' 中作棱锥 π'，使得 X' 中剩余部分的和小于 $(X'-O)$，故 $X'>\pi'>0$，并且在 X 中作棱锥 π，它的底相似于 π' 的底，则

$$\pi:\pi' = (d:d' \text{的三次比})$$
$$= X:O，由题设，$$

因而 $\pi:X=\pi':O$。

但是 X 包括 π，因而大于 π，

所以 $O>\pi'$。

但由作图，$O<\pi'$：

这是不可能的。

所以 $O \not< X'$。

Ⅱ. 假定

$$(d:d' \text{的三次比}) = X:O，$$

其中 O 大于 X'，

则

$$(d:d' \text{的三次比}) = Z:X'，$$

或者

$$(d':d \text{的三次比}) = X':Z，$$

其中 Z 是某个小于 X 的立体。

这是不可能的，其证明完全同 Ⅰ。

因此 O 不能大于也不能小于 X'，并且

$$X:X' = (d:d' \text{的三次比})。$$

命题 13

若一个圆柱被平行于它的底面的平面所截，则截得的圆柱比圆柱如同轴比轴。

为此，设圆柱 AD 被平行于底面 AB，CD 的平面 GH 所截，并且平面 GH 交轴于 K 点；

我断言圆柱 BG 比圆柱 GD 如同轴 EK 比轴 KF。

设向两方延长轴 EF 至点 L，M，

又取轴 EN，NL 等于轴 EK，并且取 FO，OM 等于 FK；又设以 LM 为轴的圆柱 PW 其底为圆 PQ，VW。

过点 N，O 作平行于 AB，CD 的平面且平行于圆柱 PW 的底；又设以 N，O 为圆心而得出的圆 RS，TU。

则,因轴 LN,NE,EK 彼此相等,

所以,圆柱 QR,RB,BG 彼此之比如同它们的底之比。 [XII.11]

但是,它们的底是相等的;

所以,圆柱 QR,RB,BG 也彼此相等。

因为轴 LN,NE,EK 彼此相等,且圆柱 QR,RB,BG 也彼此相等,且前者的个数等于后者的个数,所以,轴 KL 是轴 EK 的无论多少个倍数,圆柱 QG 也是圆柱 GB 的同样倍数。

同理,轴 MK 是轴 KF 的无论多少个倍数,圆柱 WG 也是圆柱 GD 的同样倍数。

又,如果轴 KL 等于轴 KM,则圆柱 QG 也等于圆柱 GW;

如果轴 KL 大于轴 KM,则圆柱 QG 也大于圆柱 GW;

并且如果轴 KL 小于轴 KM,则圆柱 QG 也小于圆柱 GW。

这样,存在四个量,轴 EK,KF 和圆柱 BG,GD;已经取定了轴 EK 和圆柱 BG 的同倍量,即轴 LK 和圆柱 QG,又取定了轴 KF 和圆柱 GD 的同倍量,即轴 KM 及圆柱 GW;

又已经证得,如果轴 KL 大于轴 KM,则圆柱 QG 也大于圆柱 GW;

如果轴 KL 等于轴 KM,则圆柱 QG 也等于圆柱 GW;

如果轴 KL 小于轴 KM,则圆柱 QG 也小于圆柱 GW。

所以,轴 EK 比轴 KF 如同圆柱 BG 比圆柱 GD。 [V.定义5]

证完

不必再重建其证明,因为它完全遵循VI.1 和XI.25 的方法。

等轴并且等底的圆柱相等的事实可由XII.11 推出,XII.11 说等高的两个圆柱的比等于它们底的比。

关于等底但不等轴的两个圆柱,显然较大者有较长的轴,可从有较长轴的圆柱截出一个与另一个圆柱的轴相等的圆柱。

命题 14

有等底的圆锥或圆柱之比如同它们的高之比。

设 EB,FD 是等底上的两个圆柱,底为圆 AB,CD。

我断言圆柱 EB 比圆柱 FD 如同高 GH 比高 KL。

为此,延长轴 KL 到点 N,使 LN 等于轴 GH,又设 CM 是以 LN 为轴的圆柱。

因为,圆柱 *EB*,*CM* 等高,则它们的比等于它们的底的比。

[Ⅻ.11]

但是,它们的底彼此相等:

所以,圆柱 *EB*,*CM* 也相等。

又,因为圆柱 *FM* 被平行于它的底面的平面 *CD* 所截,

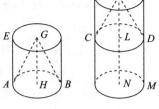

[Ⅻ.13]

所以,圆柱 *CM* 比圆柱 *FD* 如同轴 *LN* 比轴 *KL*。

但是,圆柱 *CM* 等于圆柱 *EB*,且轴 *LN* 等于轴 *GH*;

所以,圆柱 *EB* 比圆柱 *FD* 如同轴 *GH* 比轴 *KL*。

但是,圆柱 *EB* 比圆柱 *FD* 如同圆锥 *ABG* 比圆锥 *CDK*。   [Ⅻ.10]

所以也有,轴 *GH* 比轴 *KL* 如同圆锥 *ABG* 比圆锥 *CDK*,也如同圆柱 *EB* 比圆柱 *FD*。

证完

在平行六面体的情形,没有单独的命题对应于这个命题,因为 Ⅺ.25 事实上包含了这个命题及 Ⅻ.13 对应的性质。

命题 15

在相等的圆锥或圆柱中,其底与高成互反比例;又,若圆锥或圆柱的底与高成互反比例,则二者相等。

设有以圆 *ABCD*,*EFGH* 为底的两个相等的圆锥或圆柱;

设 *AC*,*EG* 为底的直径,

并且 *KL*,*MN* 是轴,也是圆锥或圆柱的高;设已经作出圆柱 *AO*,*EP*。

 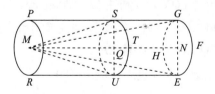

我断言圆柱 *AO*,*EP* 的底与高成互反比例,即,底 *ABCD* 比底 *EFGH* 如同高 *MN* 比高 *KL*。

因为高 *LK* 或者等于高 *MN* 或者不等于高 *MN*。

首先,设是相等的,

现在,因圆柱 *AO* 等于圆柱 *EP*。

但是,圆锥或圆柱等高,它们的比如同其底的比。 ［XII.11］

所以,底 *ABCD* 也等于底 *EFGH*。

故也有互反比例,底 *ABCD* 比底 *EFGH* 如同高 *MN* 比高 *KL*。

其次,设高 *LK* 不等于 *MN*,而且 *MN* 较大;

从高 *MN* 截取 *QN* 等于 *KL*,过点 *Q* 作平面 *TUS* 截圆柱 *EP* 而平行于圆 *EF-GH*,*RP* 所在的平面,并且设圆柱 *ES* 以圆 *EFGH* 为底,*NQ* 为高。

现在,因为圆柱 *AO* 等于圆柱 *EP*,所以,圆柱 *AO* 比圆柱 *ES* 如同圆柱 *EP* 比圆柱 *ES*。 ［V.7］

但是,圆柱 *AO* 比圆柱 *ES* 如同底 *ABCD* 比底 *EFGH*,因为圆柱 *AO*,*ES* 是等高的; ［XII.11］

又,圆柱 *EP* 比圆柱 *ES* 如同高 *MN* 比高 *QN*,

因为,圆柱 *EP* 被一个平面所截而此平面又平行于相对二底面。 ［XII.13］

所以,又有,底 *ABCD* 比底 *EFGH* 如同高 *MN* 比高 *QN*。 ［V.11］

但是,高 *QN* 等于高 *KL*,所以,底 *ABCD* 比底 *EFGH* 如同高 *MN* 比高 *KL*。

所以,在圆柱 *AO*,*EP* 中,底与高成互反比例。

其次,在圆柱 *AO*,*EP* 中,设底与高成互反比例,

即,底 *ABCD* 比底 *EFGH* 如同高 *MN* 比高 *KL*。

我断言圆柱 *AO* 等于圆柱 *EP*。

事实上,可用同一作图。

因为,底 *ABCD* 比底 *EFGH* 如同高 *MN* 比高 *KL*,

这时,高 *KL* 等于高 *QN*,所以,底 *ABCD* 比底 *EFGH* 如同高 *MN* 比高 *QN*。

但是,底 *ABCD* 比底 *EFGH* 如同圆柱 *AO* 比圆柱 *ES*,因为它们同高;

［XII.11］

又,高 *MN* 比 *QN* 如同圆柱 *EP* 比圆柱 *ES*; ［XII.13］

所以,圆柱 *AO* 比圆柱 *ES* 如同圆柱 *EP* 比圆柱 *ES*。 ［V.11］

从而,圆柱 *AO* 等于圆柱 *EP*。 ［V.9］

而且对于圆锥来说也同样是正确的。

证完

I.若两个圆柱的高相等,并且它们的体积相等,则底相等,因为底的比等于体积的比。 ［XII.11］

若高不相等,从较高的圆柱截出一个与较低圆柱有等高的圆柱。

若 LK, QN 等高,由 XII. 11,

$$（底 ABCD）：（底 EFGH）=（圆柱 AO）：（圆柱 ES）$$

$$=（圆柱 EP）：（圆柱 ES），由题设，$$

$$=MN：QN \qquad\qquad [XII. 13]。$$

$$=MN：KL。$$

II. 在这个命题的逆的部分,欧几里得省略了圆柱有等高的情形。此时,当然互反比是相等比;因而底相等,圆柱相等。

若高不相等,如前同样的作图,有

$$（底 ABCD）：（底 EFGH）=MN：KL。$$

但是 $[XII. 11]$

$$（底 ABCD）：（底 EFGH）=（圆柱 AO）：（圆柱 ES），$$

并且
$$MN：KL = MN：QN$$

$$=（圆柱 EP）：（圆柱 ES）。 \qquad [XII. 13]$$

所以 $\qquad$ （圆柱 AO）：（圆柱 ES）=（圆柱 EP）：（圆柱 ES），

因而 $\qquad\qquad$ （圆柱 AO）=（圆柱 EP）。

类似地对于两个圆锥,它们分别等于两个圆柱的三分之一。

勒让德从两个其他的命题导出这个命题,用他关于定理 XII. 2 的类似方法（见 XII. 2 的注）

第一个命题如下:

圆柱的体积等于底乘高。

假定 CA 中给定圆柱的底的半径,h 是高。

为了简单起见,用（面 CA）记以 CA 为半径的圆的面积。

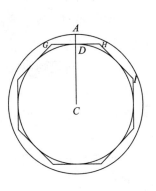

若（面 CA）$\times h$ 不等于给定的圆柱,则它等于一个较大或较小的圆柱。

I. 首先设它等于较小的圆柱,CD 是其半径,h 是其高。

给以 CD 为半径的圆外切一个正多边形 $GHI\cdots$,使得它的边不与以 CA 为半径的圆相交（见 XII. 2 的注）

以这个多边形为底,在其上立一个棱柱,其高为 h。

则 $\qquad\qquad$ （棱柱的体积）=（多边形 $GHI\cdots$）$\times h$。

[勒让德首先对平行六面体证明了这个命题(用转换它为矩形平行六面体),而后对三棱柱(同高的平行六面体的一半),最后对多边形底的棱柱证明了这个命题。]

但是　　　(多边形 GHI…) < (面 CA)。

因而　　　(棱柱的体积) < (面 CA) × h

　　　　　　　　　　< (以 CD 为半径的圆上的棱柱),由题设。

但是棱柱大于后面的圆柱,因为包括它:这是不可能的。

Ⅱ. 为了不增加图形,假定 CD 是给定圆柱的底的半径,并且(面 CD) × h 等于大于它的一个圆柱,譬如以 CA 为半径的圆为底,高为 h。

则由同样的作图,(棱柱的体积) = (多边形 GHI…) × h。

并且　　　　(多边形 GHI…) > (面 CD)。

所以　　　　　(棱柱的体积) > (面 CD) × h

　　　　　　　　　　> (面 CA 上的圆柱),由题设。

但是棱柱的体积也小于这个圆柱,因为被它包括:这是不可能的。

所以　　　(圆柱的体积) = (它的底) × (它的高)。

由此可以推出,

同高的圆柱的比等于它们的底的比[Ⅻ.13],

同底的圆柱的比等于它们的高的比[Ⅻ.14],以及**相似的圆柱的比等于它们的高的立方比,等于底的直径的立方比**[欧几里得的Ⅻ.12]。

事实上,底的比等于直径的平方比;又因为两个圆柱相似,所以底的直径的比等于高的比。

所以底的比等于高的平方比,并且底乘以高,或者圆柱本身的比等于高的立方比。

我不必重建勒让德关于圆锥的相关命题。

命题 16

已知两个同心圆,求作内接于大圆的偶数条边的等边多边形,使它与小圆不相切。

设 ABCD,EFGH 是同心于 K 的两个已知圆。要求作内接于大圆 ABCD 的偶数条边的等边多边形,而它与小圆 EFGH 不相切。

为此,经过圆心 K 作直径 BKD,又从点 G 作 GA 与直径 BD 成直角且延长至点 C;所以 AC 切圆 EFGH。　　　　　　　　　　　　　[Ⅲ.16,推论]

然后,平分弧 *BAD*,将所分的一半再平分,如此继续分下去,我们将得到一条比 *AD* 小的弧。　　［X.1］

设这样得到弧是 *LD*;从 *L* 作 *LM* 垂直于 *BD* 且延长到 *N*。

连接 *LD*,*DN*;于是 *LD* 等于 *DN*。［Ⅲ.3,Ⅰ.4］

现在,因为 *LN* 平行于 *AC*,且 *AC* 切于圆 *EFGH*,

所以 *LN* 与圆 *EFGH* 不相切,

所以 *LD*,*DN* 更与圆 *EFGH* 不相切。

如果在圆 *ABCD* 内连续作等于 *LD* 的弦,那么将得到内接于 *ABCD* 的偶数边的等边多边形,它与小圆 *EFGH* 不相切。

作完

必须注意,在这个命题中所作的外圆的内接多边形不只是它自己的边不与内圆相切,而且连接相隔角上的弦 *LN* 也不与内圆相切。换句话说,这个多边形在顺序上是第二个,而不是第一个满足所述条件的。这是重要的,因为这样的多边形用在下一个命题中。

命题 17

已知两个同心球,在大球内作内接多面体,使它与小球面不相切。

设有同心于点 *A* 的两球;要求在大球内作内接多面体,使它与小球面不相切。

又设球被过球心的任一平面所截;截迹为一个圆,

因为,球是半圆绕直径旋转而成的;　　［Ⅺ.定义 14］

因此,在任何位置我们都可得到半圆,由此经过半圆的平面在球面上截出一个圆。

且明显的,这个圆是最大的,因为是球的直径,自然也是半圆和这个圆的直径,它大于所有经过圆内或者球内的线段。

设 *BCDE* 是大球内的一个圆,且 *FGH* 是小球内的一个圆;设在它们中有成直角的两条直径 *BD*,*CE*;

于是,给定的这两圆 *BCDE*,*FGH* 是同心圆,设在大圆 *BCDE* 中有一个内接偶数条边的等边多边形,它和小圆 *FGH* 不相切。

设 *BK*,*KL*,*LM*,*ME* 是象限 *BE* 内的边,

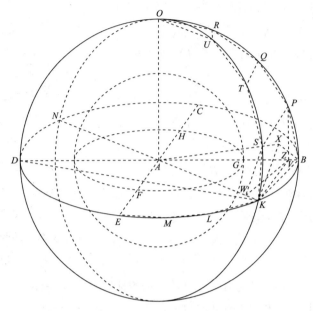

连接 KA，延长至 N，

又设从点 A 作直线 AO 与圆 $BCDE$ 所在的平面成直角，且交球面于点 O。

又过 AO 与直径 BD，KN 作平面，

它们和球面截出最大圆，这是合理的。

设已经作出了它们，又设在它们中 BOD，KON 是 BD，KN 上的半圆。

现在，因为 OA 和圆 $BCDE$ 所在的平面成直角，所以所有经过 OA 的平面都和圆 $BCDE$ 所在的平面成直角。　　　　　　　　　　　　　　　　[XI.18]

因此，半圆 BOD，KON 也和圆 $BCDE$ 所在的平面成直角。

又，因为半圆 BED，BOD，KON 是相等的，因为它们在相等的直径 BD，KN 上，

所以象限 BE，BO，KO 也彼此相等。

所以，在象限 BO，KO 上有多少条弦等于弦 BK，KL，LM，ME 在象限 BE 上就有多边形的多少条边。

设它们是内接的，又设它们是 BP，PQ，QR，RO 以及 KS，ST，TU，UO，

连接 SP，TQ，UR。

又由 P，S 作圆 $BCDE$ 所在的平面的垂线；　　　　　　　　　　　[XI.11]

它们落在平面的公共交线 BD，KN 上，因为 BOD，KON 所在的平面与圆 BC-DE 所在的平面成直角。　　　　　　　　　　　　　　[参见 XI.定义 4]

设它们是 PV，SW，连接 WV。

372

现在因为,在相等的半圆 BOD, KON 内已经截出了相等的弦 BP, KS,而且已经作出垂线 PV, SW。

所以,PV 等于 SW,且 BV 等于 KW。   [Ⅲ.27,Ⅰ.26]

但是整体 BA 也等于整体 KA,所以余下的 VA 也等于余下的 WA;所以,BV 比 VA 如同 KW 比 WA;

故 WV 平行于 KB。   [Ⅵ.2]

又因为,线段 PV, SW 每个都与圆 $BCDE$ 所在的平面成直角,所以 PV 和 SW 平行。   [Ⅺ.6]

但是,已经证明了也是相等的,所以 WV, SP 即相等又平行。   [Ⅰ.33]

又因为,WV 平行于 SP,

这时 WV 平行于 KB,所以 SP 也平行于 KB。   [Ⅺ.9]

又连接 BP, KS 的端点;

所以,四边形 $KBPS$ 在同一平面上,

因为,如果两条直线是平行的,在它们每一条上任意取点,连接这些点的线与该二平行线在同一平面上。   [Ⅺ.7]

同理,四边形 $SPQT, TQRU$ 的每一个都在同一平面上。

但是,三角形 URO 也在同一个平面上。   [Ⅺ.2]

如果,我们由点 P, S, Q, T, R, U 到 A 连接直线,就作出在弧 BO, KO 之间的一个多面体,它包含了四边形 $KBPS, SPQT, TQRU$ 以及以三角形 URO 为底且以 A 为顶点的棱锥。

又,如果我们在边 KL, LM, ME 的每一个上像在 BK 上一样给出同样的作图,更进一步在其余的三个象限内也给出同样的作图,

于是,得到一个由棱锥构成的内接于球的多面体,它是由前述的四边形和三角形 URO 以及与它们对应的其他一些以四边形和三角形为底且以 A 为顶点的棱锥构成。

我断言前述多面体不切于由圆 FGH 生成的球面。

设 AX 是由点 A 所作的四边形 $KBPS$ 所在平面的垂线,且设与平面交于点 X。   [Ⅺ.11]

连接 XB, XK。

则,AX 与四边形 $KBPS$ 所在平面成直角,

所以,它也和四边形所在平面上所有和它相交的直线成直角。

                                    [Ⅺ.定义3]

所以,AX 和直线 BX, XK 的每一条成直角。

又因为,AB 等于 AK,AB 上的正方形也等于 AK 上的正方形。

并且 AX,XB 上正方形的和等于 AB 上的正方形,因为 X 处的是直角;

$$[\text{I}.47]$$

并且 AX,XK 上正方形的和等于 AK 上的正方形。 [同前]

所以,AX,XB 上正方形的和等于 AX,XK 上正方形的和。

从它们中各减去 AX 上的正方形;

则余下的 BX 上的正方形等于余下的 XK 上的正方形;

所以 BX 等于 XK。

类似地,我们可以证明 X 到 P,S 连接的线段等于线段 BX,XK 的每一个。

所以,以 X 为圆心且以 XB 或 XK 为距离的圆通过 P,S,且 $KBPS$ 是圆内接四边形。

现在,因为 KB 大于 WV,而 WV 等于 SP,所以 KB 大于 SP。

但是 KB 等于线段 KS,BP 的每一个;

所以,线段 KS,BP 的每一个大于 SP。

又因为,$KBPS$ 是圆内的四边形,且 KB,BP,KS 相等,PS 又小于它们,BX 是圆的半径,

所以,KB 上的正方形大于 BX 上的正方形的二倍。

设从 K 作 KZ 垂直于 BV。

则,BD 小于 DZ 的二倍,

又,BD 比 DZ 如同矩形 DB,BZ 比矩形 DZ,ZB,如果在 BZ 上作一个正方形,把 ZD 上的平行四边形画出来,

则矩形 DB,BZ 也小于矩形 DZ,ZB 的二倍。

并且,如果连接 KD,矩形 DB,BZ 等于 BK 上的正方形,又矩形 DZ,ZB 等于 KZ 上的正方形; [$\text{III}.31$,$\text{VI}.8$ 和推论]

所以 KB 上的正方形小于 KZ 上正方形的二倍。

但是,KB 上的正方形大于 BX 上正方形的二倍;

所以,KZ 上的正方形大于 BX 上的正方形。

又因为 BA 等于 KA,BA 上的正方形等于 AK 上的正方形。

又 BX,XA 上正方形的和等于 BA 上的正方形,且 KZ,ZA 上正方形的和等于 KA 上的正方形; [$\text{I}.47$]

所以,BX,XA 上正方形的和等于 KZ,ZA 上正方形的和,并且其中 KZ 上的正方形大于 BX 上的正方形;

所以余下的 ZA 上正方形小于 XA 上正方形。

所以,*AX* 大于 *AZ*;

于是,*AX* 更大于 *AG*。

又,*AX* 是多面体一个底上的垂线,且 *AG* 在小球的球面上①;

从而多面体与小球的球面不相切。

所以,对已知二同心球作出了一个多面体,内接于大球面而不与小球的球面相切。

作完

推论 如果另外一个球的内接多面体相似于球 *BCDE* 的内接多面体,那么,球 *BCDE* 的内接多面体比另一球的内接多面体如同球 *BCDE* 的直径与另一球的直径的三次比。

事实上,这两个立体按顺序可分成同样个数的相似的棱锥。

但是,相似棱锥之比如同对应边的三次比; [Ⅻ.8,推论]

所以,以四边形 *KBPS* 为底且以 *A* 为顶点的棱锥与另一球内接顺序相似的棱锥之比如同对应边与对应边的三次比。即,以 *A* 为心的球的半径与另一球的半径的三次比。

类似地也有,在以 *A* 为心的球中的每个棱锥比另一球中按顺序相似的棱锥如同 *AB* 与另一球的半径的三次比。

又,前项之一比后项之一等于所有前项之和比所有后项之和。 [V.12]

因此,在以 *A* 为心的球内的整体多面体比另一球内的整体多面体如同 *AB* 与另一球半径的三次比,

即,直径 *BD* 与另一球直径的三次比。

证完

这个命题很长,因而需要概述以便掌握它,并且有一些假设需要证明,以及一些省略需要补充。其图形也有些复杂,并且正文及图形上的两个不同的点 *Z* 与 *V* 实际上是同一个点。

首先需要知道的是过球的中心的球的截面是彼此相等的圆(欧几里得称它们为大圆或"最大的圆")。欧几里得使用了他把球定义为由半圆绕直径旋转得到的图形。当然这就使得所有过这个特殊直径的所有截面是相等的圆。但是假设了同一个球可以由任意其他的同样大小及同样中心的半圆来生成。

---

① 这句话显然不合适,我国的"明清本"是"又 *AG* 是小球的半径",这是对的。——译者注

这个命题的作图及推理可简短地给出如下：

一个过这两个同心球的中心的平面截它们于两个大圆，BE,GF 是其象限。

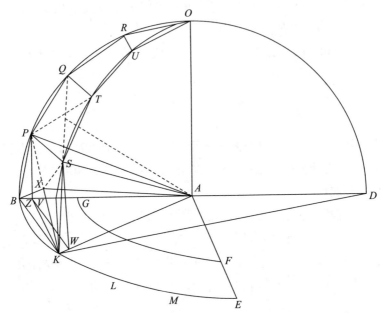

一个偶数边的正多边形内接于外圆（如同命题 16），使得它的边不与内圆相切，BK,KL,LM,ME 是象限 BE 内的边。

作 AO 与平面 ABE 成直角，并且过 AO 作过 B,K,L,M,E 等的平面，截这个球于一些大圆。

OB,OK 是这些大圆中的两个象限。

由于这两个象限等于象限 BE，它们可以分为数量和大小与 BK,KL,LM,ME 相等的弧。

分这两个圆的其他象限，以及过 OA 的其他圆的所有象限，这样我们就在所有这些圆内有一个等于 BE 是象限的圆内的多边形。

BP,PQ,QR,RO 及 KS,ST,TU,UO 是这些多边形在象限 BO,KO 内的边。

连接 PS,QT,RU，并且在所有过 AO 的圆内同样地作图，我们有一个内接外球的多面体。

作 PV 垂直于 AB，因而垂直于平面 BAE；　　　　　　　　［XI. 定义 4］

作 SW 垂直于 AK，因而垂直于平面 BAE。

作 KZ 垂直于 BA（因为 $BK=BP$，并且 $DB\cdot BV=BP^2$，$DB\cdot BZ=BK^2$，所以 $BV=BZ$，因而 Z,V 重合）。

因为角 PAV,SAW 是等圆等底上的圆心角，所以相等。

又因为角 PVA, SWA 是直角,而 $AS = AP$,所以

$$\text{三角形 } PVA, SAW \text{ 全等,} \qquad [\text{I}.26]$$

因而 $$AV = AW。$$

因此 $$AB : AV = AK : AW,$$

因而 VW, BK 平行。

但是 PV, SW 平行(都垂直于一个平面)并且相等(由三角形 PAV, SAW 相等),

所以 VW, PS 相等且平行。

因而 BK(平行于 VW)平行于 PS。因此

(1) $BPSK$ 是一个平面上的四边形。

类似地,其他四边形 $PQTS, QRUT$ 在一个平面内,并且三角形 ORU 在一个平面内。

为了证明平面 $BPSK$ 与内圆不相切,我们必须证明从 A 到这个平面的最短距离大于 AZ,由XII.16 的作图 $AZ > AG$。

作 AX 垂直于平面 $BPSK$,则

$$AX^2 + XB^2 = AX^2 + XK^2 = AX^2 + XS^2 = AX^2 + XP^2 = AB^2,$$

因此 $$XB = XK = XS = XP,\text{或者}$$

(2) 四边形 $BPSK$ 内接于以 X 为中心且以 XB 为半径的圆。

现在 $$BK > VW$$

$$> PS;$$

所以在四边形 $BPSK$ 内,三个边 BK, BP, KS 相等,而 PS 较小。

因此绕 X 的角中三个相等,一个较小,所以任一个等角大于一个直角,即 $\angle BXK$ 是钝角,故

(3) $$BK^2 > 2BX^2。 \qquad [\text{II}.12]$$

其次,考虑半圆 BKD,以及 KZ 垂直于 BD,有

$$BD < 2DZ,$$

故 $$DB \cdot BZ < 2DZ \cdot ZB,$$

或 $$BK^2 < 2KZ^2。$$

因此更有

(4) $$BX^2 < KZ^2。$$

现在 $$AK^2 = AB^2;$$

所以 $$AZ^2 + ZK^2 = AX^2 + XB^2。$$

并且 $$BX^2 < KZ^2,$$

所以 $AX^2 > AZ^2$，或者

（5） $AX > AZ$。

而由Ⅻ.16 的作图，$AZ > AG$，所以 $AX > AG$。

又因为 AX 是从 A 到平面 $BPSK$ 的最短距离，所以

（6）平面 $BPSK$ 与内圆在任何地方不相交。

欧几里得省略了证明其他四边形 $PQTS, QRUT$ 以及三角形 ROU 与内圆不相交。

为此只需要证明外接于 $BPSK, PQTS, QRUT$ 以及 ROU 的圆的半径递减。

我们证明，若 $ABCD, A'B'C'D'$ 是内接于两个圆的两个四边形，并且

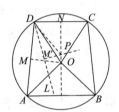

$$AD = BC = A'D' = B'C',$$

而 AB 不大于 $AD, A'B' = CD$，并且 $AB > CD > C'D'$，则第一个四边形的外接圆的半径 OA 大于第二个外接圆的半径 $O'A'$，

克拉维乌斯和西姆森用反证法证明这个。

（1）若 $OA = O'A'$，则角 $AOD, BOC, A'O'D', B'O'C'$ 都相等。

又 $\angle AOB > A'O'B'$，

                    $\angle COD > \angle C'O'D'$，

因此绕 O 的四个角的和大于绕 O' 的四个角的和，即大于四直角：这是不可能的。

（2）若 $O'A' > OA$，从 $O'A', O'B', O'C', O'D'$ 截出长度等于 OA，并且作内四边形 $XYZW$，则

$$AB > A'B' > XY,$$
$$CD > C'D' > ZW,$$
$$AD = A'D' > WX,$$
$$BC = B'C' > YZ。$$

因此推出和（1）中同样的矛盾。

所以 $OA > O'A'$。

这个事实也容易这样看出，若我们作 DA, DC 的垂直平分线 MO, NO，交于外接圆心 O，而后把边 DA 以及其垂线 MO 以 D 为中心向内转动，则 MO 与 NO 的交点 P 逐渐地更朝向 N。

西姆森把这个证明作为"引理Ⅱ"放在Ⅻ.17 的前面，他对推论增加了一些

话,说明如何在另一个球内作相似多边形并且如何证明这两个多面体相似。

这个推论是重要的,因为其作图用在下一个命题中。

命题 18

球与球的比如同它们直径的三次比。

设所论的两球为 *ABC*,*DEF*,且设 *BC*,*EF* 为它们的直径。

我断言球 *ABC* 比球 *DEF* 如同 *BC* 与 *EF* 的三次比。

因为,如果球 *ABC* 比球 *DEF* 不同于 *BC* 与 *EF* 的三次比,则球 *ABC* 比某一个小于或大于球 *DEF* 的球如同 *BC* 与 *EF* 的三次比。

首先,设等于此比的是一个小球 *GHK*,设球 *DEF* 与球 *GHK* 同心,设在大球 *DEF* 内有一个内接多面体,它与小球 *GHK* 不相切。　　［XII.17］

又设在球 *ABC* 内有一个内接多面体相似于球 *DEF* 内的内接多面体;

所以,*ABC* 中的多面体比 *DEF* 中的多面体如同 *BC* 与 *EF* 的三次比。

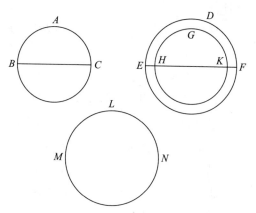

［XII.17,推论］

但是,球 *ABC* 比球 *GHK* 也如同 *BC* 与 *EF* 的三次比;

所以,球 *ABC* 比球 *GHK* 如同在球 *ABC* 中的多面体比球 *DEF* 中的多面体;

又由更比例,球 *ABC* 比它中的多面体如同球 *GHK* 比球 *DEF* 中的多面体。

［V.16］

但是,球 *ABC* 大于它中的多面体;

所以,球 *GHK* 也大于球 *DEF* 中的多面体。

但是,它也小于球 *DEF* 中的多面体,因为它被 *DEF* 中的多面体包含着。

所以球 *ABC* 与一个小于球 *DEF* 的球之比不同于直径 *BC* 与直径 *EF* 的三次比。

类似地,我们能证明球 *DEF* 与一个小于球 *ABC* 的球之比也不同于 *EF* 与 *BC* 的三次比。

其次,可证明球 *ABC* 与一个大于球 *DEF* 的球之比不同于 *BC* 与 *EF* 的三次比。

如果可能,设能有这个比的一个大球为 LMN;所以,由反比例,球 LMN 与球 ABC 之比如同直径 EF 与 BC 的三次比。

但是,因为 LMN 大于 DEF,

所以,球 LMN 比球 ABC 如同球 DEF 比某一个小于球 ABC 的球,前面已经 证过。 [XII.2,引理]

所以,球 DEF 与一个小于球 ABC 的球之比也如同 EF 与 BC 的三次比:已 经证明了这是不可能的。

所以,球 ABC 与一个大于球 DEF 的球之比不同于 BC 与 EF 的三次比。

但是,已经证明了球 ABC 与小于球 DEF 的球之比也不同于 BC 与 EF 的三 次比。

所以,球 ABC 比球 DEF 如同 BC 与 EF 的三次比。

证完

这个命题的方法是勒让德证明 XII.2 的方法(见这个命题的注)。

其推理可以缩短。我们假定 S,S' 是这两个球的体积,d,d' 是它们的直径, 为了简明起见 d 比 d' 的三次比表示为 $d^3 : d'^3$。

若 $$d^3 : d'^3 \neq S : S',$$

则 $$d^3 : d'^3 = S : T,$$

其中 T 是某个大于或小于 S' 的球。

Ⅰ. 假定 $T < S'$。

设 T 与 S' 同心,

如 XII.17,在 S' 中内接一个多面体,使其他的面不与 T 相切;并且在 S 中内 接一个多面体,相似于 S' 中的多面体。

则 $$S : T = d^3 : d'^3$$
$$= (S \text{ 内的多面体}) : (S' \text{内的多面体});$$

或者 $$S : (S \text{ 内的多面体}) = T : (S' \text{内的多面体})。$$

又 $$S > (S \text{ 内的多面体}),$$

所以 $$T > (S' \text{内的多面体})。$$

但是由作图, $$T < (S' \text{内的多面体}):$$

这是不可能的。所以

$$T \not< S'。$$

Ⅱ. 假定 $T > S'$。

现在 $$d^3 : d'^3 = S : T$$

$$= X : S',$$

其中 X 是某个小于 S 的球的体积，

[Ⅻ.2,引理]

或者
$$d'^3 : d^3 = S' : X,$$

其中 $X < S$。

这是不可能的,如 I 的证明,所以

$$T \not\succ S'。$$

因此
$$d^3 : d'^3 = S : S'。$$

卷 XIII

历史注释

我已经在 IV.10 的注中给出了证据,五个正多面体的作图归功于毕达哥拉斯。它们中的某些,立方体、正四面体(是一个棱锥),以及正八面体(以正方形为底的两个棱锥)埃及人已经知道。用铜或其他材料制作的正十二面体在毕达哥拉斯之前几世纪已出现(见康托的 *Geschichte der Mathematik* I₃, pp. 175—6。

事实上,欧几里得的 XIII. 的附注 No.1 说,这一卷是关于"五个所谓的柏拉图图形的,然而它们不属于柏拉图,这五个图形中的三个,即立方体、棱锥和正十二面体归功于毕达哥拉斯,而正八面体和正二十面体归功于泰特托斯"。这个话[可能取自盖米诺斯(Geminus)]可能依赖于这个事实,泰特托斯首先写出了后两个立体。的确苏达斯说,泰特托斯"首先写了关于他们所说的'五个立体'"。无疑地,这意味着泰特托斯是第一个写了完整的和系统的关于所有正立体的专著。这个并不排除希帕索斯(Hippasus)或其他人可能已经写了正十二面体。泰特托斯写了正则立体的事实与在欧几里得卷 XIII. 中看到的他关于无理数,以及与正则立体的联系的贡献是一致的。

泰特托斯活动在约公元前 380 年,并且他的关于正则立体的著作很快为欧几里得的年长的同事阿里斯泰奥斯(Aristaeus)所继承,阿里斯泰奥斯还写了一本 *Solid Loci*,即关于把圆锥曲线作为轨迹的书,这个阿里斯泰奥斯(作为"年长者"而著名)写作于约公元前 320 年,我们知道他的 *Comparison of the five regular solids* 来自许普西克勒斯(Hypsicles)(公元前 2 世纪),他是一个小册子的作者,通常以卷 XIV.,包括在欧几里得的《原理》中,许普西克勒斯在他的书中给出了六个命题来补充欧几里得的卷 XIII.,他引入的这些命题中的第二个如下:

"同一个圆外接于内接于同一个球的正十二面体的正五边形及正二十面体的三角形。这个是由阿里斯泰奥斯在 *Comparison of the five figures* 中证明的。"

许普西克勒斯也给出了这个定理的证明。阿曼指出 *Greek Geometry from Thales to Euclid*,(1889,pp. 201—2),这个证明依赖于八个定理,其中六个在欧几里得的卷ⅩⅢ.中(命题8,10,12,15,16 及命题17 的推论),使用的两个其他的命题阿曼未提及,其实是ⅩⅢ.4 和9。正如阿曼所说,这个好像是确认布里茨奇尼德(Bretschneider)的推理,阿里斯泰奥斯的书是欧几里得时代之前最新的讨论这个主题的著作,我们在欧几里得的卷ⅩⅢ.中部分摘要了阿里斯泰奥斯的著作的内容。

在欧几里得之后,阿波罗尼奥斯写了关于内接于同一个球的正十二面体与正二十面体的比较,我们也从许普西克勒斯知道这个。他说:"这个由阿波罗尼奥斯在他的 *Comparison of the dodecahedron with the icosahedron* 的第二版中证明,正十二面体的表面比正二十面体的表面(内接同一个球)等于正十二面体的体积比正二十面体的体积,因为从球心到正十二面体的正五边形面与到正二十面体的三角形面的垂线是相同的。"

命题

命题 1

如果把一线段分为中外比,则大线段与原线段一半的和上的正方形等于原线段一半上正方形的五倍。

设线段 *AB* 被点 *C* 分为中外比,且设 *AC* 是较大的线段;

延长 *CA* 到 *D*,使 *AD* 等于 *AB* 的一半。

我断言 *CD* 上的正方形是 *AD* 上正方形的五倍。

为此,在 *AB*,*DC* 上作正方形 *AE*,*DF*,且设在 *DF* 上的图形已经作成;

设 *FC* 经过点 *G*。

现在,因为点 *C* 分 *AB* 为中外比,

所以矩形 *AB*,*BC* 等于 *AC* 上的正方形。

[Ⅵ. 定义 3,Ⅵ.17]

又 *CE* 是矩形 *AB*,*BC*,且 *FH* 是 *AC* 上的正方形;

所以,*CE* 等于 *FH*。

又因为,*BA* 是 *AD* 的二倍,

这时,*BA* 等于 *KA*,且 *AD* 等于 *AH*,

所以,*KA* 也是 *AH* 的二倍。

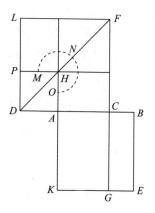

但是,*KA* 比 *AH* 如同 *CK* 比 *CH*;　　　　　　　　　　　　　[Ⅵ.1]

所以,*CK* 是 *CH* 的二倍。

但是 *LH*,*HC* 的和也是 *CH* 的二倍。

所以,*KC* 等于 *LH*,*HC* 的和。

但是已经证明了 *CE* 也等于 *HF*;

所以,整体正方形 *AE* 等于拐尺形 *MNO*。

又因为,*BA* 是 *AD* 的二倍,

BA 上正方形是 *AD* 上正方形的四倍,

即,*AE* 是 *DH* 的四倍。

但是,*AE* 等于拐尺形 *MNO*;

所以,拐尺形 *MNO* 也等于 *AP* 的四倍;

从而整体 *DF* 等于 *AP* 的五倍。

又,*DF* 是 *DC* 上的正方形,且 *AP* 是 *DA* 上的正方形;

所以,*CD* 上的正方形是 *DA* 上正方形的五倍。

证完

这前五个命题从性质上说是引理,它们是后面命题需要的,而本身没有多大重要性。

应当注意,这些命题的方法是卷 Ⅱ. 中的方法,是严格的几何方法而不是代数方法(除了 ⅩⅢ. 2 的引理,它可能是插入的),这些命题显然取自较早的著作,根据普罗克洛斯、欧多克索斯对柏拉图的关于分割(即"黄金分割")的定理增加了许多定理,因此这五个定理可能属于欧多克索斯。

若 *AB* 在 *C* 分为中外比,则矩形 *AB*,*BC* 等于 *AC* 上的正方形(Ⅵ.17)。

作 *AD* 等于半个 *AB*,要证

(*CD* 上的正方形)= 5(*AD* 上的正方形)。

从图形上可以看出

$$\square CH = \square HL。$$

故　　　　　　　$\square CH + \square HL = 2(\square CH)$

$$= \square AG。$$

又 *HF* 上的正方形 = *AC* 上的正方形

$$= 矩形 \ AB,BC$$

$$= CE。$$

相加,　　(拐尺形 *MNO*)= *AB* 上的正方形

$$=4(AD \text{ 上的正方形})。$$

两边加上 AD 上的正方形,有

$$(CD \text{ 上的正方形}) = 5(AD \text{ 上的正方形})。$$

此处及下一个命题的结果更容易从 Ⅱ.11 的图形看出。

在这个图形中,$SR = AC + \dfrac{1}{2}AB$(由作图),因而要证明

$$(SR \text{ 上的正方形}) = 5(AR \text{ 上的正方形})。$$

显然

$$(SR \text{ 上的正方形}) = (RB \text{ 上的正方形})$$
$$= (AB, AR \text{ 上两个正方形的和})$$
$$= 5(AR \text{ 上的正方形})。$$

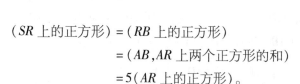

奇怪的是有些手稿在 ⅩⅢ.1—5 前加入了关于分析与综合的话。

"什么是分析以及什么是综合。"

"分析是假定承认要求的结论,由它推出公认是真的某个东西。"

"综合是假定从承认的东西推出某个要承认的东西。"

显然正文受到了损坏,在综合的情形没有给出所要的东西。在手稿 B 和 V 中,代替"某个要承认的东西"为"达到要求的东西"。

这个附加显然是插入的。这五个命题的分析和综合出现在四个手稿中,在手稿 P、q 中它们出现在 ⅩⅢ.5 的另一个证明的后面(P 的另一个证明在 ⅩⅢ.6 的后面,而 q 用它代替 ⅩⅢ.6),在 B(没有 ⅩⅢ.5 的另一个证明)中在 ⅩⅢ.6 的后面,而在 b(ⅩⅢ.5 的另一个证明在边页)中在 ⅩⅢ.5 的后面,而 V 的 1—3 的分析在 ⅩⅢ.6 之后的正文中,4—5 的分析在边页,并且这些附加不同于《原理》的计划和风格,这些插入是在塞翁时代之前,可能原来都在边页,慢慢地进入到正文。海伯格提示它可能是泰特托斯或欧多克索斯的分析研究的遗留物。最近海伯格猜测,其作者是海伦,其理由是这类分析和综合出现在他关于卷 Ⅱ. 的评论中以及他的关于卷 Ⅱ. 的命题的拟代数证明中。

为了展示这些插入的特点,我只给出一个命题的分析与综合,ⅩⅢ.1 的情形,在本质上如下,其图形只是一条直线。

设 AB 在 C 分为中外比,

AC 是较大线段,令 $AD = \dfrac{1}{2}AB$。

我断言

（CD 上的正方形）$=5$（AD 上的正方形）

（分析。）

因为（CD 上的正方形）$=5$（AD 上的正方形），

并且（CD 上的正方形）$=$（CA 上的正方形）$+$（AD 上的正方形）$+2$（矩形 CA,AD），

所以（CA 上的正方形）$+2$（矩形 CA,AD）$=4$（AD 上的正方形）。

但是（矩形 BA,AC）$=2$（矩形 CA,AD），

并且（CA 上的正方形）$=$（矩形 AB,BC）。

所以（矩形 BA,AC）$+$（矩形 AB,AC）$=4$（AD 上的正方形），

或者（AB 上的正方形）$=4$（AD 上的正方形）：

而这个是真的，因为 $AD=\dfrac{1}{2}AB$。

（综合。）

因为（AB 上的正方形）$=4$（AD 上的正方形），

并且（AB 上的正方形）$=$（矩形 BA,AC）$+$（矩形 AB,BC），

所以 4（AD 上的正方形）$=2$（矩形 DA,AC）$+$（AC 上的正方形），

两边加上 AD 上的正方形，有

（CD 上的正方形）$=5$（AD 上的正方形）。

命题 2

如果一线段上的正方形是它的部分线段上正方形的五倍，那么，当这部分线段的二倍被分成中外比时，其较长线段是原来线段的所余部分。

为此，设线段 AB 上的正方形是它的部分线段 AC 上正方形的五倍，并且设 CD 是 AC 的二倍。

我断言当 CD 被分成中外比时，大线段是 CB。

设 AF,CG 分别是 AB,CD 上的正方形，

设在 AF 中的图形已经作出，并且画出 BE。

现在，因为 BA 上的正方形是 AC 上正方形的五倍，AF 是 AH 的五倍。

所以，拐尺形 MNO 是 AH 的四倍。又因为，DC 是 CA 的二倍，

所以，DC 上的正方形是 CA 上正方形的四倍。

即，CG 是 AH 的四倍。

但是,已经证明了拐尺形 *MNO* 是 *AH* 的四倍;

所以,拐尺形 *MNO* 等于 *CG*。

又因为,*DC* 是 *CA* 的二倍,而 *DC* 等于 *CK*,且 *AC* 等于 *CH*,

所以 *KB* 也是 *BH* 的二倍。　　　　　[Ⅵ.1]

但是,*LH*,*HB* 的和也是 *HB* 的二倍;

所以,*KB* 等于 *LH*,*HB* 的和。

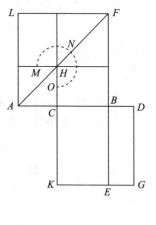

但是,已经证明了整体拐尺形 *MNO* 等于整体 *CG*;

所以,余量 *HF* 等于 *BG*。

又 *BG* 是矩形 *CD*,*DB*,

因为,*CD* 等于 *DG*;且 *HF* 是 *CB* 上的正方形;

所以,矩形 *CD*,*DB* 等于 *CB* 上的正方形。

所以,*DC* 比 *CB* 如同 *CB* 比 *BD*。

但是,*DC* 大于 *CB*;所以 *CB* 也大于 *BD*。

所以,当线段 *CD* 被分为中外比时,*CB* 是较大的部分。

证完

引　理

[如上命题]证明 *AC* 的二倍大于 *BC*。

假如不是这样,设 *BC* 是 *CA* 的二倍,如果这是可能的。

所以,*BC* 上的正方形是 *CA* 上正方形的四倍;所以 *BC*,*CA* 上正方形的和是 *CA* 上正方形的五倍。

但是,由假设,*BA* 上的正方形也是 *CA* 上正方形的五倍;

所以,*BA* 上正方形等于 *BC*,*CA* 上正方形的和:

这是不可能的。　　　　　　　　　　　[Ⅱ.4]

所以,*CB* 不等于 *AC* 的二倍。

类似地,我们可以证明线段 *CA* 的二倍不小于 *CB*;

因为这更不合理。

所以 *AC* 的二倍大于 *CB*。

证完

这个命题是命题 1 的逆,我们要证明,若 AB 在 C 分割,使得

$$(AB \text{ 上的正方形}) = 5(AC \text{ 上的正方形}),$$

并且若 $CD = 2AC$,则

$$(\text{矩形 } CD, DB) = (CB \text{ 上的正方形})\text{。}$$

两边减去 AC 上的正方形,有

$(\text{拐尺形 } MNO) = 4(AC \text{ 上的正方形})$

$$= (CD \text{ 上的正方形})\text{。}$$

如同上一个命题,

$$\square CE = 2(\square BH)$$

$$= \square BH + \square HL\text{。}$$

等量减等量,有

$$\square BG = (\text{正方形 } HF),$$

即 $(\text{矩形 } CD, DB) = (CB \text{ 上的正方形})\text{。}$

这个命题也可以用类似于 II. 11 的图形来证明。

过 C 作 CA 与 CB 成直角,并且其长度等于原图中的
CA;作 CD 等于二倍的 CA,延长 AC 到 R,使得 $CR = CB$。

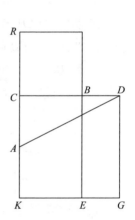

完成 CB 与 CD 上的正方形,并连接 AD。

现在我们已知

$$(AR \text{ 上的正方形}) = 5(CA \text{ 上的正方形})\text{。}$$

但是 $5(AC \text{ 上的正方形}) = (AC \text{ 上的正方形}) + (CD$
上的正方形)

$$= (AD \text{ 上的正方形})\text{。}$$

所以 $(AR \text{ 上的正方形}) = (AD \text{ 上的正方形})$,

或者 $AR = AD$ 。

现在 $(\text{矩形 } KR, RC) + (AC \text{ 上的正方形}) = (AR \text{ 上的正方形})$

$$= (AD \text{ 上的正方形})$$

$$= (AC \text{ 上正方形}) + (CD \text{ 上正方形})\text{。}$$

所以 $(\text{矩形 } KR, RC) = (CD \text{ 上正方形})$,

即 $(\text{矩形 } RE) = (\text{正方形 } CG)\text{。}$

减去公共部分 CE,有

$$(\text{矩形 } BG) = (\text{正方形 } RB),$$

或者 $(\text{矩形 } CD, DB) = (CB \text{ 上正方形})\text{。}$

海伯格怀疑这个命题后面的引理的真实性。

命题 3

如果将一线段分成中外比,则小线段与大线段一半的和上的正方形是大线段一半上正方形的五倍。

为此,设点 C 分一线段 AB 成中外比,设 AC 是较大的一段,并且设 D 平分 AC。

我断言 BD 上的正方形是 DC 上正方形的五倍。

为此,设正方形 AE 是作在 AB 上的,

并且设已经作出此图形。

因为 AC 是 DC 的二倍,所以 AC 上正方形是 DC 上正方形的四倍,即 RS 是 FG 的四倍。

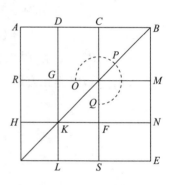

又因为,矩形 AB,BC 等于 AC 上的正方形,且 CE 是矩形 AB,BC,所以,CE 等于 RS。

但是,RS 是 FG 的四倍,所以 CE 也是 FG 的四倍。

再者,因为 AD 等于 DC,HK 也等于 KF。

故正方形 GF 也等于正方形 HL。

所以,GK 等于 KL,即,MN 等于 NE;

故 MF 也等于 FE。

但是,MF 等于 CG;所以 CG 也等于 FE。

将 CN 加在以上两边;

所以,拐尺形 OPQ 等于 CE。

但是,已经证明了 CE 是 GF 的四倍;

所以,拐尺形 OPQ 也是正方形 FG 的四倍。

所以,拐尺形 OPQ 与正方形 FG 的和是 FG 的五倍。

但是,拐尺形 OPQ 与正方形 FG 的和是正方形 DN。

又,DN 是 DB 上的正方形,并且 GF 是 DC 上的正方形。

所以,DB 上的正方形是 DC 上正方形的五倍。

证完

此时我们有

　　(BD 上正方形) = (正方形 FG) + (矩形 CG) + (矩形 CN)

$$= (正方形 FG) + (矩形 FE) + (矩形 CN)$$
$$= (正方形 FG) + (矩形 CE)$$
$$= (正方形 FG) + (矩形 AB,BC)$$
$$= (正方形 FG) + (AC 上正方形), 由题设,$$
$$= 5(DC 上正方形)。$$

若使用Ⅱ.11的图形,这个定理更明显。设 CF 在 E
分为中外比。

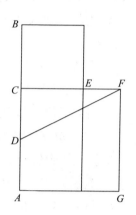

因为(矩形 AB,BC) + (CD 上正方形)
$$= (BD 上正方形)$$
$$= (CD,CF 上两个正方形),$$

所以(矩形 AB,BC) = (CF 上正方形)
$$= (CA 上正方形),$$

并且 AB 在 C 分为中外比。
$$(BD 上正方形) = (DF 上正方形)$$
$$= 5(CD 上正方形)。$$

命题4

**如果一个线段被分成中外比,则整体线段上的正方形与小线段上正方形的
和是大线段上正方形的三倍。**

设点 C 将线段 AB 分成中外比,且 AC 是大线段。

我断言 AB,BC 上正方形的和是 CA 上正方形的三倍。

因为可设 AB 上的正方形是 ADEB,且设图形已作成。

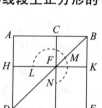

因为,AB 被 C 分成中外比,且 AC 是大线段,所以矩形
AB,BC 等于 AC 上正方形。   [Ⅵ.定义3,Ⅵ.17]

又 AK 是矩形 AB,BC,且 HG 是 AC 上的正方形;所以 AK 等于 HG。

又因为,AF 等于 FE,

将 CK 加在以上两边;

所以,整体 AK 等于整体 CE;

所以,AK,CE 的和是 AK 的二倍。

但是,AK,CE 的和是拐尺形 LMN 与正方形 CK 的和;

所以,拐尺形 LMN 与正方形 CK 的和是 AK 的二倍。

但是更有,已经证明了 AK 等于 HG;

所以,拐尺形 *LMN* 与正方形 *CK*,*HG* 的和是正方形 *HG* 的三倍。

又,拐尺形 *LMN* 与正方形 *CK*,*HG* 的和是整体正方形 *AE* 与 *CK* 的和,这就是 *AB*,*BC* 上的正方形的和,而 *HG* 是 *AC* 上的正方形。

所以,*AB*,*BC* 上正方形的和是 *AC* 上正方形的三倍。

证完

正如前面命题,此处仍然用卷 Ⅱ. 的方法,而没有参考卷 Ⅱ. 若用卷 Ⅱ. 中的命题,证明会更短。

事实上,由 Ⅱ.7,

(*AB* 上正方形) + (*BC* 上正方形) = 2(矩形 *AB*,*BC*) + (*AC* 上正方形)
                                              = 3(*AC* 上正方形)。

命题 5

如果一线段被分为中外比,并且在此线段上加一个等于大线段的线段,则整体线段被分成中外比,并且原线段是较大的线段。

设线段 *AB* 被 *C* 分为中外比,并且 *AC* 是大的线段,又设 *AD* 等于 *AC*。

我断言线段 *DB* 被 *A* 分成中外比,并且原线段 *AB* 是较大的线段。

因为,可设作在 *AB* 上的正方形是 *AE*,并且设此图已作成。

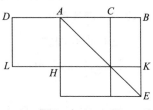

因为,*AB* 被 *C* 分成中外比,所以矩形 *AB*,*BC* 等于 *AC* 上的正方形。   [Ⅵ. 定义 3,Ⅵ.17]

又,*CE* 是矩形 *AB*,*BC*,且 *CH* 是 *AC* 上的正方形;所以 *CE* 等于 *HC*。

但是,*HE* 等于 *CE*,且 *DH* 等于 *HC*;

所以 *DH* 也等于 *HE*。

所以,整体 *DK* 等于整体 *AE*。

又 *DK* 是矩形 *BD*,*DA*,这是因为 *AD* 等于 *DL*;

又 *AE* 是 *AB* 上的正方形;

所以,矩形 *BD*,*DA* 等于 *AB* 上的正方形。

所以,*DB* 比 *BA* 如同 *BA* 比 *AD*。   [Ⅵ.17]

又 *DB* 大于 *BA*,所以 *BA* 也大于 *AD*。   [Ⅵ.14]

所以,*DB* 被点 *A* 分成中外比,并且 *AB* 是较大线段。

证完

我们有　　　　　　　　（正方形 *DH*）=（正方形 *HC*）

　　　　　　　　　　　　　　　　=（矩形 *CE*），由题设，

　　　　　　　　　　　　　　　　=（矩形 *HE*）。

两边加矩形 *AK*，

　　　　　　　　　　　（矩形 *DK*）=（正方形 *AE*），

或者　　　　　　　　（矩形 *BD*，*DA*）=（*AB* 上正方形）。

当然由 Ⅱ.11 这个结果是明显的。

在手稿 P 中，在 Ⅻ.6 之后给出了另一个依赖卷 Ⅴ.的证明。

由题设　　　　　　　　　*BA* : *AC* = *AC* : *CB*，

或者　　　　　　　　　　*AC* : *AB* = *CB* : *AC*。

由合比　　　　　（*AB* + *AC*）: *AB* = *AB* : *AC*，

或者　　　　　　　　　　*DB* : *BA* = *BA* : *AD*。

命题 6

如果一条有理线段被分成中外比，则两部分线段的每一条线段是称作二项差线的无理线段。

设 *C* 把有理线段 *AB* 分成中外比，设 *AC* 是较大的一段。

我断言线段 *AC*，*CB* 是称为二项差线的无理

线段。

为此可延长 *BA*，使 *AD* 等于 *BA* 的一半。

因为线段 *AB* 被分成中外比，且把 *AB* 的一半 *AD* 加到大线段 *AC* 上，所以 *CD* 上的正方形是 *DA* 上正方形的五倍。　　　　　　　　　　　　　　　　　　[Ⅻ.1]

所以，*CD* 上的正方形与 *DA* 上的正方形之比是一个数与一个数的比；

所以，*CD* 上的正方形与 *DA* 上的正方形是可公度的。　　　　　[Ⅹ.6]

但是，*DA* 上的正方形是有理的，

因为 *DA* 是有理的，*AB* 的一半是有理的；

所以，*CD* 上的正方形也是有理的；　　　　　　　　　　　　[Ⅹ.定义4]

因此，*CD* 也是有理的。

又因为，*CD* 上的正方形比 *DA* 上的正方形不同于一个平方数与一个平方数之比，

所以，*CD* 与 *DA* 是长度不可公度的；　　　　　　　　　　[Ⅹ.9]

所以,*CD*,*DA* 是仅平方可公度的有理线段;

所以,*AC* 是一条二项差线。 [X.73]

又,因为 *AB* 被分成中外比,且 *AC* 是大线段,所以矩形 *AB*,*BC* 等于 *AC* 上的正方形。 [Ⅵ.定义3,Ⅵ.17]

所以,二项差线 *AC* 上的正方形,如果贴合在有理线段 *AB* 上,则产生 *BC* 为宽。

但是,如果在有理线段上作一个矩形等于一个二项差线上的正方形,其另一边是第一二项差线。 [X.97]

所以,*CB* 是第一二项差线。

并且已证明了 *CA* 也是一个二项差线。

证完

这个命题是插入的,手稿 P 有它,但是复制者说,"这个定理在大多数修订本中没有,而只是出现在老的复制本中。"首先,在手稿 P 的Ⅷ.17 的附注中证明了与Ⅷ.6 相同的东西,若前面有Ⅷ.6,这个就是无用的。因此,当写这个附注时,Ⅷ.6 还没有插入。其次,手稿 P 把它放在Ⅷ.5 的另一个证明的前面,而这另一个证明也是插入的,并且显然后来插入作为命题6。再次,这个命题本身令人怀疑,这个命题的阐述说这条直线的每一段是二项差线,而其证明又增加了较小线段是第一二项差线。实际上,Ⅷ.17 所需要的是较大线段是二项差线。很可能欧几里得认为这个事实由Ⅷ.1 是明显的,无须再证明,并且他既没有写Ⅷ.6,也没有在Ⅷ.17 中引用它。

命题 7

如果一个等边五边形有三个相邻或不相邻的角相等,则它是等角五边形。

首先,设在等边五边形 *ABCDE* 中有相邻的在 *A*,*B*,*C* 处的三个角彼此相等。

我断言五边形 *ABCDE* 是等角的。

连接 *AC*,*BE*,*FD*。

现在,因为两边 *CB*,*BA* 分别等于两边 *BA*,*AE*,且角 *CBA* 等于角 *BAE*,所以底 *AC* 等于底 *BE*,三角形 *ABC* 全等于三角形 *ABE*,且其余的角等于其余的角,它们是

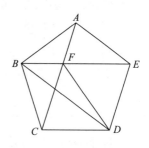

对着等边的角，   [Ⅰ.4]

即角 BCA 等于角 BEA，且角 ABE 等于角 CAB；因此边 AF 也等于边 BF。

[Ⅰ.6]

但是，已经证明了整体 AC 等于整体 BE；所以其余的 FC 也等于其余的 FE。

又，CD 也等于 DE。

所以，两边 FC，CD 等于两边 FE，ED；

且底 FD 是公共的；

所以角 FCD 等于角 FED。   [Ⅰ.8]

但是，已经证明了角 BCA 也等于角 AEB；

所以，整体角 BCD 也等于整体角 AED。

但是，由假设，角 BCD 等于在 A，B 处的角；所以角 AED 也等于在 A，B 处的角。

类似地，我们可以证明角 CDE 也等于在 A，B，C 处的角；所以五边形 $ABCDE$ 是等角的。

其次，设已知等角不是相邻的，即在 A，C，D 处的角是等角。

我断言在这种情况下五边形 $ABCDE$ 也是等角的。

连接 BD。

则，由于两边 BA，AE 等于两边 BC，CD，它们夹着等角，所以底 BE 等于底 BD，

三角形 ABE 全等于三角形 BCD，并且其余的角等于其余的角，

即等边所对的角；   [Ⅰ.4]

所以，角 AEB 等于角 CDB。

但是，角 BED 也等于角 BDE，

因为边 BE 也等于边 BD。   [Ⅰ.5]

所以，整体角 AED 等于整体角 CDE。

但是，由假设，角 CDE 等于在 A，C 处的角；

所以，角 AED 也等于在 A，C 处的角。

同理，角 ABC 也等于在 A，C，D 处的角。

所以，五边形 $ABCDE$ 是等角的。

                                                            证完

这个命题是ⅩⅢ.17 需要的，其证明步骤如下：

Ⅰ.假定在 A，B，C 处的角都相等，

则等腰三角形 BAE,ABC 全等,

$$BE=AC,\angle BCA=\angle BEA,\angle CAB=\angle EBA。$$

故 $$FA=FB,FC=FE。$$

三角形 FED,FCD 全等。 $\qquad$ 〔Ⅰ.8,4〕

并且 $$\angle FCD=\angle FED。$$

但是 $$\angle ACB=\angle AEB,由上,$$

相加, $$\angle BCD=\angle AED。$$

类似地,可证 $\angle CDE$ 也等于在 A,B,C 处的角中的一个。

Ⅱ. 假定在 A,C,D 处的角相等。

则等腰三角形 ABE,CBD 全等,因此

$$BE=BD(故\angle BDE=\angle BED),$$

并且 $$\angle CDB=\angle AEB。$$

相加, $$\angle CDE=\angle DEA。$$

类似地,$\angle ABC$ 也等于在 A,C,D 处的角中的一个。

命题 8

如果在一个等边且等角的五边形中,连接相对两角,则连线交成中外比,并且大线段等于五边形的边。

在等边且等角的五边形 $ABCDE$ 中,作对角线 AC, BE,交于点 H;

我断言两线段的每一个都被点 H 分为中外比,并且每个的大线段等于五边形的边。

设圆 $ABCDE$ 外接于五边形 $ABCDE$。 〔Ⅳ.14〕

因为,两线段 EA,AB 等于两线段 AB,BC,并且它们所夹的角相等,

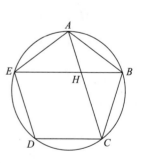

所以,底 BE 等于底 AC。

因此,三角形 ABE 全等于三角形 ABC,并且其余的角分别等于其余的角,即等边所对的角。 〔Ⅰ.4〕

所以,角 BAC 等于角 ABE;角 AHE 是角 BAH 的二倍。 〔Ⅰ.32〕

但是,角 EAC 也是角 BAC 的二倍,因为弧 EDC 也是弧 CB 的二倍;

〔Ⅲ.28,Ⅵ.33〕

所以,角 HAE 等于角 AHE;

因此,线段 *HE* 也等于 *EA*,即等于 *AB*。 [I.6]

又因为,线段 *BA* 等于 *AE*,角 *ABE* 也等于角 *AEB*。 [I.5]

但是,已经证明了角 *ABE* 等于角 *BAH*;

所以,角 *BEA* 也等于角 *BAH*。

又,角 *ABE* 是三角形 *ABE* 与三角形 *ABH* 的公共角;

所以,其余的角 *BAE* 等于其余的角 *AHB*; [I.32]

所以,三角形 *ABE* 与三角形 *ABH* 是等角的。

从而,有比例,*EB* 比 *BA* 如同 *AB* 比 *BH*。 [Ⅵ.4]

但是,*BA* 等于 *EH*;

所以,*BE* 比 *EH* 如同 *EH* 比 *HB*。

又,*BE* 大于 *EH*;

所以,*EH* 也大于 *HB*。 [Ⅴ.14]

所以,*BE* 被点 *H* 分成中外比,并且其大线段 *HE* 等于五边形的边。

类似地,我们可以证明 *AC* 也被点 *H* 分为中外比,它的大线段 *CH* 等于五边形的边。

证完

为了证明这个定理,我们必须证明

(1)三角形 *AEB*,*HAB* 相似,

(2)*EH* = *EA*(= *AB*)。

为证明(2),有

$$三角形\ AEB,BAC\ 全等,$$

因此 $$EB = AC,$$

并且 $$\angle BAC = \angle ABE。$$

所以 $$\angle AHE = 2\angle BAC$$
$$= \angle EAC,$$

故 $$EH = EA$$
$$= AB。$$

为了证明(1),在三角形 *AEB*,*HAB* 中,有

$$\angle BAH = \angle EBA$$
$$= \angle AEB,$$

并且 $$\angle ABE\ 公用。$$

所以第三个角 *AHB*,*EAB* 相等,因而

三角形 AEB,HAB 相似。

所以　　　　　　　　$EB:BA=BA:BH$。

或者　　　　　　　　（矩形 EB,BH）＝（BA 上正方形）

　　　　　　　　　　　　　　＝（EH 上正方形）。

故 EB 在点 H 分为中外比。

类似地，CA 在点 H 分为中外比。

命题 9

如果在同圆内把内接正六边形一边与内接正十边形一边加在一起，则可将此两边的和分成中外比，并且它的大线段是正六边形的一边。

设 ABC 是一个圆；

并且 BC 是内接于圆 ABC 的正十边形的边，CD 是内接正六边形的边；设它们在同一直线上。

我断言可分 BD 成中外比，并且 CD 是它的较大线段。

设取定圆心为 E，连接 EB,EC,ED，

延长 BE 到 A。

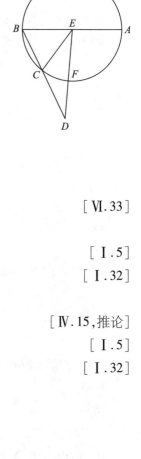

因为 BC 是正十边形的边，

所以，弧 ACB 是弧 BC 的五倍；

所以，弧 AC 是弧 CB 的四倍。

但是，弧 AC 比弧 BC 如同角 AEC 比角 CEB。　　　　　　　［Ⅵ.33］

所以，角 AEC 是角 CEB 的四倍。

又因为，角 EBC 等于角 ECB，　　　　　　　　　　　　　　　　　［Ⅰ.5］

所以，角 AEC 是角 ECB 的二倍。　　　　　　　　　　　　　　　　［Ⅰ.32］

又因为，线段 EC 等于 CD，

因为它们都等于圆 ABC 中内接正六边形的一边，　　　　　　［Ⅳ.15，推论］

角 CED 也等于角 CDE；　　　　　　　　　　　　　　　　　　　　［Ⅰ.5］

所以，角 ECB 是角 EDC 的二倍。　　　　　　　　　　　　　　　　［Ⅰ.32］

但是，已经证明了角 AEC 是角 ECB 的二倍；

所以，角 AEC 是角 EDC 的四倍。

但是，也证明了角 AEC 是角 BEC 的四倍；

所以，角 EDC 等于角 BEC。

但是，角 *EBD* 是两个三角形 *BEC* 和 *BED* 的公共角；

所以，其余的角 *BED* 也等于其余的角 *ECB*；　　　　　　　　　[Ⅰ.32]

所以，三角形 *EBD* 和三角形 *EBC* 的各角相等。

所以，有比例，*DB* 比 *BE* 如同 *EB* 比 *BC*。　　　　　　　　　[Ⅵ.4]

但是，*EB* 等于 *CD*。

所以，*BD* 比 *DC* 如同 *DC* 比 *CB*。

并且 *BD* 大于 *DC*；

所以，*DC* 也大于 *CB*。

从而，线段 *BD* 被分成中外比，并且 *DC* 是较大的一段。

证完

BC 是内接于圆的正十边形的边，*CD* 是内接正六边形的边，因而 *CD* 等于半径 *BE* 或 *EC*。

因此，为了证明这个定理，只要证明三角形 *EBC*，*DBE* 相似。

因为 *BC* 是正十边形的边，所以

$$(\text{弧 } BCA) = 5(\text{弧 } BC),$$

故　　　　　　　　　　$(\text{弧 } CFA) = 4(\text{弧 } BC),$

因此　　　　　　　　　　$\angle CEA = 4\angle BEC。$

但是　　　　　　　　　　$\angle CEA = 2\angle ECB。$

所以　　　　　　　　　　$\angle ECB = 2\angle BEC$ ······················ (1)。

因为　　　　　　　　　　$CD = CE，$所以

$$\angle CDE = \angle CED,$$

故　　　　　　　　　　$\angle ECB = 2\angle CDE。$

由(1)　　　　　　　　　　$\angle BEC = \angle CDE。$

在三角形 *EBC*，*DBE* 内，

$$\angle BEC = \angle BDE,$$

并且　　　　　　　　　　$\angle EBC$ 是公用的。

故　　　　　　　　　　$\angle ECB = \angle DEB。$

因而三角形 *EBC*，*DBE* 相似。

因此　　　　　　　　　　$DB : BE = EB : BC,$

或者　　　　　　　$(\text{矩形 } DB, BC) = (EB \text{ 上正方形})$
$$= (CD \text{ 上正方形}),$$

因而 *DB* 在 *C* 分为中外比。

为了求出正十边形的边，设 x 是它的边，则 $(r+x)x = r^2$，

因此 $x = \dfrac{r}{2}(\sqrt{5}-1)$。

命题 10

如果有一个内接于圆的等边五边形，则其一边上的正方形等于同圆的内接六边形一边上正方形与内接十边形一边上正方形的和。

设 $ABCDE$ 是一个圆，设等边五边形 $ABCDE$ 内接于圆 $ABCDE$。

我断言五边形 $ABCDE$ 一边上的正方形等于内接于圆 $ABCDE$ 的六边形一边上的正方形与十边形一边上正方形的和。

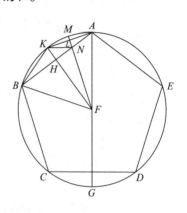

设 F 为圆心，

连接 AF 且延长至点 G，连接 FB。

设从 F 作直线 FH 垂直于 AB 且交圆于 K，连接 AK, KB，设再从 F 作直线 FL 垂直于 AK 且交圆于 M，连接 KN。

因为，弧 $ABCG$ 等于弧 $AEDG$，

且弧 ABC 等于 AED，所以余下的弧 CG 等于余下的弧 GD。

但是，CD 属于五边形；

所以 CG 属于十边形。

又因为，FA 等于 FB，且 FH 是垂线，

所以，角 AFK 也等于角 KFB。　　　　　　　　[Ⅰ.5，Ⅰ.26]

因此，弧 AK 也等于 KB；　　　　　　　　　　　[Ⅲ.26]

所以，弧 AB 是弧 BK 的二倍；

所以，线段 AK 是十边形的一边。

同理，AK 也是 KM 的二倍。

现在，因为弧 AB 是弧 BK 的二倍，

这时弧 CD 等于弧 AB，

所以弧 CD 也等于弧 BK 的二倍。

但是，弧 CD 也等于 CG 的二倍；

所以，弧 CG 等于弧 BK。

但是,BK 是 KM 的二倍,这是因为 KA 也是 KM 的二倍;所以 CG 是 KM 的二倍。

但是,更有,弧 CB 也是弧 BK 的二倍,这是因为弧 CB 等于弧 BA。

所以,整体弧 GB 也是 BM 的二倍;

由此,角 GFB 也是角 BFM 的二倍。 [VI.33]

但是,角 GFB 也是角 FAB 的二倍,这是因为角 FAB 等于角 ABF。

所以,角 BFN 也等于角 FAB。

但是,角 ABF 是两个三角形 ABF,BFN 的公共角;

所以,其余的角 AFB 等于其余的角 BNF; [I.32]

所以,三角形 ABF 与三角形 BFN 是等角的。

从而,有比例,线段 AB 比 BF 如同 FB 比 BN; [VI.4]

所以,矩形 AB,BN 等于 BF 上的正方形。 [VI.17]

又因为,AL 等于 LK,

这时,LN 是公共的且和它们成直角,

所以,底 KN 等于底 AN; [I.4]

所以,角 LKN 也等于角 LAN。

但是角 LAN 等于角 KBN,

所以,角 LKN 也等于角 KBN。

又,在 A 的角是两三角形 AKB,AKN 的公共角。

所以,其余的角 AKB 等于其余的角 KNA; [I.32]

从而,三角形 KBA 与三角形 KNA 是等角的。

所以,有比例,线段 BA 比 AK 如同 KA 比 AN; [VI.4]

从而,矩形 BA,AN 等于 AK 上的正方形。 [VI.17]

但是,已经证明了矩形 AB,BN 等于 BF 上的正方形;所以矩形 AB,BN 与矩形 BA,AN 的和,即 BA 上的正方形[II.2],等于 BF 上的正方形与 AK 上的正方形的和。

并且 BA 是五边形的一边,BF 是六边形的一边[IV.15,推论],且 AK 是十边形的一边。

证完

$ABCDE$ 是内接于圆的正五边形,AG 是过 A 的直径,可推出

$$(\text{弧 } CG) = (\text{弧 } GD),$$

并且 CG,GD 是内接正十边形的边。

由于 *FHK* 垂直于 *AB*,由Ⅰ.26,角 *AFK*,*BFK* 相等,因而 *BK*,*KA* 是正十边形的边。

类似地,由于 *FLM* 垂直于 *AK*,

$$AL = LK,$$

并且   (弧 *AM*) = (弧 *MK*)。

要证明的主要事实是(1)三角形 *ABF*,*FBN* 相似,(2)三角形 *ABK*,*AKN* 相似。

(1)   2(弧 *CG*) = (弧 *CD*)

= (弧 *AB*)

= (弧 *BK*),

或者   (弧 *CG*) = (弧 *BK*)

= (弧 *AK*)

= 2(弧 *KM*)。

并且   (弧 *CB*) = 2(弧 *BK*)。

相加   (弧 *BCG*) = 2(弧 *BKM*)。

所以   ∠*BFG* = 2∠*BFN*。

但是   ∠*BFG* = 2∠*FAB*,

故   ∠*FAB* = ∠*BFN*。

因此,在三角形 *ABF*,*FBN* 中,

$$∠FAB = ∠BFN,$$

并且   ∠*ABF* 公用;

所以   ∠*AFB* = ∠*BNF*,

因而三角形 *ABF*,*FBN* 相似。

(2)因为 *AL* = *LK*,并且在 *L* 的角是直角,所以

$$AN = NK,$$

并且   ∠*NKA* = ∠*NAK*

= ∠*KBA*。

因此,在三角形 *ABK*,*AKN* 内,

$$∠ABK = ∠AKN,$$

并且   ∠*KAN* 公用,

因此第三个角相等;所以三角形 *ABK*,*AKN* 相似。

由三角形 *ABF*,*FBN* 相似可推出

$$AB : BF = BF : BN,$$

或者　　　　　　　　（矩形 AB, BN）＝（BF 上正方形）。

由三角形 ABK, AKN 相似可推出

$$BA : AK = AK : AN,$$

或者　　　　　　　　（矩形 BA, AN）＝（AK 上正方形）。

相加,

（矩形 AB, BN）＋（矩形 BA, AN）＝（BF 上正方形）＋（AK 上正方形），

即　　　　　（AB 上正方形）＝（BF 上正方形）＋（AK 上正方形），

若 r 是圆的半径,我们已经看到(ⅩⅢ.9,注)

$$AK = \frac{r}{2}(\sqrt{5} - 1)。$$

因此　　　　（正五边形的边）^{2} $= r^2 + \frac{r^2}{4}(6 - 2\sqrt{5})$

$$= \frac{r^2}{4}(10 - 2\sqrt{5}),$$

故　　　　　（正五边形的边）$= \frac{r}{2}\sqrt{10 - 2\sqrt{5}}。$

命题 11

如果一个等边五边形内接于一个有理直径的圆,则五边形的边是称为小线的无理线段。

设圆 $ABCDE$ 的直径是有理的,等边五边形 $ABCDE$ 内接于它。

我断言五边形的边是称为小线的无理
线段。

设 F 为圆心,连接 AF, BF,并延长到点
G, H,且连接 AC。

又作 FK 是 AF 的四分之一。

现在, AF 是有理的,所以 FK 也是有
理的。

但是, BF 是有理的;所以整体 BK 也是
有理的。

又因为弧 ACG 等于弧 ADG,且在它们中 ABC 等于 AED,所以其余的 CG 等
于其余的 GD。

如果连接 AD,则在点 L 处的角是直角,

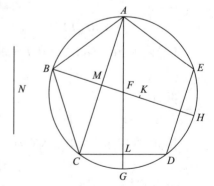

并且 *CD* 是 *CL* 的二倍。

同理,在点 *M* 处的角是直角,且 *AC* 是 *CM* 的二倍。

因为角 *ALC* 等于角 *AMF*,

并且角 *LAC* 是两个三角形 *ACL* 与 *AMF* 的公共角,

所以,余下的角 *ACL* 等于余下的角 *MFA*;　　　　　　　　　　　[I . 32]

所以,三角形 *ACL* 与三角形 *AMF* 是等角的;

所以,有比例,*LC* 比 *CA* 如同 *MF* 比 *FA*。

又取定两前项的二倍;

所以,*CL* 的二倍比 *CA* 如同 *MF* 的二倍比 *FA*。

但是,*MF* 的二倍比 *FA* 如同 *MF* 比 *FA* 的一半;所以也有,*LC* 的二倍比 *CA* 如同 *MF* 比 *FA* 的一半。

又取定两后项的一半;

所以,*LC* 的二倍比 *CA* 的一半等于 *MF* 比 *FA* 的四分之一。

并且 *DC* 是 *LC* 的二倍,*CM* 是 *CA* 的一半,且 *FK* 是 *FA* 的四分之一;所以,*DC* 比 *CM* 如同 *MF* 比 *FK*。

由合比也有,*DC*,*CM* 的和比 *CM* 如同 *MK* 比 *KF*;　　　　　　[V . 18]

所以也有,*DC*,*CM* 的和上的正方形比 *CM* 上的正方形如同 *MK* 上的正方形比 *KF* 上的正方形。

又因为,当五边形两相对角的连线 *AC* 被分为中外比时,它的较大一段是五边形的边,即 *DC*。　　　　　　　　　　　　　　　　　　　　　　　[XIII . 8]

这时,较大一段和整体一半的和上的正方形是整体一半上正方形的五倍,

　　　　　　　　　　　　　　　　　　　　　　　　　　　　　　　　[XIII . 1]

并且 *CM* 是整体 *AC* 的一半,

所以,*DC*,*CM* 的和上的正方形是 *CM* 上正方形的五倍。

但是,已经证得,*DC*,*CM* 的和上的正方形比 *CM* 上的正方形如同 *MK* 上的正方形比 *KF* 上的正方形;

所以,*MK* 上的正方形是 *KF* 上的正方形的五倍。

但是,*KF* 上的正方形是有理的,因为它的直径是有理的;

所以,*MK* 上的正方形也是有理的;故 *MK* 是有理的。

又因为,*BF* 是 *FK* 的四倍,

所以,*BK* 是 *KF* 的五倍;

所以,*BK* 上的正方形是 *KF* 上的正方形的二十五倍。

但是,*MK* 上的正方形是 *KF* 上的正方形的五倍;

所以，*BK* 上的正方形与 *KM* 上的正方形的比不同于平方数比平方数。

于是 *BK* 与 *KM* 是长度不可公度的。　　　　　　　　　　　　［X.9］

又，它们的每个都是有理的。

所以，*BK*，*KM* 是仅平方可公度的两个有理线段。

但是，如果从一条有理线段减去一个与它仅平方可公度的有理线段，则其差是一个无理线段，即一个二项差线；

所以，*MB* 是一个二项差线，而且加在它上面的是 *MK*。　　　　［X.73］

其次可证，*MB* 也是第四二项差线。

设 *N* 上正方形等于 *BK* 上正方形与 *KM* 上正方形的差；

所以 *BK* 上正方形与 *KM* 上正方形的差等于 *N* 上的正方形。

又因为，*KF* 与 *FB* 是可公度的，

由合比，*KB* 与 *FB* 是可公度的。　　　　　　　　　　　　　　［X.15］

但是，*BF* 与 *BH* 是可公度的；

所以 *BK* 与 *BH* 也是可公度的。　　　　　　　　　　　　　　　［X.12］

因为，*BK* 上的正方形是 *KM* 上正方形的五倍，所以 *BK* 上正方形与 *KM* 上正方形之比为 5 比 1。

所以，由反比，*BK* 上正方形与 *N* 上正方形之比为 5 比 4[V.19，推论]，且这不是平方数比平方数；

所以，*BK* 与 *N* 是不可公度的；　　　　　　　　　　　　　　　［X.9］

所以，*BK* 上正方形与 *KM* 上正方形的差正方形的边与 *BK* 是不可公度的。

因为，整体 *BK* 上的正方形与所加 *KM* 上的正方形的差正方形的边与 *BK* 是不可公度的，

并且整体 *BK* 与有理线段 *BH* 是可公度的，

所以，*MB* 是第四二项差线。　　　　　　　　　　　　［ X.定义，Ⅲ.4］

但是，由有理线段和一条第四二项差线围成的矩形是无理的，并且它的正方形的边是无理的，并且称为小线。　　　　　　　　　　　　　　［X.94］

但是，*AB* 上的正方形等于矩形 *HB*，*BM*，

因为，当连接 *AH* 时，三角形 *ABH* 与三角形 *ABM* 是等角的，并且，*HB* 比 *BA* 如同 *AB* 比 *BM*。

所以五边形的边 *AB* 是一个称为小线的无理线段。

证完

此处我们需要卷 X. 的一些定义和命题。

首先,我们需要二项差线的定义(Ⅹ.73),它是形为$(\rho - \sqrt{k} \cdot \rho)$的直线,其中$\rho$是"有理"直线,$k$是任一整数或分数,它的平方根不是整数或分数,直线$\rho$,$\sqrt{k} \cdot \rho$中的较小者是附件(annex)。

其次,需要第四二项差线的定义[Ⅹ.定义Ⅲ.(Ⅹ.84之后)],它是形为$(x-y)$的直线,其中x, y(两个都是有理的并且仅平方可公度)是这样的,$\sqrt{x^2 - y^2}$与x不可公度,而x与给定有理直线ρ可公度。Ⅹ.88证明了第四二项差线有形式

$$\left(k\rho - \frac{k\rho}{\sqrt{1+\lambda}} \right)。$$

最后,小线是Ⅹ.76定义的无理直线,形为$(x-y)$,其中x, y是平方不可公度的,并且$(x^2 + y^2)$是"有理的",而xy是"均值面"。Ⅹ.76证明了小线有形式,

$$\frac{\rho}{\sqrt{2}}\sqrt{1 + \frac{k}{\sqrt{1+k^2}}} - \frac{\rho}{\sqrt{2}}\sqrt{1 - \frac{k}{\sqrt{1+k^2}}}。$$

这个命题可叙述如下。$ABCDE$是内接于圆的正五边形,AG, BH是过A, B的直径,分别交CD于L,交AC于M,$FK = \frac{1}{4}AF$。

由于半径$AF(r)$是有理的,所以FK, BK是有理的。

弧CG, GD相等,因此在L的角是直角,并且$CD = 2CL$。

类似地,在M的角是直角,并且$AC = 2CM$。我们要证明

(1)BM是二项差线,

(2)BM是第四二项差线,

(3)BA是小线。

回忆,若CA分为中外比,则较大线段等于正五边形的边[Ⅻ.8],并且由Ⅻ.1,

$$\left(CD + \frac{1}{2}CA \right)^2 = 5\left(\frac{1}{2}CA \right)^2,$$

我们研究比$(CD + CM)^2 : CM^2$。

三角形ACL, AFM等角,因而相似,所以

$$LC : CA = MF : FA,$$

$$2LC : CA = MF : \frac{1}{2}FA,$$

于是

$$2LC : \frac{1}{2}CA = MF : \frac{1}{4}FA,$$

或者

$$DC : CM = MF : FK;$$

405

合比并且平方,

$$(DC + CM)^2 : CM^2 = MK^2 : KF^2。$$

但是 $(DC + CM)^2 = 5CM^2;$

所以 $MK^2 = 5KF^2。$

[这意味着 $MK^2 = \dfrac{5}{16}r^2$,或 $MK = \dfrac{\sqrt{5}}{4}r$。]

由此推出,KF 是有理的,MK^2 是有理的,因而 MK 是有理的。

(1)证明 BM 是二项差线,而 MK 是附件。

我们有 $BF = 4FK;$

所以 $BK = 5FK,$

$$BK^2 = 25FK^2$$

$$= 5MK^2,由上述。$$

因此 BK^2 比 MK^2 不是平方数比平方数,因而 BK,MK 是长度不可公度的。所以它们是有理的并且仅平方可公度,故 BM 是二项差线。

$$\left[BK^2 = 5MK^2 = \frac{25}{16}r^2,并且 BK = \frac{5}{4}r。因此 BK - MK = \left(\frac{5}{4}r - \frac{\sqrt{5}}{4}r\right)。\right]$$

(2)证明 BM 是第四二项差线。

首先,因为 KF,FB 可公度,所以 BK,BF 可公度,即 BK 与给定的有理直线 BH 可公度。

其次,若 $N^2 = BK^2 - KM^2,$

因为 $BK^2 : KM^2 = 5 : 1,$

所以 $BK^2 : N^2 = 5 : 4,$

因此 BK,N 不可公度。

所以 BM 是第四二项差线。

(3)证明 BA 是小线。

若一条第四二项差线与一条有理直线构成一个矩形,则等于这个矩形的正方形的边是小线。 $[\text{X}.94]$

现在 $BA^2 = HB \cdot BM,$

HB 是有理的,而 BM 是第四二项差线,

所以 BA 是小线。

$$\left[BA = r\sqrt{2} \cdot \sqrt{\frac{5}{4} - \frac{\sqrt{5}}{4}} = \frac{r}{2}\sqrt{10 - 2\sqrt{5}}\right.$$

$$\left. = \frac{r}{2}\sqrt{5 + 2\sqrt{5}} - \frac{r}{2}\sqrt{5 - 2\sqrt{5}}。\right]$$

命题 12

如果一个等边三角形内接于一个圆,则三角形一边上的正方形是圆的半径上正方形的三倍。

设 ABC 是一个圆,

并且设等边三角形 ABC 内接于它。

我断言三角形 ABC 一边上的正方形是圆半径上正方形的三倍。

为此可设 D 是圆 ABC 的圆心,连接 AD,延长至点 E,再连接 BE。

则,因为三角形 ABC 是等边的,

所以,弧 BEC 是圆周 ABC 的三分之一。

所以弧 BE 是圆周的六分之一;

所以线段 BE 属于六边形;

从而它等于半径 DE。

又因为,AE 是 DE 的二倍,AE 上的正方形是 ED 上正方形的四倍,即 BE 上的正方形。

但是,AE 上的正方形是 AB,BE 上正方形的和;

[Ⅳ.15,推论]

[Ⅲ.31,Ⅰ.47]

所以,AB,BE 上正方形的和是 BE 上正方形的四倍。

所以,由分比,AB 上的正方形是 BE 上正方形的三倍。

但是,BE 等于 DE;所以 AB 上正方形是 DE 上正方形的三倍。

从而,三角形边上的正方形是半径上正方形的三倍。

证完

命题 13

在已知球内作内接棱锥①,并且证明球直径上的正方形是棱锥一边上正方形的一倍半。

设已知球的直径为 AB,

---

① 欧几里得在此所说的棱锥实际上是正四面体。——译者注

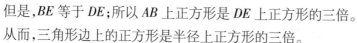

并且设它被点 C 分成 AC 和 CB，AC 是 CB 的二倍；

设 AB 上的半圆为 ADB，从点 C 作直线 CD 与 AB 成直角，连接 DA；

设圆 EFG 的半径等于 DC，

设等边三角形 EFG 内接于圆 EFG， [IV.2]

设取定圆的圆心为 H， [III.1]

连接 EH, HF, HG；

从点 H 作 HK 与圆 EFG 所在的平面成直角。 [XI.12]

在 HK 上截取一段 HK 等于线段 AC，且连接 KE, KF, KG。

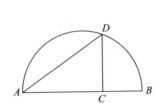
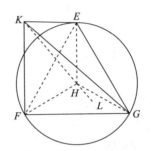

现在，因为 KH 与圆 EFG 所在的平面成直角，所以它也与圆 EFG 所在的平面上一切与它相交的直线成直角。 [XI.定义3]

但是，线段 HE, HF, HG 和它相交：

所以 HK 和线段 HE, HF, HG 的每一个都成直角。

又因为，AC 等于 HK，且 CD 等于 HE，且它们夹着直角，

所以，底 DA 等于底 KE。 [I.4]

同理，线段 KF, KG 也等于 DA；

所以，三条线段 KE, KF, KG 彼此相等。

又因为，AC 是 CB 的二倍，

所以，AB 是 BC 的三倍。

但是，AB 比 BC 如同 AD 上正方形比 DC 上正方形。这将在后面证明。

所以 AD 上正方形是 DC 上正方形的三倍。

但是，FE 上正方形也是 EH 上正方形的三倍， [XIII.12]

并且 DC 等于 EH；所以 DA 也等于 EF。

但是，已经证明了 DA 等于线段 KE, KF, KG 的每一条；所以线段 EF, FG, GE 的每一条也等于线段 KE, KF, KG 的每一条；

所以，四个三角形 EFG, KEF, KFG, KEG 是等边的。

所以，由四个等边三角形构成了一个棱锥，三角形 EFG 是它的底且点 K 是

它的顶点。

其次，要求它内接于已知球，且需证明球直径上的正方形是这棱锥一边上正方形的一倍半。

将直线 KH 延长成直线 HL，且取 HL 等于 CB。

现在，因为 AC 比 CD 如同 CD 比 CB，　　　　　　　　　　　　[Ⅵ.8，推论]

这时 AC 等于 KH，CD 等于 HE，且 CB 等于 HL，

所以，KH 比 HE 如同 EH 比 HL；

所以，矩形 KH，HL 等于 EH 上的正方形。　　　　　　　　　　　　[Ⅵ.17]

并且 KHE，EHL 的每一个都是直角；

所以，作在 KL 上的半圆也经过 E。　　　　　　　　　　　　[参考Ⅵ.8，Ⅲ.31]

如果 KL 固定，使半圆由原来位置旋转到开始位置，它也经过点 F，G。

因为，如果连接 FL，LG，则在 F，G 处的角是直角。

并且棱锥内接于已知球。

因为，球的直径 KL 等于已知球的直径 AB，KH 等于 AC，且 HL 等于 CB。

其次，可证球的直径上的正方形是棱锥一边上正方形的一倍半。

因为，AC 是 CB 的二倍。

所以，AB 是 BC 的三倍，

又由反比，BA 是 AC 的一倍半。

但是，BA 比 AC 如同 BA 上的正方形比 AD 上的正方形。

所以，BA 上的正方形也是 AD 上正方形的一倍半。

并且 BA 是已知球的直径，AD 等于棱锥的边。

所以，这个球的直径上的正方形是棱锥边上正方形的一倍半。

　　　　　　　　　　　　　　　　　　　　　　　　　　　　　　　证完

引　理

证明，AB 比 BC 如同 AD 上的正方形比 DC 上的正方形。

为此设半圆已作成，连接 DB，

在 AC 上作正方形 EC，且作平行四边形 FB。

因为，三角形 DAB 与三角形 DAC 是等角的，

BA 比 AD 如同 DA 比 AC。　　　　　　　　　　　　[Ⅵ.8，Ⅵ.4]

所以矩形 BA，AC 等于 AD 上的正方形。　　　　　　　　　　　　[Ⅵ.17]

又因为，AB 比 BC 如同 EB 比 BF，　　　　　　　　　　　　[Ⅵ.1]

且 *EB* 是矩形 *BA*,*AC*,因为 *EA* 等于 *AC*,且 *BF* 是矩形 *AC*,*CB*,所以 *AB* 比 *BC* 如同矩形 *BA*,*AC* 比矩形 *AC*,*CB*。

又矩形 *BA*,*AC* 等于 *AD* 上的正方形,

并且矩形 *AC*,*CB* 等于 *DC* 上的正方形,

因为垂线 *DC* 是底的线段 *AC*,*CB* 的比例中项,因为角 *ADB* 是直角。 ［Ⅵ.8,推论］

所以,*AB* 比 *BC* 如同 *AD* 上正方形比 *DC* 上正方形。

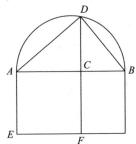

有理由怀疑这个引理。这个命题的一个注释者没有看到这个引理。

在这个命题的图形中,半圆实际上是过球心的截面的一半,*AD* 是内接四面体的棱。

证明分为三个部分:

(1) *KEFG* 是边等于 *AD* 的正四面体;

(2) 它内接于半径等于 *AB* 的球;

(3) $$AB^2 = \frac{3}{2}AD^2 。$$

为了证明(1),我们应当证明

(a) $$KE = KF = KG = AD,$$

(b) $$AD = EF 。$$

(a)因为 $$HE = HF = HG = CD,$$
$$KH = AC,$$

并且角 $$ACD, KHE, KHF, KHG \text{ 是直角},$$

所以三角形 $$ACD, KHE, KHF, KHG \text{ 全等},$$

因此 $$KE = KF = KG = AD 。$$

(b)因为 $$AB = 3BC,$$

并且 $$AB : BC = (AB \cdot AC) : (AC \cdot CB)$$
$$= AD^2 : CD^2,$$

可推出 $$AD^2 = 3CD^2 。$$

但是［ⅩⅢ.12］ $$EF^2 = 3EH^2;$$

并且 *EH* = *CD*,由作图。

所以 $$AD = EF 。$$

于是 *EFGK* 是正四面体。

410

（2）现在我们注意欧几里得描述的用意。[Ⅹ.定义 14 中]

延长 $KH(=AC)$ 到 L，使得 $HL=CB$，有 $KL=AB$；于是 KL 是外接于这个四面体的球的直径，并且我们只需证明 E,F,G 位于以 KL 为直径作出的半圆上。

对于点 E，因为

$$AC:CD=CD:CB,$$

而

$$AC=KH,CD=HE,CB=HL,$$

所以

$$KH:HE=HE:HL,$$

或者

$$KH \cdot HL=HE^2。$$

由于角 KHF,EHL 是直角，故 EKL 是直角在 E 的三角形[参考Ⅵ.8]。因此 E 在以 KL 为直径的半圆上。

类似可证 F,G。

于是以 KL 为直径的半圆绕 KL 旋转过 E,F,G。

（3）

$$AB=3BC,$$

因此

$$BA=\frac{3}{2}AC。$$

并且

$$BA:AC=BA^2:(BA \cdot AC)$$

$$=BA^2:AD^2。$$

所以

$$BA^2=\frac{3}{2}AD^2。$$

若 r 是外接球的半径，则

$$（四面体的棱）=\frac{2\sqrt{2}}{\sqrt{3}} \cdot r=\frac{2}{3}\sqrt{6} \cdot r。$$

应当注意，尽管欧几里得的作图等价于内接一个特定的正则立体于一个给定的球，但是他实际上不是在这个球内作立体，而是作一个立体，使得一个等于给定球的球外接于它。而帕普斯在处理这一问题时，实际上在给定球内作立体。他的方法是在给定球内找一个圆截面，包含一些给定立体的角点。他的方法是有趣的，尽管要求球的某些性质，而这些性质不在《原理》之中，但在西奥多修斯的 *Sphaerica* 中。

帕普斯关于欧几里得ⅩⅢ.13 的解答

为了在给定球中内接一个正棱锥或正四面体，帕普斯（Ⅲ.pp.142—144）找到两个相等且平行的圆截面，每一个以两个相对棱作为直径。在这个及其他类似问题中他使用分析和综合法。下面是重述的他的解答。

分析：

假设这个问题已解答，A, B, C, D 是要求的棱锥的角点。

过 A 作 EF 平行于 CD，它与 AC, AD 成等角；又因为 AB 也是这样，所以 EF 垂直于 AB [帕普斯关于这个有一个引理，p. 140，12—24]，因而是这个球的一条切线（因为 EF 平行于三角形 ACD 的底 CD，因而切于它的外接圆，它也切于圆截面 AB，这个截面是由过 AB 及其垂线 EF 的平面截出的）。

类似地，过 D 作 GH 平行于 AB，GH 也是球的切线。

并且过 GH, CD 的平面截出等于且平行于 AB 的圆截面。

过这个圆截面的中心 K，在这个截面上作 LM 垂直于 CD，因而平行于 AB。连接 BL, BM。

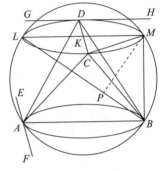

则 BM 垂直于 AB，LM, LB 是这个球的直径。连接 MC。则

$$LM^2 = 2MC^2,$$

并且
$$BC = AB = LM,$$

故
$$BC^2 = 2MC^2。$$

又由于 BM 垂直于圆 LM 所在的平面，故垂直于 CM，

因此
$$BC^2 = BM^2 + MC^2,$$

故
$$BM = MC。$$

但是
$$BC = LM,$$

所以
$$LM^2 = 2BM^2。$$

又因为角 LMB 是直角，所以

$$BL^2 = LM^2 + MB^2 = \frac{3}{2}LM^2。$$

综合：

作这个球的两个平行圆截面，其直径是 D'，使得 $D'^2 = \frac{2}{3}d^2$。

其中 d 是这个球的直径。

[这个容易作，在任一直径 BL 上取点 P，使得 $LP = 2PB$，而后作 PM 垂直 LB，交大圆 LMB 于 M，则 $LM^2 : LB^2 = LP : LB = 2 : 3$。]

过 M, B 作两个截面垂直于 MB，并在这两个截面上作平行直径 LM, AB。

最后，在截面 LM 内作 CD 过中心 K，并垂直于 LM，则 $ABCD$ 是要求的正棱锥或正四面体。

命题 14

像前面的情况一样,作一个球的内接八面体;再证明球直径上的正方形是八面体一边上正方形的二倍。

设已知球的直径为 AB,

并且设二等分于点 C;再在 AB 上作半圆 ADB,

从 C 作 CD 与 AB 成直角,连接 DB;

设正方形 $EFGH$ 的每条边等于 DB,

连接 HF,EG,

从点 K 作直线 KL 和正方形 $EFGH$ 所在平面成直角。　　　　　[XI.12]

并且使它穿过平面到另一侧,取线段 KM;

在直线 KL,KM 上分别截取 KL,KM,使它们等于线段 EK,FK,GK,HK 的每一条,

并连接 LE,LF,LG,LH,ME,MF,MG,MH。

那么,由于 KE 等于 KH,

并且角 EKH 是直角,

所以 HE 上的正方形是 EK 上正方形的二倍。　　　　　[I.47]

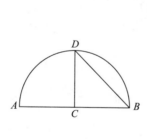
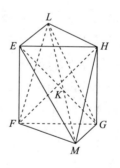

又因为,LK 等于 KE,

并且角 LKE 是直角,

所以,EL 上的正方形是 EK 上正方形的二倍。　　　　　[同前]

但是已经证明了 HE 上的正方形是 EK 上正方形的二倍;

所以,LE 上的正方形等于 EH 上的正方形;

所以,LE 等于 EH。

同理,LH 也等于 HE;

所以,三角形 LEH 是等边的。

类似地,我们可以证明以正方形 *EFGH* 的边为底且以点 *L,M* 为顶点的其余的三角形每一个都是等边的;

从而作出了由八个等边三角形围成的八面体。

其次,要求它内接于已知球,且证明球直径上的正方形是八面体边上的正方形的二倍。

因为,三条线段 *LK,KM,KE* 彼此相等,所以 *LM* 上的半圆也经过 *E*。

同理,如果固定 *LM*,旋转半圆到原来的位置,它也经过 *F,G,H*,从而八面体内接于一个球。

其次,再证它也内接于已知球。

因为,*LK* 等于 *KM*,这时 *KE* 是公共的,且它们夹着直角,

所以底 *LE* 等于底 *EM*。　　　　　　　　　　　　　　　　　　　[Ⅰ.4]

又因为,角 *LEM* 是直角,因为它在半圆上;　　　　　　　　　　　[Ⅲ.31]

所以 *LM* 上的正方形是 *LE* 上正方形的二倍。　　　　　　　　　[Ⅰ.47]

又因为,*AC* 等于 *CB*,*AB* 是 *BC* 的二倍。

但是,*AB* 比 *BC* 如同 *AB* 上正方形比 *BD* 上正方形;所以 *AB* 上正方形是 *BD* 上正方形的二倍。

但是,已经证明了 *LM* 上的正方形是 *LE* 上的正方形的二倍。

并且 *DB* 上的正方形等于 *LE* 上的正方形,因为 *EH* 等于 *DB*。

所以,*AB* 上正方形也等于 *LM* 上的正方形;

所以,*AB* 等于 *LM*。

并且 *AB* 是已知球的直径;

所以,*LM* 等于已知球的直径。

从而,在已知球内作出了八面体,且同时证明了球直径上正方形是八面体边上正方形的二倍。

　　　　　　　　　　　　　　　　　　　　　　　　　　　　　　　　证完

我认为这个图形比欧几里得的正文的图形更清楚。

因为 *EFGH* 是正方形,边等于 *BD*,所以 *KE,KF,KM,KH* 都等于 *CB*。

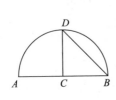
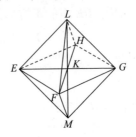

由作图,KL,KM 等于 CB,因此 LE,LF,LG,LH 以及 ME,MF,MG,MH 都等于 EF 或 BD,于是

(1)这个图形是由八个等边三角形构成的,因而是正八面体。

(2)因为

$$KE = KL = KM,$$

所以在平面 LKE 内的 LM 上的半圆过 E。

类似地,F,G,H 在以 LM 为直径的半圆上。

于是这个八面体的所有顶点在以 LM 为直径的球上。

(3)因为

$$LE = EM = BD,$$

所以

$$LM^2 = 2EL^2 = 2BD^2 = AB^2,$$

或者

$$LM = AB。$$

(4)

$$AB^2 = 2BD^2 = 2EF^2。$$

若 r 是外接球的半径,则

(正八面体的边)$= \sqrt{2} \cdot r$。

帕普斯的方法

帕普斯(Ⅲ. pp. 148—150)寻找这个球的两个相等且平行的圆截面,它们是八面体的两个相对面的外接圆。

分析:

假设内接于球的八面体的顶点是 A,B,C,D,E,F,过 ABC,DEF 作圆截面 ABC,DEF。

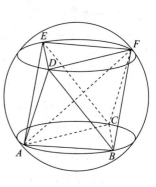

因为 AB,BF,FE,EA 相等,所以 $ABFE$ 是内接于大圆的正方形,并且 AB,EF 平行。

类似地,DE 平行于 BC,DF 平行于 AC。

所以过 D,E,F 的圆与过 A,B,C 的圆平行,并且相等,因为内接于它们的三角形相等。

现在,ABC,DEF 是相等且平行的圆截面,并且 AB,EF 是不在同心圆一侧的平行且相等的弦,AF 是球的直径。

[帕普斯对此有一个引理,pp. 136—138]

并且 $AE = EF$,故 $AF^2 = 2FE^2$。

但是,若 d' 是圆 DEF 的直径,则

$$d'^2 = \frac{4}{3}EF^2。 \qquad \text{[参考 ⅩⅢ.12]}$$

因此，若 d 是球的直径，则

$$d^2 : d'^2 = 3 : 2。$$

因为 d 给定，所以 d' 给定，因此圆 DEF，ABC 给定。

综合：

作两个相等且平行的圆截面，其直径 d' 满足

$$d^2 = \frac{3}{2}d'^2，$$

其中 d 是球的直径。

在一个圆内作等边三角形 ABC。在另一个圆内作 EF 等于且平行于 AB，但是在中心的对侧，完成等边三角形 DEF。

$ABCDEF$ 是所求的八面体。

应当注意，在 XIII.13 中，欧几里得首先找到外接于一个面的圆，帕普斯首先找到一个棱，而在这个问题中，欧几里得首先找到棱，帕普斯首先找到外接于一个面的圆。

命题 15

像作棱锥一样，求作一个球的内接立方体；并且证明球直径上的正方形是立方体一边上正方形的三倍。

设已知球的直径是 AB。

并且设 C 分 AB，使 AC 是 CB 的二倍；

在 AB 上作半圆 ADB，

设从 C 作 CD 与 AB 成直角，

连接 DB；设正方形 $EFGH$ 的边等于 DB，

从 E,F,G,H 作 EK,FL,GM,HN 与正方形 $EFGH$ 所在的平面成直角。

在 EK,FL,GM,HN 上分别截取 EK,FL,GM,HN 等于线段 EF,FG,GH,HE 的每一条。

连接 KL,LM,MN,NK；

从而作出了立方体 FN，它由六个相等的正方形围成。

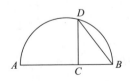
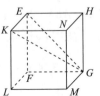

下边证明此立方体内接于已知球,并且证明球直径上的正方形是此立方体一边上正方形的三倍。

连接 KG,EG。

因为角 KEG 是直角,因为 KE 与平面 EG 成直角,

当然和直线 EG 也成直角。 [ⅩⅠ.定义 3]

所以 KG 上的半圆也过点 E。

又,因为 GF 与 FL,FE 的每一条都成直角,

GF 也与平面 FK 成直角。

由此也有,如果连接 FK,则 GF 与 FK 成直角;

由此在 GK 上再作半圆也过 F。

类似地,它也过立方体其余的顶点。

如果固定 KG,使半圆旋转到开始位置,

此立方体内接于一个球。

其次,可证它也内接于已知球。

因为 GF 等于 FE,并且在 F 的角是直角,

所以 EG 上的正方形是 EF 上正方形的二倍;

但是,EF 等于 EK;

所以,EG 上的正方形是 EK 上正方形的二倍。

由此,GE,EK 上正方形的和,即 GK 上的正方形[Ⅰ.47],是 EK 上正方形的三倍。

又因为,AB 是 BC 的三倍。

这时,AB 比 BC 如同 AB 上的正方形比 BD 上的正方形,

所以,AB 上的正方形是 BD 上正方形的三倍。

但是,已经证明了 GK 上的正方形是 KE 上正方形的三倍。

又 KE 等于 DB;所以 KG 也等于 AB。

又 AB 是已知球的直径;所以 KG 也等于已知球的直径。

所以,给已知球作出了内接立方体;而且同时证明了球直径上的正方形是立方体一边上正方形的三倍。

证完

分割 AB,使得 $AC=2CB$;作 CD 与 AB 成直角,并且连接 BD。

由作图,KG 是边等于 BD 的立方体,

要证明(1)它内接于一个球。

因为 KE 垂直于 EH,EF,所以 KE 垂直于 EG。

于是 KEG 是直角,E 在以 KG 为直径的半圆上。

同样地,可证其他顶点 F,H,L,M,N 也是这样。

于是这个立方体内接于以 KG 为直径的球。

(2)
$$KG^2 = KE^2 + EG^2$$
$$= KE^2 + 2EF^2$$
$$= 3EK^2。$$

又
$$AB = 3BC,$$

而
$$AB : BC = AB^2 : (AB \cdot BC)$$
$$= AB^2 : BD^2;$$

所以
$$AB^2 = 3BD^2。$$

但是
$$BD = EK,$$

所以
$$KG = AB。$$

(3)
$$AB^2 = 3BD^2$$
$$= 3KE^2。$$

若 r 是外接球的半径,则

$$(\text{立方体的边}) = \frac{2}{\sqrt{3}} \cdot r = \frac{2}{3}\sqrt{3} \cdot r。$$

帕普斯的解答

帕普斯(Ⅲ. pp. 144—148)同样给出了分析与综合。

分析:

假定这个问题已解答,并设立方体的顶点是 A, B,C,D,E,F,G,H。

分别作过 A,B,C,D 以及过 E,F,G,H 的平面,这将产生两个平行且相等的圆截面。

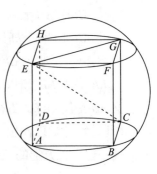

并且 CE 是这个球的一条直径。

连接 EG。

因为 $EG^2 = 2EH^2 = 2GC^2$,并且角 CGE 是直角,所以

$$CE^2 = GC^2 + EG^2 = \frac{3}{2}EG^2。$$

但是 CE^2 给定,所以 EG^2 给定,故圆 $EFGH,ABCD$ 以及内接于它们的正方形给定。

综合：

作两个直径是 d' 的平行圆截面，使得

$$d^2 = \frac{3}{2}d'^2 ,$$

其中 d 是给定球的直径。

在一个圆中内接正方形 $ABCD$。

在另一个圆中作 FG 相等且平行于 BC，并完成 FG 上内接于圆 $EFGH$ 的正方形。

于是要求的立方体的八个顶点被决定。

命题 16

与前面一样，作一个球的内接二十面体；并且证明这二十面体的边是称为小线的无理线段。

设 AB 是已知球的直径，

并且点 C 分 AB，使 AC 是 CB 的四倍，

设在 AB 上作半圆 ADB，

从 C 作直线 CD 和 AB 成直角，连接 DB；

设有圆 $EFGHK$ 且半径等于 DB，

设等边且等角的五边形 $EFGHK$ 内接于圆 $EFGHK$，设点 L,M,N,O,P 二等分弧 EF,FG,GH,HK,KE。

并且连接 LM,MN,NO,OP,PL,EP。

所以，五边形 $LMNOP$ 也是等边的，

又线段 EP 是十边形的边。

现在从点 E,F,G,H,K 作直线 EQ,FR,GS,HT,KU 与圆所在的平面成直角，并且设它们等于圆 $EFGHK$ 的半径，

连接 $QR,RS,ST,TU,UQ,QL,LR,RM,MS,SN,NT,TO,OU,UP,PQ$。

现在，因为线段 EQ,KU 都与同一平面成直角，

所以，EQ 平行于 KU。　　　　　　　　　　　　　　　　　　[XI. 6]

但是，它们也相等；

又连接相等且平行线段的端点的线段，在同一方向相等且平行。　[I. 33]

所以，QU 等于且平行于 EK。

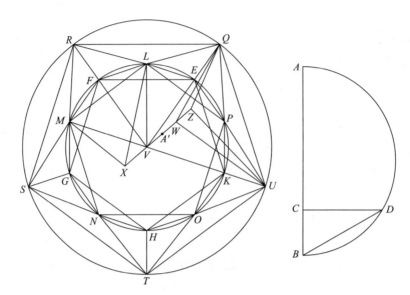

但是，*EK* 是等边五边形的边；

所以，*QU* 也是内接于圆 *EFGHK* 的内接等边五边形的边。

同理，线段 *QR*,*RS*,*ST*,*TU* 都是圆 *EFGHK* 的内接等边五边形的边；

所以，五边形 *QRSTU* 是等边的。

又因为，*QE* 属于六边形，

并且 *EP* 属于十边形，又角 *QEP* 是直角，

所以 *QP* 属于五边形；

因为，内接于同一圆的五边形的边上的正方形等于六边形的边上的正方形与十边形边上正方形的和。 [XIII. 10]

同理，*PU* 也是五边形的边。

但是，*QU* 也属于一个五边形；

所以，三角形 *QPU* 是等边的。

同理，三角形 *QLR*,*RMS*,*SNT*,*TOU* 的每一个也是等边的。

又因为，已经证明了线段 *QL*,*QP* 的每一条都属于一个五边形，且 *LP* 也属于一个五边形，

所以，三角形 *QLP* 是等边的。

同理，三角形 *LRM*,*MSN*,*NTO*,*OUP* 的每一个也是等边的。

设取定圆 *EFGHK* 的圆心为点 *V*，

从点 *V* 作 *VZ* 与圆所在的平面成直角。

从另一方向延长它成 *VX*，

设截取 VW,使它为六边形一边,且线段 VX,WZ 的每一条是十边形的一边。

又连接 QZ,QW,UZ,EV,LV,LX,XM。

现在,因为线段 VW,QE 都与圆所在的平面成直角,

所以,VW 平行 QE。   [XI.6]

但是它们也相等;

所以,EV,QW 相等且平行。   [I.33]

但是,EV 属于一个六边形;

所以,QW 也属于一个六边形。

又因为,QW 属于一个六边形,

又 WZ 属于一个十边形,

并且角 QWZ 是直角,

所以,QZ 属于一个五边形。   [XIII.10]

同理,UZ 也属于一个五边形,

这是因为,如果连接 VK,WU,它们相等且是相对的,

又 VK 是半径,属于一个六边形;   [IV.15,推论]

所以 WU 也属于一个六边形。

但是,WZ 属于一个十边形,

并且角 UWZ 是直角;

所以,UZ 属于一个五边形。   [XIII.10]

但是,QU 也属于一个五边形;

所以,三角形 QUZ 是等边的。

同理,其余的以线段 QR,RS,ST,TU 为底且以 Z 为顶点的三角形也是等边的。

再者,因为 VL 属于一个六边形,

并且 VX 属于一个十边形,

并且角 LVX 是直角,

所以,LX 属于一个五边形。   [XIII.10]

同理,如果连接 MV,它属于一个六边形,也可以推出 MX 属于一个五边形。

但是,LM 也属于一个五边形;

所以,三角形 LMX 是等边的。

类似地,能证明以线段 MN,NO,OP,PL 为底且以点 X 为顶点的三角形都是等边的。

所以,已作出了由二十个等边的三角形构成的一个二十面体。

其次,要求二十面体内接于已知球,而且证明二十面体的边是称为小线的无理线段。

因为,*VW* 属于一个六边形,

并且 *WZ* 属于十边形,

所以,*VZ* 被 *W* 分为中外比,*VW* 是较大的线段;   [XIII.9]

所以,*ZV* 比 *VW* 如同 *VW* 比 *WZ*。

但是,*VW* 等于 *VE*,且 *WZ* 等于 *VX*;

所以,*ZV* 比 *VE* 如同 *EV* 比 *VX*。

又,角 *ZVE*,*EVX* 都是直角;

所以,如果连接 *EZ*,*XZ*,则角 *XEZ* 是直角,因为三角形 *XEZ* 与 *VEZ* 相似。

同理,因为,*ZV* 比 *VW* 如同 *VW* 比 *WZ*,

并且 *ZV* 等于 *XW*,且 *VW* 等于 *WQ*,

所以,*XW* 比 *WQ* 如同 *QW* 比 *WZ*。

同理,如果连接 *QX*,在 *Q* 处的角是直角;   [VI.8]

所以 *XZ* 上的半圆经过 *Q*。   [III.31]

又如果固定 *XZ*,使此半圆旋转到开始位置,它也经过点 *Q* 且过二十面体的其余的顶点,

因此,二十面体内接于一个球。

设 *A′* 二等分 *VW*。

那么,由于线段 *VZ* 被 *W* 分成中外比,且 *ZW* 是较小的一段,

所以,*ZW* 上的正方形加上了大线段的一半,即 *W A′* 上的正方形是大线段一半上正方形的五倍,   [XIII.3]

于是 *Z A′* 上的正方形是 *A′W* 上的正方形的五倍。

又 *ZX* 是 *ZA′* 的二倍,且 *VW* 是 *A′W* 的二倍;

所以,*ZX* 上的正方形是 *WV* 上正方形的五倍。

又因为 *AC* 是 *CB* 的四倍,

所以,*AB* 是 *BC* 的五倍。

但是,*AB* 比 *BC* 如同 *AB* 上正方形比 *BD* 上正方形;

                    [VI.8,V.定义 9]

所以,*AB* 上的正方形是 *BD* 上正方形的五倍。

但是,已经证明了 *ZX* 上的正方形是 *VW* 上正方形的五倍。

又,*DB* 等于 *VW*,

因为,它们的每一个等于圆 *EFGHK* 的半径;

所以，*AB* 也等于 *XZ*。

又 *AB* 是已知球的直径；

所以，*XZ* 也等于已知球的直径。

所以，这二十面体内接于已知球。

其次，可证这二十面体的边是称为小线的无理线段。

因为，球的直径是有理的，

并且它上的正方形是圆 *EFGHK* 的半径上正方形的五倍，

所以，圆 *EFGHK* 的半径也是有理的；

由此，它的直径也是有理的。

但是，如果一个等边五边形内接于一个直径是有理的圆，则五边形的边是
称为小线的无理线段。   [XIII. 11]

又，这五边形 *EFGHK* 的边是这个二十面体的边。

所以，二十面体的边是称为小线的无理线段。

推论   由此显然可知，此球直径上的正方形是内接二十面体得出的[顶点
所在五个三角形的外接圆的]圆半径上的正方形的五倍，并且球的直径是内接
于同圆内的六边形一边与十边形两边的和。

证完

欧几里得的方法是：

（1）在这个球的两个平行圆截面中找两个正五边形，使它们的边构成正二
十面体的十个棱（每个圆内五个）。

（2）找两个点，它们是两个圆截面的极点。

（3）证明连接这两个五边形最近角点形成的三角形是等边的。

（4）证明以极点为顶点，五边形的边为底的三角形也是等边的。

（5）证明所有角点在以极点连线为直径的球上。

（6）这个球与给定球同样大小。

（7）若球的直径是有理的，则正二十面体的棱是小线。

我将作另一个图，可更明显地显示正五边形及极点。

（1）若 *AB* 是给定球的直径，分割 *AB* 于 *C*，使得

$$AC = 4CB;$$

作 *CD* 垂直 *AB*，交 *AB* 上的半圆于 *D*。连接 *BD*。

BD 是包含正五边形的两个圆截面的半径，

[若 r 是球的半径，因为

$$AB : BC = AB^2 : (AB \cdot BC)$$
$$= AB^2 : BD^2,$$

而 $\qquad\qquad\qquad AB = 5BC,$

可推出 $\qquad\qquad\qquad AB^2 = 5BD^2。$

或 $\qquad\qquad$（截面的半径）$^2 = \dfrac{4}{5}r^2。$

于是 $[\,$ⅩⅢ.10, 注$\,]$（正五边形边）$^2 = \dfrac{r^2}{5}(10 - 2\sqrt{5})。]$

内接正五边形 $EFGHK$ 于半径等于 BD 的圆 $EFGHK$。

平分弧 $EF, FG, \cdots\cdots$ 形成圆内接正十边形。

连接相邻分点，我们得到另一个正五边形 $LMNOP$。

$LMNOP$ 是包含正二十面体五个边的一个正五边形。

另一个圆及其内接的正五边形可以如下得到，从 E, F, G, H, K 作所在圆面的垂线 EQ, FR, GS, HT, KU，并使得它们都等于这个圆的半径。

$QRSTU$ 是第二个包含二十面体的五条边的正五边形（当然等于第一个）。

连接一个正五边形的每一个角点与另一个正五边形的两个最近的角点，我们得到十个三角形。它们每一个以这两个正五边形中一个的一边作为边。

V, W 是这两个圆的中心，并且 VW 当然垂直于这两个平面。

(2) 延长 VW，使得 VX 和 WZ 都等于内接于这个圆的正十边形的一边，譬如 EL。

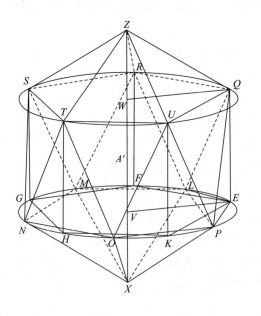
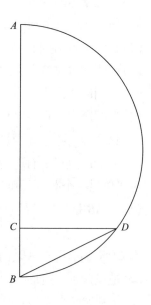

连接 X,Z 到对应正五边形的角点,我们又得到总共十个三角形,每一个以正五边形的一条边作为底。

现在我们来证明。

(3)取圆面 $EFGHK$ 的两条相邻的垂线 EQ,KU,它们平行且相等,因而 QU,EK 相等且平行。

类似地,QR,EF,等等。

于是这个五边形的边相等。

为了证明三角形 QPL 等是等边的,有

$$QL^2 = LE^2 + EQ^2$$
$$= (十边形边)^2 + (六边形边)^2$$
$$= (五边形)^2 。 \qquad [ⅩⅢ.10]$$

即 $\qquad QL = (圆内接五边形的边) = LP。$

类似地, $\qquad QP = LP。$

因而 $\qquad \triangle QPL$ 是等边的。

同样地对这两个五边形之间的其他三角形。

(4)因为 VW,EQ 相等且平行,所以

$$VE,WQ 相等且平行。$$

于是 WQ 等于圆内正六边形的边。

现在,角 ZWQ 是直角,所以

$$ZQ^2 = ZW^2 + WQ^2$$
$$= (正十边形边)^2 + (正六边形边)^2$$
$$= (正五边形边)^2 。 \qquad [ⅩⅢ.10]$$

于是 ZQ,ZR,ZS,ZT,ZU 都等于 QR,RS,等等。并且以 Z 为顶点,以 QR,RS 等为底的三角形是等边的。

类似地,以 X 为顶点,以 LM,MN 等为底的三角形是等边的。

因此这个图形是由二十个等边三角形围成的正二十面体。

(5)证明这个二十面体的所有顶点都在以 XZ 为直径的球上。

VW 等于正六边形的边,WZ 等于内接于同一个球的正十面体的边。

VZ 在 W 分为中外比。 $\qquad [ⅩⅢ.9]$

所以 $\qquad ZV:VW = VW:WZ,$

又因为 $\qquad VW = VE, \quad WZ = VX,$

所以 $\qquad ZV:VE = VE:VX。$

于是 E 在以 ZX 为直径的半圆上。 $\qquad [Ⅵ.8]$

类似地,对所有其他二十面体的顶点。

因此以 XZ 为直径的球外接于它。

(6)证明 $XZ = AB$。

因为 VZ 在 W 分为中外比,并且 VW 平分于 A',所以

$$A'Z^2 = 5A'W^2。 \qquad [XIII.3]$$

取 $A'Z, A'W$ 的二倍,有

$$XZ^2 = 5VW^2$$
$$= 5BD^2$$
$$= AB^2。 \qquad [上述(1)]$$

即 $XZ = AB$。

[若 r 是球的半径,则

$$VW = BD = \frac{2}{\sqrt{5}}r,$$

$$VX = (半径为 BD 的圆内接十边形的边)$$

$$= \frac{BD}{2}(\sqrt{5}-1) \qquad [XIII.9,注]$$

$$= \frac{r}{\sqrt{5}}(\sqrt{5}-1)。$$

因此

$$XZ = VW + 2VX$$

$$= \frac{2}{\sqrt{5}}r + \frac{2}{\sqrt{5}}r(\sqrt{5}-1)$$

$$= 2r。]$$

(7)圆 $EFGHK$ 的半径是 $\frac{2}{\sqrt{5}}r$,在欧几里得意义上是"有理的",因此其内接正五边形的边是小线。 $\qquad [XIII.11]$

[正五边形的边是正二十面体的棱,它的值是(XIII.10,注)

$$\frac{BD}{2}\sqrt{10-2\sqrt{5}} = \frac{r}{\sqrt{5}}\sqrt{10-2\sqrt{5}} = \frac{r}{5}\sqrt{10(5-\sqrt{5})}。]$$

帕普斯的解答

这个解答与欧几里得的解答很不相同。欧几里得使用了这个球的两个圆截面,而帕普斯找到四个平行的圆截面,每一个通过这个二十面体的三个顶点,其中两个小圆分别外接于两个相对的三角形面,而其他两个圆在这两个小圆之间,平行且相等。

分析：

假定这个问题已解答，正二十面体的顶点是 $A,B,C;D,E,F;G,H,K;L,M,$ N。因为从 B 到球面的直线 BA,BC,BF,BG,BE 相等，所以

$$A,C,F,G,E\ \text{在一个平面上}，$$

并且 AC,CF,FG,GE,EA 相等，因而 $ACFGE$ 是等边等角的五边形。

同样地，图形 $KEBCD,DHFBA,AKLGB,AKNHC,CHMGB$。连接 EF,KH。

现在 AC 平行于 EF（在五边形 $ACFGE$ 内），平行于 KH（在五边形 $AKNHC$ 内），故 EF,KH 平行；又 KH 平行于 LM（在五边形 $LKDHM$ 内）。

类似地，BC,ED,GH,LN 平行。

BA,FD,GK,MN 平行。

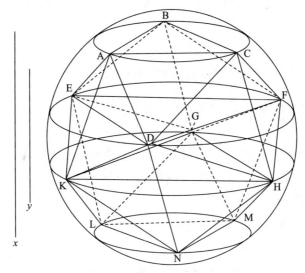

因为 BC 等于且平行 LN，BA 等于且平行 MN，所以圆 ABC,LMN 相等且平行。

类似地，圆 DEF,KGH 相等且平行。因为其内接三角形相等，并且它们的边分别平行。

现在在相等且平行的圆 DEF,KGH 内，弦 EF,KH 相等且平行，并且在中心的两侧。

所以 FK 是这个球的直径［帕普斯引理，pp. 136—8］，并且角 FEK 是直角 ［帕普斯引理，p. 138］

在五边形 $GEACF$ 内，若 EF 分为中外比，则较大段等于 AC。   ［XIII.8］

所以 $EF:AC = $（正六边形的边）:（正十边形的边）。   ［XIII.9］

并且 $EF^2 + AC^2 = EF^2 + EK^2 = d^2$，

其中 d 是球的直径。

于是 FK,EF,AC 分别是圆内接正五边形、六边形、十边形的边。 [XIII. 10]

但是 FK 是球的直径,给定,因而 EF,AC 给定。

于是圆 EFD,ACB 的半径给定(若 r,r' 是它们的半径,则 $r^2 = \frac{1}{3}EF^2$, $r'^2 = \frac{1}{3}$ AC^2)。

因此这些圆给定,分别等于且平行于它们的圆 KHG,LMN 给定。

综合:

若 d 是这个球的直径,作两条线 x,y ,使得 d,x,y 的比等于同一个圆的内接正五边形、六边形、十边形的边的比。

作(1)这个球的两个相等且平行的圆截面 DEF,KGH ,其半径 r 满足 $r^2 = \frac{1}{3}x^2$,

(2)两个相等且平行的圆截面 ABC,LMN ,其半径 r 满足 $r'^2 = \frac{1}{3}y^2$ 。

在(1)中的两个圆内,以 EF,KH 为边作内接等边三角形,相互平行,并且在中心的两侧。

在(2)中的两个圆内,以 AC,LM 为边作内接等边三角形,相互平行,并且平行于 EF,KH ,以及 AC,EF 在中心的两侧, KH,LM 也在中心的两侧。

完成这个图形。

作图的正确性的证明在分析中。

可以推出

$$（球的直径）^2 = 3（DEF 内正五边形的边）^2。$$

事实上,由作图, $KF:FE = p:h$,

其中 p,h 是内接于同一圆 DEF 的正五边形与正六边形的边。

又, $FE:h$ 等于内接于同一圆的等边三角形与正六边形的边的比,

即 $\qquad\qquad FE:h = \sqrt{3}:1$,

因此 $\qquad\qquad KF:p = \sqrt{3}:1$,

或者 $\qquad\qquad KF^2 = 3p^2$ 。

另外的作图

H. M. 泰勒有一个边为 a 的正二十面体的作图。

设 l 是边长为 a 的正五边形的对角线,则(XIII. 8 图)由托勒密定理,

$$l^2 = la + a^2。$$

作棱为 l 的立方体,设 O 是其中心。

从 O 作 OL, OM, ON 垂直于三个相邻的面,并且在这些面内分别作 PP',QQ', RR' 平行于 AB, AD, AE。

作 $LP, LP', MQ, MQ', NR, NR'$ 都等于 $\frac{1}{2}a$,

设 p, p', q, q', r, r' 分别是 P, P', Q, Q', R, R' 的反射点,

则 $P, P', Q, Q', R, R', p, p', q, q', r, r'$ 是正二十面体的顶点。

PQ 在 AB, AD, AE 上的投影分别等于 $\frac{1}{2}(l-a), \frac{1}{2}a, \frac{1}{2}l$。

所以

$$
\begin{aligned}
PQ^2 &= \frac{1}{4}(l-a)^2 + \frac{1}{4}a^2 + \frac{1}{4}l^2 \\
&= \frac{1}{2}(l^2 - al + a^2) \\
&= a^2。
\end{aligned}
$$

因此 $PQ = a$。

类似地,可证明每一个棱等于 a。

所有角点在以 OP 为半径的球上,并且

$$OP^2 = \frac{1}{4}(a^2 + l^2)。$$

每个五面角由五个相等的平面角构成,每一个平面角是等边三角形的一个角。

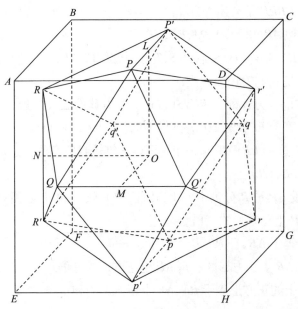

因此,这个二十面体是正则的。

$$[a^2 = 4OP^2 - l^2。$$

并且由　　$l^2 = la + a^2$,有

$$l = \frac{a}{2}(\sqrt{5}+1)。$$

若 r 是球的半径,则

$$a^2\{1 + \frac{(\sqrt{5}+1)^2}{4}\} = 4r^2,$$

因此
$$a = 4r/\sqrt{10 + 2\sqrt{5}}$$
$$= 4r\sqrt{10 - 2\sqrt{5}}/\sqrt{80}$$
$$= \frac{r}{\sqrt{5}}\sqrt{10 - 2\sqrt{5}}$$
$$= \frac{r}{\sqrt{5}}\sqrt{10(5 - \sqrt{5})},$$

如上。]

命题 17

与前面一样,求作已知球的内接十二面体,并且证明这十二面体的边是称为二项差线的无理线段。

设 $ABCD$, $CBEF$ 是前述立方体的互相垂直的两个面,又设 G,H,K,L,M,N, O 分别二等分边 AB, BC, CD, DA, EF, EB, FC。

连接 GK, HL, MH, NO,设点 R,S,T 分别分线段 NP, PO, HQ 成中外比;并且设 RP, PS, TQ 是它们的较大线段;

从 R,S,T 向立方体外作 RU, SV, TW 与立方体的面成直角。

设取它们等于 RP, PS, TQ,并连接 UB, BW, WC, CV, VU。

我断言,五边形 $UBWCV$ 是一个平面内的等边且等角的五边形。

连接 RB, SB, VB。

那么,线段 NP 被 R 分为中外比,并且 RP 是较大的线段,所以 PN, NR 上正方形的和是 RP 上正方形的三倍。　　　　　　　　　　　　　　　　　　[ⅩⅢ.4]

但是, PN 等于 NB,且 PR 等于 RU;

所以, BN, NR 上正方形的和是 RU 上正方形的三倍。

但是, BR 上的正方形等于 BN, NR 上正方形的和;　　　　　　　　[Ⅰ.47]

所以，*BR* 上的正方形是 *RU* 上正方形的三倍；

由此 *BR*,*RU* 上正方形的和是 *RU* 上正方形的四倍。

但是，*BU* 上的正方形等于 *BR*,*RU* 上正方形的和；

所以，*BU* 上的正方形是 *RU* 上正方形的四倍；

所以，*BU* 是 *RU* 的二倍。

但是，*VU* 也是 *UR* 的二倍，因为 *SR* 也是 *PR* 的二倍，即 *RU* 的二倍；

所以 *BU* 等于 *UV*。

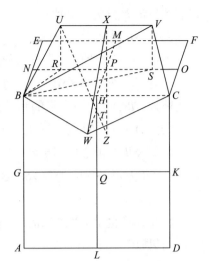

类似地，能够证明线段 *BW*,*WC*,*CV* 的每一条等于线段 *BU*,*UV* 的每一条。

所以，五边形 *BUVCW* 是等边的。

其次，可证它也同在一个平面上。

从 *P* 向立方体外作 *PX* 平行于 *RU*,*SV* 的每一条，

连接 *XH*,*HW*；

我断言 *XHW* 是一条直线。

因为，由于 *HQ* 被 *T* 分为中外比，并且 *QT* 是较大的线段，所以 *HQ* 比 *QT* 如同 *QT* 比 *TH*。

但是，*HQ* 等于 *HP*，并且 *QT* 等于线段 *TW*,*PX* 的每一条；

所以，*HP* 比 *PX* 如同 *WT* 比 *TH*。

又 *HP* 平行于 *TW*，这是因为它们的每一条都与平面 *BD* 成直角；　　　［XI. 6］

并且 *TH* 平行于 *PX*，

因为，它们的每一条都与平面 *BF* 成直角。　　　　　　　　　　　［同前］

但是，如果两个三角形 *XPH*,*HTW*，其中一个的两条边和另一个的两条边成比例，如果把它们的边放在一起使角的顶点重合在一起，而且相应的边平行，则其余两边在一条直线上；　　　　　　　　　　　　　　　　　　　［VI. 32］

所以，*XH* 与 *HW* 在同一条直线上。

但是，每一条直线在同一个平面上；　　　　　　　　　　　　　　　［XI. 1］

所以，五边形 *UBWCV* 在一平面上。

其次可证，它也是等角的。

因为，线段 *NP* 被 *R* 分为中外比，并且 *PR* 是较大的线段，而 *PR* 等于 *PS*，所

431

以, NS 也被 P 分为中外比,

并且 NP 是较大的一段; [ⅩⅢ.5]

所以, NS,SP 上的正方形的和是 NP 上正方形的三倍。 [ⅩⅢ.4]

但是, NP 等于 NB,并且 PS 等于 SV;

所以, NS,SV 上正方形的和是 NB 上正方形的三倍;

由此, VS,SN,NB 上正方形的和是 NB 上正方形的四倍。

但是, SB 上正方形等于 SN,NB 上正方形的和;所以 BS,SV 上正方形的和,即 BV 上正方形——因为角 VSB 是直角——是 NB 上正方形的四倍;所以 VB 是 BN 的二倍。

但是, BC 也是 BN 的二倍;

所以, BV 等于 BC。

又因为,两边 BU,UV 等于两边 BW,WC,并且底 BV 等于底 BC,

所以,角 BUV 等于角 BWC。 [Ⅰ.8]

类似地,我们可以证明角 UVC 也等于角 BWC;所以三个角 BWC,BUV,UVC 彼此相等。

但是,如果一个等边五边形有三个角彼此相等,则五边形是等角的,[ⅩⅢ.7]

所以,五边形 $BUVCW$ 是等角的。

又已经证明了它是等边的;

所以,五边形 $BUVCW$ 是等边且等角的,它在立方体的边 BC 上。

所以,如果在立方体的十二条边的每一条上都同样作图,则由十二个等边且等角的五边形构成一个立体图,叫作十二面体。

需证它内接于已知球,并且证明这十二面体的边是称为二项差线的无理线段。

因为可延长 XP 成直线 XZ;

所以, PZ 与正方体的对角线相交,并且彼此平分,因为这已被第Ⅺ卷最后的定理证明了。 [Ⅺ.38]

设它们相交于 Z;

所以, Z 是立方体外接球的球心,

并且 ZP 是立方体一边的一半。

设连接 UZ。

现在,因为 P 分线段 NS 为中外比,

并且 NP 是较大一段,

所以 NS,SP 上正方形的和是 NP 上正方形的三倍。 [ⅩⅢ.4]

但是,NS 等于 XZ。

因为,NP 也等于 PZ,并且 XP 等于 PS。

但是,PS 也等于 XU,

因为它也等于 RP;

所以,ZX,XU 上正方形的和是 NP 上正方形的三倍。

但是,UZ 上正方形等于 ZX,XU 上正方形的和;所以 UZ 上正方形是 NP 上正方形的三倍。

但是,外接于正方体的球的半径上的正方形也是立方体一边的一半上正方形的三倍。

因为,前面已经指出如何作内接于球的立方体,并且已经证得球的直径上的正方形是立方体一边上正方形的三倍。 [XIII.15]

但是,如果两整体相比,也如同两个半量的比,并且 NP 是立方体一边的一半;

所以,UZ 等于外接于立方体的球的半径。

并且 Z 是外接于立方体的球的球心;

所以,点 U 是这球面上的一点。

类似地,我们能够证明十二面体其余的每一个角顶也在这球面上;所以,十二面体内接于已知球。

其次,可证十二面体的边是称为二项差线的无理线段。

因为,当 NP 被分成中外比时,RP 是较大一段。

又,当 PO 被分成中外比时,PS 是较大一段,所以,当整体 NO 被分成中外比时,RS 是较大一段。

[这是因为,NP 比 PR 如同 PR 比 RN,于是各二倍也是正确的,因为部分与部分的比等于它们同倍量的比; [V.15]

所以,NO 比 RS 如同 RS 比 NR 与 SO 的和。

但是,NO 大于 RS;

所以,RS 也大于 NR 与 SO 的和;

从而,NO 被分成中外比,且 RS 是较大一段。]

但是,RS 等于 UV;

所以,当 NO 被分成中外比时,UV 是较大一段。

又因为,球的直径是有理的,

并且它上的正方形是正方体一边上正方形的三倍,

所以 NO 是立方体的一边,它是有理的。

但是,如果有理线段被分成中外比,那么所分的两部分都是二项差线的无理线段。

所以 UV 是十二面体的一边,是一个称为二项差线的无理线段。

[XIII. 6]

推论　由此显然可得,当立方体的一边被分成中外比时,其较大一段是十二面体的一边。

证完

我们发现欧几里得在这个命题中使用了两个以前未使用的命题,尤其是 VI. 32,有些作者忽视了在此的应用。

欧几里得的作图与 H. M. 泰勒的作图相同。

欧几里得从内接于一个球的正方体开始,而后找到正五边形的边,立方体的边是它的对角线。

泰勒把边为 a 的正五边形的对角线取为 l,由托勒密定理,$l^2 = al + a^2$,作棱为 l 的立方体,为了求得正五边形的边,从立方体的中心 Z 作 ZX 垂直于面 BF,并且等于 $\frac{1}{2}(l+a)$,而后过 X 作 UV 平行于 BC,并且使 UX,XV 都等于 $\frac{1}{2}a$。

欧几里得如下求 UV。

作 NO,MH 平分正方形 BF 的对边,并交于 P。

作 GK,HL 平分正方形 BD 的对边,并交于 Q。

分别分 PN,PO,QH 成中外比于 R,S,T(PR,PS,QT 是大段),作 RU,SV,TW 垂直于立方体的面,并使其等于 PR,PS,TQ。

连接 BU,UV,VC,CW,WB,则 $BUVCW$ 是正十二面体的一个五角形面;并且同样地作其他面。

欧几里得现在证明:

(1)五边形 $BUVCW$ 是等边的,

(2)在一个平面上,

(3)是等角的,

(4)顶点 U 在正方体的外接球上,因而

(5)所有其他顶点也在这个球上,

(6)正十二面体的棱是二项差线。

(1)证明五边形 $BUVCW$ 是等边的,我们有

$$BU^2 = BR^2 + RU^2$$

434

$$= (BN^2 + NR^2) + RP^2$$
$$= (PN^2 + NR^2) + RP^2$$
$$= 3RP^2 + RP^2 \qquad [\text{XⅢ.4}]$$
$$= 4RP^2$$
$$= UV^2。$$

所以 $\qquad\qquad\qquad\qquad BU = UV。$

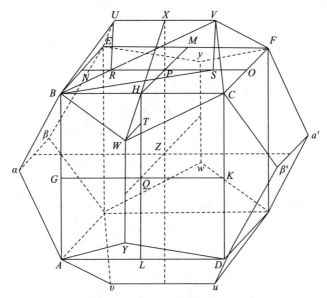

类似地,可证 BW,WC,CV 都等于 UV 或 BU。

[泰勒如下进行。BU 在 BA,BC,BE 上的投影分别是 $\dfrac{1}{2}a,\dfrac{1}{2}(l-a),\dfrac{1}{2}l$。

所以 $\qquad\qquad BU^2 = \dfrac{1}{4}a^2 + \dfrac{1}{4}(l-a)^2 + \dfrac{1}{4}l^2$

$$= \dfrac{1}{2}(l^2 - al + a^2)$$

$$= a^2。$$

BW,WC 等类似。]

(2)证明五边形 $BUVCW$ 在一个平面上。

作 PX 平行于 RU 或 SV,交 UV 于 X。连接 XH,HW。

我们要证明 XH,HW 是一条直线。

因为 HP,WT 都垂直于面 BD,所以平行。同样 XP,HT 平行。

又因为 QH 在 T 分为中外比,所以

$$QH : QT = QT : TH。$$

又 $\qquad QH = HP, QT = WT = PX$。

所以 $\qquad HP : PX = WT : TH$。

因此三角形 HPX, WTH 满足 Ⅵ.32 的条件,故 XHW 是一条直线。

[泰勒证明这个如下:

WH, WX 在 BE 上的投影是 $\frac{1}{2}a$, $\frac{1}{2}(a+l)$,并且

WH, WX 在 BA 上的投影是 $\frac{1}{2}(l-a)$, $\frac{1}{2}l$;并且

$$a : (a+l) = (l-a) : l, \quad \text{由于 } al = l^2 - a^2。$$

所以 WHX 是一条直线。]

(3)证明五边形 $BUVCW$ 是等角的,我们有

$$BV^2 = BS^2 + SV^2$$
$$= (BN^2 + NS^2) + SP^2$$
$$= PN^2 + (NS^2 + SP^2)$$
$$= PN^2 + 3PN^2,$$

由于 NS 在 P 分为中外比[Ⅷ.5],故

$$NS^2 + SP^2 = 3PN^2。 \qquad\qquad [Ⅷ.4]$$

因此 $\qquad BV^2 = 4PN^2 = BC^2,$

或者 $\qquad BV = BC$。

因而三角形 UBV, WBC 全等,并且 $\angle BUV = \angle BWC$。

类似地,$\angle CVU = \angle BWC$。所以这个五边形是等角的, $\qquad [Ⅷ.7]$

(4)证明立方体的外接球也外接于这个十二面体,因此我们只要证明,若 Z 是球心,则 $ZU = ZB$。

由Ⅺ.38,XP 的延长线与立方体的对角线相交,并且 XP 的延长部分在立方体内,且对角线相互平分。

又 $\qquad ZU^2 = ZX^2 + XU^2$
$$= NS^2 + PS^2$$
$$= 3PN^2,$$
$$ZB^2 = ZP^2 + PB^2$$
$$= ZP^2 + PN^2 + NB^2$$
$$= 3PN^2。$$

所以 $\qquad ZU = ZB$。

(5)类似地对 ZV, ZW,等等。

（6）因为 *PN* 在 *R* 分为中外比，所以

$$NP : PR = PR : RN。$$

二倍这些项，有　　$NO : RS = RS : (NR + SO)$，

故若 *NO* 分为中外比，则大段等于 *RS*。

因为球的直径是有理的，并且（球的直径）^{2} = 3（立方体的边）^{2}，

所以立方体的棱（即 *NO*）是有理的。

因此 *RS* 是二项差线。

[这个证明在假的 XⅢ.6 中，并且引用这个定理的话也是插入的。]

事实上，　　$l^2 = la + a^2$，

因　　$a = \dfrac{\sqrt{5}-1}{2} l。$

若 *r* 是外接球的半径，则 $r = \sqrt{3} \cdot \dfrac{l}{2}$，

$$a = \dfrac{r}{\sqrt{3}}(\sqrt{5}-1)$$

$$= \dfrac{r}{3}(\sqrt{15}-\sqrt{3})。$$

帕普斯的解答

帕普斯（Ⅲ. pp. 156—162）找到四个相互平行的这个球的圆截面，每一个包含正十二面体的五个顶点。

分析：

假定这个问题已解答，并设其顶点是 $A, B, C, D, E; F, G, H, K, L; M, N, O, P, Q; R, S, T, U, V$。

则 *ED* 平行于 *FL*，*AE* 平行于 *FG*；所以面 *ABCDE*，*FGHKL* 平行。

但是，因为 *PA*∥*BH*，*BH*∥*OC*，所以 *PA*∥*OC*，并且相等；因此 *PO*∥*AC*，故 *ST*∥*ED*。

类似地，*RS*∥*DC*，*TU*∥*EA*，*UV*∥*AB*，*VR*∥*BC*。

所以平面 *ABCDE*，*RSTUV* 平行，并且圆 *ABCDE*，*RSTUV* 相等，因为其内接正五边形相等。

类似地，圆 *FGHKL*，*MNOPQ* 平行且相等。

现在 *CL*，*OU* 平行，因为每一个平行于 *KN*，所以 *L*，*C*，*O*，*U* 在一个平面上。

并且 *LC*，*CO*，*OU*，*UL* 都相等，由于它们对着相等的五边形的角。又 *L*，*C*，

O,U 在一个平面上,即在一个圆上,所以 $LCOU$ 是正方形。

$$OL^2 = 2LC^2 = 2LF^2 。$$

又,角 OLF 是直角(帕普斯引理,p. 138),所以

$$OF^2 = OL^2 + FL^2 = 3FL^2 。$$

并且 OF 是这个球的直径(帕普斯引理,pp. 136—8)。

假定 p,t,h 是内接于圆 $FGHKL$ 的等边五边形、三角形、六边形的边,d 是球的直径,则

$$d : FL = \sqrt{3} : 1 \qquad\qquad [由上]$$
$$= t : h; \qquad\qquad\qquad [XIII. 12]$$

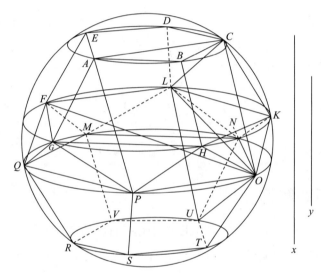

因为 $FL = p$,所以

$$d : t = p : h 。$$

现在设 d',p',h' 是任一个圆的内接正十边形、五边形、六边形的边。

若 FL 分为中外比,则较大的一段是 ED, $\qquad\qquad$ [XIII. 8]

$$FL : ED = h' : d' 。 \qquad\qquad [VI. 定义 3, XIII. 9]$$

又 $FL : ED$ 是内接于圆 $FGHKL$,$ABCDE$ 的正五边形的边的比,因而也是内接于这两个圆的等边三角形的比。

$$t : (内接于 ABCDE 的三角形的边) = h' : d' 。$$

但是 $\qquad\qquad\qquad d : t = p : h = p' : h';$

由首末比, $\quad d : (内接于 ABCDE 的三角形的边) = p' : d' 。$

现在 d' 给定,所以内接于圆 $ABCDE$,$FGHKL$ 的等边三角形的边也给定,因此这两个圆的半径给定。

于是这两个圆给定,相应地,相等且平行的圆截面给定。

综合:

作两条直线 x,y,使得 d,x,y 的比等于内接于同一个圆的正五边形、六边形和十边形的边的比。

作这个球的两个圆截面,半径是 r,r',满足

$$r^2 = \frac{1}{3}x^2 , \ r'^2 = \frac{1}{3}y^2 。$$

设它们分别是圆 *FGHKL*,*ABCDE*,并且在圆心的另一侧作相等且平行的圆 *MNOPQ*,*RSTUV*。

在前两个圆内作正五边形,使它们的边分别平行,*ED* 平行于 *FL*。

在另外两个圆中作相等且平行的弦,即 *ST* 等于且平行于 *ED*,*PO* 等于且平行于 *FL*;并完成 *ST*,*PO* 上的内接于圆的正五边形。

于是,决定了正十二面体的所有顶点。

作图的正确性由分析是显然的。

帕普斯又证明了包含正十二面体的五个顶点的圆是同一个球的包含正二十面体的三个点的圆,并且同一个圆外接于正二十面体的三角形面及正十二面体的五边形面。

命题 18

给定五种图形的边并把它们加以比较。

设 *AB* 是已知球的直径,

并且设 *C* 把它分成 *AC* 等于 *CB*,又设 *D* 把它分成 *AD* 是 *DB* 的二倍;设 *AB* 上的半圆是 *AEB*,

从 *C*,*D* 作 *CE*,*DF* 与 *AB* 成直角,

连接 *AF*,*FB*,*EB*。

那么,因为 *AD* 是 *DB* 的二倍,所以 *AB* 是 *BD* 的三倍。

代换后,*BA* 是 *AD* 的一倍半。

但是,*BA* 比 *AD* 如同 *BA* 上的正方形比 *AF* 上的正方形, [Ⅴ.定义 9,Ⅵ.8]

因为,三角形 *AFB* 与三角形 *AFD* 是等角的;

所以,*BA* 上正方形是 *AF* 上正方形的一倍半。

但是,球直径上的正方形也是棱锥一边上正方形的一倍半。 [ⅩⅢ.13]

又,*AB* 是球的直径;

所以，*AF* 等于棱锥的边。

又因为，*AD* 是 *DB* 的二倍，所以 *AB* 是 *BD* 的三倍。

但是，*AB* 比 *BD* 如同 *AB* 上正方形比 *BF* 上正方形；　　　　　　　　　　　[Ⅵ.8，Ⅴ.定义9]

所以，*AB* 上正方形是 *BF* 上正方形的三倍。

但是，球直径上的正方形也是立方体边上正方形的三倍。　　　　　　　　[ⅩⅢ.15]

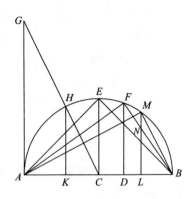

又，*AB* 是球直径；

所以，*BF* 是立方体的边。

又因为，*AC* 等于 *CB*，所以 *AB* 是 *BC* 的二倍。

但是，*AB* 比 *BC* 如同 *AB* 上正方形比 *BE* 上正方形；

所以，*AB* 上正方形是 *BE* 上正方形的二倍。

但是，球直径上的正方形也是八面体边上正方形的二倍。　　　　　　　　　　　　[ⅩⅢ.14]

又 *AB* 是已知球的直径，所以 *BE* 是八面体的边。

其次，由点 *A* 作 *AG* 与直线 *AB* 成直角，作 *AG* 等于 *AB*，连接 *GC*，由 *H* 作 *HK* 垂直 *AB*。

那么，由于 *GA* 等于 *AC* 的二倍，因为 *GA* 等于 *AB*，且，*GA* 比 *AC* 如同 *HK* 比 *KC*，所以 *HK* 也是 *KC* 的二倍。

于是，*HK* 上正方形是 *KC* 上正方形的四倍；

所以，*HK*，*KC* 上正方形的和，即 *HC* 上正方形是 *KC* 上正方形的五倍。

但是，*HC* 等于 *CB*，所以 *BC* 上的正方形是 *CK* 上正方形的五倍。

又因为，*AB* 是 *CB* 的二倍，

在它们中，*AD* 是 *DB* 的二倍，

所以，余量 *BD* 是余量 *DC* 的二倍。

因此，*BC* 是 *CD* 的三倍；所以 *BC* 上正方形是 *CD* 上正方形的九倍。

但是，*BC* 上正方形是 *CK* 上正方形的五倍；

所以，*CK* 上正方形大于 *CD* 上正方形；

所以，*CK* 大于 *CD*。

设 *CL* 等于 *CK*，由 *L* 作 *LM* 与 *AB* 成直角，连接 *MB*。

现在，因为 *BC* 上的正方形是 *CK* 上正方形的五倍。

并且 *AB* 是 *BC* 的二倍，*KL* 是 *CK* 的二倍，

所以 *AB* 上正方形是 *KL* 上正方形的五倍。

但是,球直径上的正方形也是作出的二十面体的圆半径上正方形的五倍。

[ⅩⅢ.16,推论]

而 *AB* 是球的直径;

于是 *KL* 是作出的二十面体的圆的半径;

所以,*KL* 是所说圆的内接六边形的边。 [Ⅵ.15,推论]

又因为球的直径等于同圆中内接六边形边与内接十边形两边的和。

[ⅩⅢ.16,推论]

而 *AB* 是球的直径,

并且 *KL* 是六边形的一边,

又 *AK* 等于 *LB*,

所以,线段 *AK*,*LB* 的每一条都是二十面体的圆内接十边形的边。

又因为 *LB* 属于一个十边形,并且 *ML* 属于一个六边形,因为 *ML* 等于 *KL*,它等于 *HK*,这是因为距圆心等远,

线段 *HK*,*KL* 的每一条都是 *KC* 的二倍,

所以 *MB* 属于五边形。 [ⅩⅢ.10]

但是,五边形的一边是二十面体的一边。 [ⅩⅢ.16]

于是,*MB* 属于这个二十面体。

现在,因为 *FB* 是立方体的一边,

设它被 *N* 分成中外比,并且设 *NB* 是较大一段;

所以,*NB* 是十二面体的一边。 [ⅩⅢ.17,推论]

又因为,已经证明了球直径上的正方形是棱锥一边 *AF* 上正方形的一倍半,也是八面体一边 *BE* 上的正方形的二倍与立方体边 *FB* 的三倍,所以球直径上正方形包含六部分,棱锥边上的正方形包含四部分,八面体一边上正方形包含三部分,立方体一边上正方形包含两部分。

所以,棱锥一边上正方形是八面体一边上正方形的三分之四,是立方体一边上正方形的二倍;

并且八面体一边上正方形是立方体一边上正方形的一倍半。

所以,这三种图形,棱锥、八面体及立方体的边互比是有理比。

但是,其余的两种图形,即二十面体的边与十二面体的边互比不是有理比,与前面所说的边互比也不是有理比。

因为,它们是无理的,一个是小线[ⅩⅢ.16],另一个是二项差线[ⅩⅢ.17]。

我们能够证明二十面体的边 *MB* 大于十二面体的边 *NB*。

因为,三角形 *FDB* 与三角形 *FAB* 是等角的, [Ⅵ.8]

有比例，DB 比 BF 如同 BF 比 BA。 $[\text{VI}.4]$

又因为，三条线段成比例，

第一条比第三条如同第一条上的正方形比第二条上的正方形；

$[\text{V}.定义 9, \text{VI}.20, 推论]$

所以，DB 比 BA 如同 DB 上正方形比 BF 上正方形；

所以，由反比例，AB 比 BD 如同 FB 上正方形比 BD 上正方形。

但是，AB 是 BD 的三倍；

所以，FB 上正方形是 BD 上正方形的三倍。

但是，AD 上正方形也是 DB 上正方形的四倍，因为 AD 是 DB 的二倍；

所以，AD 上正方形大于 FB 上正方形；

所以，AD 大于 FB；

所以，AL 更大于 FB。

又，当 AL 被分为中外比时，KL 是较大一段，因为 LK 属于六边形，并且 KA
属于十边形； $[\text{XIII}.9]$

当 FB 被分成中外比时，NB 是较大一段；

所以，KL 大于 NB。

但是，KL 等于 LM；所以 LM 大于 NB。

从而二十面体一边 MB 大于十二面体一边 NB。

                                                                              证完

其次可证，**除上述五种图形以外，再没其他的由等边及等角且彼此相等的
面构成的图形。**

因为，一个立体角不能由两个三角形或者两个平面构成。

由三个三角形构成棱锥的角，由四个三角形构成八面体的角，由五个三角
形构成二十面体的角；

但是，不能把六个等边且等角的三角形一个顶点放在一起构成一个立
体角。

因为，等边三角形的一个角是一个直角的三分之二，于是六个角将等于四
个直角：

这是不可能的，因为任何一个立体角都是由其和小于四直角的一些角构成
的。 $[\text{XI}.21]$

同理，六个以上平面角绝不能构成一个立体角。

由三个正方形构成立方体的角，但是四个正方形不能构成立体角，因为它

442

们的和又是四个直角。

由三个等边且等角的五边形构成十二面体的角；但是由四个这样的角不能构成任何立体角。因为，一个等边五边形的角是直角的一又五分之一，于是四个角之和大于四个直角：

这是不可能的。

同理，不可能由另外的多边形构成立体角。

证完

引　理

证明等边且等角的五边形的角是一个直角的一又五分之一。

设 *ABCDE* 是一个等边且等角的五边形，设它的外接圆是圆 *ABCDE*，设它的圆心为 *F*，并且连接 *FA*，*FB*，*FC*，*FD*，*FE*。

所以，它们在 *A*，*B*，*C*，*D*，*E* 点二等分五边形的各角。

又因为，在点 *F* 的各角的和等于四直角且它们相等，

所以，它们的每一个，如角 *AFB*，是一个直角的五分之四；所以其余各角 *FAB*，*ABF* 的和为一直角的一又五分之一。

但是，角 *FAB* 等于角 *FBC*；

所以，五边形的一个整体角 *ABC* 是一个直角的一又五分之一。

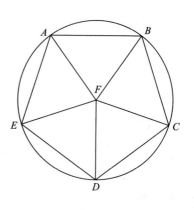

证完

在前面几个注中，我们已看到，若 r 是外接球的半径，则

$$（正四面体的棱）= \frac{2}{3}\sqrt{6} \cdot r,$$

$$（正八面体的棱）= \sqrt{2} \cdot r,$$

$$（立方体的棱）= \frac{2}{3}\sqrt{3} \cdot r,$$

$$（正二十面体的棱）= \frac{r}{5}\sqrt{10(5-\sqrt{5})},$$

$$（正十二面体的棱）= \frac{r}{3}\sqrt{15-\sqrt{3}}.$$

欧几里得在此把五个正则立体的棱展示在一个图形中。

（1）作 AD 等于 $2DB$。于是

$$BA = \frac{3}{2}AD,$$

并且　　$BA:AD = BA^2:AF^2$。

所以　　$BA^2 = \frac{3}{2}AF^2$。

于是 $AF = \sqrt{\frac{2}{3}} \cdot 2r = \frac{2}{3}\sqrt{6} \cdot r$

$$=（正四面体的棱）。$$

（2）　　　　　　$AB^2:BF^2 = AB:BD$

$$= 3:1。$$

所以　　　　　　　$BF^2 = \frac{1}{3}AB^2,$

或者　　　　　　　$BF = \frac{2}{\sqrt{3}} \cdot r = \frac{2}{3}\sqrt{3} \cdot r$

$$=（立方体的棱）。$$

（3）　　　　　　$AB^2 = 2BE^2。$

所以　　　　$BE = \sqrt{2} \cdot r =（正八面体的棱）。$

（4）作 AG 垂直且等于 AB。连接 GC，交半圆于 H，并且作 HK 垂直于 AB。则

$$GA = 2AC,$$

由相似三角形　　　　$HK = 2KC。$

因为　　　　　　　　$HK^2 = 4KC^2,$

因而　　　　　$5KC^2 = HK^2 + KC^2$

$$= HC^2$$

$$= CB^2。$$

又因为 $AB = 2CB$，并且 $AD = 2DB$，

由减法，　$BD = 2DC$,

或者　　　　　　　$BC = 3DC。$

所以　　　　　　$9DC^2 = BC^2$

$$= 5KC^2。$$

因此 $\qquad KC > CD$。

作 CL 等于 KC，作 LM 垂直 AB，并连接 AM, MB。

因为 $\qquad CB^2 = 5KC^2$，

所以 $\qquad AB^2 = 5KL^2$。

由此推出，$KL\left(=\sqrt{\dfrac{4}{5}} \cdot r\right)$ 是包含正二十面体的五边形截面的圆的半径，或内接正六边形的边。 [XIII.16]

又因为

$$2r = (正六边形的边) + 2(同圆内正十边形的边)，\quad [XIII.16,推论]$$

所以 $\qquad AK = LB = (上述十边形的边)$。

但是 $\qquad LM = HK = KL = (圆内接正六边形的边)$。

所以 $\qquad LM^2 + LB^2\left(=BM^2\right) = (圆内接正五边形的边)^2 \quad [XIII.10]$

$$= (正二十面体的棱)^2，$$

因而 $\qquad BM = (正二十面体的棱)$。

[更简短地， $HK = 2KC$，

因此 $\qquad HK^2 = 4KC^2$，

并且 $\qquad 5KC^2 = HC^2 = r^2$。

又 $\qquad AK = r - CK = r\left(1 - \dfrac{1}{\sqrt{5}}\right)$。

于是 $\qquad BM^2 = HK^2 + AK^2$

$$= \frac{4}{5}r^2 + r^2\left(1 - \frac{1}{\sqrt{5}}\right)^2$$

$$= r^2\left(\frac{10}{5} - \frac{2}{\sqrt{5}}\right)$$

$$= \frac{r^2}{5}(10 - 2\sqrt{5})，$$

因而 $\qquad BM = \dfrac{r}{5}\sqrt{10(5 - \sqrt{5})}$

$$= (正二十面体的棱)。]$$

(5) 把 BF(立方体的棱)在 N 分为中外比，若 BN 是较大一段，则

$$BN = (正十二面体的棱)。 \qquad [XIII.17]$$

[我们有 $\qquad BN = \dfrac{\sqrt{5} - 1}{2} \cdot BF$

$$= \frac{\sqrt{5}-1}{2} \cdot \frac{2}{\sqrt{3}} \cdot r$$

$$= \frac{r}{3}(\sqrt{15}-\sqrt{3})$$

$$= (正十二面体的棱)。]$$

（6）若 t, o, c 分别是正四面体、正八面体、立方体的棱，则

$$4r^2 = \frac{3}{2}t^2 = 2o^2 = 3c^2。$$

$$4r^2 : t^2 : o^2 : c^2 = 6 : 4 : 3 : 2,$$

因而 $2r, t, o, c$ 间的比是有理的（欧几里得意义上）。

这些与正二十面体和正十二面体的棱之间的比是无理的。

（7）证明

（正二十面体的棱）>（正十二面体的棱），

即 $\qquad\qquad\qquad MN > NB。$

由相似三角形 $FDB, AFB,$

$$DB : BF = BF : BA,$$

或者 $\qquad\qquad DB : BA = DB^2 : BF^2。$

但是 $\qquad\qquad\qquad 3DB = BA,$

因而 $\qquad\qquad\qquad BF^2 = 3DB^2。$

由题设 $\qquad\qquad\qquad AD^2 = 4DB^2,$

所以 $\qquad\qquad\qquad AD > BF,$

更有 $\qquad\qquad\qquad AL > BF。$

LK 是正六边形的边，而 AK 是内接于同一圆的正十边形的边，因而当 AL 分为中外比时，KL 是较大段。而当 BF 分为中外比时，BN 是较大段。

因为 $\qquad\qquad\qquad AL > BF,$

所以 $\qquad\qquad\qquad KL > BN,$

或者 $\qquad\qquad\qquad LM > BN。$

更有 $\qquad\qquad\qquad MB > BN。$

附　录

Ⅰ. 许普西克勒斯的所谓的卷ⅩⅣ. 的内容

这是对欧几里得卷ⅩⅢ. 的补充,之所以值得介绍,不只是因为它证明了一些定理,而是由于历史原因。

我已经在前言中引用了它,但是我还要在此重复。

"提尔的巴兹里得斯(Basilides),或者普鲁塔奇奥斯(Protarchus),当他来到亚历山大会见我的父亲时,大部分时间讨论他们有共同兴趣的数学。当看到阿波罗尼奥斯写的关于比较内接于同一个球的正十二面体与正二十面体的小册子时,他们断言阿波罗尼奥斯在这本书中的讨论是不正确的;我从我父亲那里知道,他们在修正并且重写它。但是我自己后来看到阿波罗尼奥斯的另一本书,包含这个问题的证明,并且我被他的研究所吸引。现在阿波罗尼奥斯的这本书已被所有人接受,事实上,它已经在大量地流通,它含有后来仔细研究的成果。

"就我而言,我决定向你提出我的评论,一个原因是你在全部数学方面,特别是在几何方面的能力,可以作为一个专家来评论我的作品,另一个原因是你与我父亲的密切关系以及对我的友好关怀,你可以仔细地检查我的论文。现在我给出我的前言及其论文。"

[命题1] "从圆中心到内接正五边形的边的垂线等于内接于同一圆的正六边形的边与正十边形的边的和的一半。"

设 ABC 是一个圆,BC 是内接正五边形的边,D 是圆心,从 D 作 DE 垂直于 BC,并在两个方向延长 DE,交圆于 F,A。

我断言 DE 是同一个圆的内接正六边形的边与正十边形的边的和的一半。

连接 DC,CF,取 GE 等于 EF,连接 GC。

因为圆的周长是五倍的弧 BFC,并且弧 ACF 是半个圆周,弧 FC 是弧 BFC 的一半,所以

$$（弧\ ACF）=5（弧\ FC）$$

或者

$$（弧\ AC）=4（弧\ CF）。$$

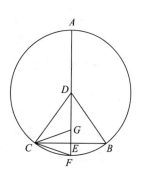

因此 $\qquad \angle ADC = 4\angle CDF,$

因而 $\qquad \angle AFC = 2\angle CDF.$

于是 $\qquad \angle CGF = \angle AFC = 2\angle CDF,$

所以［ I.32］ $\qquad \angle CDG = \angle DCG,$

故 $\qquad DG = GC = CF.$

又 $\qquad GE = EF,$

所以 $\qquad DE = EF + FC.$

两边加上 DE，有

$$2DE = DF + FC.$$

DF 是内接于同一圆的正六边形的边，而 FC 是正十边形的边。

"其次，从定理ⅩⅢ.12 容易知道，从圆心到等边三角形的边的垂线是圆的半径的一半。"

［命题2］内接于同一球的正十二面体的五边形面与正二十面体的三角形面外接于同一圆。

阿里斯泰奥斯在他的著作 *Comparison of the five figures* 中证明了这个。阿波罗尼奥斯在他的正十二面体与正二十面体的比较的第二版中证明了正十二面体的表面与正二十面体的表面的比等于它们的体积的比，这是由于从球心到正十二面体的五边形面与到正二十面体的三角形的垂线是相同的。

"但是我也要证明［命题2］内接于同一球的正十二面体的五边形面与正二十面体的三角形面外接于同一圆。

引理。

若一个等边且等角的五边形内接于一个圆，则两条边所对的直线上的正方形与其一条边上的正方形的和等于五倍的半径上的正方形。"

设 ABC 是一个圆，AC 是五边形的边，D 是圆心，作 DF 垂直于 AC 并延长到 B, E，连接 AB, AE。

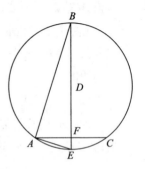

我断言

$$BA^2 + AC^2 = 5DE^2.$$

事实上，因为 $\qquad BE = 2ED,$

$\qquad BE^2 = 4ED^2.$

并且 $\qquad BE^2 = BA^2 + AE^2;$

所以 $\qquad BA^2 + AE^2 + ED^2 = 5ED^2.$

但是 $\qquad AC^2 = DE^2 + EA^2;$ $\qquad$［ⅩⅢ.10］

448

所以 $$BA^2 + AC^2 = 5DE^2 .$$

"现在要证明内接于同一球的正十二面体的五边形面与正二十面体的三角形面外接于同一圆。"

设 AB 是这个球的直径,$CDEFG$ 是正十二面体的五边形面,KLH 是正二十面体的三角形面。

我断言外接于它们的圆的半径相等。

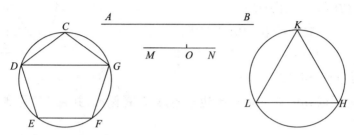

连接 DG,则 DG 是内接于这个球的立方体的边。 [XIII.17]

取直线 MN,使得 $AB^2 = 5MN^2$。

现在球的直径上的正方形是二十面体内接的这个圆的半径上的正方形的五倍。 [XIII.16,推论]

因此 MN 等于过正二十面体的五个顶点的圆的半径。

分 MN 于 O 为中外比,MO 是较大段。

因此 MO 是以 MN 为半径的圆的内接正十边形的边。 [XIII.9 和 XIII.5 的逆]

现在 $$5MN^2 = AB^2 = 3DG^2 .$$ [XIII.15]

但是 $$3DG^2 : 3CG^2 = 5MN^2 : 5MO^2 .$$

(因为若 DG 分为中外比,则大段等于 CG,并且若两条线段分为中外比,则它们的各段有相同的比:见后面引理。)

因而 $$5MO^2 + 5MN^2 = 5KL^2 .$$

[这个由 XIII.10 推出,因为由 XIII.16 的作图,KL 是半径等于 MN 的圆的内接正五边形的边,即这个圆是 MN 为其内接正六边形的边,MO 为其内接正十边形的边的圆。]

所以 $$5KL^2 = 3CG^2 + 3DG^2 .$$

但是 $5KL^2 = 15($外接 KLH 的圆的半径$)^2$, [XIII.12]

并且 $3DG^2 + 3CG^2 = 15($外接 $CDEFG$ 的圆的半径$)^2$。 [上述引理]

所以这两个圆的半径相等。

证完

[命题3]"若一个等边且等角的五边形内接于一个圆,并且从圆心到一条边作垂线,则正十二面体的表面等于边与垂线包围的矩形的30倍。"

设 $ABCDE$ 是这个五边形,F 是圆心,FG 是边 CD 上的垂线。

我断言

$$30CD \cdot FG = 12(\text{五边形面积})。$$

连接 CF, FD。

因为 $CD \cdot FG = 2(\triangle CDF)$,

所以　　　$5CD \cdot FG = 10(\triangle CDF)$,

因此　　$30CD \cdot FG = 12(\text{五边形面积})。$

类似地可证明

[命题4]若 ABC 是圆内接等边三角形,D 是圆心,并且 DE 是到 BC 的垂线,则

$$30BC \cdot DE = (\text{正二十面体表面})。$$

事实上　$DE \cdot BC = 2(\triangle DBC)$,

所以　$3DE \cdot BC = 6(\triangle DBC)$

$$= 2(\triangle ABC),$$

因此　$30DE \cdot BC = 20(\triangle ABC)。$

由此可以推出

[命题5](正十二面体表面):(正二十面体表面)=(五边形的边)·(它的垂线):(三角形的边)·(它的垂线)。

下面我们要证

[命题6]"正十二面体表面比正二十面体表面等于立方体的边比二十面体的边。"

设 ABC 是外接正十二面体的五边形与正二十面体的三角形的圆,并设 CD 是三角形的边,AC 是五边形的边。

设 E 是圆心,EF, EG 分别是 CD, AC 的垂线。

延长 EG 交圆于 B,连接 BC。

取 H 等于内接于同一球的立方体的边。

我断言

(十二面体表面):(二十面体表面)=$H:CD$。

事实上,因为 EB, BC 的和在 B 分为中外比,并且

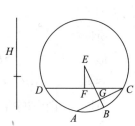

BE 是较大段， [ⅩⅢ.9]

又
$$EG = \frac{1}{2}(EB + BC),$$
[命题 1]

而
$$EF = \frac{1}{2}BE,$$
[见上述]

所以，若分 *EG* 为中外比，则较大段是 *EF*。[即，因为 *EB* 是 *EB + BC* 分为中外比的较大段，所以 $\frac{1}{2}EB$ 是 $\frac{1}{2}(EB + BC)$ 分为中外比的较大段。]

但是若 *H* 分为中外比，则较大段等于 *CA*， [ⅩⅢ.17，推论]

所以
$$H : CA = EG : EF,$$

或者
$$FE \cdot H = CA \cdot EG.$$

又因为
$$H : CD = FE \cdot H : FE \cdot CD,$$

并且
$$FE \cdot H = CA \cdot EG,$$

所以
$$H : CD = CA \cdot EG : FE \cdot CD$$
$$= (十二面体表面) : (二十面体表面)。$$

[命题 5]

另一个证明如下。

预备定理。

设 *ABC* 是一个圆，*AB*，*AC* 是内接正五边形的边。连接 *BC*；*D* 是圆心，连接 *AD* 并延长，交圆于 *E*。连接 *BD*。

令 *DF* 等于 $\frac{1}{2}AD$，*CH* 等于 $\frac{1}{3}CG$。

我断言

矩形 *AF*，*BH* = (五边形面积)。

事实上，因为
$$AD = 2DF,$$
$$AF = \frac{3}{2}AD。$$

又因为
$$GC = 3HC,$$
$$GC = \frac{3}{2}GH。$$

因此
$$FA : AD = CG : GH,$$

故
$$AF \cdot GH = AD \cdot CG$$
$$= AD \cdot BG$$

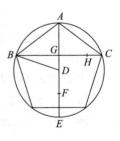

$$= 2(\triangle ABD)。$$

所以　　　　　　$5AF \cdot GH = 10(\triangle ABD) = 2(五边形面积)。$

并且　　　　　　　　　　$GH = 2HC，$

所以　　　　　　　　$5AF \cdot HC = (五边形面积)，$

或者　　　　　　　　$AF \cdot BH = (五边形面积)。$

定理的证明。

设外接于正十二面体的五边形及正二十面体的三角形的圆是 ABC，并且 AB, AC 是五边形的两条边；连接 BC。

设 E 是圆心，连接 AE 并延长，交圆于 F。

设　　　　　　$AE = 2EG，KC = 3CH。$

过 G 作 DM 垂直于 AF，交圆于 D, M；

则 DM 是内接等边三角形的边。

连接 AD, AM，它们都等于 DM。

因为　　　　$AG \cdot BH = (五边形面积)，$

并且　　　　$AG \cdot GD = (三角形面积)，$

所以　　　$BH : GD = (五边形面积) : (三角形面积)，$

并且　$12BH : 20GD = (十二面体表面) : (二十面体表面)。$

但是 $12BH = 10BC$，由于 $BH = 5HC$，并且 $BC = 6HC$，且 $20GD = 10DM$；

所以　**（十二面体表面）：（二十面体表面）＝（立方体的边）：（二十面体的边）**。

下面我们要证明

[命题7]"若一条直线分为中外比，又直线（1）是这样的，它上的正方形等于整条直线上的正方形与较大段上的正方形的和，直线（2）是这样的，它上的正方形等于整条直线上的正方形与较小段上的正方形的和，则直线（1）比直线（2）等于立方体的棱比二十面体的棱。"

设 AHB 是内接于同一球的正十二面体的五边形与正二十面体的三角形的外接圆，C 是圆心，CB 在 D 分为中外比，CD 是较大段。

则 CD 是内接于这个圆的正十边形的边。

　　　　　　　　　　[XⅢ.9，XⅢ.5 的逆]

设 E 是内接于这个球的正二十面体的棱，

F 是内接于这个球的正十二面体的棱，

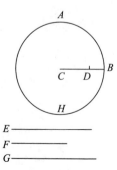

452

G 是内接于这个球的正立方体的棱,则 E,F 分别是内接于这个圆的等边三角形与正五边形的边,并且若 G 被分为中外比,则较大段等于 F。　　　[XⅢ.17,推论]

于是　　$E^2 = 3BC^2$,　　　　　　　　　　　　　　　　　　[XⅢ.12]

并且　　$CB^2 + BD^2 = 3CD^2$。　　　　　　　　　　　　　　[XⅢ.4]

所以　　$E^2 : CB^2 = (CB^2 + BD^2) : CD^2$,

或者　　$E^2 : (CB^2 + BD^2) = CB^2 : CD^2$

$$= G^2 : F^2 。$$

因此　　$G^2 : E^2 = F^2 : (CB^2 + BD^2)$。

但是　　$F^2 = BC^2 + CD^2$,因为正五边形的边的平方等于内接于同一圆的正六边形的边的平方与正十边形的平方和。　　　　　　　　[XⅢ.10]

所以　　$G^2 : E^2 = (BC^2 + CD^2) : (CB^2 + BD^2)$

这就是要证明的。

现在来证明

[命题 8]（立方体的棱）：（二十面体的棱）＝（十二面体的体积）：（二十面体的体积）。

因为相等的圆外接于同球内的正十二面体的五边形面与正二十面体的三角形面,并且在一个球中的相等的圆截面到中心的距离相等,所以从球心到这两个立体的面的垂线相等。换句话说,以球心作为顶点,分别以正十二面体的五边形与正二十面体的三角形为底的棱锥有相等的高。

因此这些棱锥的比等于它们的底的比。

于是　　（12 五边形）：（20 三角形）＝（12 五边形的棱锥）：（20 三角形上的棱锥）,

或者　　（十二面体的表面）：（二十面体的表面）＝（十二面体的体积）：（二十面体的体积）。

所以　　（十二面体的体积）：（二十面体的体积）＝（立方体的棱）：（二十面体的棱）　　　　　　　　　　　　　　　　　[命题 6]

引理　若两条线段分为中外比,则两者的线段有相同比。

设 AB 在 C 分为中外比,AC 是较大段。

设 DE 在 F 分为中外比,DF 是较大段。

我断言　　$AB : AC = DE : DF$。

因为　　　　　$AB \cdot BC = AC^2$,

并且 $$DE \cdot EF = DF^2,$$

所以 $$(AB \cdot BC) : AC^2 = (DE \cdot EF) : DF^2,$$

且 $4(AB \cdot BC) : AC^2 = 4(DE \cdot EF) : DF^2$。

合比，

$$(4AB \cdot AC + AC^2) : AC^2 = (4DE \cdot EF + DF^2) : DF^2,$$

或者 $$(AB + BC)^2 : AC^2 = (DE + EF)^2 : DF^2;$$ 　　　[Ⅱ.8]

所以 $$(AB + AC) : AC = (DE + EF) : DF。$$

合比，

$$(AB + BC + AC) : AC = (DE + EF + DF) : DF,$$

$$\text{或者} \quad 2AB : AC = 2DE : DF;$$

即 $$AB : AC = DE : DF。$$

结果概述。

若 AB 在 C 分为中外比，AC 是较大段，并且若立方体、正十二面体和正二十面体内接于同一球，则

(1)（立方体的棱）:（正二十面体的棱）

$$= \sqrt{AB^2 + AC^2} : \sqrt{AB^2 + BC^2};$$

(2)（正十二面体表面）:（正二十面体表面）

$$=（立方体的棱）:（正二十面体的棱）;$$

(3)（正十二面体体积）:（正二十面体体积）

$$=（正十二面体表面）:（正二十面体表面）;$$

(4)（正十二面体体积）:（正二十面体体积）

$$= \sqrt{AB^2 + AC^2} : \sqrt{AB^2 + BC^2}。$$

Ⅱ. 关于所谓的"卷 XV."的注

增加到真正的十三卷的这两卷的第二个仍然是补充正则立体的讨论，但是这一卷不如上一卷，它的内容意义不大，并且某些解释是不正确的。它包含三个部分。第一部分(Heiberg, Vol. Ⅴ. pp. 40—48)说明如何内接一个正则立体到另一个内，(a)正四面体内接于立方体内，(b)正八面体内接于正四面体内，(c)正八面体内接于立方体内，(d)立方体内接于正八面体内，(e)正十二面体内接于正二十面体内。第二部分(pp. 48—50)解释如何计算五个立体的棱数及顶点数。第三部分(pp. 50—66)说明如何确定这些立体的两个面之间的二面角，其

方法是作等腰三角形,其顶角等于二面角;从任一个棱的中点作两条垂直于它的垂线,每一条在相交成这个棱的一个面上。这两条垂线(形成等于二面角的角)确定了等腰三角形的两个相等边,而三角形的底容易从这些立体的性质知道。作这些等腰三角形的规划首先用一段术语给出(pp. 50—52),并且把这些规则归功于尹西道拉斯(Isidorus),这个尹西道拉斯无疑是米利都的尹西道拉斯,他是君士坦丁堡的圣索菲亚教堂的建筑师。他的学生欧托基奥斯(Eutocius)也是建筑师。因此这一卷的第三部分是尹西道拉斯的学生在 6 世纪写成的。克鲁杰(Kluge, *De Euclidis elementorum libris qui feruntur XIV et XV*, Leipzig, 1891)详细地解释了这三部分的语言及风格,并且精测它们是由不同的作者写成的;他认为第一部分是 3 世纪末(帕普斯时代)写成的;第二部分早于第三部分,然而,赫尔茨(Hultsch, art. "Eukleides" in Pauly-Wissowa's *Real-Encyclopädie der classischen Altertumswissenschaft*, 1907)认为他的论证不可信。

现在来给出作等腰三角形的尹西道拉斯规则。在立方体的情形,这个三角形当然是直角三角形,其他情形如下。

	底	腰
正四面体	三角形面的边	从三角形面的顶点到它的底的垂线
正八面体	三角形面的一条边上的对角线	从三角形面的顶点到它的底的垂线
正二十面体	连接一个棱上的正五边形的不相邻顶点的弦	从三角形面的顶点到它的底的垂线
正二十面体	连接五边形面的不相邻顶点的弦	从底的中点到平行边的垂线 [XIII. 17 图中的 *HX*]

中译者译后记

1. 关于书名的翻译,英文本的书名是 *The Thirteen Books of Euclid's Elements*;中文译名是《欧几里得原理十三卷》,完全符合英文书名,也符合世界各国的译名。但是,中国最早的汉译本书名是《几何原本》,明万历三十五年(1607),徐光启(1562—1633)和利玛窦(Matteo Ricci,1552—1610)合译前六卷,所根据的版本是克拉维乌斯(C. Clavius,1537—1612,德国)校订增补的拉丁文本 *Euclidis Elementorum Libri XV.* (《欧几里得原理》15 卷,1574 年初版,再版多次。)徐光启把"原理"译为"几何原本",此后多个译本均以《几何原本》为中译本书名。许多学者认为徐光启的译名与欧几里得的书名及内容不符合,欧几里得的《原理》除了平面几何与立体几何外,大半是关于代数、算术和初等数论的。近来有人提出用《原本》代替《几何原本》,这实际上只是《几何原本》的缩写,仍然不符合欧几里得的书名《原理》。在希思的引论的第 IX 章 §1,专门讨论了书名"Elements","在整个几何中有一些开始的定理,它们起到基本的作用,为许多性质提供证明,这些定理称为原理(elements)。"

2. 关于量与数的关系,欧几里得在卷 XII. 的定义中明确定义了单位及数,1 是单位,2,3,4,…是数,因此欧几里得只有正整数的概念,没有明确地说 0 也是数,更没有负数、分数等概念。欧几里得关于数的运算只有加和乘,他把乘法定义为被乘数相加乘数次,这是可以理解的,在正整数范围内只有加法与乘法是通行无阻的。欧几里得没有定义减法与除法,他虽然没有明确定义减法,但不断地使用从大的量减去较小量的运算,他把减法的较小量称为附加或附件(annex),他没有明确地使用差,而是用一个生僻的字 $\alpha\pi\text{οτομη}$,英文译为 apotome ("portion cut off")意为"截去的部分"。希思在索引中又解释为"differentce between two terms",即"二项差"。他也没有明确地定义除法,这是因为当时没有有理数的概念,在正整数范围内只有倍数和因数才有意义,因而在正整数范围内只有比是倍数或因数时才有意义。在现代意义上,比就是两个实数的商(分母不为零),是一个十分简单的概念。而在当时只有正整数概念的情况下,就不可能有除法或者比的概念。因而比的概念在当时是一个十分重要而且困难的概念,尤其是在毕达哥拉斯学派发现无理量之后,比的概念尤其显得困难,这使得几何上的相似概念更加困难,欧几里得在卷 VI. 讲相似概念之前花费一大卷专门讲比例论,这就是著名的后世人大加称赞的卷Ⅴ.的比例论。卷Ⅴ.的定义5是关于相同比的定义,这个定义实际上对应于戴德金(Dedekind)的实数理论,跨越了有理数及无理数的两个重大阶段,给出了两个实数相除的概念,当然欧几里得及古代数学家并不知道这些。

欧几里得虽然明确了当时的数的概念就是正整数,但是他没有明确地定义他所说的"量",他认为线段的长度、图形的面积、体积等是量,即他所说的量实际上就是实数表示的量。值得注意的是欧几里得两次定义了比,在卷Ⅴ.定义了一般量的比,又在卷Ⅶ.中定义了数之间的比。因此,有人说欧几里得认为数不是量,也有人说这是因为欧几里得的《原理》并不是一气呵成的,在某种程序上是前人著作的堆砌。事实上,欧几里得并没有明确地说数不是量,他可能没有来得及说明这两个比的定义之间的关系。从现代观点来看,实数是最基本的量,其他的量,例如无穷小量、无穷大量、向量、张量、随机变量都是用实数描述的,即都是实函数,后者的可能性较大,不能认为欧几里得把数排斥在量之外。

3. 关于"比"与"量"的关系,在卷Ⅴ.命题11中欧几里得证明了"凡是与同一个比相同的比,它们也彼此相同"。这说明欧几里得并没有把"比"看作"量",更没有看成"数"。

4. 关于欧几里得写作这部书的目的,究竟是写给数学家看的学术论著,还是写给学生用的课本?如果是后者,书中却没有一个例题及习题,如果是前者,却连三角形的三个高交于一点的定理都不在其中,更没有其他共点及共线的定理。

5. 欧几里得为什么用几何的办法陈述和统一当时的数学?众所周知,毕达哥拉斯及其学派对正整数做过深入的研究。研究过数与图形的关系,提出三角形数、平方数、五角形数、六角形数、完全数、直角三角形三个边之间的数的关系等有关数的理论,并提出"一切都是数"(All is number)的宇宙观,然而,毕达哥拉斯学派后来发现了不可公度的量,即无理数,这些发现沉重地打击了上述宇宙观。不可公度量的发现使得比例论面临极大困难。数的理论在数学发展中遇到严重困难。无理数的危机使得希腊人不能企望用算术来构成数学的基础,也不能用它来解释宇宙的构造,他们必须寻找另外的办法,他们转向几何,欧几里得的《原理》及阿波罗尼奥斯的《圆锥曲线论》(*Conics*)都是以几何的办法陈述当时的数学的。实际上认为"一切都是几何",用几何方法处理包括算术、代数、初等数论等课题。在这些理论中没有使用代数记号,没有数的计算,连解二次方程也使用纯粹的几何方法,这就是所谓的"面积相贴"(Application of areas)

的方法。

6. 用几何方法统一数学是进步还是倒退？欧几里得用几何方法统一了当时的数学，用毋庸置疑的演绎推理获得知识，不把靠不住的事实当作真理，这在数学发展史上是了不起的进步，几何方法可以避免有理数及无理数是不是数的困难。然而正是这种观点，严重阻碍了算术和代数的发展。欧几里得的这种思想一直延续到 17 世纪，那时代数和微积分已经广泛流行了，即使在那时，所谓严格的数学仍然是指几何。事实上，从数学发展来看，毕达哥拉斯的算术时代，欧几里得几何时代，牛顿和莱布尼兹开始的近代数学时代，大体上与人类发展的奴隶时代、封建时代和资本主义时代相吻合，近代数学时代也可以称为实数时代，那么，下一个时代是什么？在前言中我已说到，下一个时代将是超实数的时代，是把无穷小和无穷大也作为数的时代。

7. 最后，我们要强调，欧几里得的《原理》是一部历史著作，他使用的术语与现在中学教科书中的术语不尽相同。例如，欧几里得把现在所说的公理(axiom)分为公设(postulate)与公用概念(common notion)。有人把公用概念译为公理，但仍保留公设，这种翻译就无法翻译评注中关于这三个概念之间的关系。再如，在欧几里得的《原理》中从来没有使用半径(radius)与弦(chord)以及弦心距(the distance between chord and center)，但是在评注中常常使用这些后来才出现的术语，甚至在正文中也有个别地方使用了术语"半径"。这可能是后来的编辑者加进去的，并不是欧几里得的用语。欧几里得把半径称为距离，把弦称为恰合于圆的直线，或者简单地称为圆内的直线。再如，在《原理》中，把现在中学教科书中所说的弓形角(angel of a segment)称为弓形内的角(angle in a segment)，而把弓形角定义为一条直线与一个圆周围成的角，即相当于现在中学教科书中所说的弦切角。但有些书把欧几里得的弓形内的角译为弓形角，而把欧几里得的弓形角译为弓形的角。有些人坚持上述错误的翻译，并且要求把欧几里得所说的正方形(square)译为"平方"，并说在毕达哥拉斯定理中，正方形完全解释不通，只能译为"平方"。

8. 欧几里得自始至终用直线(straight line)既表示无限长的直线，也表示有限长的直线，即线段(a segment of a straight line)，并且 square 始终表示正方形，因为当时还没有术语"平方"。但在卷 X. 的翻译中，因为这一卷讨论的是无理数的问题，我把有些"直线"译为"线段"，把 square 译为"平方"，这完全是为了更明确起见。

9. 关于"有理的"和"无理的"，欧几里得所说的与我们现在教科书中所说的不同。欧几里得所说的无理数实际上是不能表示为平方根的无理数，他把我们现在所说的有理数及平方根都称为有理的。例如,边长为单位的正方形的对角线欧几里得称为有理的,而不是我们现在所说的是无理的。

冯翰翘

2015.9.28

索 引

460

Apollodorus（阿波洛道拉斯）

Apollonius（阿波罗尼奥斯）

Apotome（二项差线）

Application of areas（面积相贴）

Archibald（阿基巴尔德）

Archimedes（阿基米德）

Archytas（阿开泰斯）

Areskong, M. E.（阿里斯康）

Arethas（阿里泰斯）

Argyrus, Issak（阿盖拉斯）

Aristaeus（阿里斯泰奥斯）

Aristotle（亚里士多德）

al-Arjānī（阿尔阿占尼）

Ashkāl（阿什克尔）

Ashraf Shamsaddīn as-Samarqandī（阿什瑞夫）

Astaroff, Ivan（阿斯塔洛夫）

Asympitotic（渐近线）

Athelhard（阿瑟哈德）

Athenaeus（阿省纳奥斯）

August, E. F.（奥古斯特）

Austin, W.（奥斯丁）

Autolycus（奥托利卡斯）

Avicenna（阿维省纳）

Axiom of Archimedes（阿基米德公理）

Axioms（公理）

Axis（轴）

Babylonians（巴伯伦尼安斯）

Bacon, Roger（培根）

Baermann, G. F.（贝尔曼）

Balbus（巴尔布斯）

Baltzer, R.（巴尔特赛）

Barbarin（巴巴润）

Barlaam（巴尔拉姆）

Barrow（巴罗）

Basel（巴塞尔）

Basilides（巴兹里得斯）

Bāudhāyana Śulba-Sūtra（鲍海延纳）

Bayfius（拜菲奥斯）

Becker, J. K.（贝克）

Beez（比斯）

Behā-ad-dīn（贝黑）

Beltrami, E.（贝尔特纳米）

Benjamin（本杰明）

Bergh（伯夫）

Bernard, Edward（伯纳德）

Bessel（贝塞尔）

Besthorn（贝斯桑）

Bhāskara（贝斯卡纳）

Billingsley, Sir Henry（比林斯雷）

Bimedial（straight line, 双均线）

Binomial（straight line, 二项和线）

al-Bīrūnī（阿尔比鲁尼）

Bj. rnbo, Axel Anthon（布朱恩博）

Boccaccio（伯卡塞欧）

Boeckh（伯伊可）

Boethius（伯伊修斯）

Bolyai（波尔约）

Bolzano（波尔查诺）

Boncompagni（邦康佩克尼）

Bonola, R.（邦诺拉）

Borelli, Giacomo Alfonso（博雷里）

Boundary（边界）

Bråkenhjelm, P. R.（布拉肯杰尔姆）

Breitkopf Joh. Gottlieb Immanuel（布里特科夫）

Bretschneider（布里茨奇尼德）

Briconnet, François（布里康内特）

Briggs, Henry（布里格斯）

Bryant（布赖恩特）

Bürk, A.（伯克）

462

斯)

Data of Euclid(欧几里得的《数据》)

Deahna(迪拉)

Dechales,Claude Francois Milliet(德查尔斯)

Dedekind(戴德金)

Dedekind's theory of irrational numbers corrresponds exactly to Eucl. V. Def. 5 戴德金
无理数理论对应欧几里得V.定义5.

Dee,John(第)

Demetrius Cydonius(西多尼奥斯)

Democritus(德谟克里特)

De Morgan(德·摩根)

Dercyllides(德赛里得斯)

Desargues(德萨格)

De Zolt(德·左尔特)

Diameter(直径)

Dickson,L. E. (可森)

Diels,H. (戴尔士)

Dihedral angle(二面角)

Dimensions(维)

Dinostratus(狄诺斯特拉托斯)

Diocles(狄俄克利斯)

Diodorus(狄俄多鲁斯)

Diogenes Laertius(第欧根尼·拉尔修)

Dionysius(狄俄尼西奥斯)

Diophantus(丢番图)

Dippe(迪普)

Discrete proportion(离散比例)

Distance(距离)

Dividendo(分比)

Division(分割)

Divisions of figures(《图形的分割》)

Dodecahedron(正十二面体)

Dodgson,C. L. (道奇森)

Dou,Jan Pieterszoon(道)

Duhamel,J. M. C. (达哈梅尔)

Duplicate ratio(二次比)

Duplication of cube(倍立方)

Elinuam(艾利纽阿姆)

Enriques,F. (恩里奎斯)

Ephesian(伊菲西安)

Epicurean(埃皮柯里恩)

Eratosthenes(埃拉托色尼)

Errard,Jean,de Bar-le-Duc(埃拉得)

Erycinus(埃赖辛奥斯)

Eudemus(欧德莫斯)

Eudoxus(欧多克索斯)

Euler,Leonhard(欧拉)

Eutocius(欧托基奥斯)

Even number(偶数)

Even-times even(偶倍偶数)

Even-times odd(偶倍奇数)

Ex aequali of ratios(首末比)

Exhaustion,method of(穷竭法)

Extreme and mean ratio(中外比)

Faifofer(费福弗)

Falk,H. (福尔克)

al-Faradī(阿尔法拉迪)

Fauquembergue,E. (福奎姆伯格)

Fermat(费马)

Finaeus,Orontius (Oronce Fine)(芬纳尹斯)

Flauti,Vincenzo(弗劳蒂)

Forcadel,Pierre(福卡得尔)

Fourier(傅立叶)

Frankland,W. B. (弗兰克兰得)

Frischauf,J. (弗里斯乔夫)

Galileo Galilei(加里莱)

Gartz(加茨)

Gauss(高斯)

Geminus(盖米诺斯)

Geometrical algebra(几何代数)

Geometrical progression(几何级数)

Minor irrational straight line(小线)

Mocenigo,Prince(莫省尼戈)

Moderatus(莫得纳塔斯)

Mollweide,C. B. (莫尔韦德)

Mondoré(Montaureus),Pierre(蒙道尔)

Moses b. Tibbon(莫塞斯)

Müller,J. H. T. (马勒,J. H. T.)

Müller,J. W. (马勒,J. W.)

Muḥammad(b. ʻAbdalbāqī) al-Bagdādī(马哈梅德)

Muḥ. b. Aḥmad Abū'r-Raiḥān al-Bīrūnī (阿尔比鲁尼)

Muḥ. b. Ashraf Shamsaddīn as-Samarqandī(阿斯萨马坎迪)

Muḥ. b. ʻIsā Abū ʻAbdallāh al-Māhānī(阿尔马哈尼)

Mūsā b. Muḥ. b. Maḥmūd Qāḍīzāde arRūmī(阿尔鲁米)

al-Mustaʼsim,Caliph(阿尔马斯塔西姆)

al-Mutawakkil,Caliph(阿尔马塔沃基尔)

an-Nairīzī,Abū 'l ʻAbbās al- Faḍl b. Ḥatim (安那里兹)

Napoleon(拿破仑)

Naṣīraddīn aṭ – Ṭūsī(亚特秋西)

Nazīf b. Yumn (Yaman) al-Qass (阿尔卡斯)

Neide,J. G. C. (尼德)

Nesselmann,G. H. F. (内赛尔曼)

Nicomachus(尼科马丘斯)

Nicomedes(尼科米迪斯)

Nipsus,Marcus Junius(尼普萨斯)

Nixon,R. C. J. (尼克松)

Oblong(长方形)

Octahedron(正八边形)

Odd number(奇数)

Odd-times even number(奇倍偶数)

Odd-times odd number(奇倍奇数)

Oenopides of Chios(伊诺皮迪斯)

Ofterdinger,L. F. (奥福塔丁格)

Olympiodorus(奥林皮欧多奥斯)

Oppermann(奥帕曼)

Oresme,N. (奥里斯姆)

Orontius Finaeus (Oronce Fine)(奥让迪奥斯)

Ozanam,Jaques(奥赞纳姆)

Paciuolo,Luca(帕西欧洛)

Pamphile(帕姆菲尔)

Pappus(帕普斯)

Papyrus,Herculanensis(佩派纳斯)

Parallelepipedal(平行六面体)

Parallelogram(平行四边形)

Parmenides(巴门尼德)

Pasch,M. (帕斯奇)

Patmos(帕特莫斯)

Pediasimus,Joannes(贝代阿西姆斯)

Peet,T. Eric(皮特)

Peithon(北桑)

Peletarius (Jacques Peletier)(佩里塔里奥斯)

Pena(佩纳)

Pentagon(正五边形)

Pentagonal numbers(正五边形数)

Perpendicular(垂直)

Perseus(伯尔修斯)

Perturbed proportion(波动比例)

Pesch,J. G. van(范佩施)

Petrus Montaureus(P. 蒙陶鲁斯)

Peyrard(佩拉尔德)

Pfleiderer,C. F. (浦夫莱德勒)

Philippus of Mende(菲利普斯)

Phillips,George(菲利普斯)

Philo of Byzantium(菲洛)

Philolaus(菲洛劳斯)

Philoponus(菲洛庞奥斯)

Pirckenstein,A. E. (皮里肯斯坦)

Plane(平面)

Plane numbers(面数)

Planudes,Maximus(普兰拉德斯)

Plato(柏拉图)

Playfair,John(浦莱费尔)

Pliny(普利尼)

Plotinus(普洛丁奥斯)

Plutarch(普鲁塔克)

Point(点)

Polybius(波利比奥斯)

Polygon(多边形)

Polygonal numbers(多边形数)

Polyhedral angles(多面角)

Porism(推论或推断)

Porphyry(波菲里)

Poselger(波斯尔格)

Posidonius of Alexandria(波西多尼奥斯)

Postulate(公设)

Potts,Robert(波茨)

Prime number(素数)

Proclus(普罗克洛斯)

Proportion(比例)

Proposition(命题)

Protarchus(普鲁塔奇奥斯)

Psellus,Michael(普西卢斯)

Pseudoboethius(修斗伯尹西奥斯)

Ptolemy(托勒密)

Pyramid(棱锥)

Pyramidal numbers(棱锥数)

Pythagoras(毕达哥拉斯)

Pythagoreans(毕达哥拉斯学派)

Qādīzāde ar-Rūmī(阿鲁米)

al-Qiftī(阿尔克福迪)

Quadratic equations(二次方程)

Quintilian(奎因蒂里安)

Qustā b. Lūqā al-Ba'labakkī(阿尔巴拉巴格)

Riccardi(里卡尔迪)

Radius(半径)

Ramus,Petrus(拉马斯)

Ratdolt,Erhard(拉特道尔特)

Ratio(比)

Rausenberger,O.(劳森波尔哥)

ar-Rāzī,Abū Yūsuf Ya'qūb b. Muḥ(阿瑞兹)

Rectangle(矩形)

Rectilineal angle(直线角)

Reductio ad absurdum(反证法)

Regiomontanus(Johannes Müller of königsberg)
　　(雷吉蒙坦奥斯)

Reyher,Samuel(雷尔)

Rhaeticus(雷蒂卡斯)

Rhīnd Papyrus(R.佩皮纳斯)

Rhomboid(罗姆博尹德)

Rhombus(罗姆巴斯)

Riccardi,P.(里卡迪)

Riemann,B.(黎曼)

Right angle(直角)

Right-angled triangles(直角三角形)

Röth(罗斯)

Rudd(鲁德)

Ruellius,Joan(鲁里奥斯)

Russell,Bertrand(罗素)

Saccheri,Gerolamo(萨凯里)

Saīd b. Mas'ūd b. al-Qass(阿尔卡斯)

Savile,Henry(萨维尔)

Scarburgh,Edmud(斯卡伯格)

Schessler,Chr.(斯切斯拉)

Scheubel,Joan(斯切贝尔)

Schiaparelli,G.V.(斯切阿帕雷里)

Schmidt,Max C.P.(施密特)

Scholia(附注)

Schooten,Franz van(斯科坦)

Schopenhauer(斯科蓬号尔)

Schotten, H. (斯科腾)

Schultze(舒尔茨)

Schumacher(舒马切尔)

Schur, F. (舒尔)

Schweikart, F. K. (施韦卡特)

Scipio Vegius(S. 维吉奥斯)

Sector(扇形)

Seelhoff, P. (西尔霍夫)

Semicircle(半圆)

Separation of ratio(分比)

Serenus of Antinoeia(塞忍纳斯)

Serle, George(塞尔)

Servais, C. (塞维斯)

Sevenoak(塞维诺克)

Sexagesimal fractions(六十进位分数)

Sextus Empiricus(S. 埃姆皮里卡斯)

Side of a medial minus a medial area (二均值面差的边)

Side of a medial minus a rational area (均值面与有理面差的边)

Side of a rational plus a medial area(有理面与均值面和的边)

Side of the sum of two medial areas(二均值面和的边)

Similar plane and solid numbers(相似面数与相似立体数)

Similar rectilineal figures(相似直线形)

Similar solids(相似立体)

Simon, Max(西蒙)

Simplicius(辛普利休斯)

Simpson, Thomas(辛普森)

Simson, Robert(西姆森)

Smith, D. E. (史密斯)

Solid(立体)

Solid angle(立体角)

Solid loci(立体轨迹)

Solid numbers(立体数)

Speusippus(斯比西普斯)

Sphere(球)

Spherical number(球数)

Spiral(螺线)

Spiral of Archimedes(阿基米德螺线)

Square number(平方数)

Staudt, Ch. von(斯陶特)

Steenstra, Pybo(斯蒂恩斯特拉)

Steiner, Jakob(斯坦纳)

Steinmetz Moritz(斯坦米茨)

Steinschneider(期坦斯奇尼德)

Stephanus Gracilis(斯蒂范纳斯)

Stephen Clericus(S. 克利里卡斯)

Stevin, Simon(斯蒂文)

Stifel, Michael(斯蒂菲尔)

Stobaeus(斯托鲍奥斯)

Stoic(斯托尹克)

Stolz, O. (斯托尔茨)

Stone, E. (斯通)

Straight line(直线)

Str. mer, Mårten(斯特罗马)

Studemund, W. (斯图德茫德)

Suidas(苏达斯)

Sulaimān b. ʿUṣma (or ʿUqba) (苏莱曼)

Surface(面)

Suter, H. (苏特尔)

Suvoroff Pr. (苏沃罗夫)

Syrianus(西里安奥斯)

Tacquet, André(塔可奎特)

Tannery, P. (唐内里)

Tartaglia, Niccolò(塔塔格里亚)

Taurinus, F. A. (陶林奥斯)

Taurus(陶鲁斯)

Taylor, H. M. (泰勒)

Tetrahedron, regula(正四面体)